# VRay 效果图渲染从入门到精通

麓山文化　编著

机械工业出版社

VRay 渲染器是目前效果图制作领域最流行的渲染器。本书系统深入地讲解了VRay渲染器的各项功能和渲染技术。

本书共15章，第1章介绍了VRay渲染器的发展历史以及安装、调用等知识，使初学者对VRay有一个全面的了解和认识；第2章~第11章通过大量场景渲染测试，对VRay渲染器的各个卷展栏参数、材质、灯光和摄影机等功能进行深入的讲解分析，以方便读者了解各参数的含义，为活学活用VRay打下坚实的基础；第12～15章则精心挑选了工业产品、室内家装、室内公装以及室外建筑四个典型场景，全面介绍了各种类型效果图的制作流程，匠心独运地介绍了如何使用VRay渲染器的灯光快速完成各种灯光氛围转换的方法。

本书配套下载资源包含全书所有实例的场景文件及视频教学，并赠送了2套实用的VRay材质库和大量模型贴图，读者可以在学习和工作中随调随用，以提高工作效率。

本书，既可以作为VRay新手入门的教材，也可以作为工作中现查现用的VRay技术手册，同时也能满足中、高级读者对实战能力提高的需要。

**图书在版编目（CIP）数据**

VRay效果图渲染从入门到精通/麓山文化编著. —北京：机械工业出版社，2021.8

ISBN 978-7-111-68082-6

Ⅰ. ①V… Ⅱ. ①麓… Ⅲ. ①室内装饰设计－计算机辅助设计－三维动画软件 Ⅳ. ①TU238-39

中国版本图书馆CIP数据核字(2021)第078217号

机械工业出版社（北京市百万庄大街22号 邮政编码100037）
策划编辑：曲彩云 责任编辑：曲彩云
责任校对：刘秀华 责任印制：郜 敏
北京中兴印刷有限公司印刷
2021年5月第1版第1次印刷
184mm×260mm · 22印张 · 543千字
标准书号：ISBN 978-7-111-68082-6
定价：79.00 元

电话服务 网络服务
客服电话：010-88361066 机 工 官 网：www.cmpbook.com
010-88379833 机 工 官 博：weibo.com/cmp1952
010-68326294 金 书 网：www.golden-book.com
**封底无防伪标均为盗版** 机工教育服务网：www.cmpedu.com

# 前言 PREFACE

## VRay 渲染器简介

VRay 渲染器是一款真正的光线追踪和全局光渲染器，由于其使用简单、操作方便，渲染速度快，已经成为国内效果图渲染领域最流行的渲染器之一，具有“焦散之王”的美誉。基于 V-Ray 内核开发的有 VRay for 3ds Max、Maya、SketchUp、Rhino 等诸多版本，为不同领域的优秀 3D 建模软件提供了高质量的图片和动画渲染。

VRay 渲染器最大的技术特点是其优秀的全局照明（Global Illumination）功能，利用此功能可以使图片得到逼真而柔和的阴影与光影漫反射效果。

## 本书内容特色

在学习 VRay 渲染器的过程中，最为头疼的恐怕就是对各种晦涩难懂参数的理解，而在实际的工作中，也确实会因为对一些参数的理解不够彻底，而造成渲染速度的减慢与渲染品质的降低。

本书本着“授人以鱼，不如授人以渔”的教学理念，别具匠心地通过大量的场景案例，例证了 VRay 渲染器各个参数卷展栏以及材质、灯光、摄影机（书中有的图上为相机，本书文中统一用摄影机）等参数调整的对比效果，用渲染图像对比的方式深度地解析了 VRay 渲染器各类参数的作用与效果，使读者可以直观有效地进行 VRay 渲染器的学习与使用，并迅速积累到丰富的使用经验与心得。

## 对学习者的建议

由于 VRay 渲染器功能强大，参数众多，如果您是 VRay 的初学者，建议先使用默认设置，将学习重点放在 VRay 渲染的基本方法和操作流程的掌握上，从而达到快速应用 VRay 渲染器的目的，而不是纠结于某个参数。VRay 已经对各类参数进行了优化，可以满足普通的渲染需求。

在对渲染流程和材质、灯光有了初步的认识后，再来仔细了解每个参数的含义，理解和掌握这些参数的功能及对渲染品质和速度的影响，从而能够在实际工作中，针对各个场景的实际情况进行灵活的调整。

需要注意的是，在不同的环境中，即便使用了相同的材质和渲染参数，渲染的效果也会有差异。因此，VRay 渲染效果没有所谓的标准答案，读者应合理地设置各个选项，根据自己对空间设计的理解，创作出属于自己的渲染风格和理想效果。

## 本书配套资源

本书物超所值，除了书本之外，还附赠以下资源，扫描“资源下载”二维码即可获得下载方式。

配套教学视频：配套书中所有实例的高清语音教学视频。读者可以先像看电影一样轻松愉悦地通过教学视频学习本书内容，然后对照书本加以实践和练习，以提高学习效率。

资源下载

实例文件和完成素材：书中所有实例均提供了源文件和素材，读者可以使用 VRay3.6 版本打开或访问。

由于编者水平有限，书中疏漏与不妥之处在所难免。在感谢您选择本书的同时，也希望您能够把对本书的意见和建议告诉我们。

作者邮箱：lushanbook@qq.com

读者 QQ 群：375559705

编　者

# 目录 CONTENTS

## 第3章 全局照明选项卡 …… 61

## 第4章 设置选项卡 …… 91

## 第5章 VRay 渲染元素选项卡 …… 106

# 第 1 章 初识 VRay 渲染器

本章重点：

- VRay 渲染器的诞生与发展
- VRay 渲染器的调用
- VRay 渲染器与 3ds Max 的嵌合
- VRay 渲染器的操作流程
- VRay 渲染器的特点

VRay 渲染器是由保加利亚的 Chaos Group 公司于 2002 年正式官方发售的一款渲染软件，该软件在拥有优秀的全局照明与光影跟踪效果特点同时，参数设置简捷、渲染速度快，因此广泛应用于室内设计、建筑设计、工业产品设计等领域，如图 1-1~图 1-3 所示为 VRay 渲染器的渲染作品。下面简明扼要地介绍 VRay 渲染器的诞生与发展。

图 1-1　室内设计表现效果

图 1-2　建筑设计表现效果

图 1-3　工业产品设计表现

## 1.1 VRay 渲染器的诞生与发展

VRay 渲染器最初的软件编程人员都是来自东欧的 Computer Graphics（计算机图形）爱好者，他们于 2001 年 5 月正式在线公布最原始的 VRay 渲染以及该渲染器在渲染质量与耗时等方面的相关特点与信息，如图 1-4 所示。此时的 VRay 渲染器很不成熟，在渲染的稳定性以及诸多功能上都有待完善，因此于同年 11 月推出了用于公开测试的 VRay 0.10.0.20201 版本，如图 1-5 所示。该测试版本用于对全世界的 CG 爱好者进行免费推广并收集反馈的使用信息以对渲染器进行完善，从图 1-5 中可以发现当时的 VRay 渲染器仅应用于 3ds Max 软件平台。

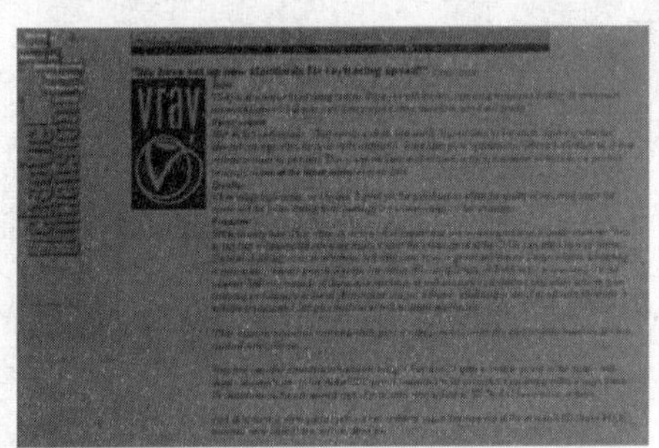

图 1-4　VRay 最初版本的公布信息

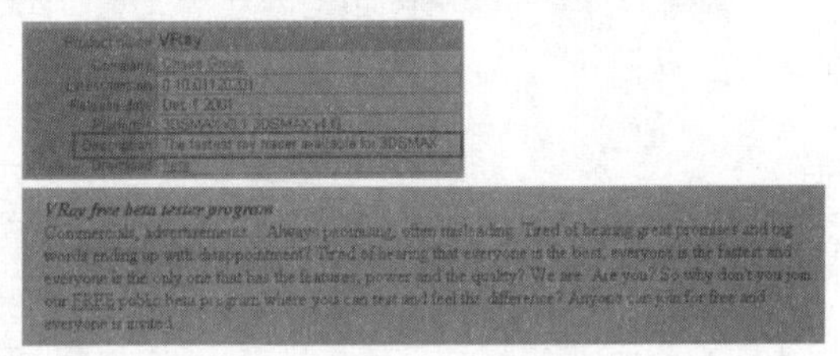


图 1-5　VRay 0.10.0..20201 版本信息

VRay 渲染器于 2002 年 3 月开始正式对外进行官方预售，如图 1-6 所示，共推出了同一版本的免费（Free）、基本（Basic）以及高级（Advance）三种类别的预售信息，不同的版本对应着不同的价格以及使用功能。VRay 渲染器发展至今仍保留了基本（Basic）和高级(Advance)两种类别，前者功能简单，价格低廉，适用于学生与业余爱好者使用；后者功能全面，价格较高，适用于专业人员使用。同年 5 月，网络上提供了最新版本 VRay 渲染器试用版下载，如图 1-7 所示即为当时试用版的卷展栏设置。可以看到虽然当时的 VRay

渲染器在参数以及功能上显得比较简单，但标志着 VRay 渲染器已经正式诞生并杀入了竞争十分激烈的渲染器市场。

图 1-6　VRay 渲染器官方预售信息

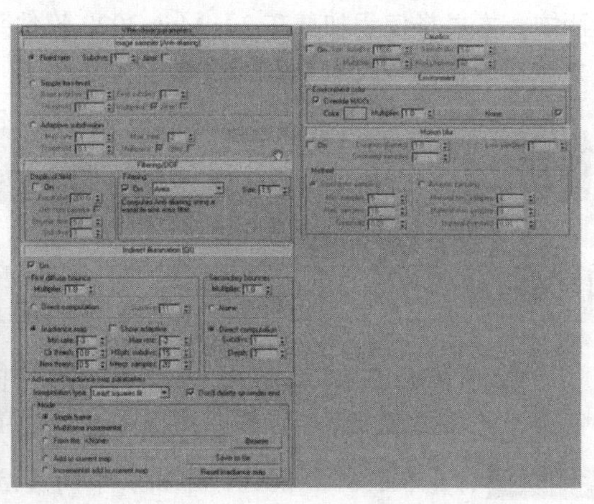

图 1-7　VRay 渲染器最初试用版参数卷展栏

随着推广力度的加大与用户数量的增加，VRay 渲染器于 2002 年 6 月推出了如图 1-8 所示的 VRay 渲染器官方论坛，用于 VRay 渲染器官方最新信息的发布以及 VRay 渲染器用户信息的交流与反馈。至此，VRay 渲染器开始在全世界推广，如图 1-9 所示，随着它在动画短片、影视特效以及游戏等领域非凡的表现效果，获得了如潮的好评，VRay 渲染器开始在全世界风靡起来。

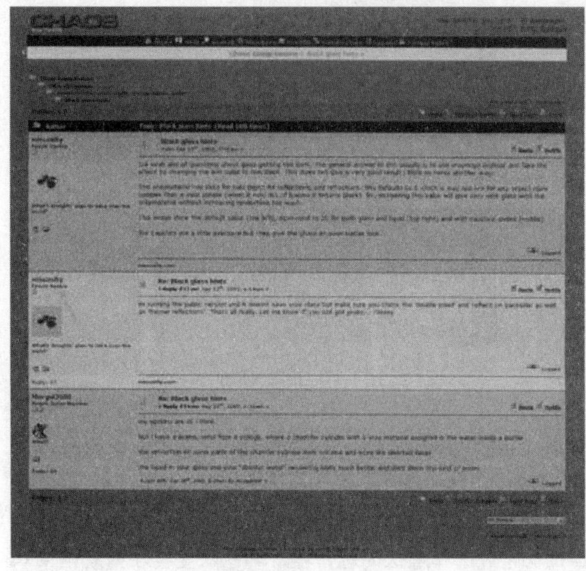

图 1-8　VRay 渲染器官方论坛

图 1-9　VRay 渲染器所参与完成的各类作品

此后 VRay 渲染器于 2005 年先后推出了与 MAYA、XSI、SketchUp 与 Rhino 软件平台相配套的版本，扩大了其在业界的影响力。现在 VRay 渲染器已经较全面地应用于各种主流的三维软件，影响力十分广泛。

与此同时，根据用户反馈的使用信息，VRay 渲染器在功能上进行了不断地完善，针对 3ds Max 软件平台先后推出了诸如 V1.45、V1.47、V1.50、V.1.50RC 以及 V.2.0 等系列版本，本书将使用加载在 3ds Max 2020 软件平台上的 VRay adv 3.60.03 版渲染器，进行相关参数的讲解以及渲染实例的制作。

## 1.2 VRay 渲染器的调用与 3ds Max 的嵌合

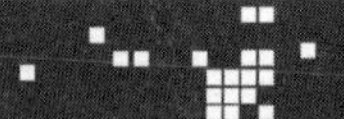

### 1.2.1 VRay 渲染器的调用

VRay 渲染器成功安装至 3ds Max 2020 并完成激活后，并不能直接在 3ds Max 2020 中使用，还需要在“渲染设置”面板中进行调用，具体的步骤如下：

**Steps 01** 打开 3ds Max 2020，单击其中的【渲染】菜单，然后选择其中的【渲染设置】命令（或直接按键盘上的<F10>键），打开【渲染设置】面板，如图 1-10 所示。

**Steps 02** 打开【渲染设置】面板后，选择【公用】选项卡，如图 1-11 所示。然后进入【指定渲染器】卷展栏，在弹出的【选择渲染器】对话框中选择 VRay 渲染器，单击“确定”按钮，完成渲染器的调用。

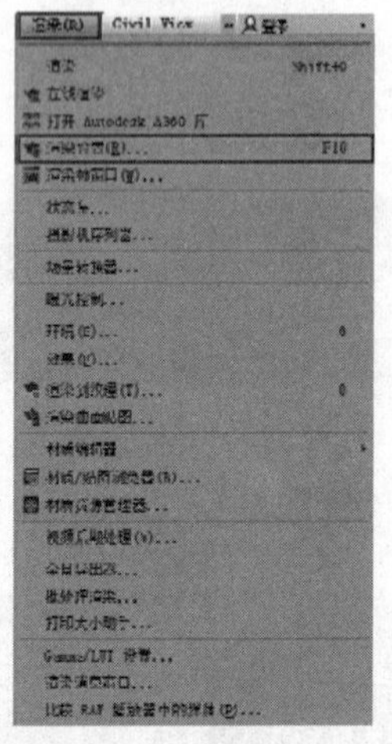

图 1-10　单击【渲染设置】命令

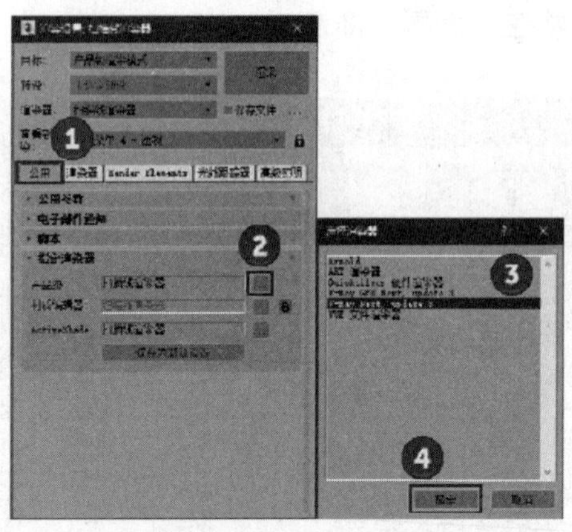


图 1-11　指定 VRay 渲染器

**技 巧：** 第一）在【渲染设置】面板以及 VRay 渲染器的各个选项卡内单击鼠标右键，可以打开如图 1-12 所示的快捷菜单，以方便用户选择各卷展栏。快捷菜单中卷展栏名称前带有“√”标记的，为当前已经展开的卷展栏。选择“全部关闭”或“全部打开”，可以关闭或是打开当前选项卡内的所有卷展栏。

第二）对于如图 1-13 所示带有“确定”按钮以完成选择确认的对话框，都可以直接在列表框中双击列表项以快速完成选择，不需要每次都去单击“确定”按钮，从而提高工作效率。

第三）指定 VRay 渲染器后，如果单击面板下方的 保存为默认设置 按钮，则以后 3ds Max 会以 VRay 渲染器为默认渲染器，无需再另行设置。

**Steps 03** 选择 VRay 渲染器后，渲染设置面板显示如图 1-14 所示，可以看到其中增加了与

VRay 渲染器相关的【VRay】选项卡、【GI（全局照明）】选项卡、【设置】选项卡以及【Render Elements（渲染元素）】选项卡。单击选项卡名称即可进入相应选项卡，查看其中的相关卷展栏参数，如图 1-15 所示。本书第 2 章~第 5 章将详细讲解各个卷展栏的参数及其用法。

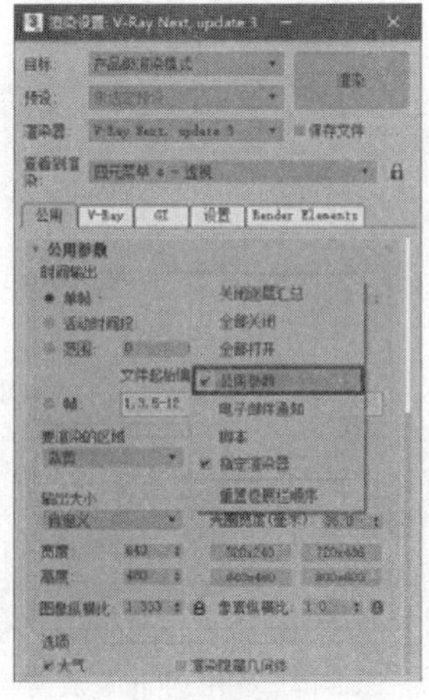

图 1-12　卷展栏快捷菜单

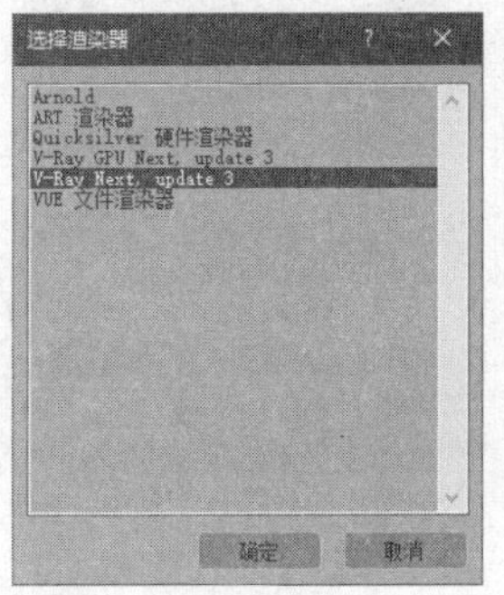

图 1-13　双击列表项快速完成选择

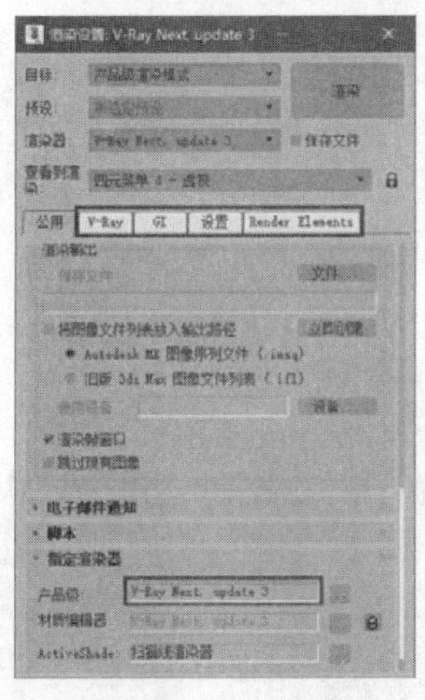

图 1-14　VRay 渲染器选项卡

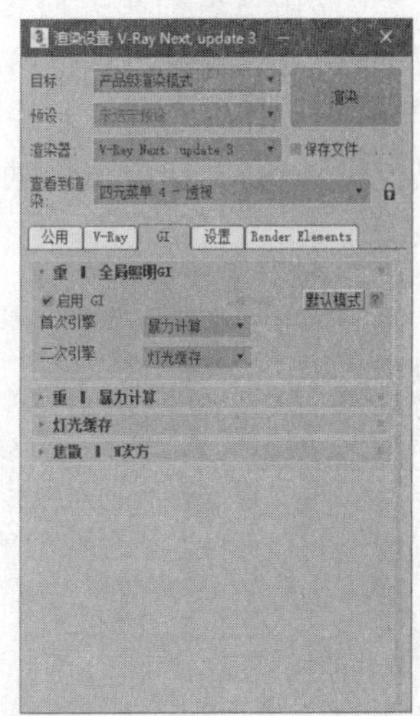

图 1-15　查看卷展栏参数

掌握 VRay 渲染器的调用方法后，下面继续了解 VRay 渲染器各种材质贴图类型、创建命令、修改命令在 3ds Max 软件中具体嵌合位置，方便后面的深入学习。

## 1.2.2 VRay 渲染器与 3ds Max 的嵌合

本节首先讲解如何在 3ds Max 软件中调用 VRay 渲染器材质，然后介绍 VRay 对象在 3ds Max 面板中的位置。

Steps 01 单击 3ds Max 工具栏的按钮，打开【材质编辑器】，选择任意一个空白材质球，然后单击其右侧的【Standard】按钮，如图 1-16 所示，打开【材质/贴图浏览器】。

Steps 02 此时【材质/贴图浏览器】如图 1-17 所示，可以看到材质列表中集中了 VRay 的各种材质类型，双击材质名称即可将对象转换为该材质。

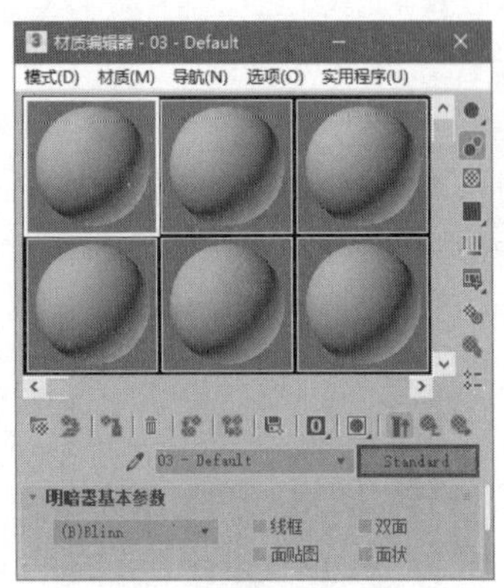

图 1-16 打开材质编辑器

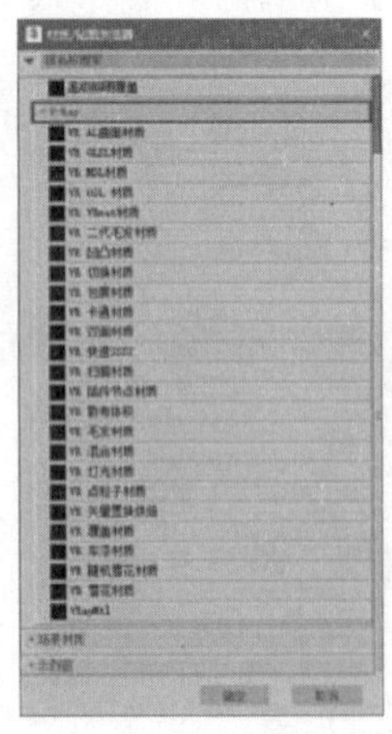

图 1-17 各种 VRay 材质类型

Steps 03 VRay 渲染器贴图的调用方法如图 1-18 所示。首先单击材质参数栏任意一个贴图通道按钮 （贴图通道的相关内容可查阅本书第 6 章），进入【材质/贴图浏览器】后可看到各种类型的 VRay 贴图，双击贴图名称即可调用该贴图。

Steps 04 单击 3ds Max 创建面板中的 按钮，进入几何体创建面板，在几何体类型列表中选择“VRay”，如图 1-19 所示，即可进入 VRay 几何体创建面板，查看各种 VRay 几何体类型。

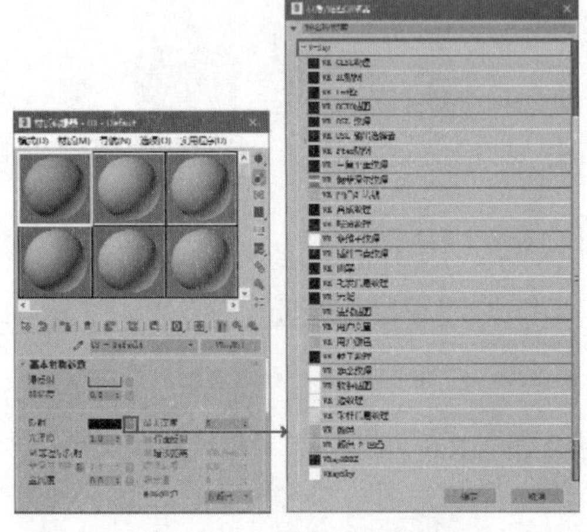

图 1-18 各种 VRay 类型贴图

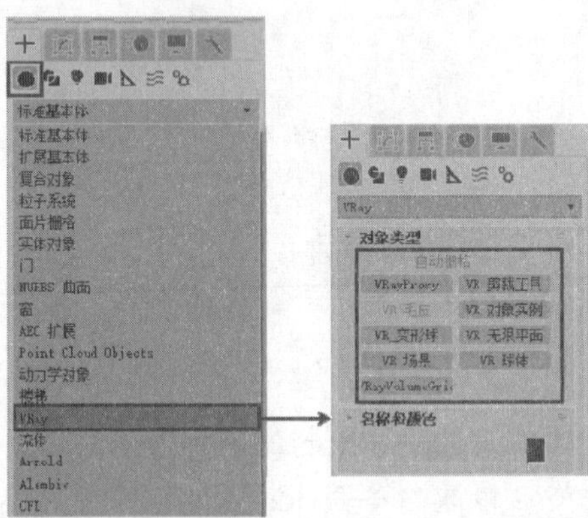

图 1-19 VRay 几何体类型

Steps 05 VRay 灯光创建面板的进入方法如图 1-20 所示。单击 按钮进入灯光创建面板，在灯光类型列表中选择“VRay”，即可看到各类 VRay 灯光创建按钮。

Steps 06 VRay 摄影机创建面板如图 1-21 所示。单击 按钮进入摄影机创建面板，在摄影机类型下拉列表中选择“VRay”，即可看到 VRay 摄影机创建按钮。

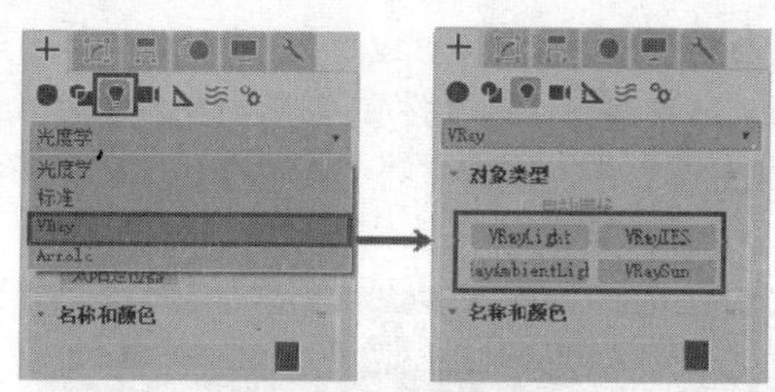

图 1-20 VRay 灯光创建按钮

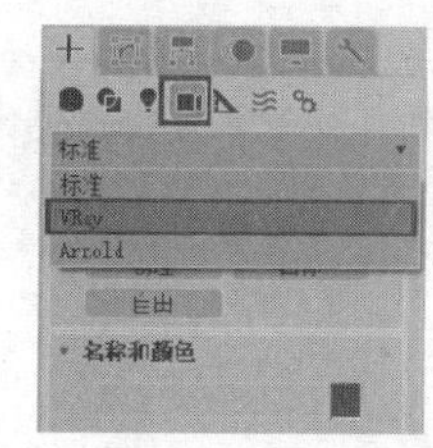

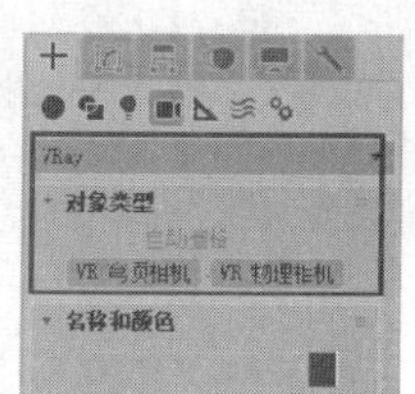

图 1-21 VRay 摄影机创建按钮

Steps 07【VRayDispalcementMod（VRay 置换修改）】命令的调用方法如图 1-22 所示。在场景中选择需要修改的模型后，单击 按钮进入修改面板，在修改器下拉列表中选择该修改器，即可调用该修改器。

Steps 08 按键盘上的<8>键，打开【环境和效果】面板，如图 1-23 所示进入【大气】卷展栏，单击其中的【添加】按钮，打开【添加大气效果】对话框，选择 VRay 渲染器提供的大气效果。

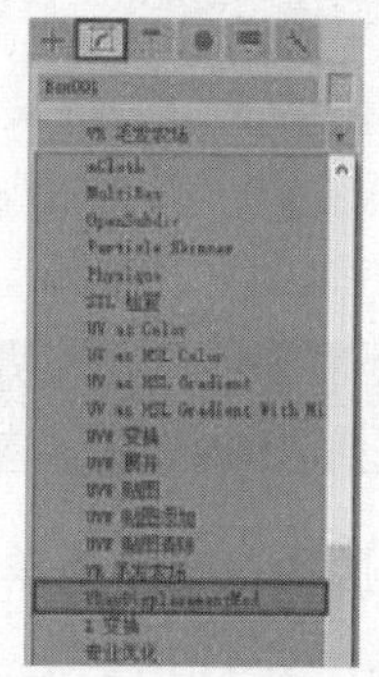

图 1-22 选择 VRay 置换修改命令

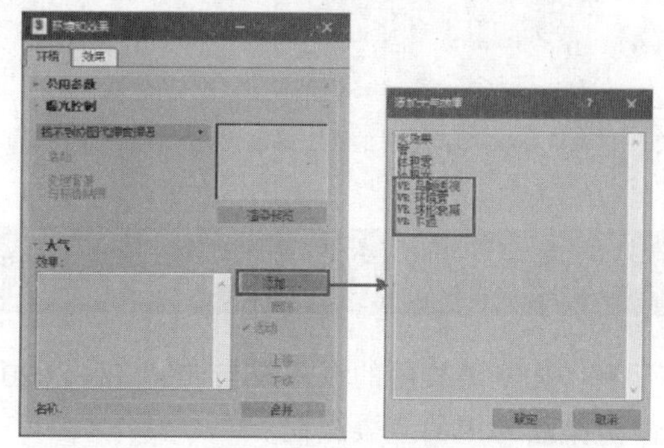

图 1-23 VRay 大气选项

Steps 09 在场景中选择任意一个对象后单击鼠标右键，打开如图 1-24 所示的快捷菜单，即可在其中选择与 VRay 渲染器相关的快捷命令进行调整应用。

Steps 10 如图 1-25 所示为选择【VRay 属性】命令后打开的物体具体参数设置面板，在该面板内可以快速对选择对象的全局照明效果、焦散强度等 VRay 属性进行调整。

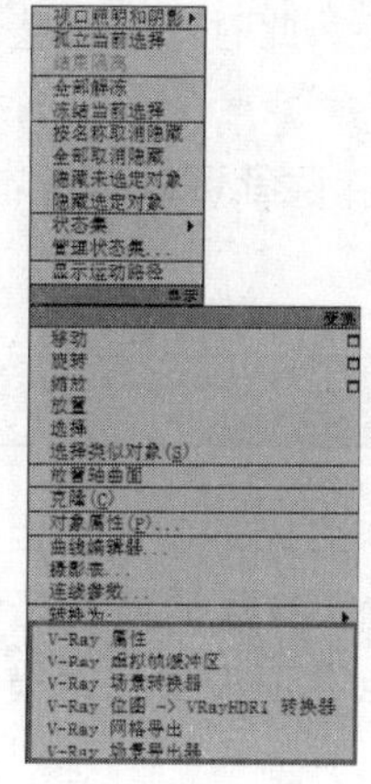

图 1-24 鼠标右键快捷菜单中的 VRay 选项

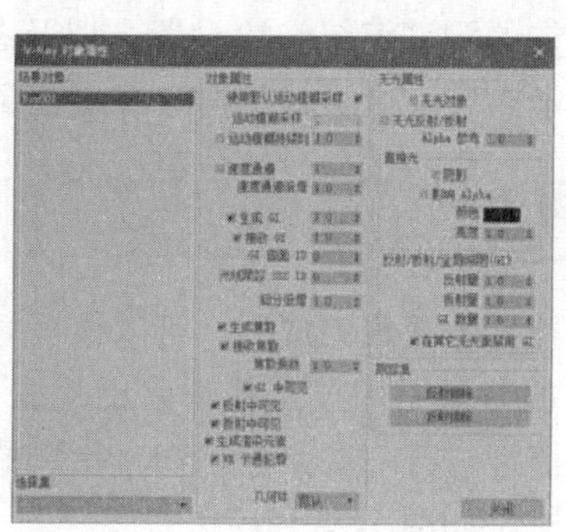

图 1-25 VRay 对象属性具体参数设置

注 意：以上介绍的与 VRay 渲染器相关的材质、贴图以及灯光等对象，必须在调用了 VRay 渲染器的前提下才能完整地找到。如果仅是安装并激活了 VRay 渲染器，进入【材质/贴图浏览器】时只能查看到如图 1-26 所示的参数。此外，VRay 创建对象中的【VR 毛皮】创建按钮，需要先在场景中选择创建毛发效果的模型对象才能被激活，如图 1-27 所示。

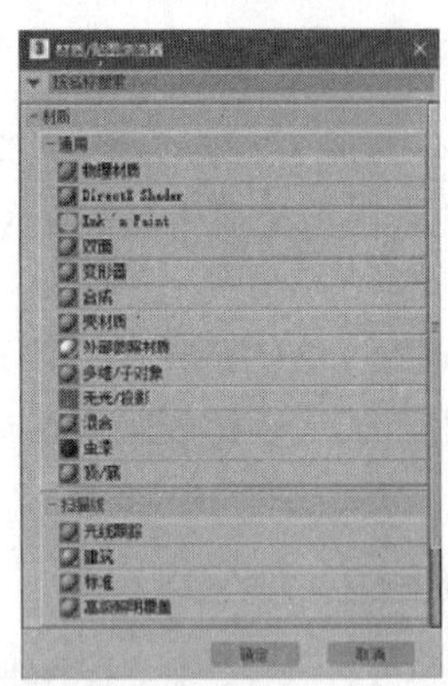

图 1-26　未调用 VRay 渲染器时的材质/贴图浏览器参数

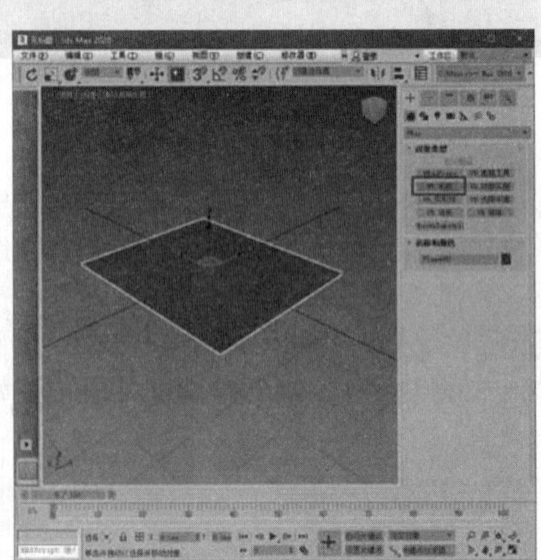

图 1-27　选择毛发创建对象激活【VR 毛皮】创建按钮

## 1.3 VRay 渲染器的操作流程

在了解 VRay 渲染器的调用及与 3ds Max 2020 的嵌合后，下面通过一个简单的案例介绍 VRay 渲染器常用的渲染流程。

### 1.3.1 设置场景测试渲染参数

对于一个已经创建完成的场景，为了得到逼真的材质效果以及自然的灯光效果，必须对材质、灯光效果进行测试渲染，并通过测试渲染图像效果的反馈，确定是否还需要进行调整，或确定应该从哪些方面进行调整。但是这种“调整—测试渲染—调整”循环的过程并不需要高品质的渲染图像效果。因此，从渲染效率的角度出发，此时可以调整出一个渲染品质适用、渲染速度极高的测试渲染参数，以提高渲染效率。

对于具体的测试渲染参数设置，以及各个步骤的详细内容，读者可以参考本书第 12 章的实例教学内容，这里就不再详细讲述了。

### 1.3.2 检查模型

测试渲染参数设置完成后，可以根据场景的特点进行材质和灯光的制作，但为了确保材质与灯光的效果不因模型的缺陷而产生错误，避免因往返进行参数调整而降低渲染效率，最好对模型进行一次全面检查，检查的方式十分简单，重点在于设置好白模测试材质以及环境天光，如图 1-28 所示。

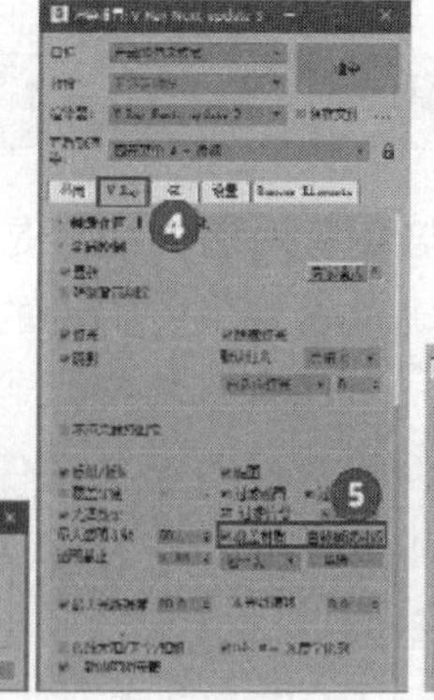

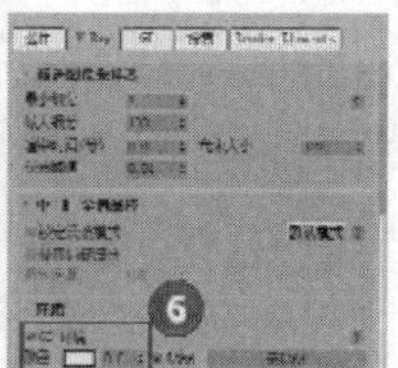

图 1-28　设定白模测试材质及环境天光

从如图 1-29 所示的模型检查的渲染图中，可以方便地查看场景模型自身的完整度、模型表面是否破损，以及模型间相对摆放位置是否符合现实情况。如查看本场景中耳机与 CD 架模型是否有不真实的重合部位，耳机是否陷入地面等细节。

图 1-29　模型检查渲染效果

## 1.3.3 制作材质效果

完成模型的检查，将参数调回测试渲染参数后，接下来便可以正式进行场景材质或是灯光的制作了。场景材质和灯光制作并没有严格的先后顺序，但最好先确定反射与折射较明显的材质效果，然后隐藏这些材质所对应的模型，从而以相对更快的测试渲染速度完成其他材质效果的测试，如图 1-30~图 1-32 所示。

图 1-30　确定金属及透明塑料材质效果

图 1-31　确定耳机模型材质效果

图 1-32　查看场景整体材质效果

### 1.3.4 创建灯光及环境效果

在 VRay 渲染器中，灯光与环境两者的效果是密不可分的，灯光决定了使用什么样的环境效果进行搭配（如在室外建筑表现中，阴天的灯光氛围必定是一个较暗的周围环境），环境则将影响灯光最终的亮度、对比度等特征。

此外，灯光与环境效果不但能影响到渲染图像的亮度、色彩等特征，还对材质折射与反射的细节效果有着很大的作用，如图 1-33 所示为仅添加了灯光后的渲染效果。可以看到图像中虽然有了投影效果，但图像中材质高光对比、反射细节以及图像整体的光感存在明显缺乏。如图 1-34 所示为利用了 HDRI（高动态范围贴图）模拟环境生成的逼真反射效果。

图 1-33　添加灯光后的渲染效果

图 1-34　HDRI 模拟环境渲染效果

### 1.3.5 进行最终渲染输出

在完成了场景中材质以及灯光效果的制作后，最后进行最终渲染，以解决测试渲染图像中诸如边缘锯齿、噪波等问题，并通过渲染参数的提升获得更为细腻的光影效果，场景的最终渲染效果如图 1-35 所示，测试渲染与最终渲染的细节对比如图 1-36 所示。

图 1-35　最终渲染效果

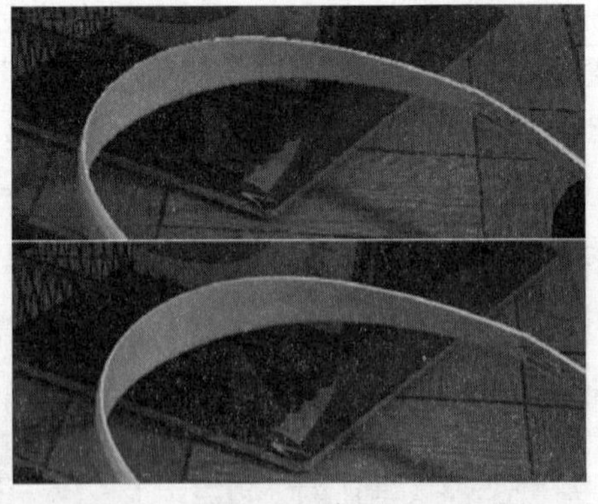

图 1-36　测试渲染与最终渲染细节对比

## 1.4 VRay 渲染器的特点

从如图 1-35 所示的最终渲染效果中，可以发现 VRay 渲染器所渲染出的效果十分逼真，但目前渲染效果出众的的渲染器并非只有 VRay 渲染器一家，Brazil、FinalRender、Mental Ray、FryRender、MaxWell、Lightscape、RenderMan 等渲染器均能渲染出十分真实的效果，如图 1-37~图 1-42 所示。

图 1-37　Brazil 渲染器优秀表现作品

图 1-38　FinalRender 渲染器优秀表现作品

图 1-39　Mental Ray 渲染器优秀表现作品

图 1-40　FryRender 渲染器优秀表现作品

图 1-41　MaxWell 渲染器优秀表现作品

图 1-42　Lightscape 渲染器优秀表现作品

单独就渲染效果的特点而言，以上介绍的各种渲染器显然都有着自身的特点与渲染适用对象，但相比于当前其他所有同类的渲染器，VRay 渲染器所表现的焦散效果最为精致细腻，如图 1-43 与图 1-44 所示。因此 VRay 渲染器有着“焦散之王”的美誉，其中图 1-43 相信大家十分熟悉，这也是 VRay 渲染器内置宣传用图的原始图像，这个细节足以证明 VRay 渲染器对焦散效果表现的自信。

图 1-43　VRay 渲染器焦散表现一

图 1-44　VRay 渲染器焦散表现二

此外 VRay 渲染器的天光与反射、折射效果也十分理想，所能表现的渲染效果几乎达到了以假乱真的地步，如图 1-45 与图 1-46 所示。

图 1-45　VRay 渲染器优秀的天光表现效果

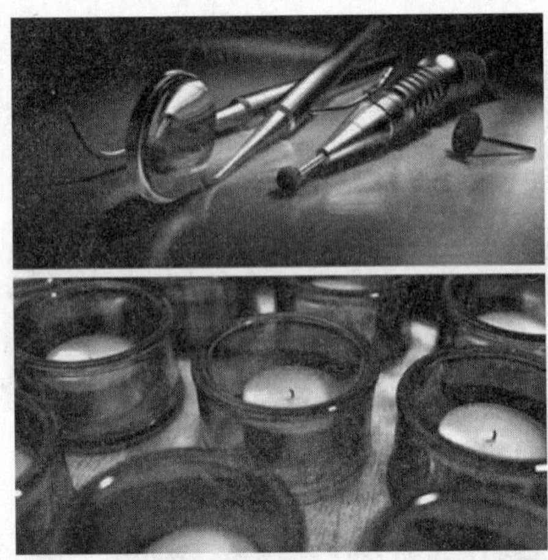

图 1-46　VRay 渲染器逼真的反射与折射表现效果

VRay 渲染器除了在渲染效果上得到了用户的一致认可外，其对于类似的渲染品质所耗费的渲染计算时间相对较少，这也是 VRay 渲染器能吸引到众多用户的一大原因。

VRay 渲染的诸多特性限于篇幅难以一一表述，这里将其大致归纳如下。

## 1.4.1 材质功能特点

- VRay 材质能够更准确并更快地计算出自然材质表面所有的特点与特征（如高光强度、粗糙度等）。
- 真正的光影追踪反射和折射从而产生细腻真实的反射和折射材质效果。

- 半透明材质用于创建石蜡、大理石、磨砂玻璃，快速 SSS 材质能逼真地模拟出玉石和皮肤材质效果。
- VRay 渲染器提供的多种程序贴图可快速完成边纹理效果、复合及脏旧等特殊材质效果的制作。
- 使用 VRay 置换修改命令可以通过细致的三角面置换模拟出材质表面真实的凹凸细节（如毛巾绒毛、草地效果）或是山脉起伏等凹凸效果。
- 利用 VRay 毛发物体能模拟出自然的毛发、草地等细节效果，通过 VRay 代理物体能迅速减少场景模型的面数，减轻显示及渲染资源的占用。

### 1.4.2 灯光、阴影功能特点

- VRay 灯光可产生正确物理照明的自然面光源、球光源以及穹顶光源效果。
- VRayIES 可直接加载光域网文件，模拟出丰富多彩的点光源效果。
- VRaySun 与 VRay 天光程序贴图相结合能十分快速地模拟出所有日光时段的氛围效果。
- VRay 阴影能模拟出逼真的阴影效果，并可根据光源形态对应调整面阴影以及球体阴影效果。

### 1.4.3 渲染功能特点

- 多种图像采样器与图像抗锯齿功能能满足不同渲染图像质量与渲染速度的理想平衡。
- 多种图像色彩映射模式能迅速调整图像，包括亮度、对比度等效果。
- 全局照明系统可灵活调整搭配照明引擎方式，并能重复使用光子贴图，提高引擎计算效率。
- 真正支持 HDRI（高动态范围）贴图，提供多种贴图方式从而保证不会产生变形或切片现象。
- 内置多种摄影机镜头，能逼真地渲染出摄影机景深效果以及运动模糊效果。
- 基于 TCP/IP 协议的分布式渲染，而网络许可证管理使得只需购买较少的授权就可以在网络上使用 VRay 系统。

# 第 2 章 VRay 选项卡

本章重点：

- 【帧缓存区】卷展栏
- 【全局控制】卷展栏
- 【图像采样器（抗锯齿）】卷展栏
- 【图像过滤器】卷展栏
- 【全局品控】卷展栏
- 【环境】卷展栏
- 【颜色映射】卷展栏
- 【摄影机】卷展栏

单击【渲染设置】面板上的【设置】选项卡，切换到如图 2-1 所示的卷展栏面板，单击展开【BUG 反馈】卷展栏，可以查看 VRay 许可授权相关信息。

单击展开【关于 VRay】卷展栏，显示如图 2-2 所示的当前使用的 VRay 渲染器版本以及其他软件支持信息。

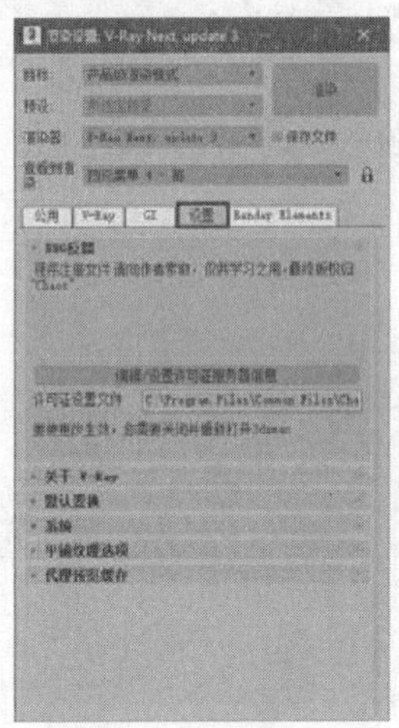

图 2-1 【设置】选项卡

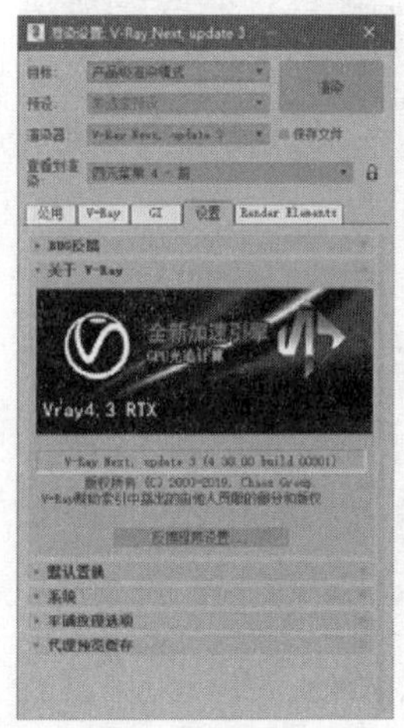

图 2-2 【关于 VRay】卷展栏

## 2.1 【帧缓存区】卷展栏

单击展开【帧缓存区】卷展栏，其具体参数项设置如图 2-3 所示，可以看到在默认状态下该卷展栏只有【启用内置帧缓冲区】参数可用。

勾选【启用内置帧缓冲区】复选框，将激活其他参数。由于默认设置下【内存帧缓冲区】复选框为勾选状态，此时单击【渲染】按钮将弹出如图 2-4 所示的【VR 帧缓冲区】窗口。

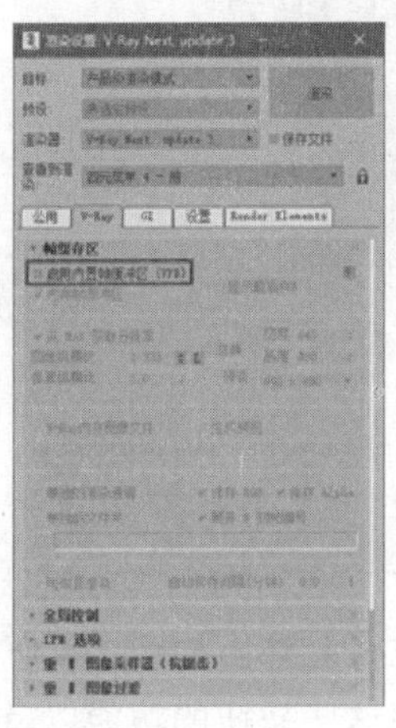

图 2-3 【帧缓存区】卷展栏参数

图 2-4 【VR 帧缓冲区】窗口

注意：启用【VR 帧缓冲区】窗口后，在进行图像渲染时，3ds Max 自带的帧窗口仍然会计算渲染图像并占用系统资源。因此，在确定使用【VR 帧缓冲区】窗口后，首先应如图 2-5 所示在【公用】选项卡（①）内将其输出大小设置为最小（②），然后再如图 2-6 所示进入【渲染输出】参数组，取消【渲染帧窗口】复选框的勾选。

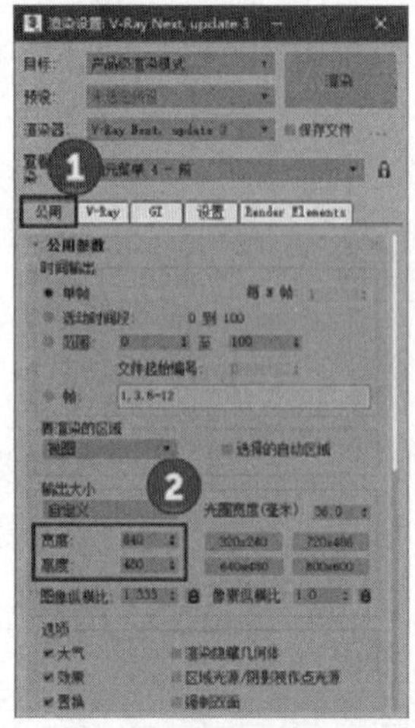

图 2-5　设置最小输出尺寸

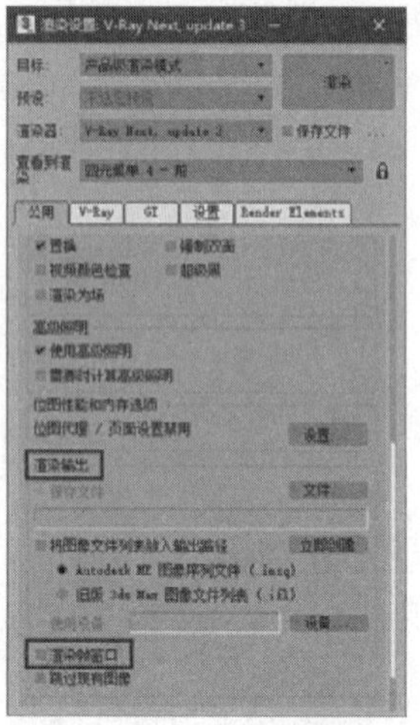

图 2-6　关闭 3ds Max 自带帧缓冲区窗口

此外，当渲染完成并关闭了【VR 帧缓冲区】窗口后，如果想再次查看渲染图像，只需单击该卷展栏右侧的 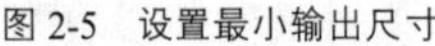 显示最后VFB 按钮即可，如图 2-7 所示。

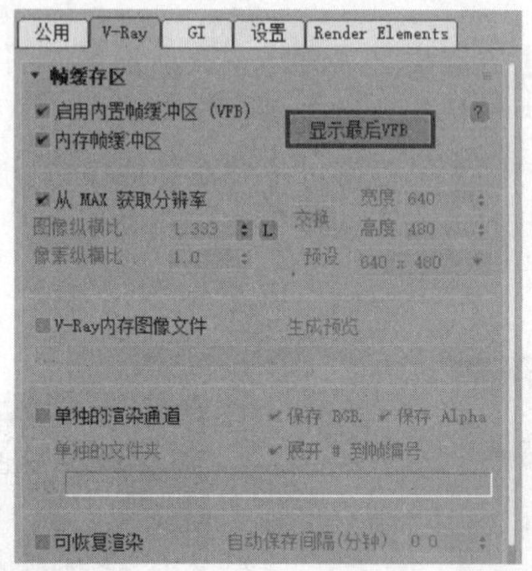


图 2-7　单击 显示最后VFB 按钮

接下来首先了解【VR 帧缓冲区】窗口的使用。

### 2.1.1 如何使用【VR 帧缓冲区】窗口

勾选【启用内置帧缓冲区】复选框进行渲染时，系统将会弹出如图 2-8 所示的缓冲窗口，可以看到该窗口上设置了许多的功能按钮，下面了解这些按钮的功能以及使用方法。

### 1. 【预览颜色通道】按钮

从左至右的这些按钮，提供了 RGB（RGB 为默认的通道，图像效果如图 2-8 所示）、以及如图 2-9~图 2-13 所示的单色通道、Alpha 通道以及单色模式的预览画面。

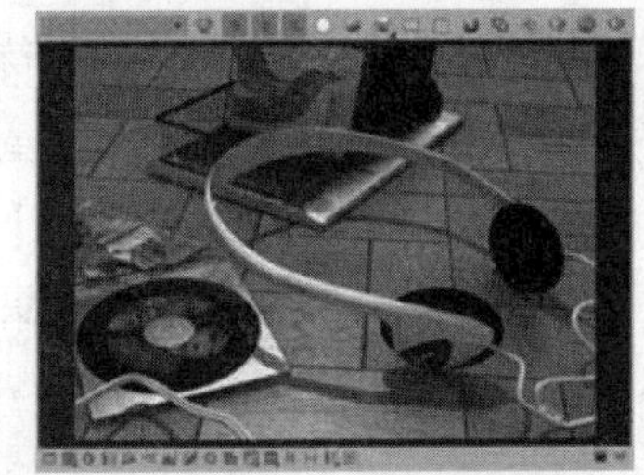

图 2-8 【VR 帧缓冲区】窗口

注意：第一，观察单色通道图像时必须先激活 RGB 通道按钮，否则只能看到色块效果，而 Alpha 图像在图像没有天空背景时会形成一片白色的效果。第二，红绿蓝三个通道的按钮也可以两两搭配进行混合显示，其混合效果遵守色彩混合原理，例如，红绿两个通道混合将产生黄色的图像效果，如图 2-14 所示。

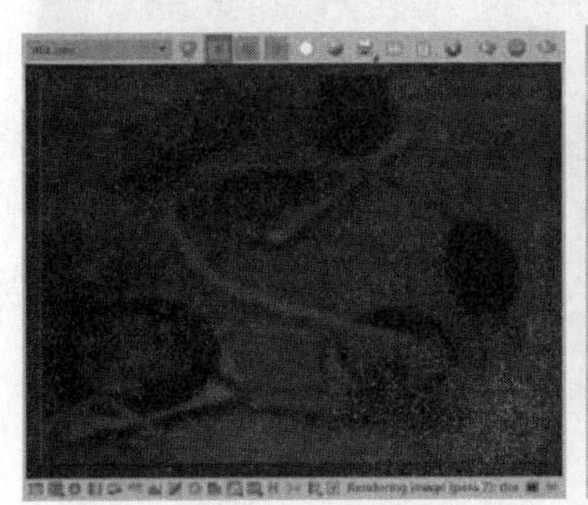

图 2-9 红色通道预览效果

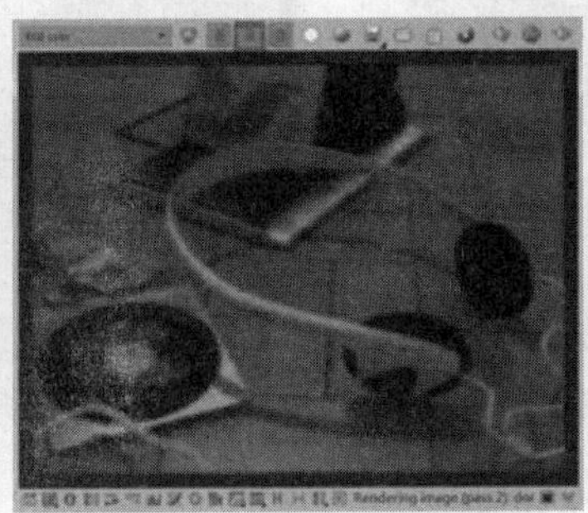

图 2-10 绿色通道预览效果

图 2-11 蓝色通道预览效果

图 2-12 Alpha 通道预览效果

图 2-13 单色模式（灰度）预览效果

图 2-14 红绿两色通道混合预览效果

### 2. 【保存图像】按钮

单击该按钮可保存渲染窗口内的图像文件，该按钮不仅能在渲染完成后进行图像保存，在渲染的过程单击该按钮还可实时保存渲染窗口内的图像文件。

### 3. 【清除图像】按钮

在渲染进行时或渲染完成后单击该按钮，都将清除渲染窗口中的图像内容，将窗口还原至纯黑色。

### 4. 【复制图像副本至 Max 帧缓冲器】按钮

在渲染进行时或渲染完成后可单击该按钮。按下该按钮后，将把 VRay 帧缓存器中渲染得到的图像以副本的方式复制到【Max 帧缓冲器】窗口内，通过窗口效果的直接对比，在进行材质或灯光效果调整时可以更直接准确地判断调整效果是否到位，如图 2-15 所示。

### 5. 【渲染跟随鼠标】按钮

按下该按钮后，在渲染过程中鼠标指针放置的区域将如图 2-16 所示优先进行渲染，因此在进行局部材质或是灯光效果的调整时，利用该功能将有效提高工作效率。

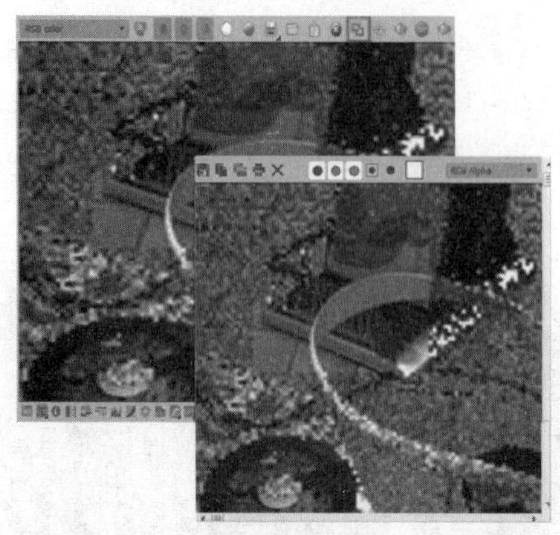

图 2-15 保存副本进行调整效果对比

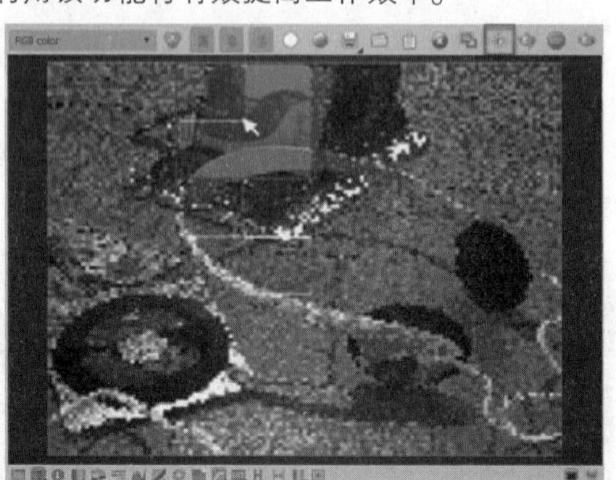

图 2-16 跟随鼠标渲染效果

### 6. 【显示校正控制器】按钮

按下该按钮后将弹出如图 2-17 所示的控制器面板，通过调整其参数、曲线可以改变渲染图像中的色彩等效果，每种颜色矫正工具都可以在底部的 VFB 工具栏中启用或禁用。

技巧：如果只激活【显示校正控制器】按钮，此时调整控制器中的曲线或拖动三角按钮都不会看到渲染图像产生变化，如果同时激活其中的（色阶、曲线或是曝光控制）按钮再调整控制器，则能如图 2-18 所示实时对调整效果进行预览。

全局
曝光
白平衡
色阶 / 饱和度
色彩平衡
色阶
曲线
背景图像
LUT
OCIO
ICC

图 2-17 显示校正控制器

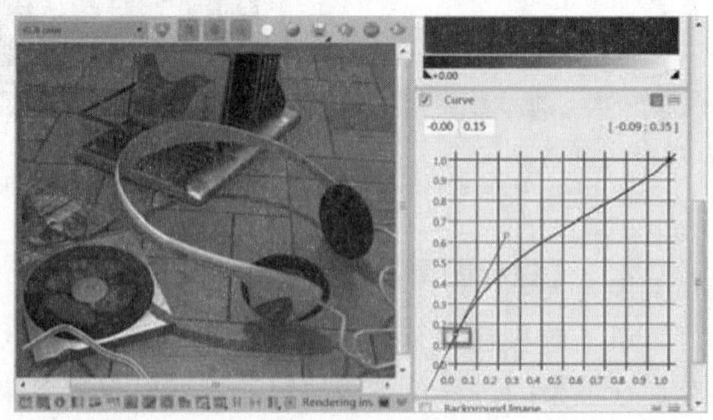


图 2-18 实时预览调整效果

### 7. 【强制颜色钳制】按钮

默认情况下该按钮是激活的，因此渲染图像中超出正常显示范围的色彩将被钳制，显示出正常的色彩效果。再次单击该按钮后将不会对渲染图像中超出正常显示范围的颜色进行钳制校正，两者对比效果如图 2-19 所示。

8. 【查看钳制颜色】按钮

单击按钮并按住鼠标左键，可以显示如图 2-20 所示的图片，其中灰色表示正常的颜色区域，而白点则为被钳制的颜色区域。

图 2-19 钳制颜色对比效果

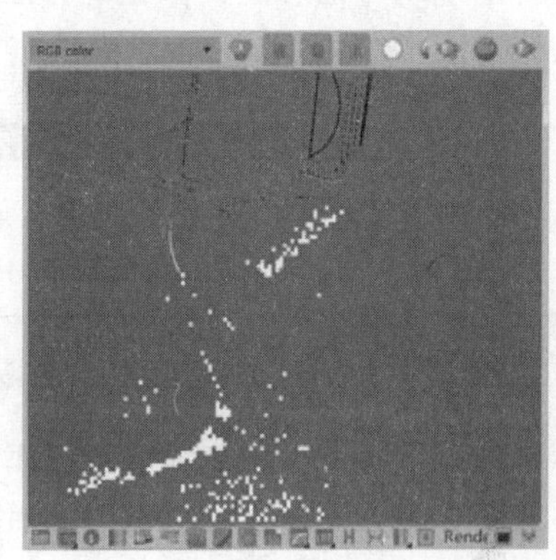

图 2-20 查看钳制颜色

9. 【显示像素信息】按钮

单击该按钮后，将鼠标移动至帧缓存渲染图像上的某一点，即会弹出如图 2-21 所示的独立窗口，其中显示了该点的位置以及颜色 RGB 值等信息。

10. 【显示 sRGB 颜色空间】按钮

国际上通用的 sRGB 颜色空间内的 Gamma（伽马）标准值为 2.2，3ds Max 系统内部默认的 Gamma（伽马）值则为 1，因此渲染图片显示会相对较暗，如图 2-22 所示单击该按钮能将 Gamma（伽马）值切换至 2.2，提高图片的亮度。

图 2-21 显示像素信息

图 2-22 切换至 sRGB 颜色空间图像效果

11. 【显示水印控制】按钮

单击该按钮后，将在【VR 帧缓冲区】窗口下方弹出如图 2-23 所示的【水印控制】按钮组。

图 2-23 【水印控制】按钮组

再单击激活其中的【应用水印】按钮，将在渲染窗口下方出现如图 2-24 所示的水印信息，对于水印信息的具体控制方法请大家参考本书第 4 章“【系统】卷展栏”一节中的相关内容。

VR版本 4.30.00 | 文件名: 渲染流程完成.max | 帧: 00000 | 图元: 96238 | 渲染用时:

图 2-24 显示水印信息

## 2.1.2 【输出分辨率】参数组

默认情况下【从 MAX 获取分辨率】复选框为勾选状态，这样将冻结该参数组内其他参数，如图 2-25 所示。此时，以【公用】选项卡内如图 2-5 中所示的【输出大小】参数组中设定的像素数值进行图像的渲染。

取消该复选框的勾选后，则可以利用其自身参数组中的【宽度】与【高度】参数或是直接选择预置好的输出尺寸按钮进行渲染图像大小的设定，如图 2-26 所示。而通过设置左侧的【像素纵横比】可以确定输出图像中长宽像素的实际比例，通常保持默认的数值 1 即可，这样可以避免图像内模型比例失真。

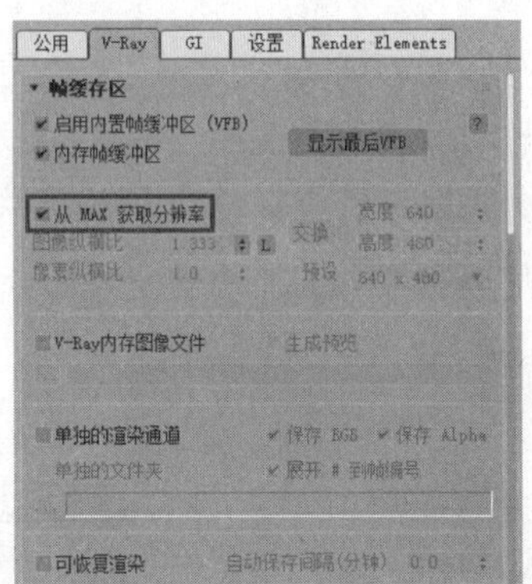


图 2-25 勾选【从 MAX 获取分辨率】

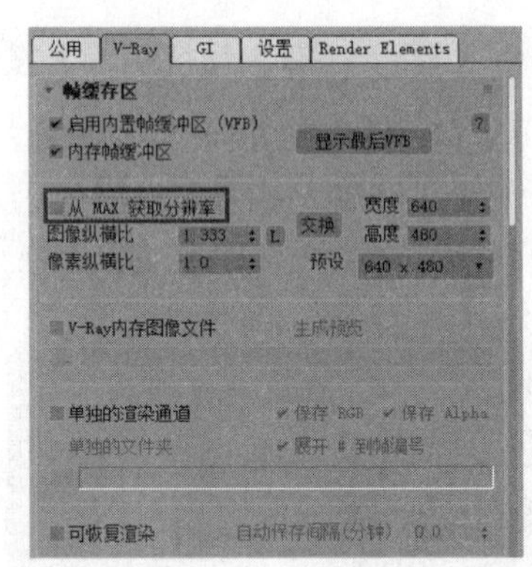


图 2-26 未勾选【从 MAX 获取分辨率】

## 2.1.3 【VRay 内存图像文件】参数组

勾选【VRay 内存图像文件】复选框后，如图 2-27 所示，单击其下【浏览】按钮 ... 可以设置将要渲染的图像的文件名与保存路径，如图 2-28 所示。这样在完成渲染后，系统将自动把渲染得到的图片以.vrimg 的文件格式保存至设定路径处。

其中的【生成预览】参数在 VRay V1.47.03 版本后已经失效。在之前的版本中勾选该参数，将弹出一个小的窗口代替【VR 帧缓冲区】窗口用于预览渲染图像。

图 2-27　勾选【VRay 内存图像文件】

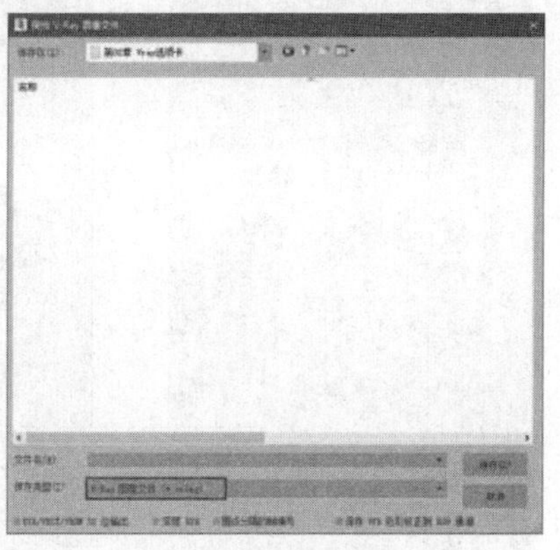

图 2-28　设置保存路径

### 2.1.4 【单独的渲染通道】参数组

勾选【单独的渲染通道】复选框，其后的两个选项将被激活，如图 2-29 所示。单击其下的【浏览】按钮 ...，可以预先进行渲染图像文件路径与文件名的设置，如图 2-30 所示。

勾选【保存 RGB】复选框，在渲染时将生成 RGB 通道图像。勾选【保存 Alpha】复选框，将在渲染时生 Alpha 通道图像。

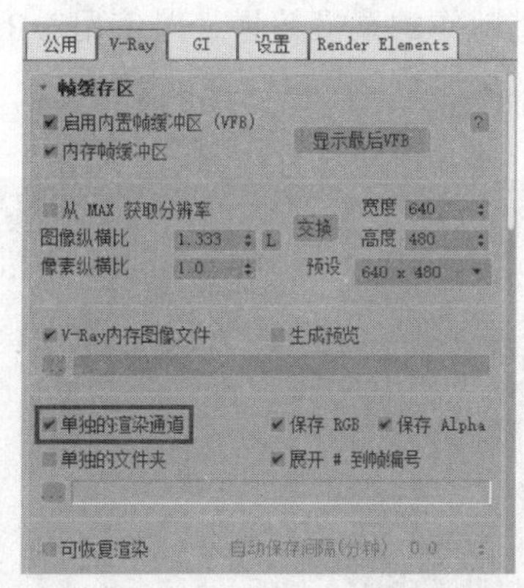


图 2-29　勾选【单独的渲染通道】

图 2-30　设置保存路径

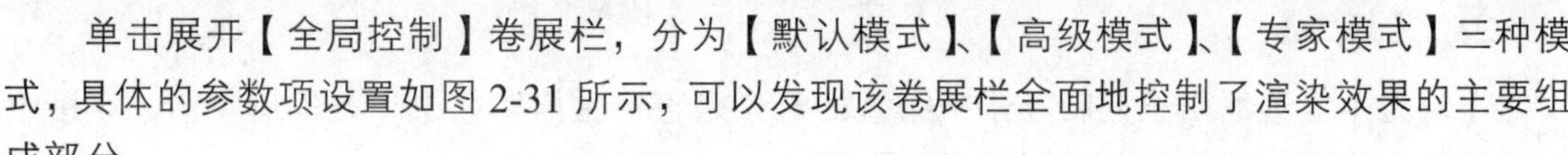

## 2.2 【全局控制】卷展栏

单击展开【全局控制】卷展栏，分为【默认模式】、【高级模式】、【专家模式】三种模式，具体的参数项设置如图 2-31 所示，可以发现该卷展栏全面地控制了渲染效果的主要组成部分。

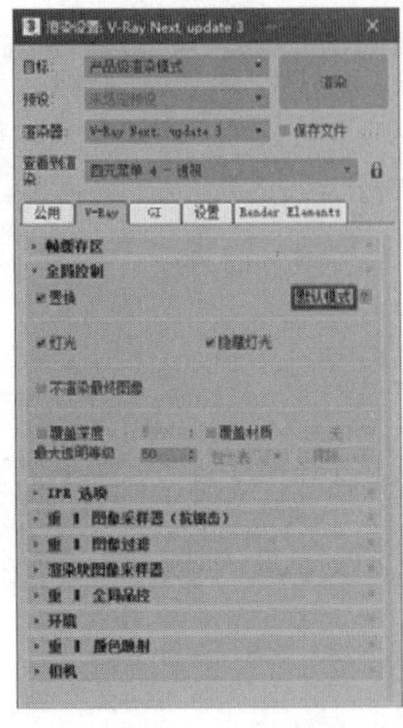
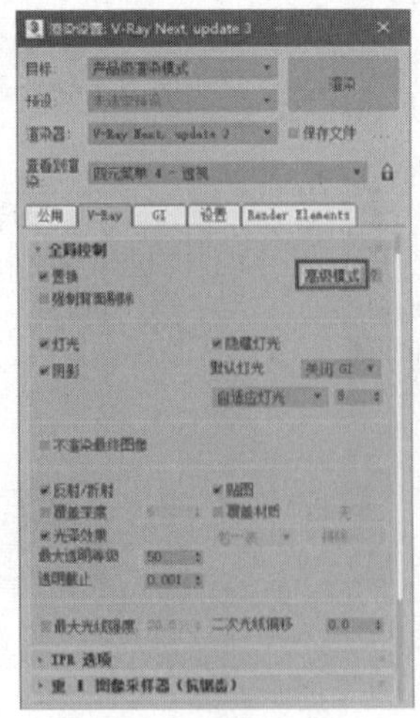
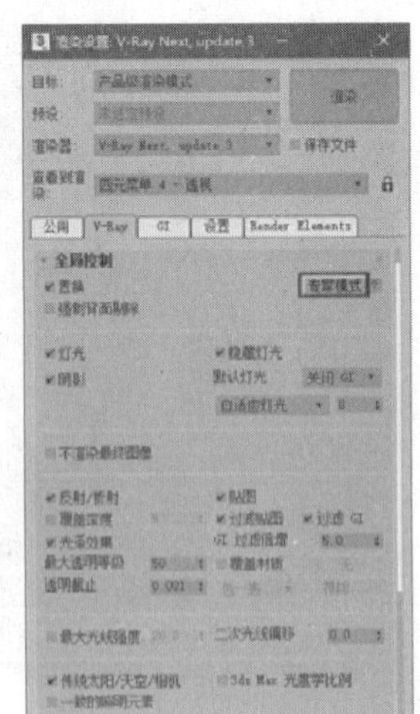

图 2-31　全局控制的三种模式

## 2.2.1 【默认模式】参数组

### 1. 【置换】

【置换】复选框用于控制是否在渲染图像内产生置换效果，如图 2-32 和图 2-33 所示。需要注意的是，该参数不但能控制【置换】贴图通道制作的置换效果，对使用 VRay 渲染器的【VRay 置换修改器】制作的置换效果同样有效。

图 2-32　未勾选置换渲染效果

图 2-33　勾选置换渲染效果

### 2. 【灯光】

【灯光】复选框用于控制场景中布置的灯光是否产生照明效果，若取消勾选，场景中布置的灯光将不会产生任何照明效果，如图 2-34 与图 2-35 所示。

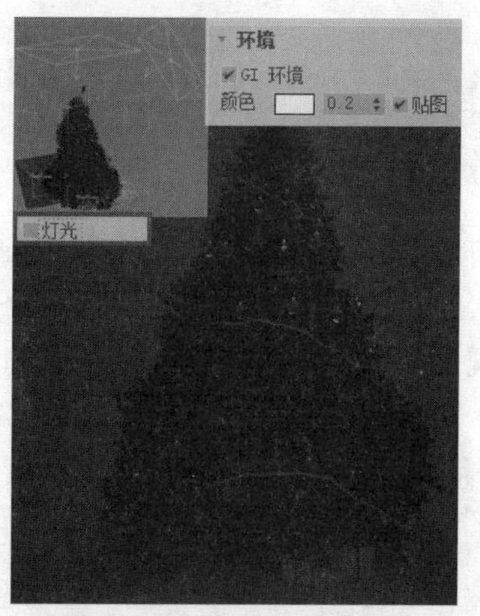


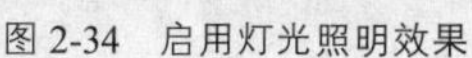
图 2-34 启用灯光照明效果

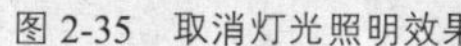
图 2-35 取消灯光照明效果

注 意：【灯光】复选框只能用于控制场景中由灯光产生的照明效果，从渲染效果可以发现，由天光产生的照明效果仍然存在，不受其影响。

### 3. 【隐藏灯光】

【隐藏灯光】复选框用于决定场景中被隐藏的灯光是否对场景产生照明效果。勾选该复选框时，场景中的灯光无论隐藏与否都将产生照明效果。在实际工作中，进行局部灯光效果测试时通常都会隐藏其他的区域灯光，以避免产生干扰，因此【隐藏灯光】复选框最好取消勾选。

### 4. 【不渲染最终图像】

【不渲染最终图像】复选框用于决定渲染时是只进行灯光效果的计算还是在完成灯光效果的计算后继续完成图像的渲染生成，该复选框勾选与否渲染窗口最终状态分别如图 2-36 与图 2-37 所示。

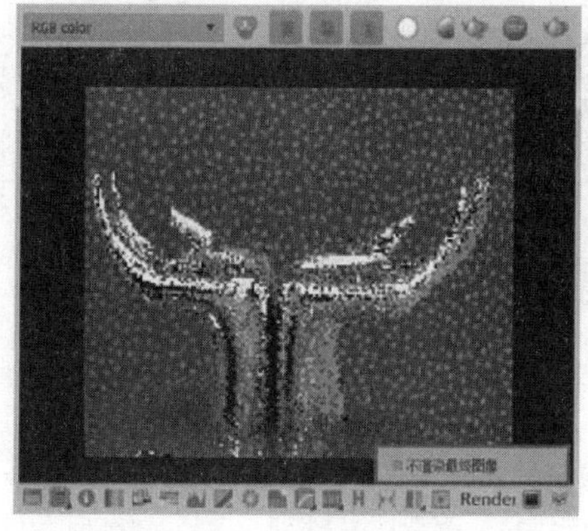

图 2-36 未勾选【不渲染最终图像】

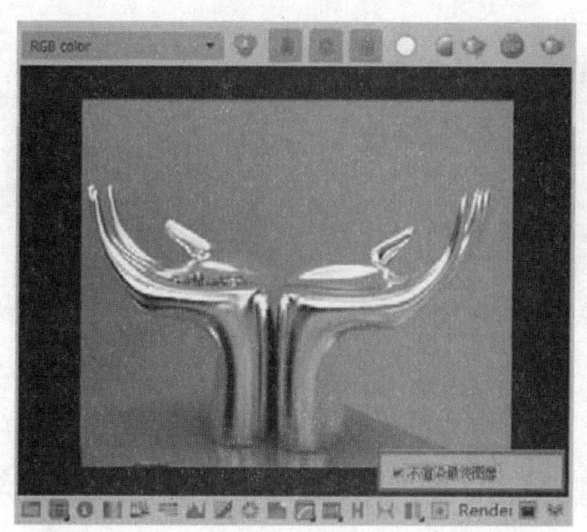

图 2-37 勾选【不渲染最终图像】

技巧：如果灯光与材质效果已经确定，渲染的目的仅在于提供高质量的灯光效果，此时就可以勾选【不渲染最终图像】复选框以节省出渲染图像的时间，关于这一点的详细用法请大家参考本书第13章中的“光子图渲染”一节。

### 5. 【覆盖深度】

勾选【覆盖深度】复选框后，通过参数值可以控制场景中所有材质的反射/折射的最大反弹次数，所有的局部参数设置将会被它取代。该数值越大，反射与折射计算得越彻底，所表现出的细节也越丰富，但耗费的计算时间也越长，如图 2-38 与图 2-39 所示。

图 2-38　覆盖深度为 1 时的渲染效果

图 2-39　覆盖深度为 5 时的渲染效果

技巧：在实际工作中，通常保持此处的【覆盖深度】为默认设置，当场景中的材质需要进行反射与折射的细节表现时，可以分别对【VRay 材质】的【反射】与【折射】参数组中的【最大深度】进行单独的调整，如图 2-40 与图 2-41 所示。这样既能表现出镜头近端的细节效果，又能避免场景无论远近都进行细节表现，从而导致渲染计算时间过长的问题。

反射　最大深度 5
光泽度 1.0　背面反射
菲涅尔反射　暗淡距离 2540.0mm
菲涅尔 IOR L 1.6　暗淡衰减 0.0
金属度 0.0　细分值 8
影响通道 仅颜色

图 2-40　通过材质反射参数组调整反射最大深度

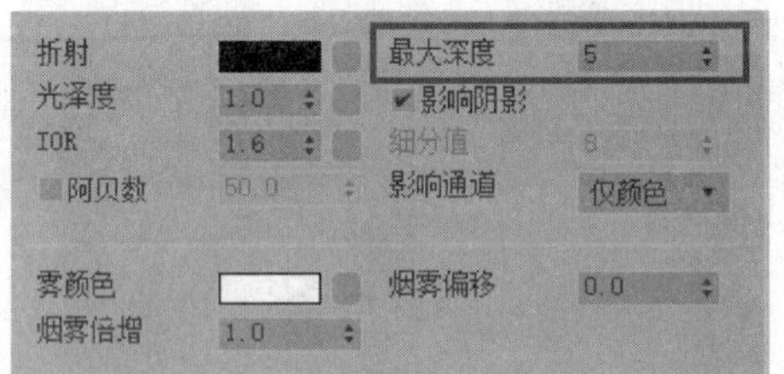


图 2-41　通过材质折射参数组调整折射最大深度

注意：【材质】参数组中的【最大深度】参数一旦激活，场景反射与折射的反弹次数均以其设定的数值为准，材质中设置的【最大深度】参数将失效。

### 6. 【覆盖材质】

勾选【覆盖材质】复选框，然后如图 2-42 所示在【材质编辑器】中拖动一个材质球关联复制至其右的 无 按钮，这样之前制作好的材质效果就会在渲染图像中被关联复制至此按钮上的材质所代替，如图 2-43 所示。

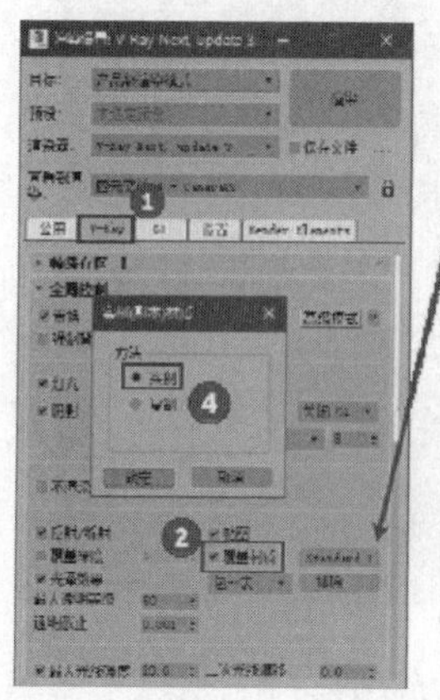

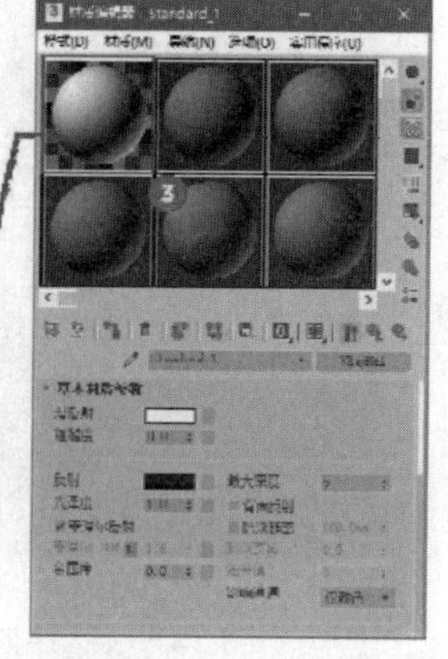

图 2-42 关联复制材质球至【覆盖材质】复选框

图 2-43 场景启用【覆盖材质】后的效果变化

技巧：【覆盖材质】在效果图的制作过程中十分实用。在进行灯光布置特别是室外阳光效果布置时，经常需要多次调整灯光的位置与角度才能获得满意的光影效果。如果此时场景中有许多模糊反射及折射的材质，则每次检验灯光调整效果的测试渲染都将耗费很长的计算时间。此时可以先如图 2-44 所示调整一个简单的【覆盖材质】快速测试好灯光的角度、投影等大体效果，然后再取消【覆盖材质】进行灯光亮度的细节调整，如图 2-45 所示。

图 2-44 开启【覆盖材质】快速测试灯光大体效果

图 2-45 取消【覆盖材质】进行灯光亮度细节调整

在制作室内效果图时为了避免【覆盖材质】将场景中透明或是半透明材质（如玻璃、窗帘）等模型实心化从而阻挡室外阳光进入室内，可以通过单击其中 无 按钮下方的 排除... 按钮，选择对应的模型名称进行排除，使其不受【覆盖材质】的影响，保留已有的材质效果并使室外阳光进入室内。

### 7. 【最大透明等级】

【最大透明等级】参数控制透明物体光线追踪的最大深度。该参数对于透明材质的模型渲染效果没有太大影响，主要是影响透明物体所形成的投影，如图 2-46 与图 2-47 所示。

图 2-46 最大透明度等级为 50 时的效果

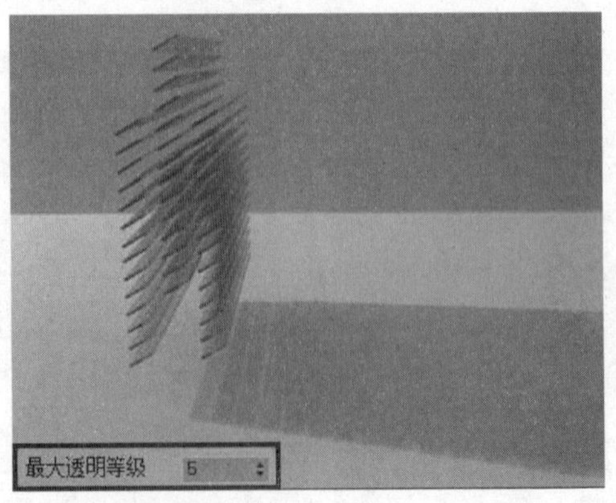


图 2-47 最大透明度等级为 5 时的效果

## 2.2.2 【高级模式】参数组

当设置到高级模式时，有以下新增的参数出现在【全局控制】卷展栏中。高级模式的具体参数项设置如图 2-48 所示。

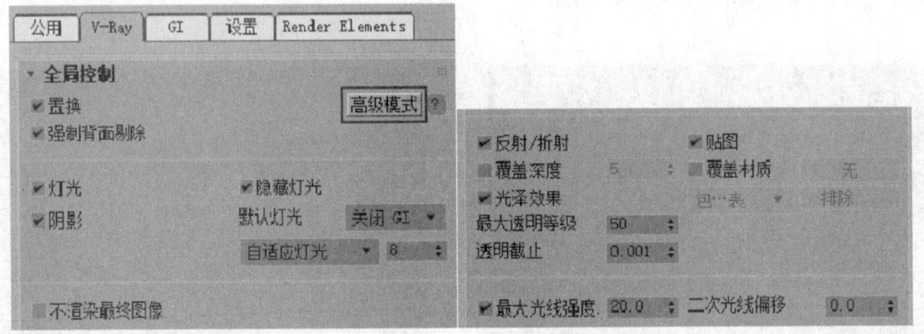


图 2-48 【高级模式】参数组

### 1. 【强制背面剔除】

勾选【强制背面剔除】复选框，如图 2-49 所示，场景中反转法线的模型将在渲染图像中不可见。注意，该参数与鼠标右击快捷菜单中【对象属性】对话框内的【背面消隐】参数不同，如图 2-50 所示。

勾选【背面消隐】只影响视图中物体的显示效果，但在渲染时该物体仍然可见，如图 2-51 和图 2-52 所示。

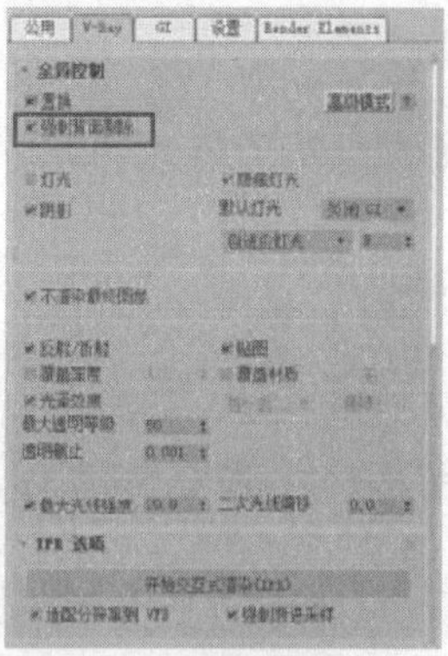

图 2-49　勾选【强制背面剔除】复选框

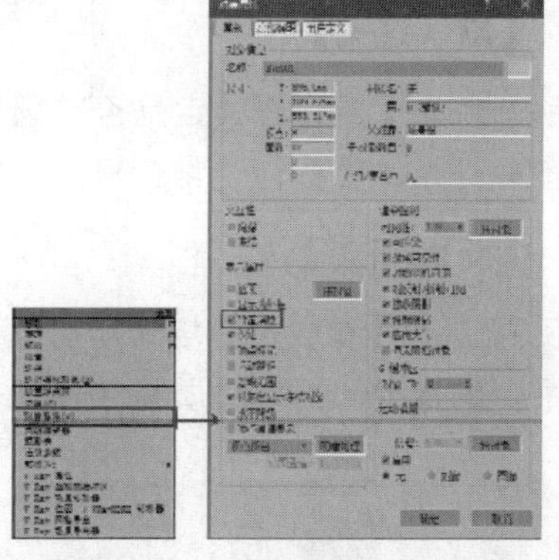

图 2-50　对象属性中的背面消隐参数

图 2-51　未勾选【强制背面剔除】时的渲染效果

图 2-52　勾选【强制背面剔除】时的渲染效果

## 2. 【投射阴影】

【投射阴影】复选框用于控制灯光是否生成阴影。在勾选的状态下，场景中所有灯光（未调整阴影参数）都将投射阴影。

在实际的工作中，通常只需要对场景中单个或一些灯光取消投射阴影，通常如图 2-53 所示调整灯光自身控制参数实现。此外还可以如图 2-54 所示通过灯光的【排除】按钮，单独控制某盏灯光对场景中的一些模型是否产生投影（该功能的具体用法请参考第 9 章“VRay 灯光与阴影”中的相关内容）。

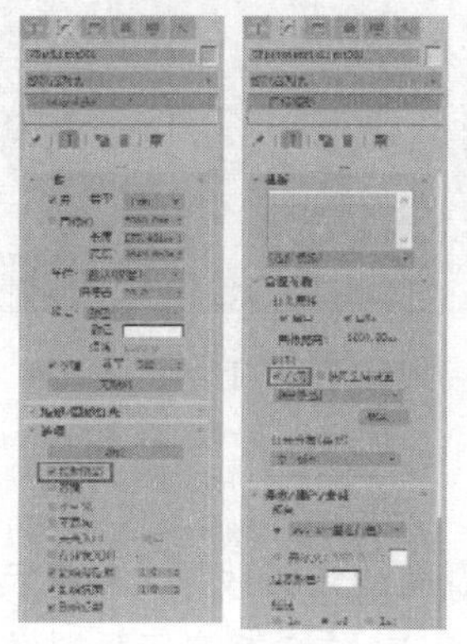

图 2-53　通过灯光参数控制单独灯光的阴影

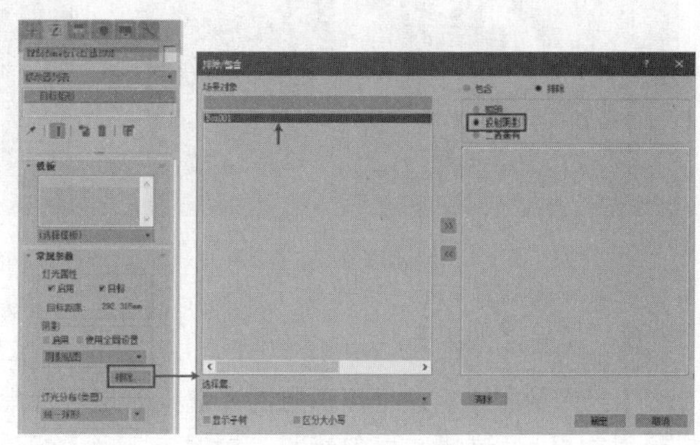

图 2-54　通过灯光参数排除对物体投影

3. 【默认灯光】

【默认灯光】复选框决定是否在场景中开启 3ds Max 默认灯光的照明。为了避免默认灯光对布置灯光的干扰，通常会取消该复选框的勾选。

4. 【反射/折射】

【反射/折射】参数控制场景所有反射与折射效果的开启和关闭。如果取消该参数的勾选，场景中的反射和折射材质将全部失效，效果对比如图 2-55 与图 2-56 所示。

图 2-55 勾选【折射/反射】时的渲染效果

图 2-56 未勾选【折射/反射】时的渲染效果

5. 【贴图】

【贴图】复选框用于控制场景中是否使用从外部载入的各材质纹理贴图。取消勾选，材质加载的外部纹理贴图将失效，如图 2-57 与图 2-58 所示。

图 2-57 勾选【贴图】模型渲染效果

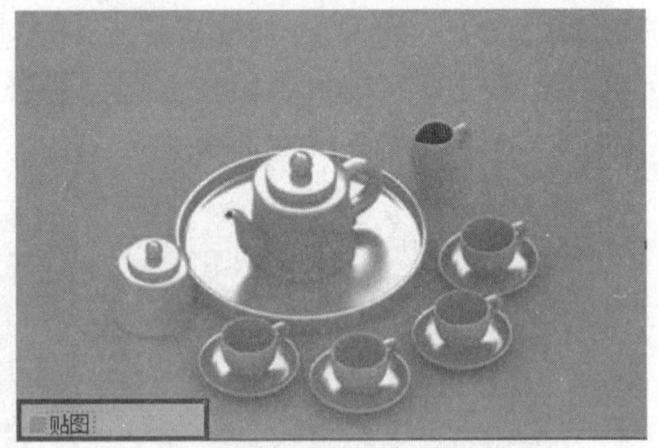


图 2-58 未勾选【贴图】模型渲染效果

6. 【光泽效果】

【光泽效果】复选框用于控制在渲染时是否考虑材质表面的光泽效果（包括反射效果与折射效果），该复选框勾选与否对具有表面光泽效果材质表现的影响与耗时差别如图 2-59 如图 2-60 与所示。

技巧：比较图 2-59 与图 2-60 可以发现两者所耗费的时间差距十分大，因此在场景进行灯光效果的测试时通常取消【光泽效果】复选框的勾选，以加快测试渲染的效率。

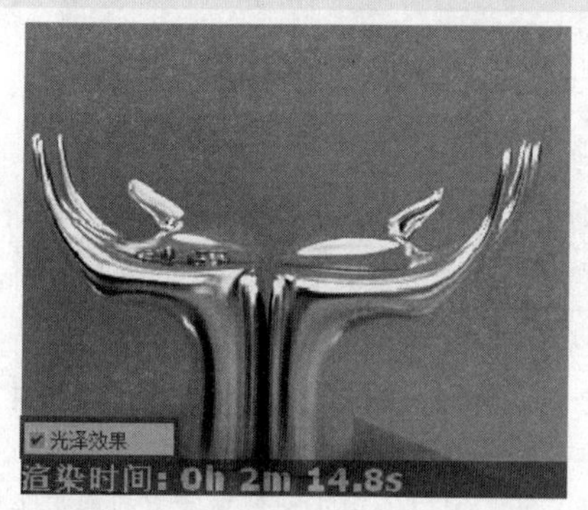


图 2-59　勾选【光泽效果】时的材质效果与耗时

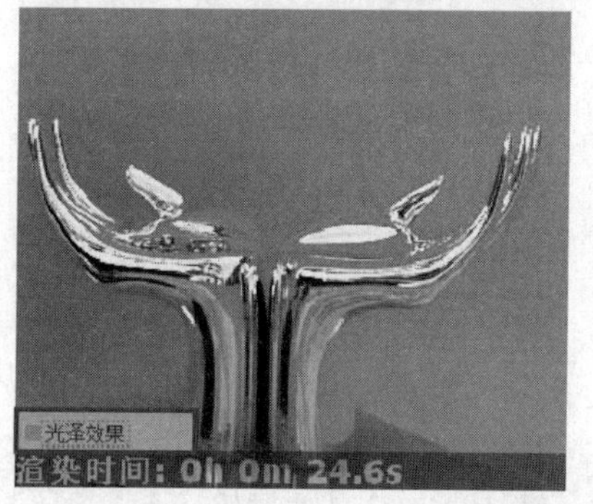


图 2-60　未勾选【光泽效果】时的材质效果与耗时

### 7. 【透明截止】

【透明截止】参数控制追踪穿过透明物体的光线到达什么数值时即中止追踪，该参数同样更多地用于调整透明物体的投影细节，其后的参数值越小，透明物体的投影层次越清晰，如图 2-61 与图 2-62 所示。

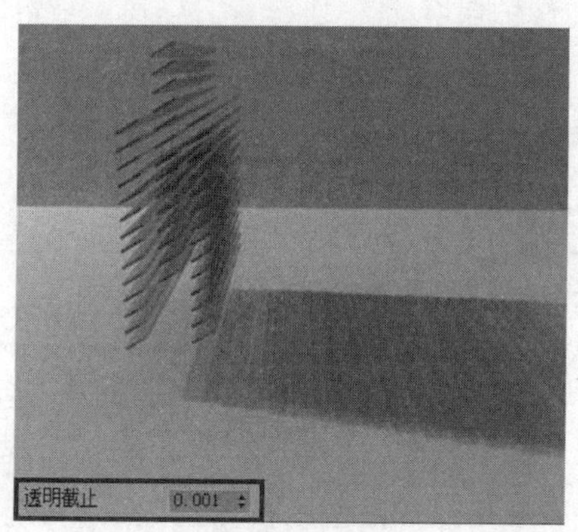


图 2-61　透明截止值为 0.001 时的效果

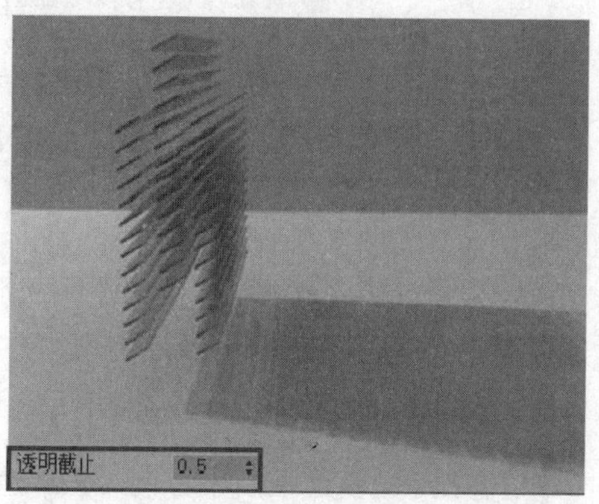


图 2-62　透明截止值为 0.5 时的效果

### 8. 【最大光线强度】

通过调整【最大光线强度】参数来抑制很亮的二次光线以及在渲染图像中可能出现的过度的、且难以会聚的噪波（即萤火虫），但不会在最终图像中丢失太多的 HDR 信息。其效果类似于【颜色贴图】卷展栏的钳制最终渲染图像，但【最大光线强度】适用于所有的二次光线，而不是最终的图像样本。

### 9. 【二次光线偏移】

通过设置【二次光线偏移】参数后的数值可以如图 2-63 与图 2-64 所示控制光线穿过物体（或被物体反弹）后再次传播的路径偏移量。如果完全不偏移，光线不断累积在一处容易形成浓重的阴影效果（即黑斑）。如果偏移量过大，材质与投影效果会变得不真实。

图 2-63　二次光线偏移数值为 0.001 时的渲染效果

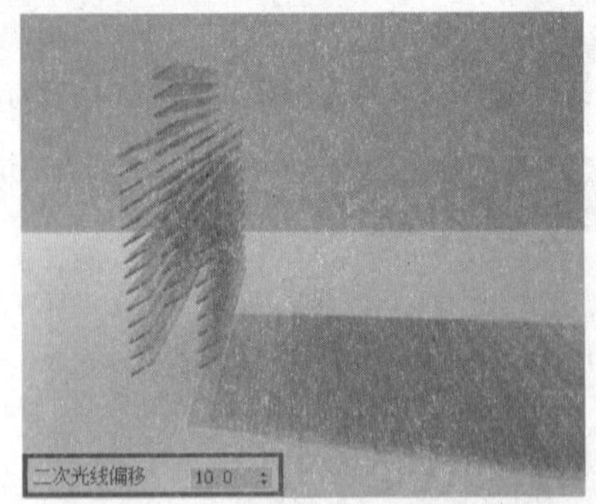


图 2-64　二次光线偏移数值为 10.0 时的渲染效果

技巧：在实际的工作中将【二次光线偏移】设置为 0.001 能避免由于模型重面等原因产生的重叠处黑斑现象。

## 2.2.3【专家模式】参数组

当设置到专家模式时，有以下新增的参数出现在【全局控制】卷展栏中，专家模式的具体参数项设置如图 2-65 所示。

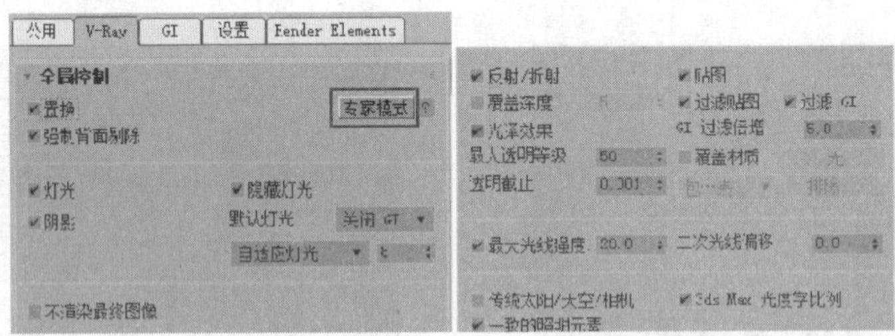


图 2-65　【专家模式】参数组

### 1. 【过滤贴图】

【过滤贴图】复选框用于控制 VRay 渲染器是否使用纹理贴图的抗锯齿效果。勾选【过滤贴图】后，贴图渲染后放大观察时，可以发现细节更为真实，如图 2-66 与图 2-67 所示。

图 2-66　不进行过滤的贴图渲染后的放大细节

图 2-67　进行过滤的贴图渲染后的放大细节

注 意：【过滤贴图】使用的图像过滤方式是贴图自身的过滤类型，如图 2-68 所示，而非 VRay 渲染器的【图像过滤器】，如图 2-69 所示。

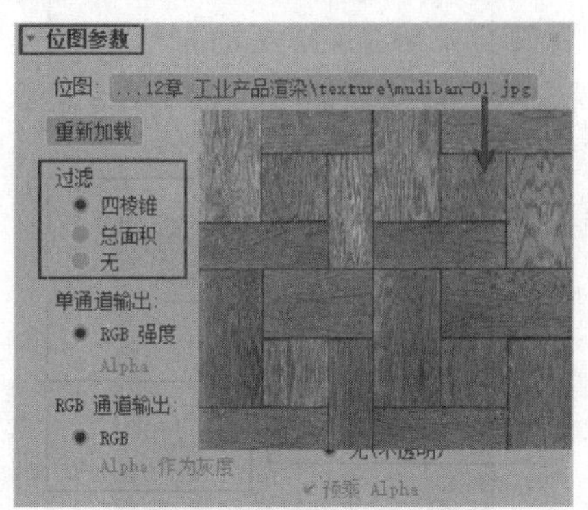


图 2-68　贴图自身的过滤类型

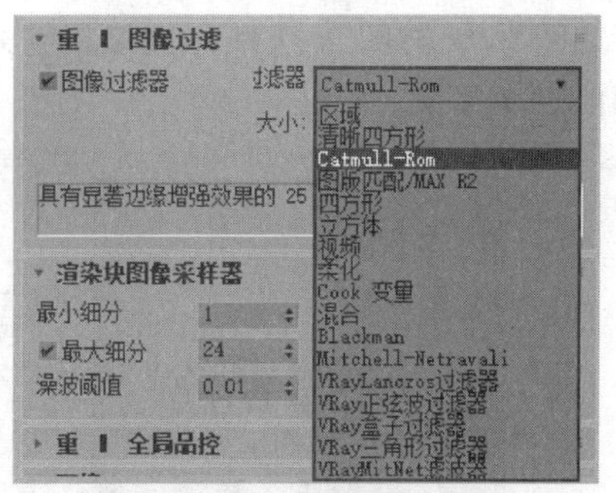


图 2-69　VRay 图像过滤器类型

## 2. 【全局光过滤贴图】

【全局光过滤贴图】参数在 VRay 中的主要作用是控制【VRay 脏旧贴图】，详细内容请参考本书第 6 章“VRay 材质与贴图”中【VRay 污垢贴图】一节的相关内容。

## 3. 【传统太阳/天空/摄影机】

随着 VRay 渲染器版本的不断更新，新的版本对【VRay 阳光】、【Vray 天光】环境贴图以及【VRay 摄影机】的计算方式进行了改进，勾选【传统太阳/天空/摄影机】复选框时将继承旧版本 VRay 渲染器的计算方式，对比如图 2-70 与的图 2-71 渲染图可以发现勾选该复选框时灯光的亮度会降低。

图 2-70　未勾选传统太阳/天空/摄影机模式的渲染效果

图 2-71　勾选传统太阳/天空/摄影机模式的渲染效果

注 意：【传统太阳/天空/摄影机】参数只针对使用了【VRay 阳光】、【VRay 天光】环境贴图、【VRay 摄影机】这三项或是其中至少一项的场景产生作用，如果场景中不涉及这三项中的任何一项，该复选框的勾选与否通常不会产生效果上的改变。此外，对比图 2-70 与图 2-71 可以发现该参数对【VRay 天光】环境贴图亮度的影响尤为明显。

### 4. 【3ds Max 光度学比例】

【3ds Max 光度学比例】复选框用于切换 3ds Max 与 VRay 渲染器的灯光比例。如在 VRay 灯光类型中推出了 VRayIES 灯光，该灯光的计算方式与 3ds Max 的光度学灯光类似，对比如图 2-72 与图 2-73 所示的渲染结果可以发现，勾选该复选框时，VRayIES 能获得较理想的灯光效果。

图 2-72　勾选 3ds Max 光度学比例

图 2-73　未勾选 3ds Max 光度学比例

注意：通常只能勾选【传统太阳/天空/摄影机】与【使用 3ds Max 光度学比例】其中的一项，如果同时勾选这两个复选框或都不勾选，将出现十分昏暗的图像效果，所以保持两项参数为默认的状态即可。

## 2.3 【图像采样器（抗锯齿）】卷展栏

单击展开【图像采样器（抗锯齿）】卷展栏，其中有三种模式，分别为【默认模式】、【高级模式】和【专家模式】，具体参数项设置如图 2-74 所示。

切换【图像采样器（抗锯齿）】的【类型】，【VRay 选项卡】内将如图 2-75 所示添加对应的独立卷展栏进行采样细节的控制。

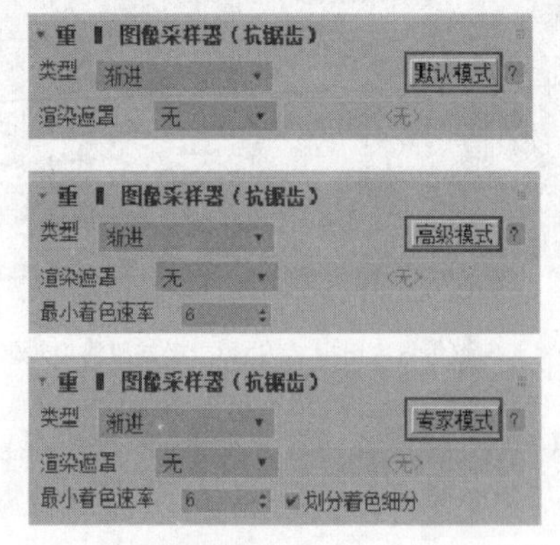


图 2-74　【图像采样器（抗锯齿）】卷展栏

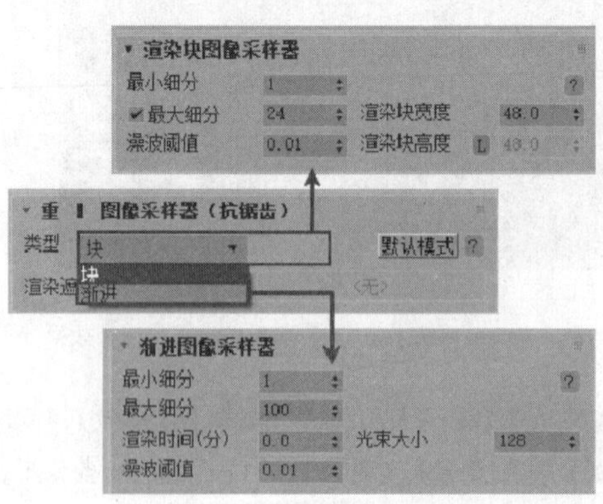


图 2-75　各图像采样器独立卷展栏参数

## 2.3.1 【默认模式】参数组

### 1. 【渲染块图像采样器】

【渲染块图像采样器】通常作为最终渲染图像的采样器，该采样器的卷展栏参数设置如图 2-76 所示。

该采样器的特点在于可以在采样进行时先确定一组数据序列决定采样分配，即在边缘及粗糙区域分配多的采样样本（该样本数由【最大细分】值决定），以得到精细的效果；而在中心及平坦区域分配少的样本（该样本数由【最小细分】值决定），以加快渲染速率。因此该采样器适用于具有大量需要细节表现的场景，如图 2-77 所示。

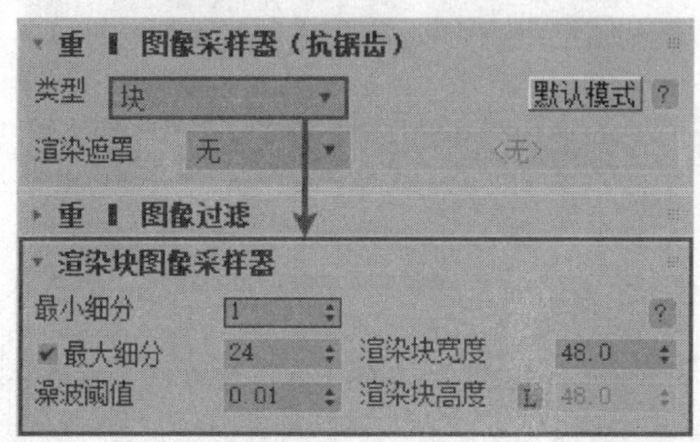


图 2-76 【渲染块图像采样器】卷展栏参数设置

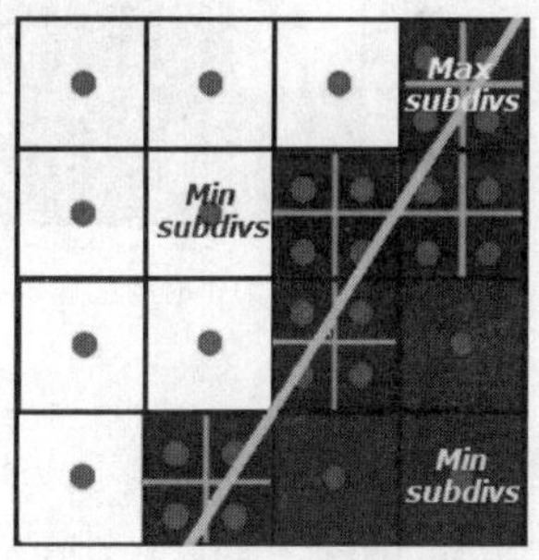


图 2-77 块图像采样原理示意

❑ 【最小细分】

【最小细分】参数定义像素使用样本的最少数量，通常这个最少数量的采样会应用于图像中的平坦区域，观察图 2-78 与图 2-79 可以发现提高该参数值很难在渲染图像上观察到质量的提高，但会延长渲染时间，因此通常保持默认的数值为 1 即可。

图 2-78 最小细分值为 1 时的渲染效果

图 2-79 最小细分值为 3 时的渲染效果

当【最大细分】复选框不被勾选时，就由【最小细分】决定其对图像的采样精度。当参数值为 1 时，对图像中每一个像素仅进行一个样本的采样分析。当参数值大于 1 时，则将按照低差异的蒙特卡罗序列来产生样本。接下来我们就来了解一下这其中的原因。

如图 2-80 所示，图中的每个方格均代表一个像素点，红点则代表采样中心点。当【细分】数值为 1 时，将平均地对每个方格进行数量为 1 的采样，因此每个像素只有一个采样中心点。

图中的绿线代表模型理想的直线边缘（模型位于绿线下侧），当绿线位于采样点的上方时（占用面积超过 1/2），该采样点所在的像素将在渲染图像中表现出模型边缘的色彩与纹理效果（即图中蓝色色块），因此如图 2-80 所示的采样关系在渲染图像中将表现出如图 2-81 所示的边缘对比强烈、颜色过渡生硬的效果，从而形成锯齿现象。

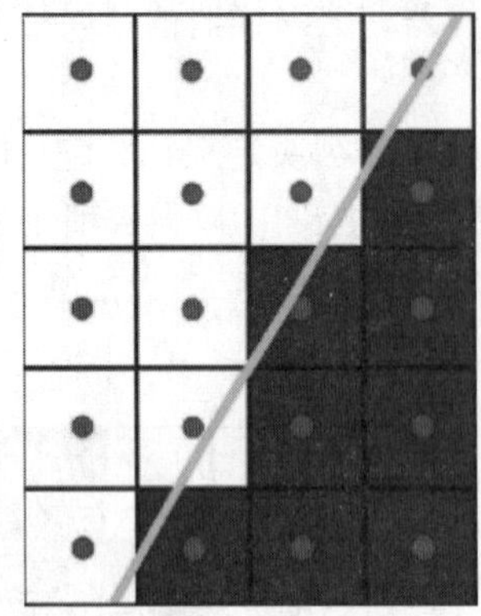

图 2-80　细分为 1 时的采样示意图

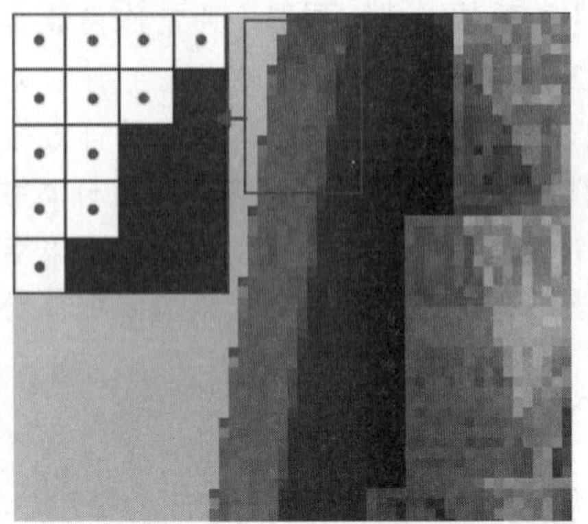

图 2-81　细分为 1 时的图像效果示意图

注意：像素点是图片最小的单元组成，不可再分割。因此在一个像素点内只可能表示出一种颜色与亮度，而其形状也只能是如图 2-81 所示的正方形，也正因为如此，无论怎样调整参数，渲染得到的图像经过放大后都将看到锯齿边缘，不可能在图像中形成完美的边缘。

当【细分】参数值为 2 时，如图 2-82 所示在每个单独的像素内将形成 4 个（采样数目为【细分】参数值 2 的平方）采样点，此时绿线所经过的像素会根据绿线占有的采样数目与整体数目的比重进行颜色与亮度的重新分配（最上角的比重为 1/4），因此如图 2-82 所示的采样关系在渲染图像中将表现出如图 2-83 所示的边缘对比模糊、颜色过渡自然的效果，从而在视觉上减轻锯齿现象。

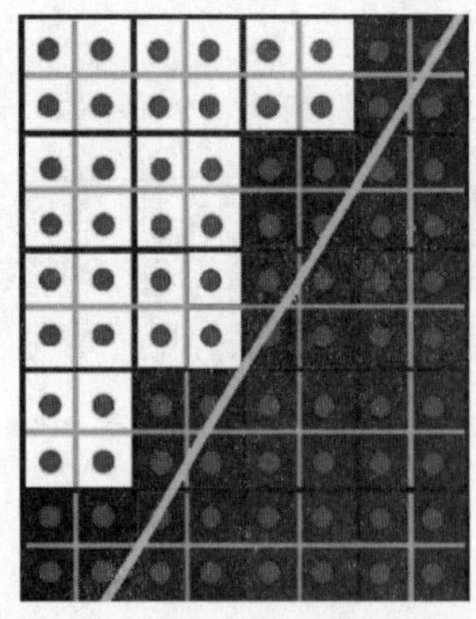

图 2-82　细分为 2 时的采样示意图

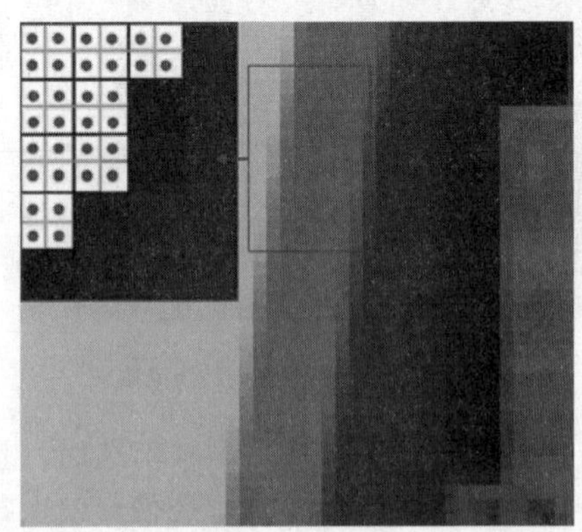

图 2-83　细分为 2 时的图像效果示意图

注意：如图 2-82 所示的示意图只是针对采样原理的讲述，在实际情况中所需考虑到的情况要复杂许多。

❑ 【最大细分】

【最大细分】参数定义像素使用样本的最多数量。通常这个最多数量经过分析应用于场景中模型的边缘或是图像中具有景深、运动模糊等需要大量微小细节的区域，观察图 2-84 与图 2-85 可以发现降低该参数数值会很明显地降低渲染质量。

图 2-84 最大细分为 4 时的渲染效果

图 2-85 最大细分为 1 时的渲染效果

❑ 【噪波阈值】

【噪波阈值】参数只有选择了上方的【最大细分】参数后才能激活。该参数能控制采样器在改变像素颜色方面的灵敏性，设置较低的数值能更为精准地判断中心或边缘（平坦或粗糙）区域，但会耗费更多的渲染时间，通常保持该参数为默认数值即可。

❑ 【渲染块宽度/高度】

【渲染块宽度】参数控制每个 VRay 渲染块横向占用的像素大小，【渲染块高度】参数控制每个 VRay 渲染块竖向占用的像素大小。默认状态下，渲染块经 L 按钮锁定为横竖均为 48 像素正方形，但单击 L 按钮解除锁定后，即可自由设置宽度与高度的像素大小。

2. 【渐进图像采样器】

【渐进图像采样器】会一次性渲染整体的图像，当需要快速查看整体结果（例如放置光源，构建着色器或查看整体开发工作）时，渐进式功能非常有用，它一次生成整个图像，并且逐渐清除其中的噪点，此外，渲染可以在任何时候停止。在渲染测试动画时，渐进式也是很有用的，它可以在特定的时间范围内进行渲染。该采样器的卷展栏参数设置如图 2-86 所示。

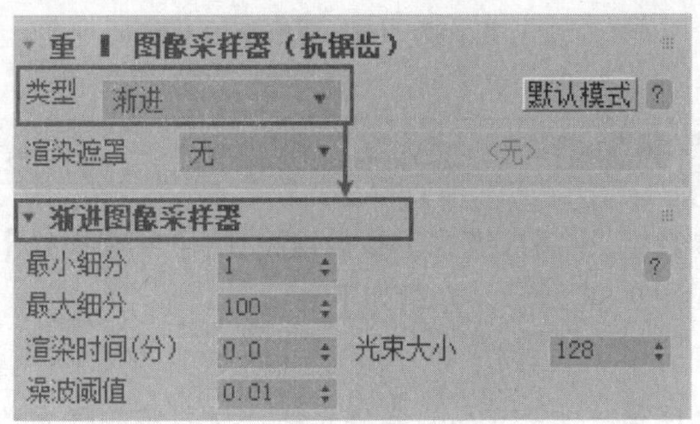


图 2-86 【渐进图像采样器】卷展栏

❑ 【最小细分】

【最小细分】参数定义像素使用样本的最少数量。

❑ 【最大细分】

【最大细分】参数定义像素使用样本的最多数量。

❑ 【渲染时间(分)】

最大渲染时间以分钟为单位，当达到指定时间时，渲染器将停止。如果是 0.0，那么渲染是不受时间限制的。

❑ 【噪波阈值】

该参数与【渲染块图像采样器】中的同名参数作用一致，用于调整采样器判断像素颜色改变的灵敏度。

❑ 【光束大小】

该参数对分布式渲染很有用，控制交给每台机器的渲染块的大小。使用分布式渲染时，该值较高可以更好地利用渲染服务器上的 CPU。

## 2.3.2 【高级模式】参数组

与【默认模式】参数组相比，【高级模式】参数组中增加了【最小着色速率】参数，如图 2-87 所示，介绍如下。

❑ 【最小着色速率】

该参数控制投射光线的抗锯齿数目和其他效果，如光泽反射、全局照明 GI、区域阴影等。提高这个参数通常会提高这些效果的质量，不会影响渲染时间，不亚于提高抗锯齿采样所使用的渲染时间，此设置对于渐进式图像采样器尤其有用。

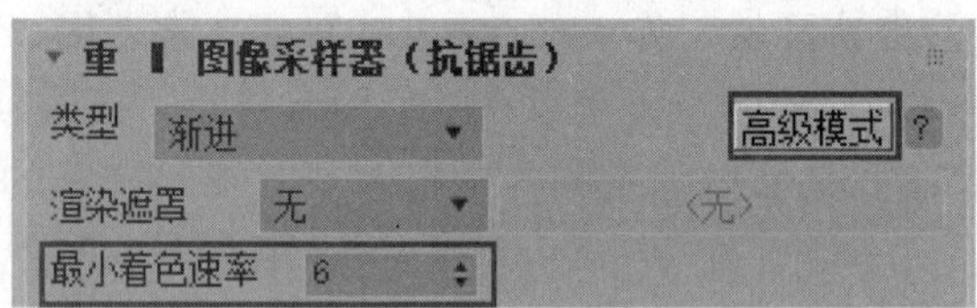


图 2-87 【最小着色速率】参数

## 2.3.3 【专家模式】参数组

与【默认模式】参数组、【高级模式】参数组相比，【专家模式】参数组中增加了【划分着色细分】参数，如图 2-88 所示，介绍如下。

❑ 【划分着色细分】

启用时，对于每个图像样本，VRay 会将光线、材质等的样本数量除以抗锯齿样本的数量，以便在更改抗锯齿设置时获取大致相同的质量和光线数量。禁用时，灯光、材质等的细分指定每个图像样本的细分数，从而可以更精确地控制这些效果的采样。

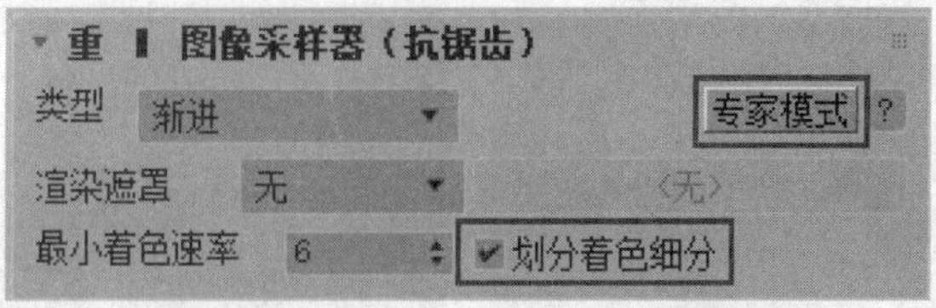

图 2-88 【划分着色细分】卷展栏

## 2.4 【图像过滤器】卷展栏

当图像采样器确定了像素采样的整体方法并生成每个像素的颜色与亮度后，图像过滤器就会锐化或模糊相邻像素颜色的过渡区域。当渲染中的纹理包含非常精细的细节时，图像过滤尤为重要。

VRay 渲染器提供了如图 2-89 所示的多达 17 种类型的【图像过滤器】供用户选择使用，选择任意一种渲染器都会在下侧显示文字说明，如图 2-90 所示。

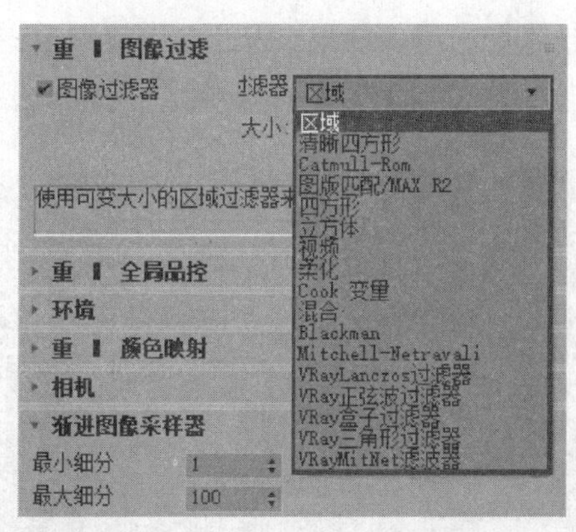


图 2-89 VRay 渲染器提供的图像过滤器

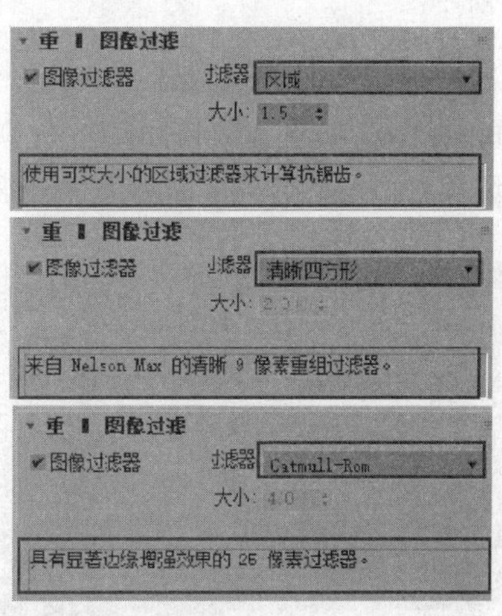


图 2-90 VRay 对各图像过滤器的文字说明

注 意:【抗锯齿过滤器】在很多资料上简称为“AA”

【图像过滤器】通常会对图像进行两方面的处理，一方面是消除图像中各个对象边缘的锯齿现象，另一方面是对图像中清晰区域与模糊区域的对比度进行处理。基本上所有的【图像过滤器】都能对锯齿现象进行良好的处理，但对于清晰与模糊区域所表现出的对比效果以及计算耗时则各有所异，接下来通过图像的对比效果来了解各个【图像过滤器】具体的效果与特点。

### 1. 【区域】

【区域】类型以变化的区域大小对图像进行处理，默认的参数如图 2-91 所示。增大【大小】数值将如图 2-92 所示模糊化图像并延长渲染时间。

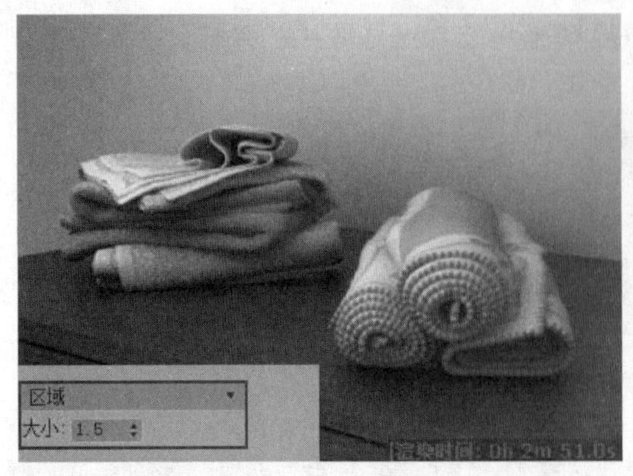

图 2-91　默认区域过滤器的渲染效果及耗时

图 2-92　增大数值后图像的渲染效果及耗时

技巧：可以看到【区域】类型抗锯齿能根据透视远近较正确地表现场景清晰与模糊的区域效果，且耗时较少，因此在进行测试渲染时常被选用。

2．【清晰四方形】

【清晰四方形】类型使用 Neslon Max 算法处理图像效果，使用后获得的图像效果如图 2-93 所示。

3．【Catmull-Rom】

Catmull-Rom 类型能取得如图 2-94 所示的十分清晰的图像效果，因此在需要表现细节较多的场景时，是首选的抗锯齿类型过滤器。

图 2-93　清晰四方形过滤器的渲染效果及耗时

图 2-94　Catmull-Rom 过滤器的现任效果及耗时

4．【图版匹配/MAX R2】

图版匹配/MAXR2 类型使用 3ds Max R2 的方法将摄影机和场景或无光/投影元素与未过滤的背景图像相匹配，由于通常在场景中不会使用无光/投影元素，因此渲染时将出现如图 2-95 所示的无图像效果。

5．【四方形】

【四方形】类型使用基于四边形样条线单元以 9 个像素模糊处理图像效果，使用后的效果如图 2-96 所示。

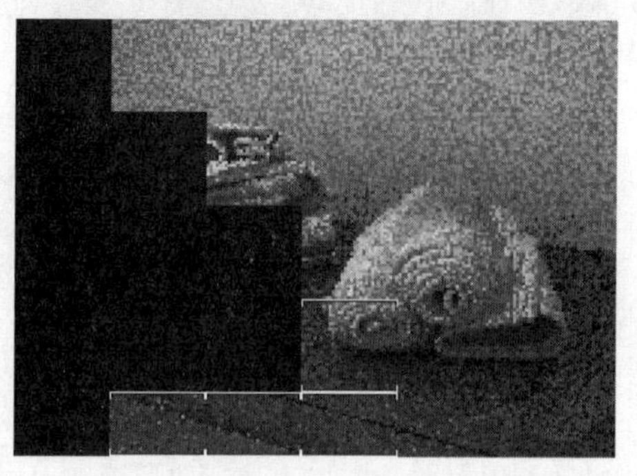

图 2-95　图片匹配/MAX R2 过滤器的渲染效果及耗时

图 2-96　四方形过滤器的渲染效果及耗时

6. 【立方体】

【立方体】类型使用基于立方体单元以 25 个像素模糊处理图像效果，其取得的效果如图 2-97 示。

7. 【视频】

【视频】类型针对视频流常用的 NTSC 与 PAL 色彩制式进行 25 像素模糊优化方式处理图像，使用后的效果如图 2-98 所示。

图 2-97　立方体过滤器的渲染效果及耗时

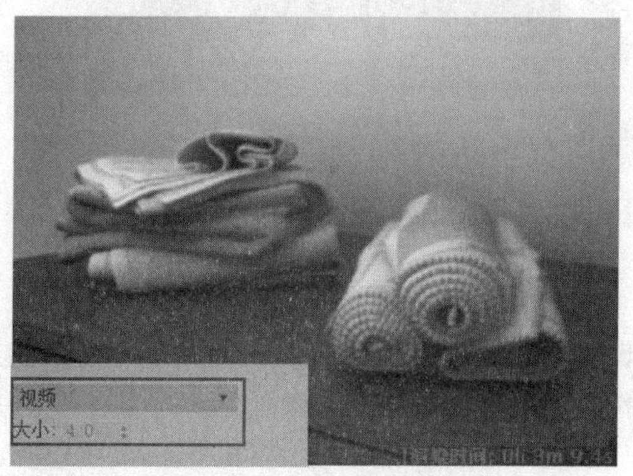


图 2-98　视频过滤器的渲染效果及耗时

注 意：以上四种过滤器均未设置可调参数，所表现图像中模糊与清晰的层次也并不明显，因此在效果图的制作中很少被使用。

8. 【柔化】

【柔化】类型可对物体边缘产生高斯模糊效果，默认参数下使用后的效果如图 2-99 所示，增加【大小】数值将如图 2-100 所示强化图像的模糊度并延长渲染时间。

图 2-99　默认参数的柔化过滤器的渲染效果

图 2-100　尺寸值为 12 的柔化过滤器的渲染效果

### 9. 【Cook 变量】

【Cook 变量】类型会根据其【大小】数值的变化改变对图像的处理效果，当【大小】参数值在 1~2.5 时可以得到如图 2-101 所示较清晰的图像，当该数值高于 2.5 时就会如图 2-102 所示倾向于产生模糊的图像效果。

图 2-101　尺寸值为 1.0 的 Cook 变量过滤的渲染效果

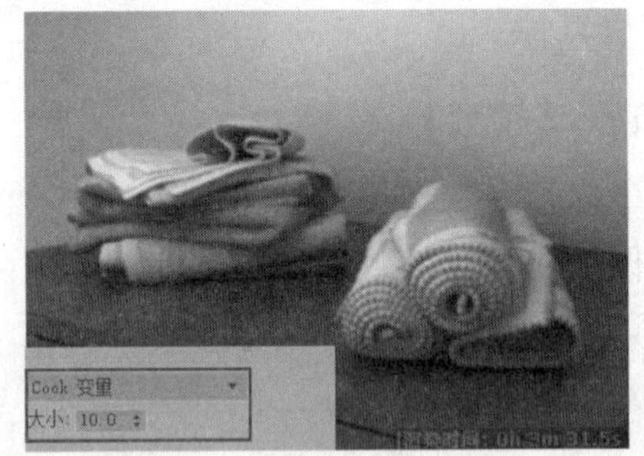


图 2-102　尺寸值为 10.0 的 Cook 变量过滤的渲染效果

### 10. 【混合】

【混合】类型通过调整【大小】与【混合】数值可以灵活调整图像清晰与模糊的过渡效果，默认参数取得的效果如图 2-103 所示，增大【大小】与【混合】数值均能强化图像的模糊效果，如图 2-104 所示。

图 2-103　默认混合类型的图像效果及耗时

图 2-104　调整【大小】与【混合】参数对渲染效果的影响

### 11. Blackman

Blackman 类型能获得清晰的图像效果但不会对模型边缘进行锐化处理,使用后的效果如图 2-105 所示。

### 12. Mitchell-Netravali

Mitchell-Netravali 类型在实际工作中经常使用，保持默认参数获得的图像效果如图 2-106 所示。

图 2-105　Blackman 过滤器的渲染效果

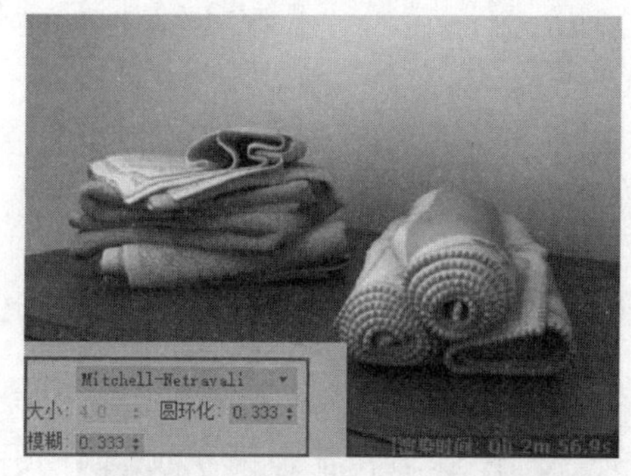


图 2-106　Mitchell-Netravali 过滤器的渲染效果

增大 Mitchell-Netravali 过滤器的【圆环化】参数值，将获得如图 2-107 所示的更为清晰锐利的图像。增大【模糊】参数值将获得如图 2-108 所示更为模糊的图像。

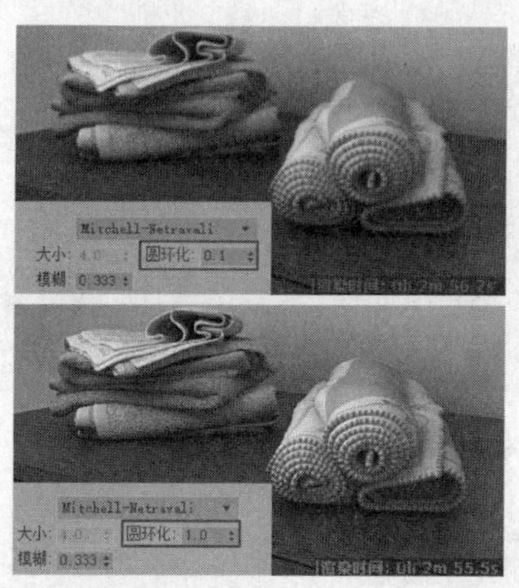


图 2-107　增大圆环化参数将锐化图像效果

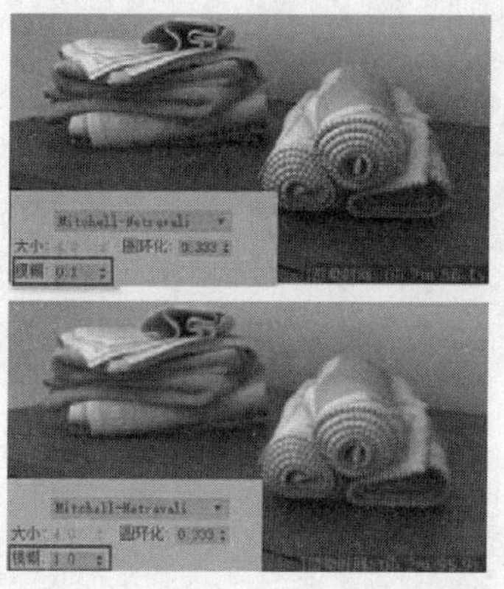


图 2-108　增大模糊参数将模糊图像效果

### 13. VRayLanczos 过滤器~VRayMitNet 过滤器

VRayLanczos 过滤器、VRay 正弦波过滤器、VRay 盒子过滤器、VRay 三角形过滤器及 VRayMitNet 滤波器都是 VRay 渲染器自带的抗锯齿类型，观察图 2-109~图 2-112 可以发现它们在默认的参数下均能取得类似于 Mitchell-Netravali 类型过滤器的效果。其中的 VRayLanczos 过滤器与 VRay 盒子过滤器，增大【大小】数值将模糊图像效果。VRay 正弦波过滤器与 VRay 三角形过滤器则恰好相反，增大【大小】数值将锐化图像效果。

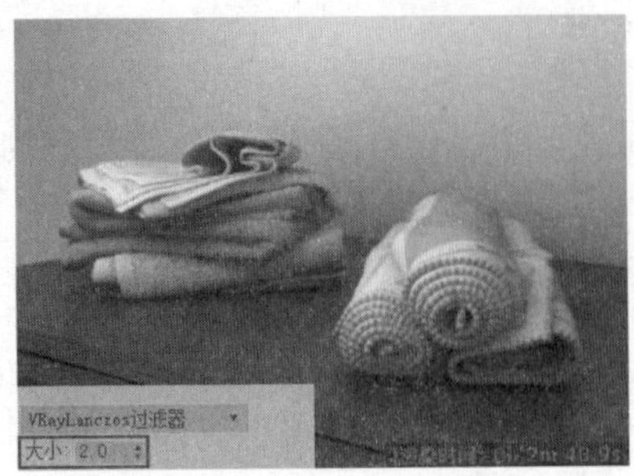

图 2-109　VRayLanczos 过滤器的渲染效果及耗时

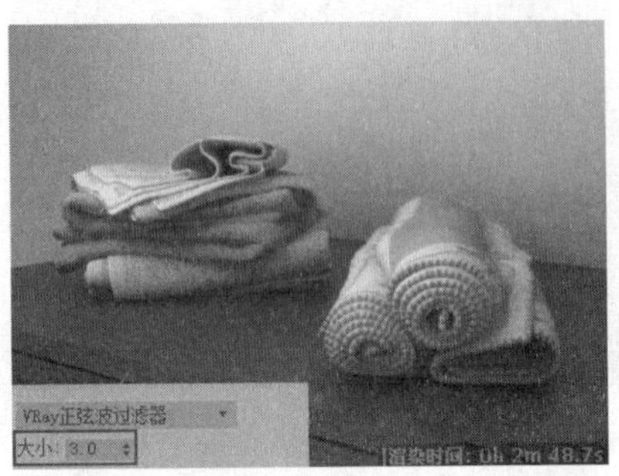

图 2-110　VRay 正弦波过滤器的渲染效果及耗时

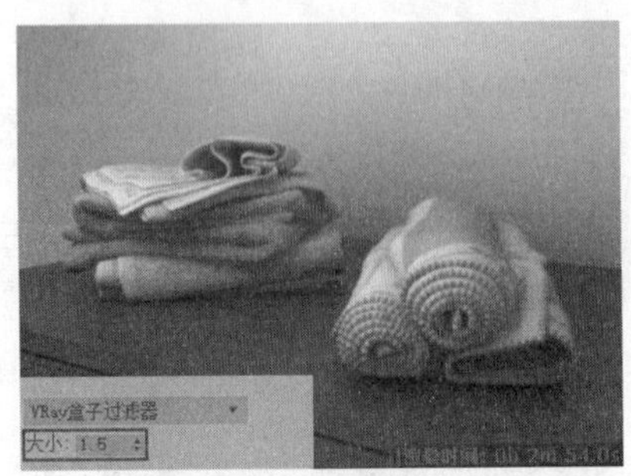

图 2-111　VRay 盒子过滤器的渲染效果及耗时

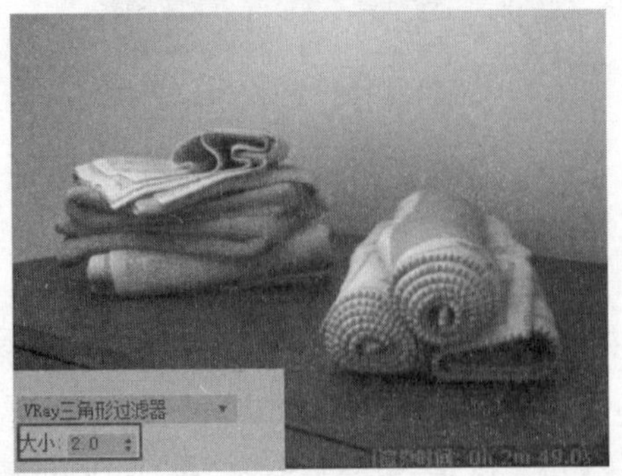

图 2-112　VRay 三角形滤波器效果及耗时

## 2.5【全局品控】卷展栏

单击展开【全局品控】卷展栏，分为【默认】和【高级】两种模式，参数项设置如图2-113与图2-114所示。

图2-113 默认模式

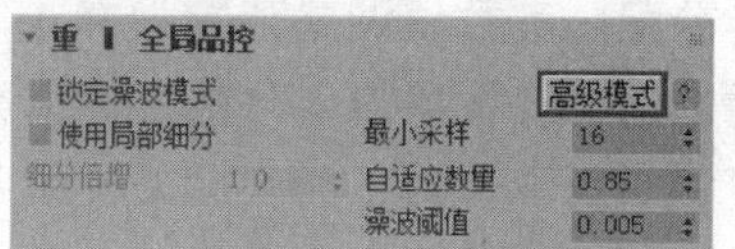


图2-114 高级模式

【全局品控】是VRay整体渲染质量与渲染速度的最终控制核心，在进行具体的采样前其将识别场景中哪些是近距物体，哪些是远距物体，从而判断哪些材质做为重点计算对象，需要分配到更多的采样样本以得到细致的效果，而哪些灯光的细分值又需要提高以进行追加采样，消除噪波现象。总而言之，【全局品控】对图像的采样、抗锯齿，景深、运动模糊效果以及材质的反射/折射模糊效果进行最终精准的确定。

### 2.5.1【默认模式】参数组

1. 【锁定噪波模式】

勾选此模式，将动画的所有帧强制赋予相同的噪波图案，在某些情况下可能是不可取的，因此可以取消勾选该复选框，使采样模式随时间而改变。

2. 【细分倍增】

勾选【使用局部细分】复选框，激活【细分倍增】参数。设置该数值可以将VRay渲染器中所有设置的【细分】进行整体的百分比调整。保持为默认值1时，各细分值将按其所设定的数值产生作用，如果设置为1.5，则会按设定数值的150%的比例进行调整。如图2-115与图2-116所示，设置较高的数值可以提升图像品质，但也需要更多的计算时间。

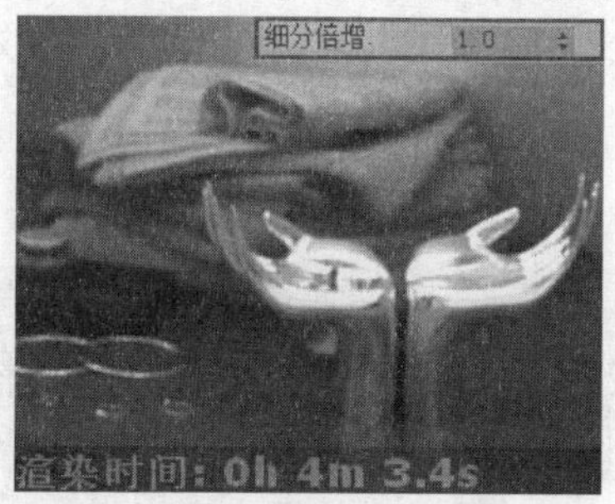


图2-115 细分倍增为1时的渲染效果及耗时

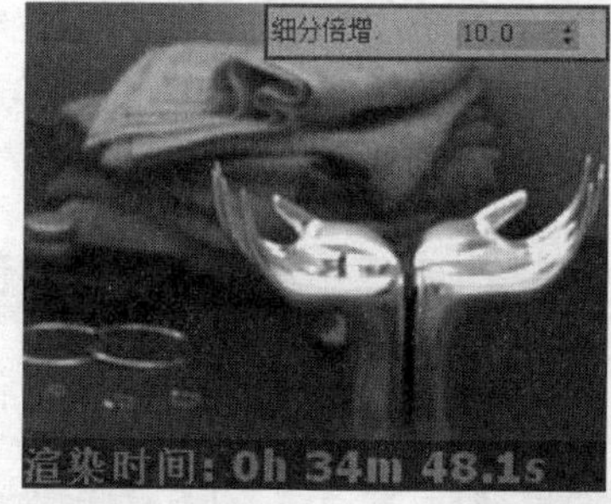


图2-116 细分倍增为10时的渲染效果及耗时

注意：虽然提升【细分倍增】数值对渲染图像的品质有着比较大的提升，但其对渲染耗时的延长更为明显，因此通常保持该参数为默认数值1即可，尽可能通过调整其他参数来提升图像的品质。

## 2.5.2 【高级模式】参数组

### 1. 【自适应数量】

【自适应数量】参数控制重要性采样程序，即是否要根据表现对象距摄影机的远近进行采样分配。其数值调整范围为 0~1。当取值为 0 时，不进行分析对场景中的对象进行同一数量的采样，将取得十分精细的渲染效果。但这样无疑会增加采样计算，渲染时间会变得十分漫长。取值为 1 时，会对亮度与色彩类似的区域减少采样以提高渲染速度。

图 2-117 与图 2-118 表现了木板模糊反射以及墙体阴影噪波等细节，对比观察图像的层次感，可以理解【自适应数量】参数值在渲染质量与渲染速度上的作用与影响。

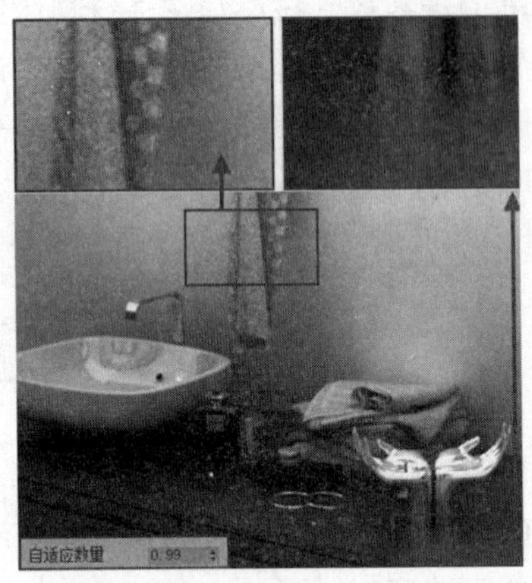


图 2-117 自适应数量为 0.99 时的渲染效果

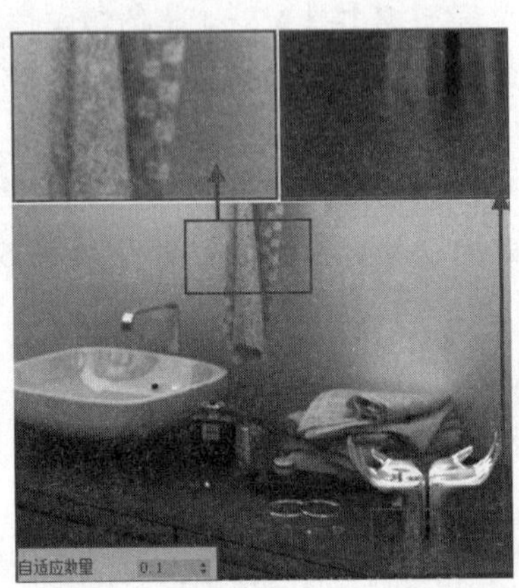


图 2-118 自适应数量为 0.1 时的渲染效果

技巧：【自适应数量】同样可以影响阴影的质量。如果保持为默认值 0.85，会使阴影区产生十分明显的噪波，可以考虑降低该数值以获得更精细的采样效果。

### 2. 【最小采样】

【最小采样】参数值确定采样终止前必须获得的最小采样样本数量，提高参数值将使采样更为细致从而有可能表现出更好的细节。如图 2-119~图 2-121 所示，提高参数值会使模糊表现得更细腻，但渲染计算的时间也会明显加长。

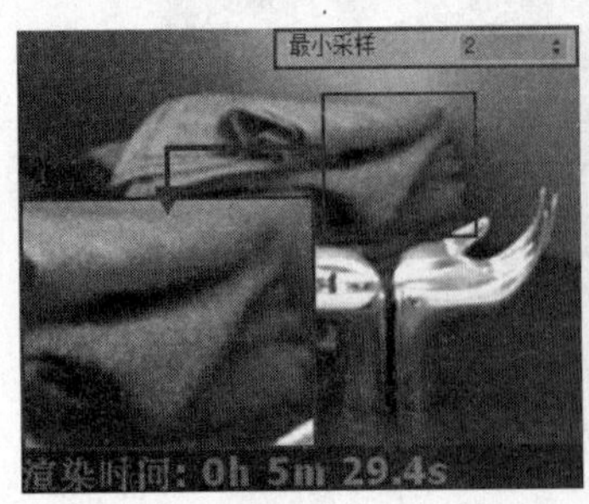


图 2-119 最小采样为 2 时的效果

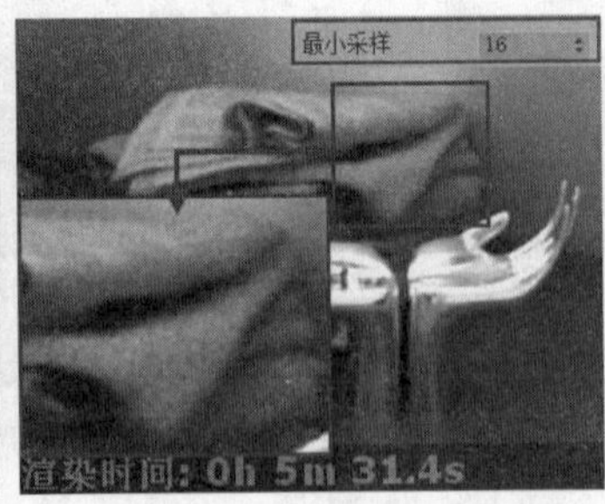


图 2-120 最小采样为 16 时的效果

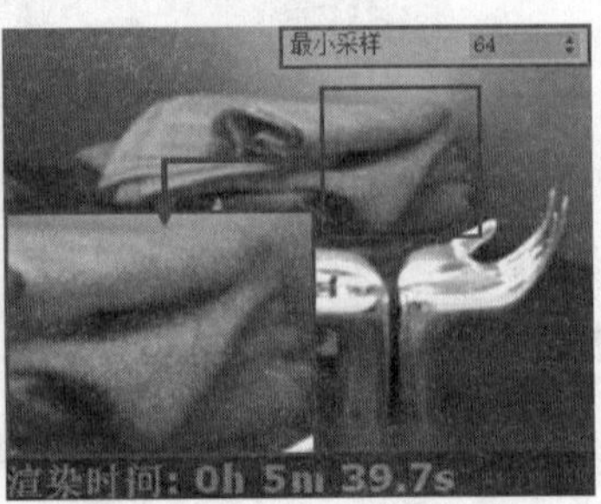


图 2-121 最小采样为 64 时的效果

技巧：对比图 2-120 与图 2-121 可以发现，只提高【最小采样】参数值对渲染细节改善的效果并不突出，因此在进行最终图像的渲染时将其调整至 16 即可。过高的数值所延长的计算时间很多，对效果的改善却十分有限。

### 3. 【噪波阈值】

【噪波阈值】参数全面控制渲染过程中包括抗锯齿、图像采样以及灯光采样产生噪波的极限值，该参数值越小,渲染的图片噪波越少，渲染计算时间越长，如图 2-122 ~ 图 2-124 所示。

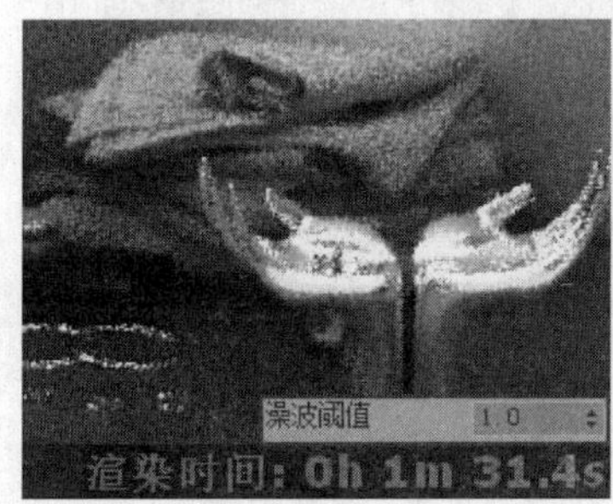

图 2-122 噪波阈值为 1.0 时的效果

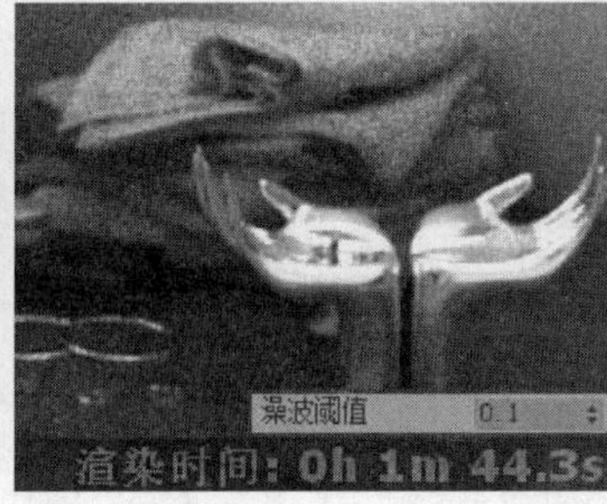


图 2-123 噪波阈值为 0.1 时的效果

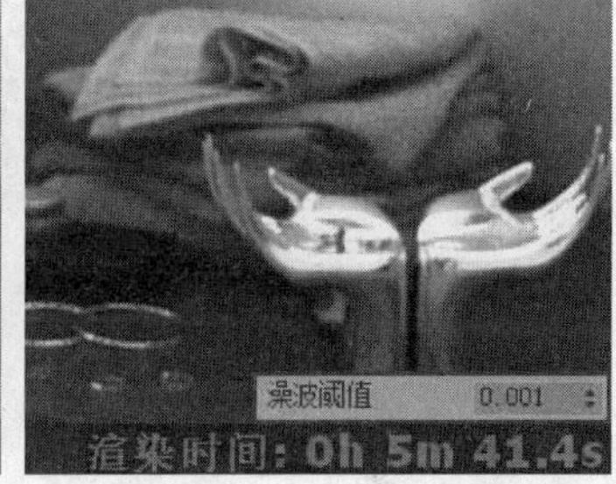


图 2-124 噪波阈值为 0.001 时的效果

## 2.6 【环境】卷展栏

单击展开【环境】卷展栏，默认参数项设置如图 2-125 所示。通过调整该卷展栏的参数，影响天光效果并添加反射与折射细节。

### 1. 【GI 环境】参数组

❑ 【GI 环境】

勾选【GI 环境】复选框，【GI 环境】将取代在【环境和效果】对话框中场景天光效果的设置，如图 2-126 所示。

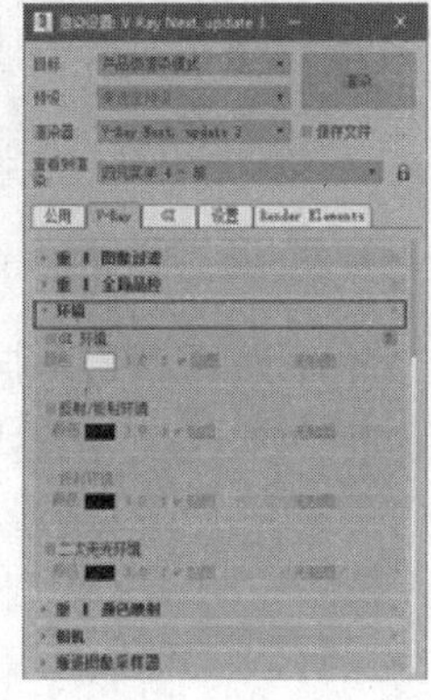

图 2-125 【环境】卷展栏参数设置

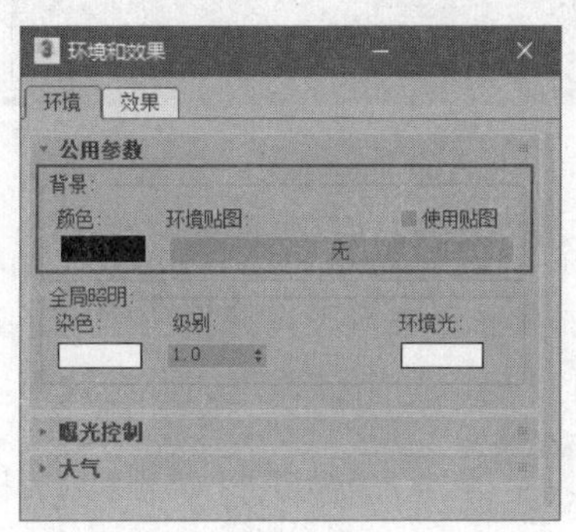


图 2-126 【环境和效果】对话框

在如图 2-127 与图 2-128 所示的“色彩通道”中调整天光的颜色。

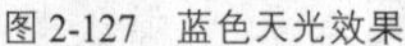
图 2-127　蓝色天光效果

图 2-128　桔红色天光效果

技 巧: “色彩通道”不但能控制颜色效果，在同一色系中，【明度】值较高的颜色还能使图像获得更高的亮度。

❑ 【倍增值】

当使用“色彩通道”调整天光颜色时，通过设置【倍增值】，可以获得如图 2-129 与图 2-130 所示的天光效果。

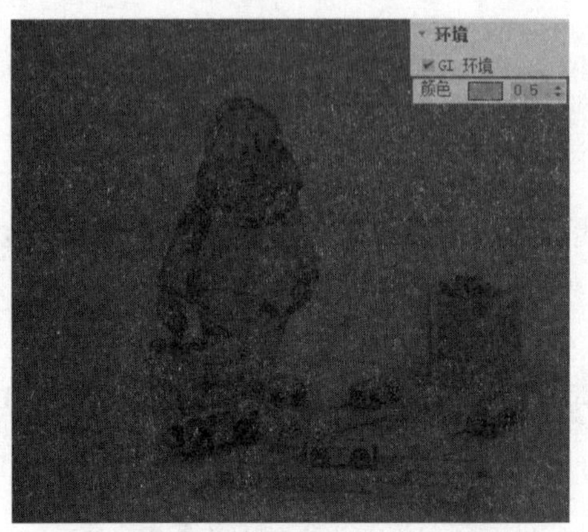


图 2-129　倍增值为 0.5 时的天光亮度

图 2-130　倍增值为 1.5 时的天光亮度

除了使用“色彩通道”调整天光颜色之外，还可以如图 2-131 所示单击其后的 无贴图 按钮加载贴图进行天光效果的模拟，通常加载 VRayHDRI【VRay 高动态贴图】能得到如图 2-132 所示的十分理想的天光效果。

注 意: 当加载贴图进行天光效果的模拟时，前面调整的颜色与【倍增值】将失效，而对于【VRay 高动态贴图】大家可以参考本书第 6 章节“VRay 材质与贴图”相关内容进行具体了解。

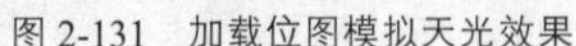
图 2-131 加载位图模拟天光效果

图 2-132 VRay 高动态贴图模拟的天光效果

### 2. 【反射/折射环境】参数组

该参数组的功能与【GI 环境】参数组的一致，其中的参数只影响场景中的反射与折射效果。如图 2-133 所示，调整一个微弱的白色天光，勾选该卷展栏的【反射/折射环境】复选框后，所调整的蓝色效果只表现在图像中具有反射与折射效果的材质面上。同样为其加载 VRayHDRI【VRay 高动态贴图】，能模拟如图 2-134 所示的较为理想的反射折射细节。

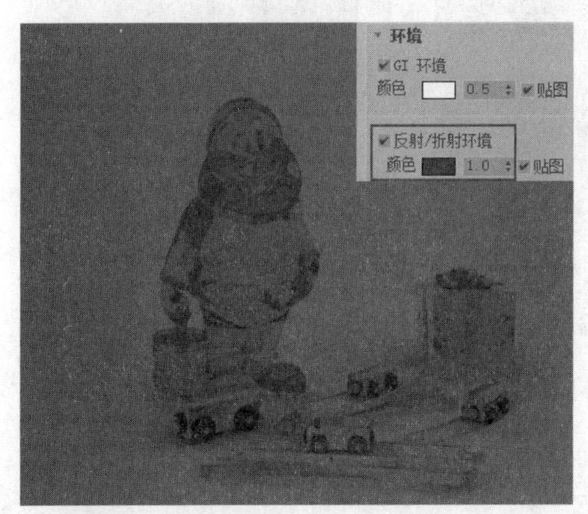


图 2-133 利用色彩通道调整反射与折射效果

图 2-134 利用高动态贴图模拟反射/折射效果

### 3. 【折射环境】参数组

该参数组单独针对场景中材质的折射效果进行调整，如图 2-135 所示，勾选该参数组中的【折射环境】复选框，调整“色彩通道”为蓝色，在渲染图像中折射材质将表现出单独的蓝色特征。为其加载 VRayHDRI【VRay 高动态贴图】能模拟如图 2-136 所示的较为理想的折射细节效果。

注 意：【折射环境】参数组只有在启用了【反射/折射环境】参数组后才有效。

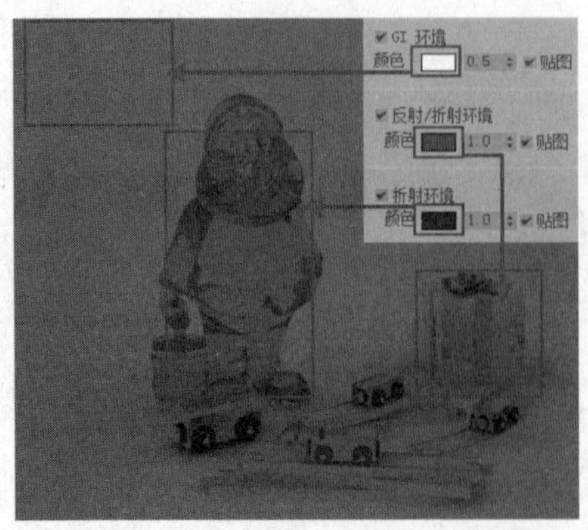


图 2-135　利用色彩通道单独调整折射效果

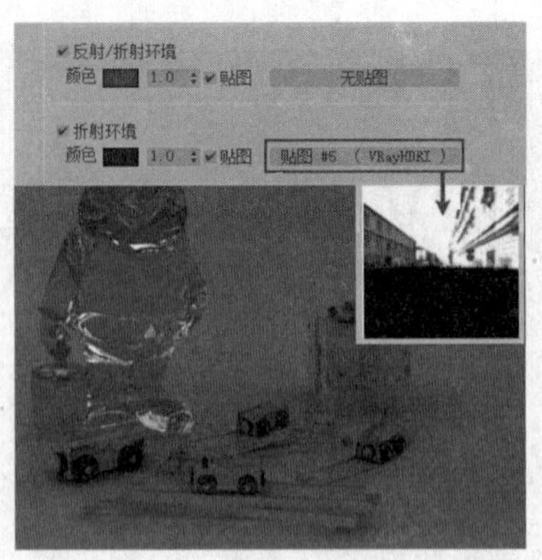


图 2-136　利用高动态贴图单独模拟折射效果

## 2.7 【颜色映射】卷展栏

单击展开【颜色映射】卷展栏，分为【默认】、【高级】、【专家】三种模式，具体的参数项设置如图 2-137 所示。

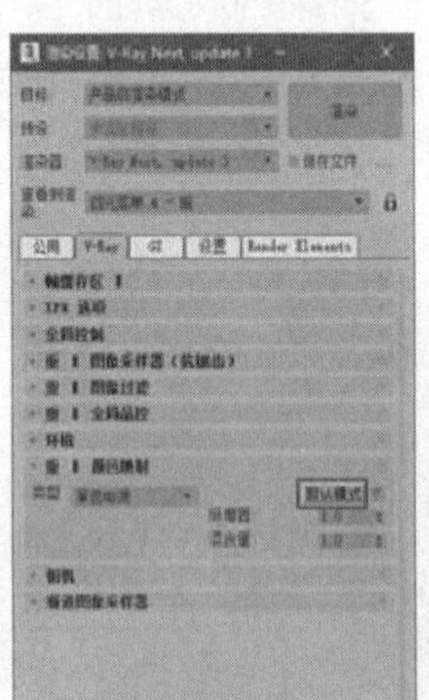

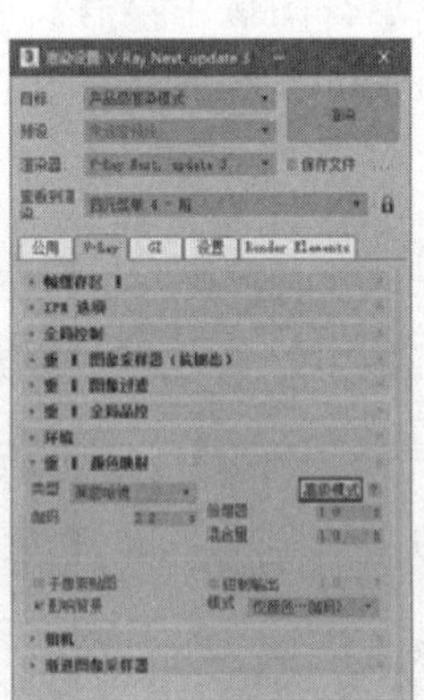

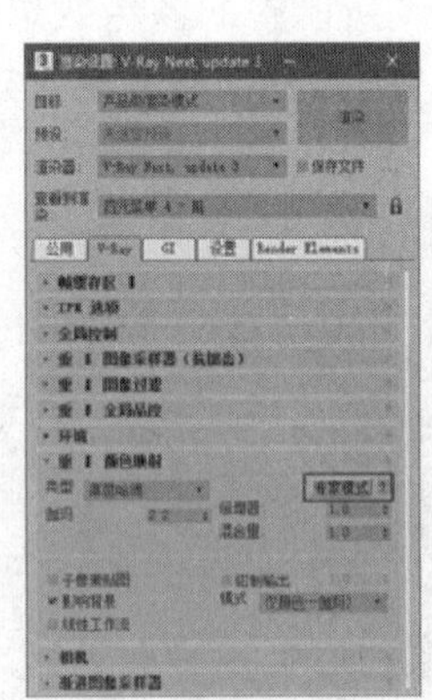

图 2-137　【颜色映射】卷展栏参数设置

### 2.7.1 【默认模式】参数组

1. 【类型】

单击【类型】下拉按钮可以看到 VRay 渲染器共提供了如图 2-138 所示的 7 种颜色映射类型供用户选择。

❑ 【线性倍增】

【线性倍增】类型采用线性曝光衰减方式对渲染图像进行亮度与色彩的影响，其具体的参数设置与曝光特点如图 2-139 所示，可以看到该类型在进光口处表现出十分明亮的效果，因此容易造成曝光过度，而灯光从室内至室外衰减比较急骤，如果场景空间纵深很大则容易在室内远端角落形成全黑效果，但其色彩表现效果比较明艳。

❑ 【指数】

【指数】类型采用指数衰减方式对渲染图像进行亮度与色彩的影响，其具体的参数设置与曝光效果如图 2-140 所示。

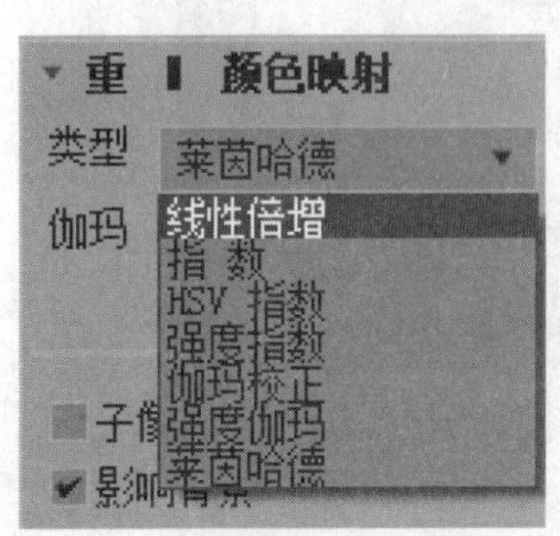


图 2-138 颜色映射类型

图 2-139 线性倍增映射

图 2-140 指数映射

❑ 【HSV 指数】

HSV 分别代表颜色的 Hue【色度】、Saturation【饱和度】以及 Value【明度】,【HSV 指数】类型注重在渲染图像的过程中，对物体的这三种颜色特性在最大保留的前提下以【指数】类型进行图像亮度的处理，其具体的参数设置与渲染效果如图 2-141 所示。

❑ 【强度指数】

【强度指数】类型在保证图像亮部颜色的前提下以【指数】类型进行图像曝光的控制，它通常会改变颜色的强度，其具体的参数设置与渲染效果如图 2-142 所示。

图 2-141 HSV 指数类型参数项设置与渲染效果

图 2-142 强度指数类型参数项设置与渲染效果

❑ 【伽玛校正】

【伽玛校正】类型注重对渲染图像中亮部与暗部的信息进行保留，并以伽玛曲线进行重新分析，其具体的参数设置与渲染效果如图 2-143 所示。

❑ 【强度伽玛】

【强度伽玛】类型通过伽玛曲线的调整对图像的亮度进行影响，其具体的参数设置与渲染效果如图 2-144 所示。

图 2-143　伽玛校正类型参数项设置与渲染效果

图 2-144　强度伽玛类型参数项设置与渲染效果

❑　【莱恩哈德】

对比如图 2-139 所示的【线性倍增】曝光效果可以发现，【指数】倍增产生的渲染图像在明暗对比以及色彩表现力上稍逊一筹，但光线十分柔和，不会产生曝光过度的缺点，鉴于此 VRay 渲染器结合两者的特点推出了【莱恩哈德】类型。

### 2.【混合量】

选择【莱因哈德】类型时，参数组中的【混合量】参数是其效果调整的关键，通过设置其后的数值可以调配【线性倍增】与【指数】两种类型对渲染图像产生影响的比例。

数值为 1 时，完全按照【线性倍增】类型产生效果；数值为 0 时，则完全按照【指数】类型产生效果。因此通过调整一个合理的数值能兼具两者的优点，获得色彩丰富明亮、明暗过渡自然的图像效果。如图 2-145 所示为该类型的参数项及调整的渲染效果。

### 3.【暗部倍增】

选择【线性倍增】类型时显示【暗部倍增】参数选项，该选项针对图像中较暗区域的亮度进行调整，如图 2-146 所示提高该数值将增强暗部亮度，减弱图像明暗的对比效果。

图 2-145　莱恩哈德参数项设置与曝光效果

图 2-146　暗部倍增参数对图像暗部亮度的影响

### 4. 【亮部倍增】

选择【线性倍增】类型时显示【亮部倍增】选项，该选项针对图像中明亮区域的亮度进行调整，如图 2-147 所示提高该数值将继续增强亮度，进一步加大图像明暗对比效果，但较容易形成曝光过度的现象。

### 5. 【反伽玛】

当选择【伽玛校正】类型或【强度伽玛】类型时出现的参数项，反伽玛值为伽玛值的倒数，【反伽玛】参数是其调整图像亮度效果的关键，其值减小则之前图像中处于中等亮度的像素将变为高亮度像素，图像因此显得更为明亮。如图 2-148 所示为反伽玛值对图像亮度的影响。

图 2-147　亮部倍增参数对图像暗部亮度的影响

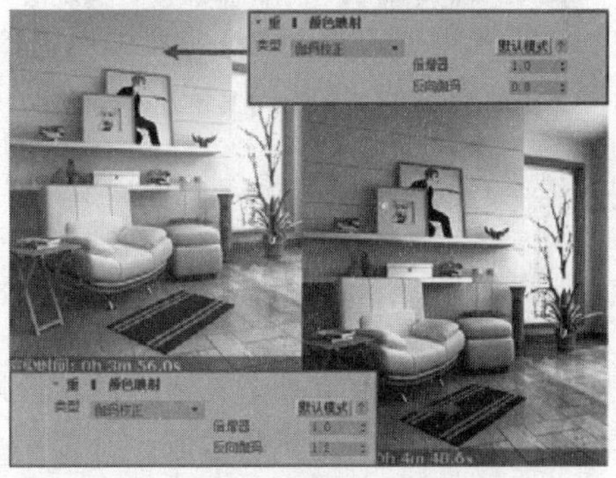


图 2-148　反伽玛值对图像亮度的影响

## 2.7.2 【高级模式】参数组

### 1. 【伽玛】

在本章“如何使用【VR 帧缓冲器】窗口”一节中曾经介绍过【显示 sRGB 颜色空间】按钮（其【伽玛】标准值为 2.2）可以快速改变渲染图像的亮度，在【高级模式】参数组中通过设置【伽玛】数值同样可以调整图像整体的亮度，如图 2-149 所示。

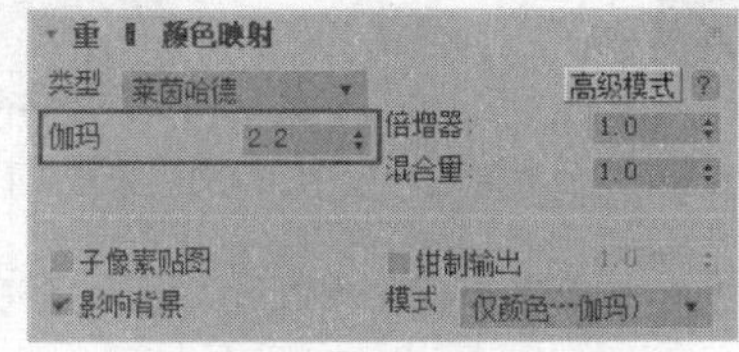


图 2-149　设置【伽马】值

### 2. 【子像素贴图】与【钳制输出】

当渲染图像中出现如图 2-150 所示的异常高亮点时，通常需要如图 2-151 所示同时勾选【子像素贴图】与【钳制输出】复选框才能得到解决。

造成如图 2-150 所示的异常高亮点主要有两个原因，一是在渲染的图像中物体表面高光区与非高光区的分界线是一条暗线，勾选【子像素贴图】能使这条暗线两侧的明暗过渡更为自然。而勾选【钳制输出】则能使超出渲染器所能正常表现的亮度的高亮点强制降低亮度，从而进行合理显示，并通过其后的【钳制级别】可调整钳制的强度。

图 2-150　无法处理的亮度像素显示为异常高亮点

图 2-151　勾选【子像素贴图】与【钳制输出】

注 意：在【环境】卷展栏中使用 VRayHDRI【VRay 高动态贴图】模拟照明效果时，特别容易出现图 2-150 中的高亮点，因此通常需要同时勾选这两项才能得到理想的效果。

### 3. 【影响背景】

单击勾选【影响背景】复选框后，使用不同映射类型时对灯光效果所带来的亮度及色彩的改变同样将影响到背景效果，该复选框勾选与否对背景的渲染效果对比如图 2-152 与图 2-153 所示。

图 2-152　勾选【影响背景】参数时背景天空的效果

图 2-153　未勾选【影响背景】参数时背景天空的效果

注 意：第一，【影响背景】参数所能影响的仅为通过 3ds Max【环境/特效】面板中添加的环境位图模拟的背景效果，对于使用自发光等材质添加贴图并赋予模型所制作的背景效果不产生影响。第二，【影响背景】参数对背景的影响十分有限，因此该复选框勾选与否对渲染的结果并不会产生明显的影响。

### 4. 【模式】

【模式】参数项替换以前版本中的【不影响颜色（仅自适应）】参数项，选择【色彩映射和伽玛】选项，对应于原版本中的不开启【不影响颜色（仅自适应）】选项，表示颜色映射与伽玛都会影响最终图像。

选择【无（不应用任何东西）】选项对应于原版本中的开启【不影响颜色（仅自适应）】选项，VRay 将继续执行所有的计算，但不会加深最终的图像。【仅颜色映射（无伽玛）】为默认选项，只有色彩映射加深最终的图像。

### 2.7.3【专家模式】参数组

【线性工作流】复选框在默认情况下不勾选，如图 2-154 所示。勾选时，VRay 将在场景中自动应用所有在【VRay 材质（VRayMtl）】中设置的伽玛场来校正倒数。

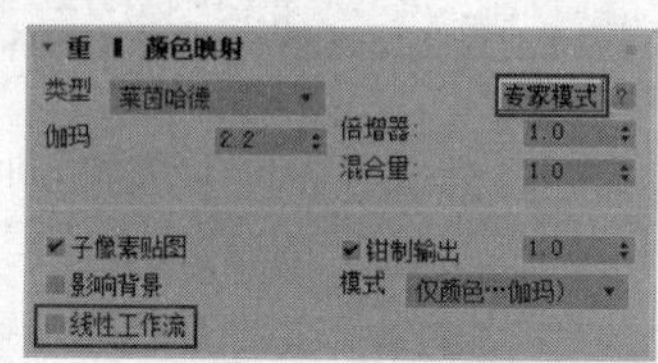


图 2-154 【线性工作流】复选框

## 2.8【摄影机】卷展栏

单击展开【摄影机】卷展栏，其具体参数项设置共有摄影机【类型】、【运动模糊】和【景深】三个参数组，如图 2-155 所示。

### 2.8.1 摄影机【类型】参数组

#### 1. 【类型】

通过【类型】后的下拉按钮可以更换 11 种不同类型的摄影机镜头，如图 2-156 所示，下面分别列举 7 种镜头的效果，如图 2-157~图 2-163 所示。

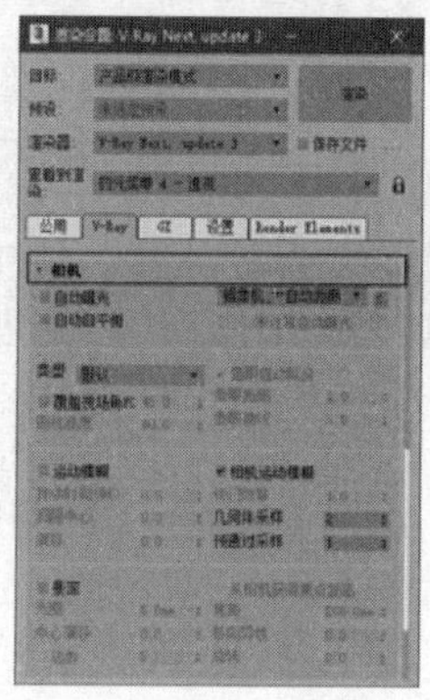

图 2-155 【摄影机】卷展栏参数设置

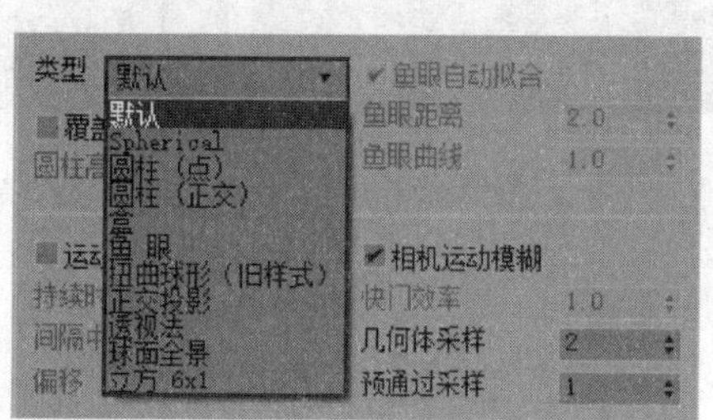


图 2-156 摄影机类型

图 2-157　默认摄影机渲染图像

图 2-158　Spherical（球形）式摄影机渲染图像

图 2-159　圆柱（点）式摄影机渲染图像

图 2-160　圆柱（正交）式摄影机渲染图像

图 2-161　盒式摄影机渲染图像

图 2-162　鱼眼式摄影机渲染图像

图 2-163　扭曲球形（旧样）式摄影机渲染图像

### 2.　【覆盖视场角 FC】

勾选【覆盖视场角 FC】复选框后，如图 2-164 所示 3ds Max 标准摄影机的【视野】参数将失效。3ds Max 标准摄影机【视野】最大值为 175 度，而勾选【覆盖视场角 FC】后，最大值增加为 360 度，可以创造全视野的效果。

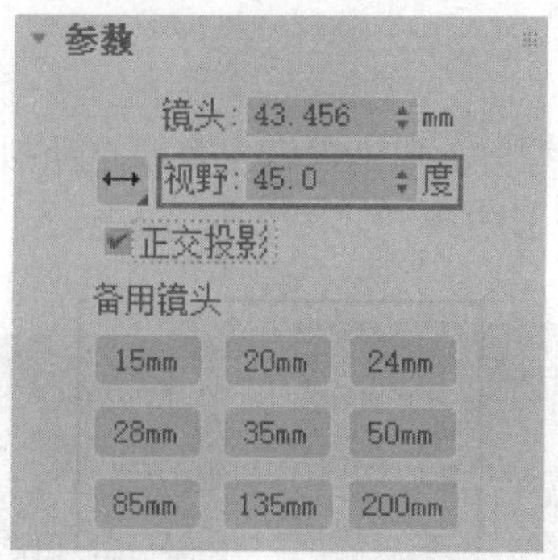


图 2-164　3ds Max 标准摄影机视野参数

### 3. 【圆柱高度】

在使用【圆柱体（正交）】摄影机类型时，如图 2-165 与图 2-166 所示改变【圆柱高度】参数值可以调整摄影机的高度以改变取景范围。

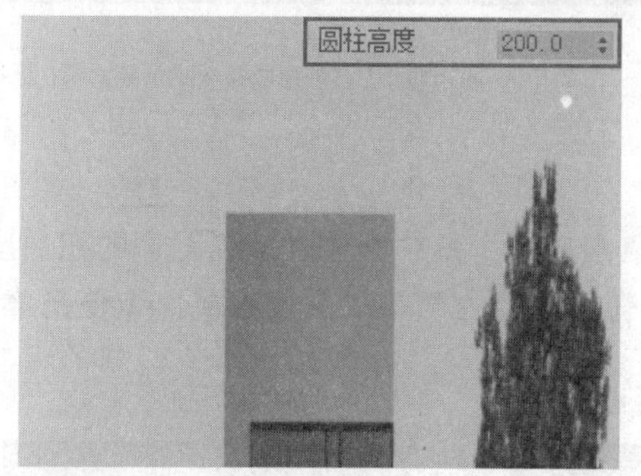


图 2-165　图柱高度值为 200 时的渲染图像

图 2-166　图柱高度值为 600 时的渲染图像

### 4. 【鱼眼自动拟合】

在使用【鱼眼】摄影机类型时，勾选【鱼眼自动拟合】复选框，能自动适配合适的焦距以获得如图 2-167 所示最大化的圆形透视效果。取消勾选并保持其他参数值不变(【鱼眼距离】为 2,【鱼眼曲线】为 1),【鱼眼】摄影机类型的渲染效果如图 2-168 所示。

图 2-167　勾选【鱼眼自动拟合】时的鱼眼摄影机效果

图 2-168　未勾选【鱼眼自动拟合】时的鱼眼摄影机效果

### 5. 【鱼眼距离】

在使用【鱼眼】摄影机类型时，取消勾选【鱼眼自动拟合】后，通过调整【鱼眼距离】参数值可以改变渲染图像的变形效果，如图 2-169 与图 2-170 所示。

图 2-169 距离为 1 时的鱼眼摄影机渲染效果

图 2-170 距离为 1.5 时的鱼眼摄影机渲染效果

### 6. 【鱼眼曲线】

在使用【鱼眼】摄影机类型时，通过调整【鱼眼曲线】参数值可以控制图像的扭曲度，如图 2-171 与图 2-172 所示。取值为 0 时，将获得扭曲最为严重的图像效果。取值越靠近 2，图像的扭曲程度越低。

图 2-171 曲线值为 0 时的鱼眼摄影机渲染效果

图 2-172 曲线值为 2 时的鱼眼摄影机渲染效果

## 2.8.2 【运动模糊】参数组

【摄影机】卷展栏中的【运动模糊】参数组如图 2-173 所示。而【VRay 物理摄影机】仅设置了如图 2-174 所示的【启用运动模糊】复选框，具体的效果需要通过控制场景中的模型运动规律去调整，因此相对而言使用如图 2-173 所示的参数组进行【运动模糊】效果的调整更为方便有效。

| ✔运动模糊 | | ✔相机运动模糊 | |
|---|---|---|---|
| 持续时间(帧) | 0.5 | 快门效率 | 1.0 |
| 间隔中心 | 0.0 | 几何体采样 | 2 |
| 偏移 | 0.0 | 预通过采样 | 1 |

图 2-173 【运动模糊】参数组

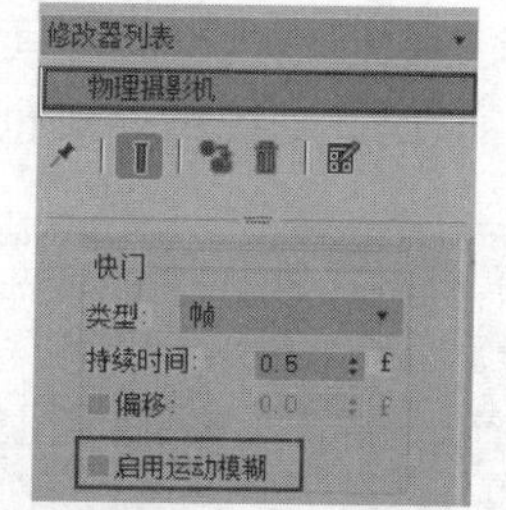


图 2-174 VRay 物理摄影机相关参数

下面了解【运动模糊】参数组中各项参数的具体功能。

### 1. 【运动模糊】

勾选【运动模糊】复选框将启用渲染图像的运动模糊。

**Steps 01** 打开本书配套资源中如图 2-175 所示的“运动模糊.Max”文件，下面为其中的香水瓶与细珠制作简单的运动模糊效果。

**Steps 02** 将时间滑块移动至第 20 帧处，激活【自动关键点】按钮，然后如图 2-176 所示利用旋转工具给香水瓶制作翻倒动作，再利用移动工具给细珠制作远近不一的移动动作。

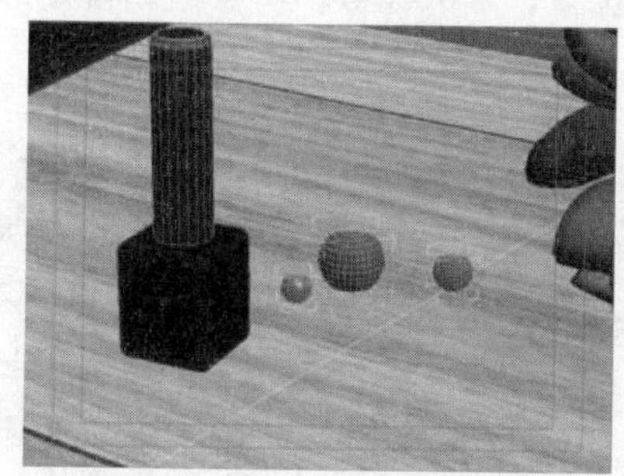

图 2-175 打开摄影机运动模糊.Max 文件

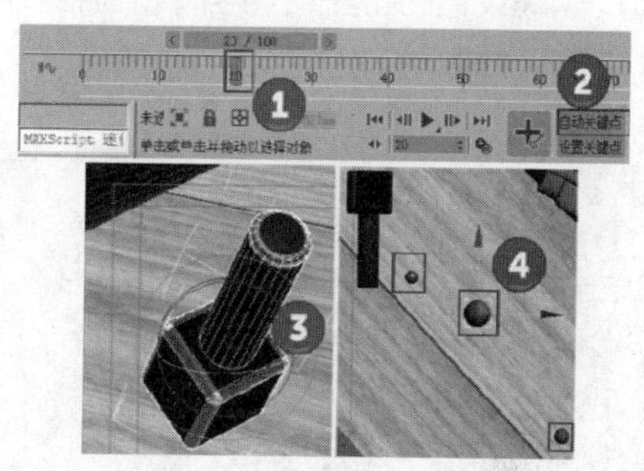


图 2-176 设置香水瓶翻倒以及细珠滚动动作

**Steps 03** 制作完成后将时间滑块退回第 0 帧处，然后如图 2-177 所示勾选【运动模糊】复选框并设置好其他参数，设置完成后单击【渲染】按钮，将得到如图 2-178 所示的渲染结果，可以看到图像中相关模型对象产生运动模糊效果。

| ✔运动模糊 | | ✔相机运动模糊 | |
|---|---|---|---|
| 持续时间(帧) | 7.0 | 快门效率 | 1.0 |
| 间隔中心 | 0.5 | 几何体采样 | 2 |
| 偏移 | 0.0 | 预通过采样 | 1 |

图 2-177 启用【运动模糊】并设置好参数

图 2-178 运动模糊渲染效果

### 2. 【持续时间（帧）】

【持续时间（帧）】参数控制从第 0 帧开始到指定帧的运动效果将被考虑用于运动模

糊的计算，该参数值越大持续时间越长，用于计算模糊效果的帧越多，图像中记录的动作过程越完整，因此运动模糊效果也越明显，如图 2-179 与图 2-180 所示。

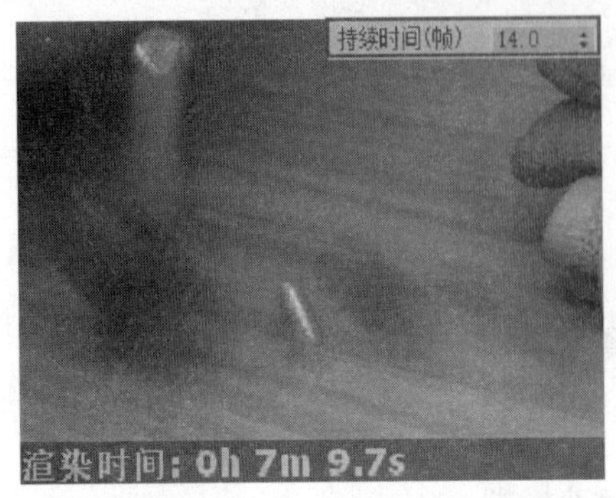


图 2-179 帧持续时间为 14.0 时的运动模糊效果及耗时

图 2-180 帧持续时间为 20.0 时的运动模糊效果及耗时

3. 【间隔中心】

【间隔中心】参数指定帧与帧之间产生【运动模糊】效果的时间位于前后两帧之间的位置，默认数值为 0.5 时相当于前后两个帧的中心位置，增大该数值将使运动模糊形成轨迹越明显，如图 2-181~图 2-183 所示。

图 2-181 间隔中心为 0.1 时的效果

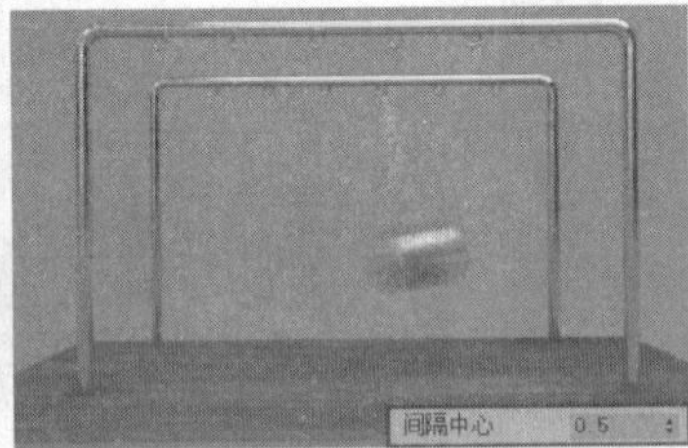


图 2-182 间隔中心为 0.5 时的效果

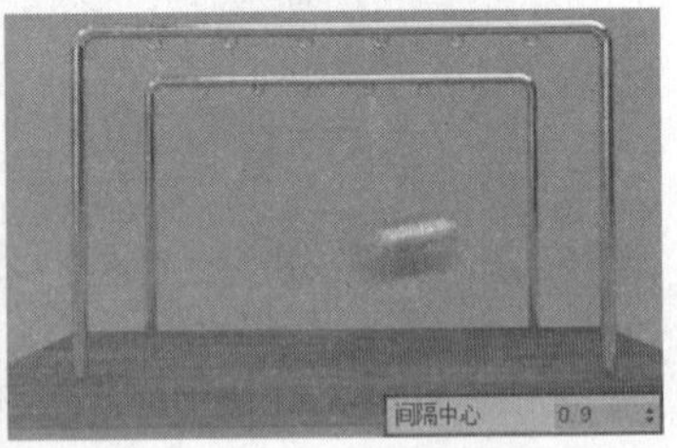


图 2-183 间隔中心为 0.9 时的效果

4. 【偏移】

通过设置【偏移】参数可以决定运动模糊效果的偏移程度。值为 0 时灯光均匀通过全部运动模糊的【间隔中心】；该数值为负时，光线偏向于运动的起始端，渲染图像中球体位于起始位置；该数值为正值时，光线偏向于运动间隔的未端，渲染图像中球体位于结束位置，如图 2-184~图 2-186 所示。

图 2-184 偏移值为-0.4 时的效果

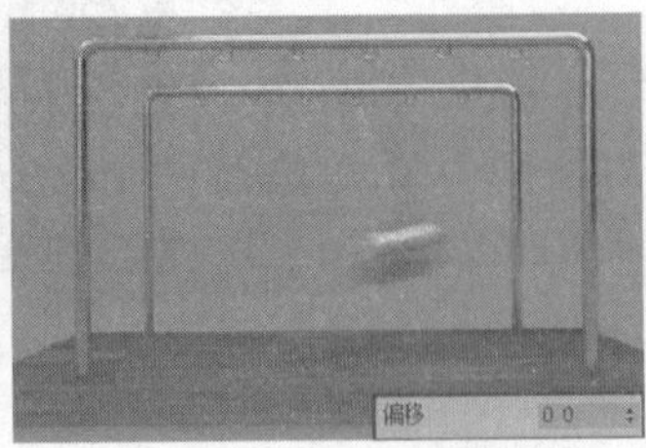


图 2-185 偏移值为 0 时的效果

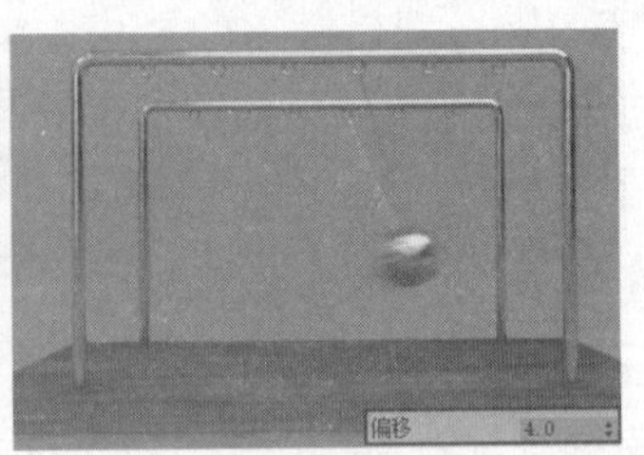


图 2-186 偏移值为 4.0 时的效果

5. 【摄影机运动模糊】

勾选【摄影机运动模糊】复选框后，启用摄影机移动引起的运动模糊计算，与物体移动是相反的。

6. 【快门效率】

现实生活中的摄影机，快门的打开和关闭是需要一定时间的，因此会影响运动模糊的效果，对于大光圈的镜头更是如此。为了模拟这种效果，快门效率参数的设置控制了运动模糊样本在拍摄时间间隔内的分布方式。当【快门效率】的参数值设定为 1 时，样本是均匀分布的，值越小则间隔时间内的采样样本就越多，越接近现实的结果。

7. 【几何体采样】

通过设置【几何体采样】数值，可以设定近似运动模糊的几何学片断数目，如图 2-187 与图 2-188 所示对于快速旋转运动形成的模糊效果，如果该参数值过低在运动模糊效果中有可能观察不到旋转主体，提高该数值可以突出旋转主体的存在。

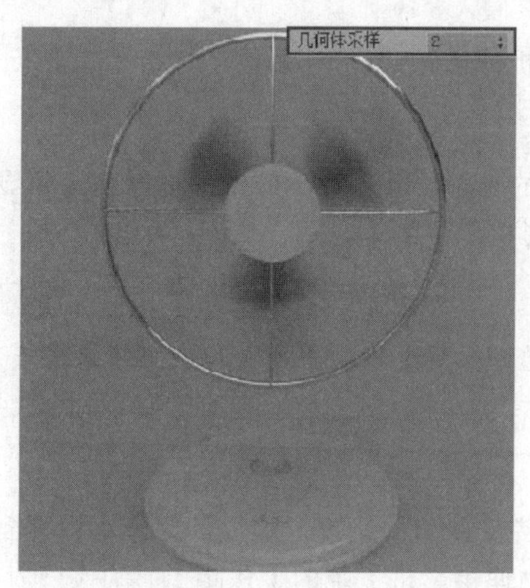


图 2-187　几何体采样为 2 时的效果

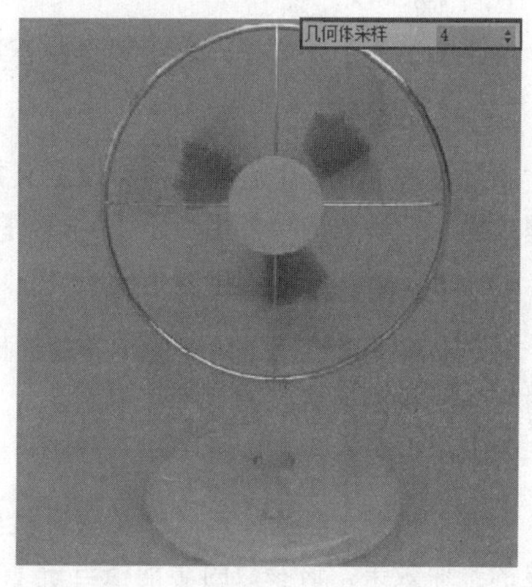


图 2-188　几何体采样为 4 时的效果

8. 【预通过采样】

通过设置【预通过采样】后的数值将决定【发光贴图】计算的过程中每时间段有多少样本用于计算运动模糊效果。

### 2.8.3 【景深】卷展栏

【景深】卷展栏的具体参数项设置如图 2-189 所示，在 VRay 渲染器推出【VRay 物理摄影机】之前，要完成场景中的【景深】、【散景】特殊效果就必须通过这些参数实现。但有了【VRay 物理摄影机】后，便可以通过如图 2-190 所示的参数进行【散景】(景深)特效的制作。

| 景深 | | 从相机获得焦点距离 | |
|---|---|---|---|
| 光圈 | 5.0mm | 焦距 | 200.0mm |
| 中心偏移 | 0.0 | 各向异性 | 0.0 |
| 边数 | 5 | 旋转 | 0.0 |

图 2-189 【景深】卷展栏参数设置

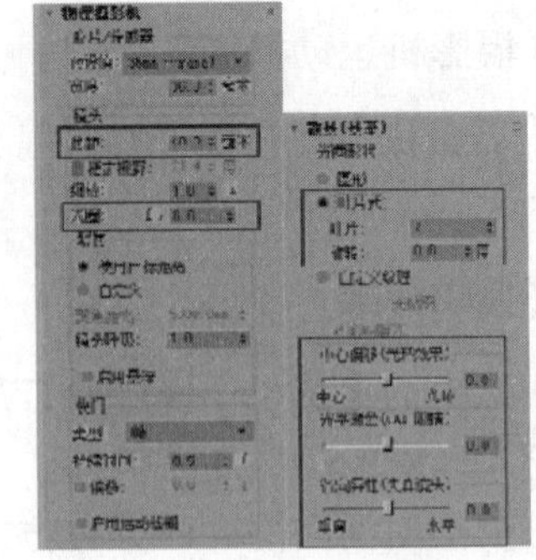

图 2-190 VRay 物理摄影机景深相关参数设置

此外,【VRay 物理摄影机】自身对【景深】效果的控制手段也更为直观，因此在本节中只概括介绍一下这些参数的功能。在本书的第 10 章“VRay 摄影机”中，将详细地讲解了【景深】与【散景】的产生以及使用【VRay 物理摄影机】表现出这两种特效的详细方法。

1. 【景深】

勾选【景深】复选框，启用场景中标准摄影机的景深功能。

2. 【光圈】

通过设置【光圈】后的数值可以定义摄影机的光圈尺寸。较小的光圈将得到较明显的景深效果，该参数的功能相当于【VRay 物理摄影机】中的【光圈：f/】选项值。

3. 【从摄影机获得焦点距离】

勾选【从摄影机获得焦点距离】复选框后，通过设定【焦距】产生的景深效果将失效，此时的焦距将由摄影机的目标点确定。

4. 【焦距】

设置【焦距】参数，可以调整摄影机到物体完全聚焦的距离。较大的距离可以得到较明显的景深效果，该参数的功能相当于【VRay 物理摄影机】中的【焦距】。

注 意：以上四项参数针对表现【景深】特效进行调整，而参数组中的【边数】、【各向异性】和【旋转】参数则主要针对于【散景】特效，其功能与【VRay 物理摄影机】中的【散景（景深）】卷展栏参数一致。

5. 【边数】

【边数】参数与【VRay 物理摄影机】中的【叶片】参数功能一致，用于调整光圈的形状。

6. 【旋转】

该参数的功能与【VRay 物理摄影机】中的同名参数功能一致。

7. 【各向异性】

该参数的功能与【VRay 物理摄影机】中的同名参数功能一致。

# 第 3 章 全局照明选项卡

本章重点：

- 全局照明
- 【全局照明GI】卷展栏
- 【暴力计算】卷展栏
- 【发光贴图】卷展栏
- 【灯光缓存】卷展栏
- 【焦散】卷展栏

双击【渲染设置】面板上的【GI】选项卡，将切换到如图 3-1 所示的全局照明选项卡，通过调整这些参数可以制作出逼真的全局光、照明效果以及焦散特效。接下来先了解什么是全局光、照明。

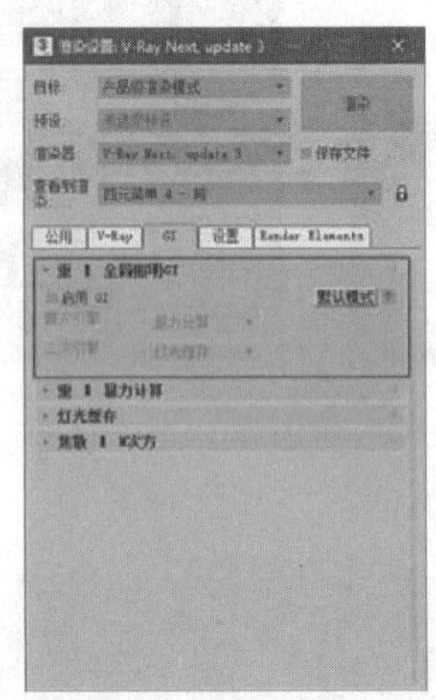


图 3-1　全局照明选项卡

## 3.1 全局照明

全局照明由【直接照明】与【间接照明】两部分组成，如图 3-2 所示的场景中有室外阳光与室内面光源两处灯光，如果保持图 3-1 中的【启用 GI】复选框为未勾选状态，渲染场景将会得到如图 3-3 所示的结果，可以看到除了灯光直射的区域外其他区域没有任何光线。

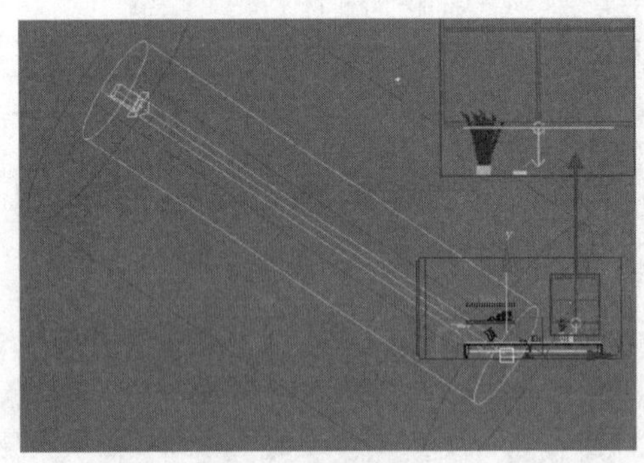

图 3-2　渲染场景

图 3-3　仅有直接照明的图像效果

图 3-3 表现的只有灯光直射区域产生的照明，即【直接照明】效果。如图 3-4 所示，此时的光线在到达第一个碰撞物体后即停止了传播，但在现实世界中，光线传播到第一个物体表面后，会在损失一部分能量后经反弹改变方向继续传播，如图 3-5 所示，并不断重复这个过程，直至能量完全衰竭，这种由于光线反弹而造成的照明效果即【间接照明】。

图 3-4　直接照明示意图

图 3-5　现实灯光传播示意图

因此，同样对于如图 3-2 所示的场景，如果勾选图 3-1 中的【启用 GI】复选框，开启【间接照明】，再次进行渲染，就会得到如图 3-6 所示的渲染结果。观察可以发现，此时场景亮度与灯光的衰减效果与现实效果更为接近。但要注意的是，此时得到的灯光效果是全局光效果，既图像中即有【直接照明】效果又有【间接照明】效果，如果仅有【间接照明】，在图像中只能形成如图 3-7 所示的灯光效果，可以看到图像中缺少【直接照明】，因而缺乏灯光层次感。

图 3-6　全局照明效果

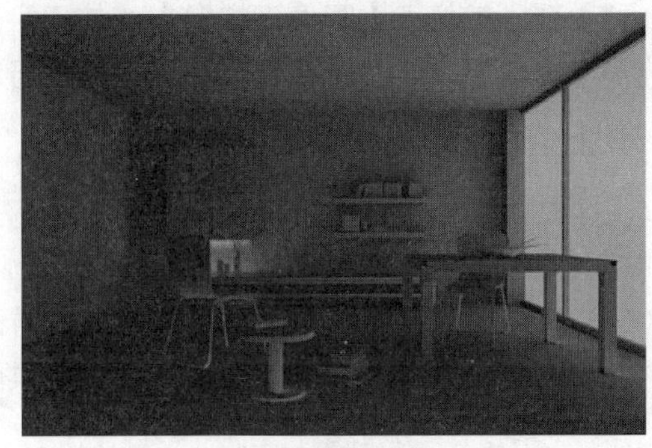

图 3-7　仅【间接照明】效果

现实中的光线反弹情况远比图 3-5 所示的要复杂，渲染器通常会使用一定的计算方式以尽可能地模拟出真实的反弹效果。接下来通过对其下各个卷展栏的学习，了解 VRay 渲染器如何实现全局照明效果，及怎样通过计算模拟出真实的光线反弹。

## 3.2 【全局照明 GI】卷展栏

单击展开【全局照明 GI】卷展栏，分为【默认模式】、【高级模式】、【专家模式】三种模式，其具体参数项默认设置如图 3-8 所示。

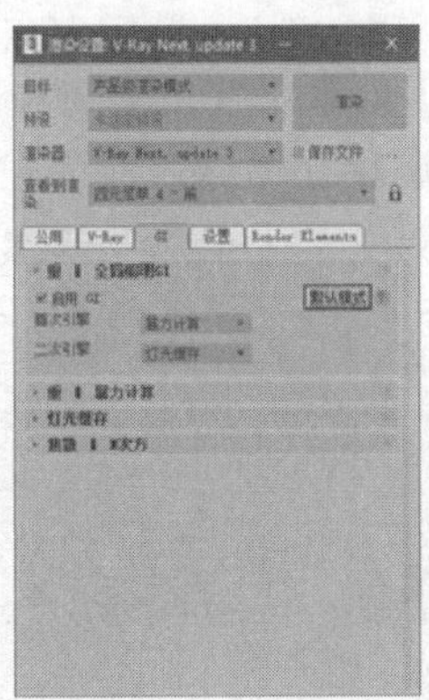

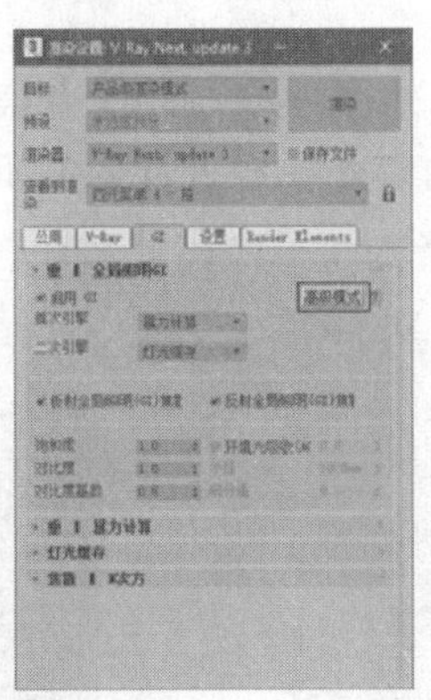

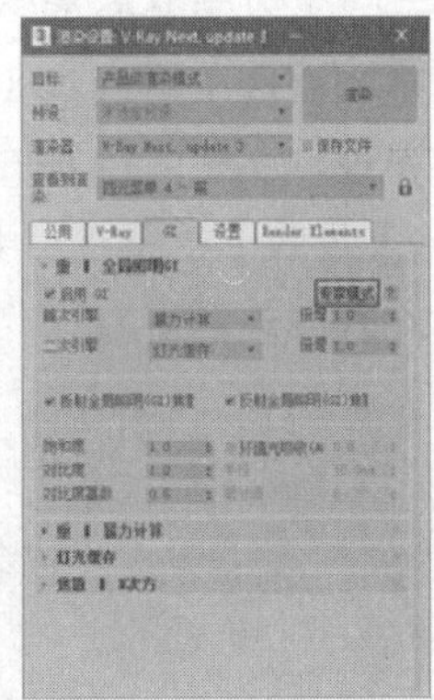

图 3-8　【全局照明 GI】卷展栏参数设置

勾选其中的【启用 GI】复选框，将激活其他参数，该卷展栏最重要的作用是根据渲染的不同需求，通过【首次引擎】参数组与【二次引擎】参数组调整场景灯光计算引擎方式，以最少的时间获得最佳的渲染效果。

## 3.2.1 【默认模式】参数组

### 1. 【首次引擎】

【首次引擎】参数组用于调整光线经场景对象首次反弹后的颜色与明暗，具体包括对反弹强度以及反弹计算引擎的调整。VRay 渲染器为首次引擎提供了如图 3-9 所示的四种计算引擎，类似于【图像采样器】的使用。选择其中的任何一个计算引擎，都会在【GI】选项卡内增加一个对应的卷展栏，以便进行精确的参数控制。

### 2. 【二次引擎】

【二次引擎】参数组用于调整光线经场景对象二次反弹后的颜色与明暗，其参数设置和功能与【首次引擎】参数组都十分类似，在列表中提供了如图 3-10 所示的计算引擎。VRay 渲染器提供的灯光计算引擎对光线的计算方式均不相同，所得到的计算结果与耗费的计算时间也各有差异，后面内容会进行具体介绍。

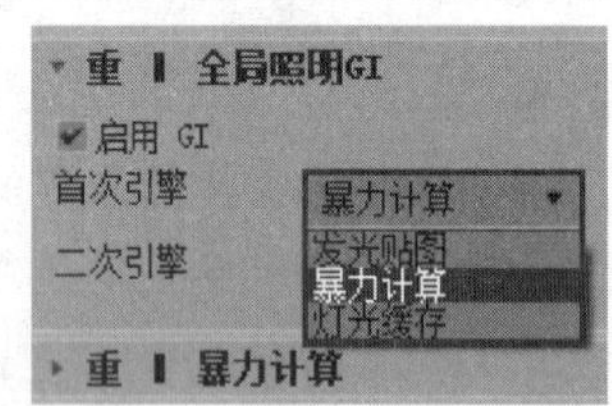


图 3-9　首次反弹全局照明引擎类型

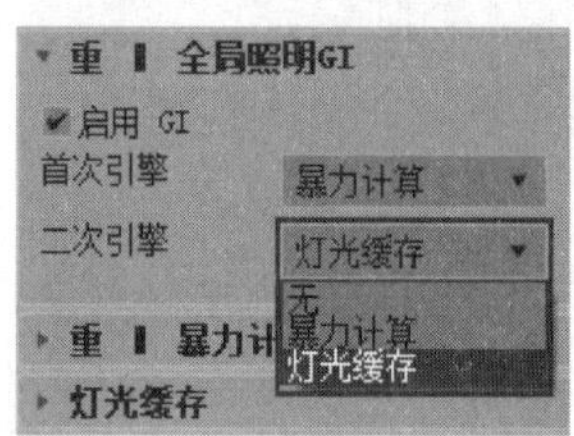


图 3-10　二次反弹全局照明引擎类型

## 3.2.2 【高级模式】参数组

### 1. 【全局照明焦散】参数组

【全局照明焦散】参数组设置如图 3-11 所示。【焦散】效果是 VRay 渲染器十分出色的灯光细节表现，如图 3-12 所示的灯光在经过反射或折射聚集在物体表面的光线效果。本章最后一节"【焦散】卷展栏"中进行详细介绍此功能，而该处的【全局照明焦散】与【焦散】并没有太大的关系。

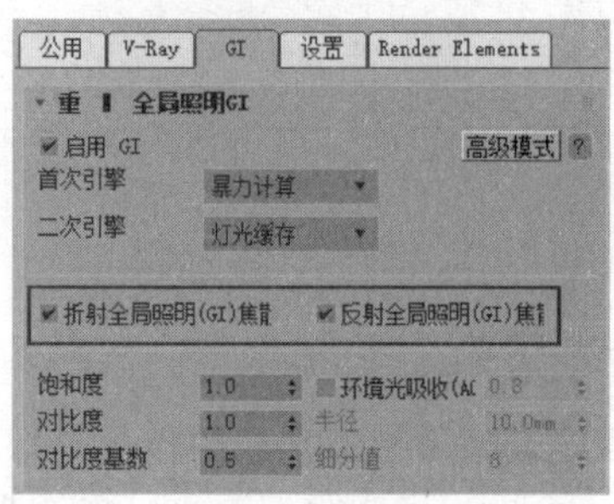


图 3-11　【全局照明焦散】参数组设置

图 3-12　VRay 渲染器的焦散效果

❑ 【折射全局照明（GI）焦散】

【折射全局照明(GI)焦散】复选框用于控制间接光照是否能穿透场景中的透明物体，如图 3-13 与图 3-14 所示，保持该项参数为默认勾选状态能得到正常的材质透明效果，取消勾选后将在透明物体上形成阴影叠加的效果，影响材质通透感的表现。

图 3-13　勾选【折射全局照明（GI）焦散】复选框

图 3-14　未勾选【折射全局照明（GI）焦散】复选框

注 意：即使【全局照明焦散】参数组中关于焦散的两个复选框都未勾选，通过【焦散】卷展栏参数的设置与灯光的调整，仍可表现出理想的焦散效果，即这两组参数互不冲突。

❑ 【反射全局照明（GI）焦散】

【反射全局照明（GI）焦散】复选框用于控制间接光照是否影响场景中由于反射形成的高光效果，勾选后有可能在高光处形成阴影效果，通常保持其默认状态即可。

## 2. 【饱和度】

在场景当前灯光与材质参数不进行调整的前提下，可以通过设置【饱和度】参数对最终渲染图像的颜色饱和度进行调整。如图 3-15 与图 3-16 所示，数值越大图像颜色饱和度越高。

图 3-15　【饱和度】=1.0

图 3-16　【饱和度】=5.0

## 3. 【对比度】

在场景当前灯光与材质参数不进行调整的前提下，可以通过设置【对比度】参数对最终渲染图像进行对比度的调整，如图 3-17 与图 3-18 所示。

图 3-17 【对比度】=1.0

图 3-18 【对比度】=5.0

技巧：由于【对比度】参数能对图像颜色饱和度进行快速调整，因此当场景中溢色较明显时，降低该参数可以产生一定的控制效果，而如果要表现黄昏时分色彩较浓的光线效果，也可以适当提高该参数，以突出光线的色彩氛围。

#### 4. 【对比度基数】

【对比度基数】参数用于调整【对比度】参数调整幅度，如图 3-19 与图 3-20 所示，增大该参数数值后，同样的【对比度】参数值所产生的明暗对比将变得更强烈。

图 3-19 【对比度基数】=0.5

图 3-20 【对比度基数】=0.8

注意：以上的【饱和度】、【对比度】和【对比度基数】参数组可以在场景的间接照明作用于最终渲染图像前进行一些额外的修正，要注意的是必须在渲染进行之前调整相关参数。

### 3.2.3 【专家模式】参数组

#### 1. 首次引擎【倍增】

通过设置【倍增】参数后的数值可以调整光线【首次引擎】的强度，该数值越大，反弹越强烈，渲染图像效果亮度越高，如图 3-21 与图 3-22 所示。

图 3-21 【倍增】=1.0

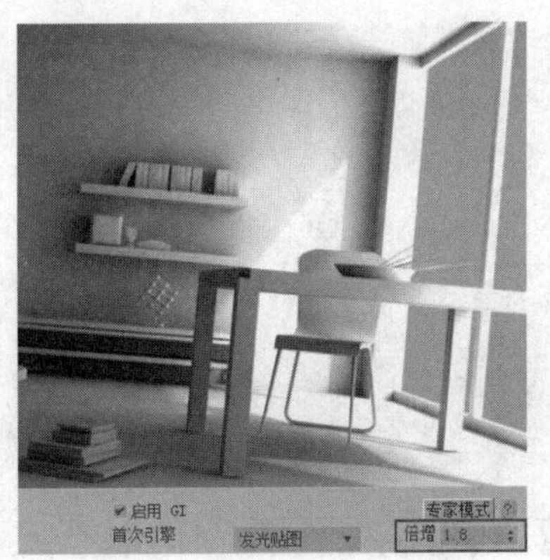


图 3-22 【倍增】=1.8

### 2. 二次引擎【倍增】

通过设置【倍增】参数后的数值可以调整光线【二次引擎】的强度，默认值为 1.0 可以产生精确的物理图像，若取接近 0.0 的值可能会产生一个黑暗的图像。

## 3.3 【暴力计算】卷展栏

单击展开【暴力计算】卷展栏，其具体的参数项设置如图 3-23 所示。【暴力计算】引擎能单独验算每一个发光点的全局照明效果，因此能得到十分精确细致的渲染效果，特别是对具有大量细节的场景表现尤为出色。其缺点是由于验算每一个发光点将造成计算速度十分缓慢。

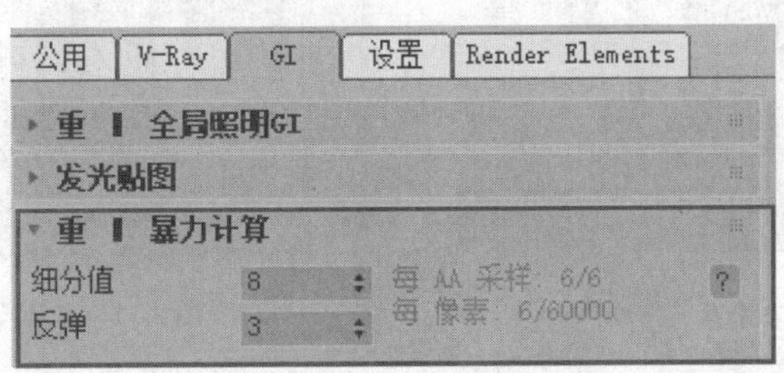


图 3-23 【暴力计算】卷展栏

### 3.3.1 【细分值】

【细分值】参数用于确定【暴力计算】灯光引擎对灯光采样时使用的近似样本数量，如图 3-24 与图 3-25 所示，该参数值越高采样越精细，图像品质越好，但也会耗费更多的计算时间。

图 3-24 低细分值渲染效果及耗时

图 3-25 高细分值渲染效果及耗时

### 3.3.2 【反弹】

【反弹】参数只有在【暴力计算】被选为二次引擎时才可用，用于计算光线反弹的次数。如图 3-26 与图 3-27 所示，反弹数值越高图像中灯光效果越明亮自然，但对于图像中噪点等品质问题，单独提高该参数并不能十分有效地解决，还需要提高【细分值】参数。

图 3-26 低反弹渲染效果及耗时

图 3-27 高反弹渲染效果及耗时

技巧：【暴力计算】灯光引擎参数设置十分简单，虽然其所耗费的计算时间较多，但在细节表现上能取得十分满意的效果，因此在进行工业产品等特写渲染时可以将其设置为【二次引擎】灯光引擎，这样在图像细节表现与渲染时间上都能取得比较满意的效果。

## 3.4 【发光贴图】卷展栏

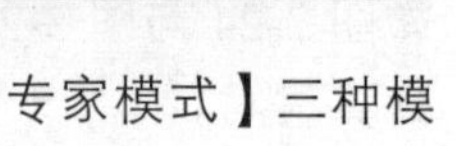

单击展开【发光贴图】卷展栏，分为【默认模式】、【高级模式】、【专家模式】三种模式，其具体参数项设置如图 3-28 所示。

【发光贴图】引擎计算灯光信息的基本思路为：仅追踪场景中由光源发出经场景模型反弹到当前渲染视角中的光线，仅计算场景中某些特定发光点的间接照明效果，然后对其他剩余的点则进行插值计算。因此利用该引擎计算出的间接照明效果有可能会丢失或模糊一些细节，但对于平坦区域较多的场景的间接光照的计算十分迅速且能取得较理想的效果。

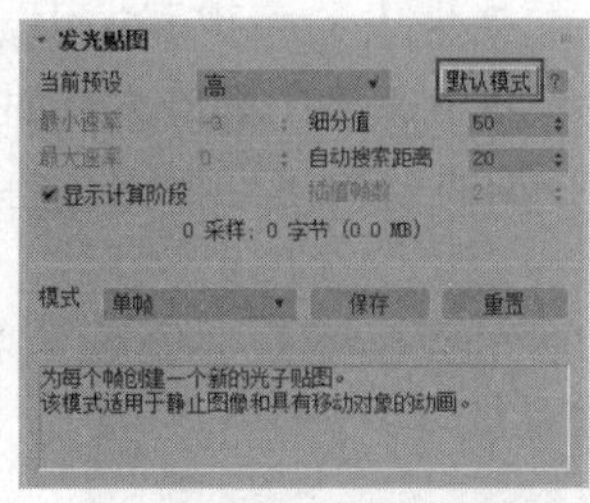


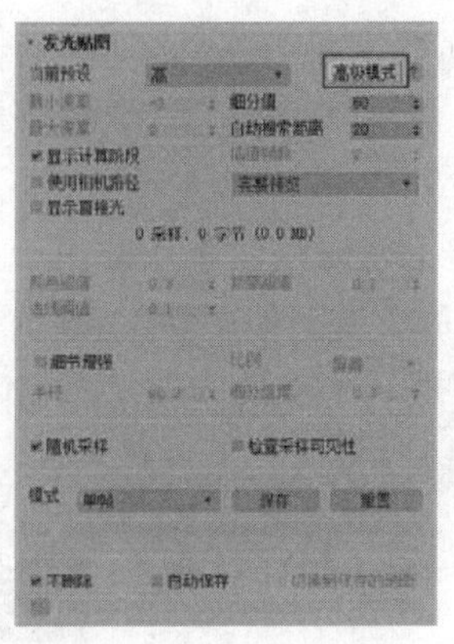


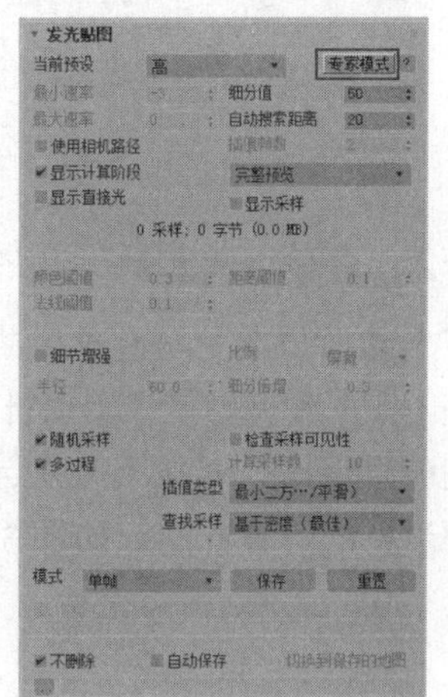


图 3-28　发光贴图参数设置

在室内效果图的制作过程中常选用其为【首次引擎】，然后在【二次引擎】使用【灯光缓存】进行细节灯光信息的补充计算，这种搭配方式能在渲染品质与渲染速度两者间获得比较理想的平衡。

## 3.4.1 【默认模式】参数组

### 1. 【当前预设】

VRay 渲染器提供了如图 3-29 所示的八种预设供用户选择，其中除了【自定义】预设之外，选择其他任何一种预设，系统都将自动调整并锁定其下的基本参数组的设定，如图 3-30 所示。

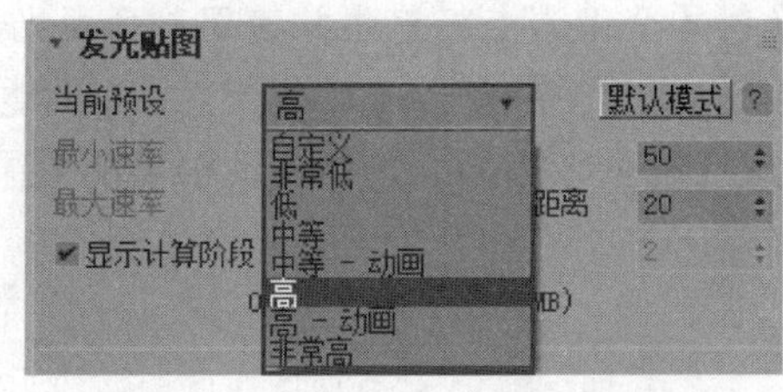


图 3-29　VRay 渲染器内置的八种预设模式

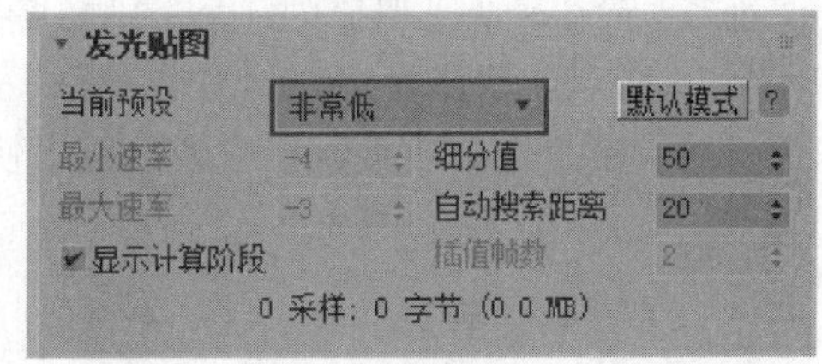


图 3-30　选择预设模式将锁定部分基本参数

VRay 渲染器从静帧与动画两个角度提供了多种档次（从非常低~非常高）的预设，但这些预设参数并不能完全适合每个场景的特点，因此我们可以根据表现的大致要求选择其中的某种预设，如在最终渲染时可以先选择如图 3-31 所示的【高】预设，然后再如图 3-32 所示切换至【自定义】预设，这样就可以在保留部分【高】预设参数的基础上，根据场景的需要通过调整其基本参数中的其他参数，来获得较理想的渲染品质与渲染速度平衡。

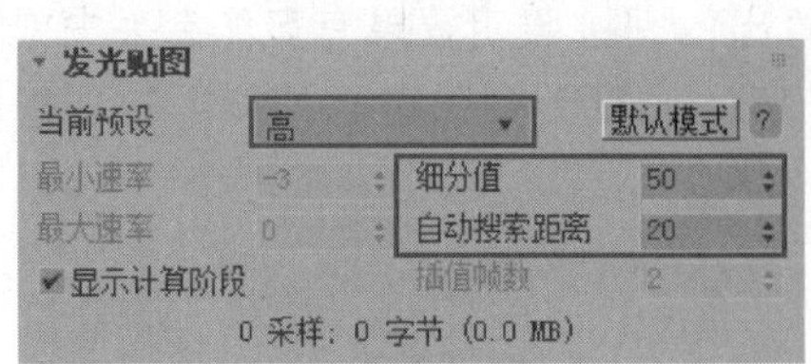


图 3-31　选择高预设

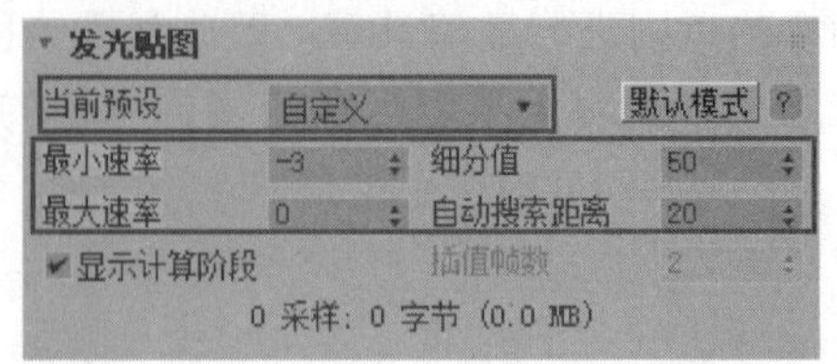


图 3-32　低预设渲染效果与耗时

## 2. 【最小速率】

【最小速率】参数用以确定【发光贴图】引擎第一次【预处理】的分辨率大小，【预处理】即【发光贴图】引擎计算的方式，如图 3-33 所示。当【最小速率】取值为 0 时，将对图像中每一个单独的像素点使用一个单独的发光点，这样计算的结果相当精细但也会耗费相当多的计算时间，如图 3-34 所示。

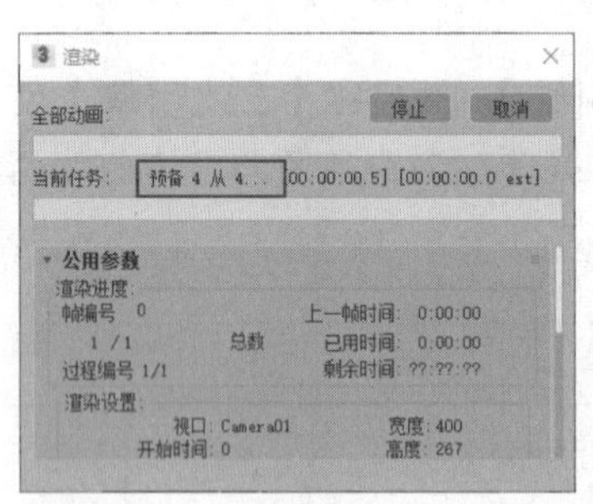


图 3-33　发光贴图预处理

图 3-34　最小速率为 0 时的预处理分辨率

技巧：勾选参数组中的【显示计算阶段】复选框，可以在渲染窗口中观察到如图 3-34 所示的预处理过程。

而当【最小速率】取值为-1 时，则意味着图像每 4 个像素点将产生并使用一个发光点，如图 3-35 所示。取值为-2 时，意味着每 16 个像素点将产生并使用一个发光点，其他数值依此类推。在工作中通常设置它为负值以快速完成场景中大而平坦区域的间接照明效果的计算。

## 3. 【最大速率】

【最大速率】参数可确定【发光贴图】引擎最后一次【预处理】的分辨率大小，其后的取值对像素与发光点的分配与【最小速率】一致，因此增大其中的任意一项参数的数值都会提升渲染质量并增加计算时间，而【发光贴图】对灯光【预处理】的次数则为【最大速率】与【最小速率】间的差值加 1，如图 3-36 所示。

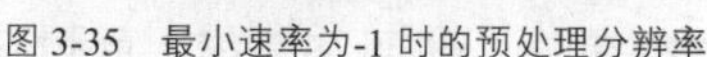

图 3-35　最小速率为-1 时的预处理分辨率

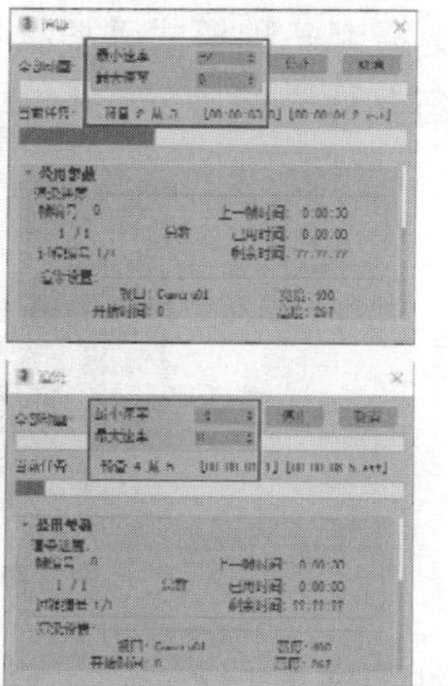

图 3-36　最大速率与最小速率差值决定预处理次数

### 4. 【细分值】

【细分】参数可以决定【发光贴图】计算采样时被用于单独计算间接照明的样本数量，该参数数值越大，渲染图像越平滑细腻，但也会耗费更多的计算时间，如图 3-37~图 3-39 所示。

图 3-37　半球细分值为 10 的效果及耗时

图 3-38　半球细分值为 20 的效果及耗时

图 3-39　半球细分值为 60 的效果及耗时

注 意：实际用于单独计算间接照明的样本数量为半球细分值的平方。

### 5. 【显示计算阶段】

勾选【显示计算阶段】复选框后，在进行【预处理】时可以在渲染窗口内观察到计算状态。

### 6. 【插值帧数】

【插值帧数】用于调整动画帧与帧之间对象运动模糊进行插补计算的数目，保持其默认参数值设置即可。

### 7. 【模式】

【模式】参数组主要用于将【发光贴图】的计算结果以 Vrmap 格式文件进行保存，并能进行不同方式的调用，从而提高渲染计算效率。VRay 渲染器共提供了如图 3-40 所示的

8 种模式，选择哪一种模式需要根据各种场景不同的渲染任务进行确定，下面对每一种模式的功能进行具体介绍。

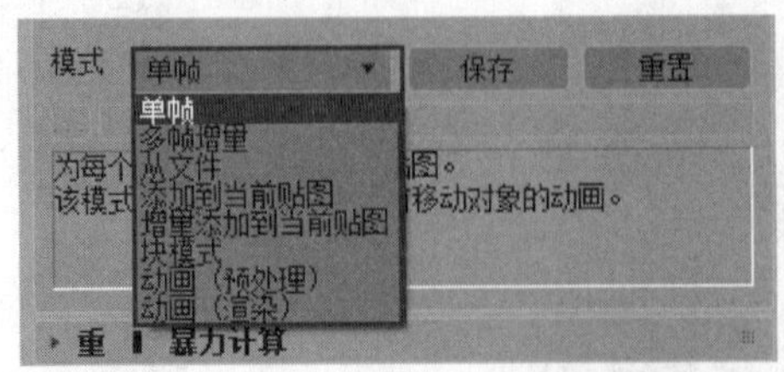


图 3-40　VRay 渲染器提供的多种模型类型

❑　【块模式】

【块模式】适用于多台计算机同时对同一场景进行渲染（即网络渲染）的情况。该模式会计算所有渲染块交界边，而且通常需要设置较高的渲染参数才能得到比较好的渲染效果。

❑　【单帧】

【单帧】为 VRay 渲染器默认模式，使用该模式进行计算时，将对整个图像计算一个独立的灯光信息贴图。如果是动画，则每帧都将重新计算新的【发光贴图】。但当场景中既有摄影机移动又有模型对象移动的动画时，只能使用该模式。

❑　【多帧增量】

【多帧增量】适用于场景中仅有摄影机移动的漫游动画表现。该模式将在渲染第一个动画帧时计算一张全新的灯光信息贴图，但对于接下来的动画帧渲染，VRay 渲染器则设法从第一帧保存的信息贴图中提炼可以利用的灯光信息。如果【发光贴图】参数设置较高，可以避免由于摄影机移动产生的图像闪烁现象。

❑　【从文件】

要使用【从文件】模式，必须在当前场景已经成功保存了一张相关的信息贴图的情况下使用。选择该模式后，单击图 3-41 中的 ... 按钮，可以将保存好的信息贴图进行加载。对于动画的渲染，加载的发光贴图将作用于所有的渲染帧。

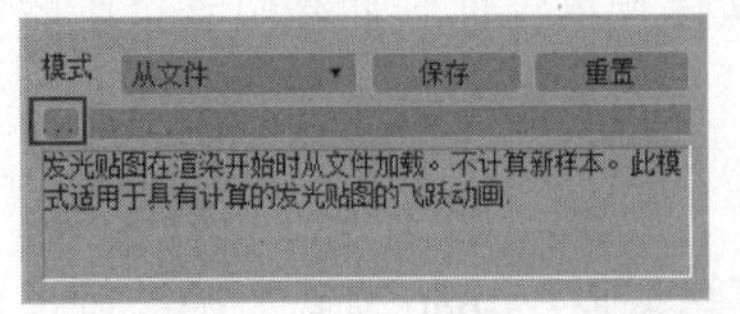


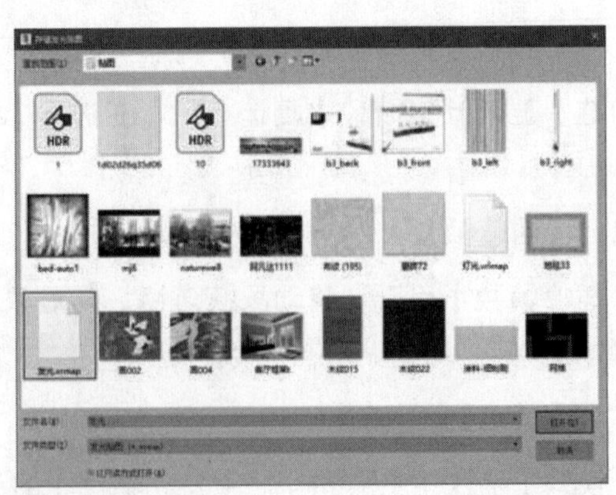

图 3-41　加载文件

❑ 【添加到当前贴图】

使用【添加到当前贴图】模式时，VRay 渲染器会将当前渲染帧计算的全新灯光信息贴图加载到内存中已存在的上一帧计算完成的灯光信息贴图中。该模式可用于动画渲染。

❑ 【增量添加到当前贴图】

使用【增量添加到当前贴图】模式时，VRay 渲染将使用内存中已存在的信息贴图，仅在某些没有足够细节的地方进行重新计算。该模式通常用于摄影机镜头变换或是动画的渲染。

❑ 【动画（预处理）】

使用【动画（预处理）】模式时，VRay 渲染将为每个帧分别计算和保存一个新的发光贴图。在这种模式下，最终的图像不会被渲染，只会计算 GI。这是渲染移动物体动画的第一步。

❑ 【动画（渲染）】

使用【动画（渲染）】的方法计算贴图后，渲染最终的动画。插入的发光贴图数量由【插值帧数】设定的参数决定。

8. 【保存】

当【发光贴图】计算完成后，其相关的灯光信息贴图将暂时保存在内存中，此时单击【保存】按钮，可以将其以 Vrmap 格式文件进行永久保存，而选择【从文件】模式时，则可以单击...按钮将其调用。

9. 【重置】

如果【发光贴图】计算完成后，单击 重置 按钮，将删除计算完成并暂时保存在内存中的灯光信息贴图。

## 3.4.2【高级模式】参数组

1. 【显示直接光】

【显示直接光】复选框只有在启用【显示计算阶段】时才被激活，通过图 3-42 与图 3-43 的对比可以发现，勾选该复选框，将在【预处理】过程中观察到直接照明效果，其效果与如图 3-44 所示的最终渲染效果更为接近，这样有利于对灯光效果做出更早的判断。

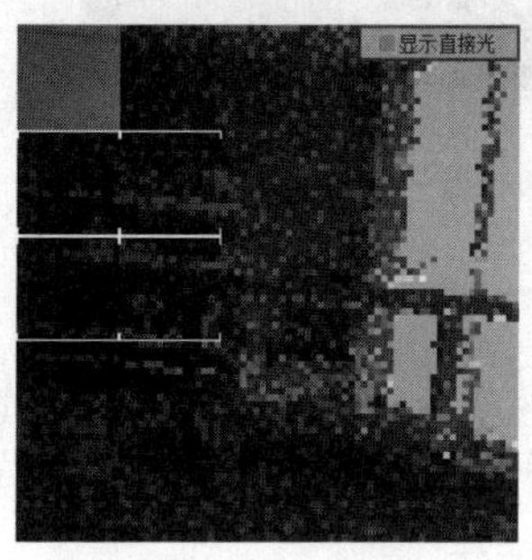


图 3-42 不显示直接光

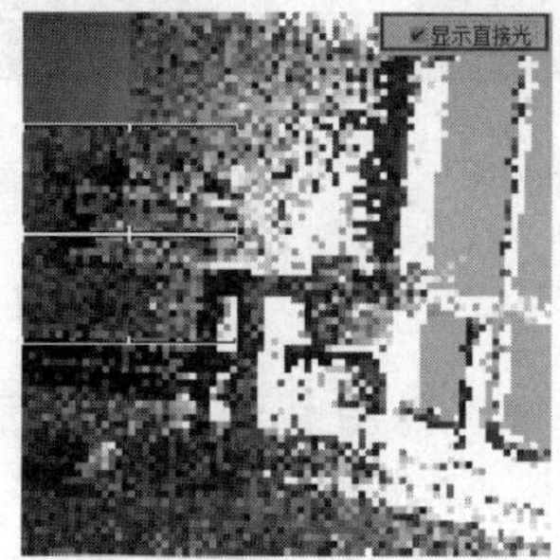


图 3-43 显示直接光

图 3-44 最终渲染结果

## 2. 【颜色阈值】

【颜色阈值】参数可以确定【发光贴图】计算间接照明时对色彩变化进行判断的敏感程度，色彩变化越丰富所分布的样本越多。该参数值越小，其对色彩的变化越敏感，所分布的样本数量也越多，因此所耗费的计算时间越长，如图 3-45 与图 3-46 所示。

图 3-45　颜色阈值为 0.1 时的样本分布

图 3-46　颜色阈值为 0.5 时的样本分布

技巧：勾选【选项】参数组中的【显示采样】复选框，可以在渲染图像中观察到样本的分布。

## 3. 【距离阈值】

【距离阈值】参数可以确定【发光贴图】计算时对两个表面之间距离判断的敏感程度，参数值越大，样本的分布越紧密，如图 3-47 与图 3-48 所示。

图 3-47　距离阈值为 0.001 时的样本分布

图 3-48　距离阈值为 0.1 时的样本分布

## 4. 【法线阈值】

【法线阈值】参数可以确定【发光贴图】计算时对表面法线变化进行判断的敏感程度，法线变化越剧烈说明该区域越圆滑，从而需要分配到更多的样本。参数值越小，场景中球状以及弧形的表面将分配到更多的样本，如图 3-49 与图 3-50 所示。

图 3-49　法线阈值为 0.01 时的样本分布

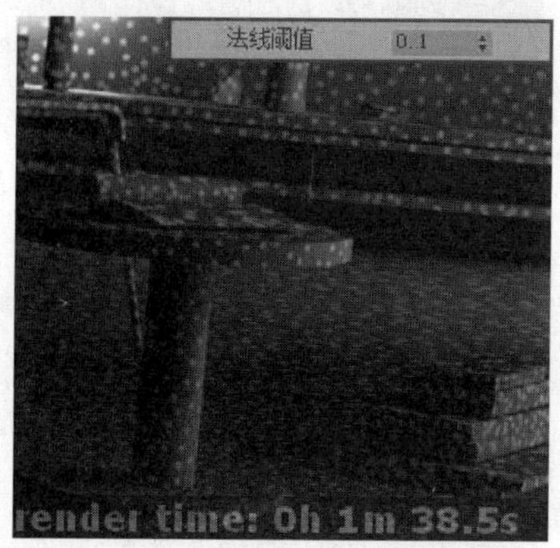


图 3-50　法线阈值为 0.1 时的样本分布

### 5. 【细节增强】

【细节增强】是 VRay1.5 系列版本后推出的一组参数，由于【VRay 发光贴图】使用插补计算的方法受到分辨率的约束，因此在参数较低的情况下，所表现的细节（如阴影细节）并不理想，如图 3-51 与图 3-52 所示，开启【细节增强】复选框后，场景在窗口以及墙角处的阴影更为真实。

图 3-51　未进行细节增强渲染效果及耗时

图 3-52　进行细节增强后的渲染效果及耗时

### 6. 【比例】

在【比例】参数的下拉列表中可以选择【屏幕】以及【世界】两种单位，以决定其下面的【半径】参数产生的效果。

### 7. 【半径】

通过设置【半径】后的数值，可以调整【细节增强】效果的影响半径（即增加采样样本的范围），该数值越大，图像中的阴影等细节越充分，由灯光衰减产生的层次感越突出，但也将耗费更多的计算时间，如图 3-53 与图 3-54 所示。

图 3-53　细节增加半径为 50 的渲染效果及耗时

图 3-54　细节增加半径为 500 的渲染效果及耗时

### 8. 【细分倍增】

通过设置【细分倍增】后的数值，可以调整【细节增强】效果的影响半径内所增加采样的样本数量，其取值为 1 时添加的样本将与规则发光贴图的采样样本一致。

### 9. 【随机采样】

勾选【随机采样】复选框后，在【发光贴图】计算过程中会将图像样本随机放置，如图 3-55 所示；取消勾选则将如图 3-56 所示进行规则的样本放置。

图 3-55　随机采样样本分布效果

图 3-56　非随机采样样本分布效果

### 10. 【检查采样可见性】

勾选【检查采样可见性】复选框，在渲染过程中将仅使用【发光贴图】中的样本，且样本在插补点直接可见。这样可以有效防止灯光穿透两面、接受完全不同照明的薄壁物体时产生的漏光现象，而由于 VRay 渲染器要追踪附加的光线来确定样本的可见性，所以它会减慢渲染速度。

### 11. 【渲染结束后】

【渲染结束后】参数组主要用于设置【发光贴图】计算完成后对其暂时保存在内存中的灯光信息贴图的处理方式，如图 3-57 所示。

图 3-57　渲染结束后的参数设置

❑ 【不删除】

【不删除】默认为勾选状态，因此【发光贴图】计算完成后会将计算好的灯光信息暂时保存在内存中，直到被下一次的计算结果所覆盖，如果要进行永久保存则需点【模式】参数组中的【保存】按钮进行手动保存。若取消勾选，在渲染完成后则不会将灯光信息储存在内存中，系统将即时进行删除。

❑ 【自动保存】

勾选【自动保存】复选框，在【发光贴图】计算完成后，系统会将计算好的灯光信息自动保存到用户指定的目录，因此需要先单击【浏览】按钮...，设置信息贴图保存的文件名和保存路径。

❑ 【切换到保存的地图】

【切换到保存的地图】只有在【自动保存】复选框被勾选时才有效，勾选该复选框后，VRay 渲染器不但能将计算好的信息贴图按预先设置好的文件名与保存路径进行保存，还能在当次渲染完成后，将【模式】自动切换为【从文件】，并自动调用保存好的灯光信息贴图。

### 3.4.3【专家模式】参数组

1. **【显示采样】**

勾选【显示采样】复选框后，VRay 渲染器将在最终的渲染图像上以小圆点的形态直观地显示发光贴图样本的分布状态。

2. **【多过程】**

勾选【多过程】复选框后，VRay 渲染器在【发光贴图】的计算过程中如果存在重复计算的情况，将利用之前已经计算过的【发光贴图】样本，从而加快计算速率。

3. **【计算采样数】**

【计算采样数】控制在【发光贴图】计算过程中已经被采样算法计算的样本数量。比较理想的取值范围是 10~25。较低的数值可以加快计算传递，但会导致信息存储不足，而较高的取值会减慢计算传递，但可以增加更多的附加采样。

4. **【插值类型】**

【插值类型】参数决定【发光贴图】是使用什么样的方式进行插值计算，VRay 渲染器提供了如图 3-58 所示的四种插补类型。

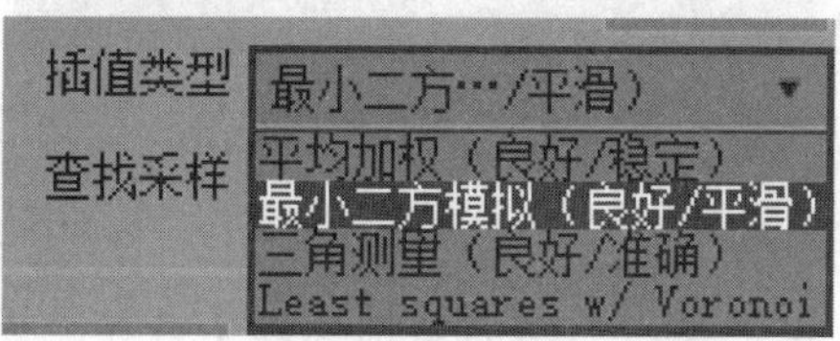


图 3-58　插值类型

❑ 【平均加权】

【平均加权】将使【发光贴图】以间接光照采样点到插补点的距离与法线差异计算平均值的方式进行插补作用，这是一种较为简单的插补方式。

❑ 【最小二方模拟】

【最小二方模拟】是 VRay 渲染默认的插补方式，它将设法计算一个在发光贴图样本之间最合适的间接照明数值，可以产生比加权平均值更平滑的效果。

❑ 【三角测量】

【三角测量】是一种不会产生模糊效果的插补方式，它可以避免产生样本密度的偏移从而最大程度保留场景细节，但也因此更容易产生噪波，通过采样样本的增加可以减缓这一现象。

❑ 【Least squares w/Voronoi weights】（最小平方加权测试法）

【Least squares w/Voronoi weights】（最小平方加权测试法）结合了【加权平均值】与【最小平方适配】两种类型的优点，但它的计算相当缓慢。

技巧：在渲染参数较合理的前提下，不同的【插值类型】通常不会产生太大的细节变化，因此通常可以保持默认的【最小二方模拟】类型，而如果场景需要表现出很高的细节与品质，则考虑选择【最小平方加权测试法】，如图 3-59~图 3-62 所示。

图 3-59　平均加权插补类型的渲染效果及耗时

图 3-60　最小二方模拟插补类型渲染效果及耗时

图 3-61　三角测量插补类型渲染效果及耗时

图 3-62　最小平方加权测试法插补类型渲染效果及耗时

5. 【查找采样】

【查找采样】参数确定在渲染过程中【发光贴图】被用于插补基础合适点的选择方法，主要影响细微的阴影细节，VRay 渲染器共提供了如图 3-63 所示的 4 种类型以供选择。

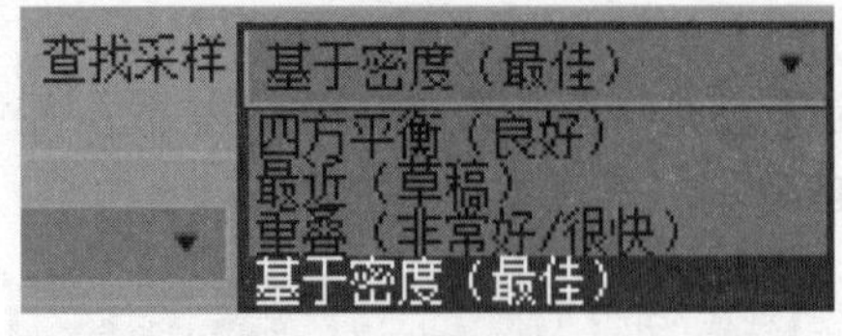


图 3-63　查找采样类型

❑ 【最近（草稿）】

使用【最近（草稿）】查找类型，将简单地选择【发光贴图】中那些最靠近插补点的样本作为插补基础的合适点，这是最快的一种查找方法，缺点在于当发光贴图中某些地方样本密度发生改变的时候，它将在高密度的区域选取更多的样本数量（即密度偏置现象），从而造成其他区域样本过低而产生不理想的效果。

❑ 【四方平衡（良好）】

【四方平衡（良好）】查找类型是针对【最近（草稿）】类型产生密度偏置现象的一种修正方法。它把插补点在空间划分成4个区域，并设法在它们之间寻找相等数量的样本。它比简单的【最近（草稿）】方法的渲染速度要慢，但效果要好一些，缺点是在查找样本的过程中，可能会拾取其他区域与插补点不相关的样本。

❑ 【重叠（非常好/很快）】

【重叠（非常好/很快）】查找类型需要对【发光贴图】中的每一个样本进行影响半径的计算预处理过程，这个半径值在低密度样本的区域较大，在高密度样本的区域较小，而当其在任意点进行插补的时候，将会选择周围影响半径范围内的所有样本，因此可以解决上面介绍的两种方法的密度偏置以及查找无关样本的缺点，可以使用模糊插补方法产生连续的平滑效果，而且在一般情况下它的计算速率更快。

❑ 【基于密度（最佳）】

【基于密度（最佳）】查找类型将使用对总体密度进行样本查找的方法，以使平坦区域（细节较少）和凹凸区域（细节较多）均获得足够的样本密度，因此也会耗费更多的计算时间。

## 3.5【灯光缓存】卷展栏

单击展开【灯光缓存】卷展栏，分为【默认模式】、【高级模式】、【专家模式】三种模式，其具体参数项设置如图3-64所示。

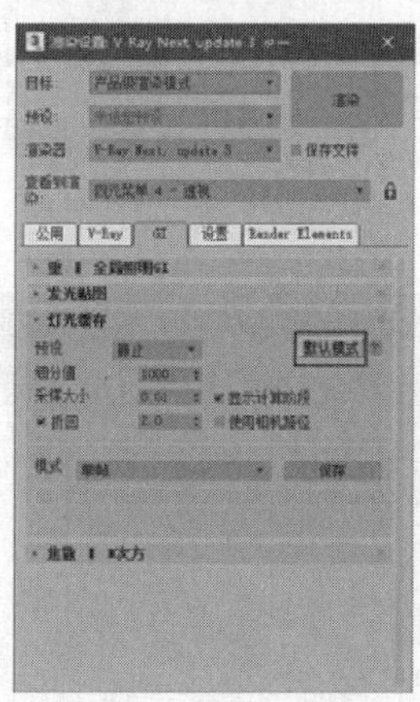

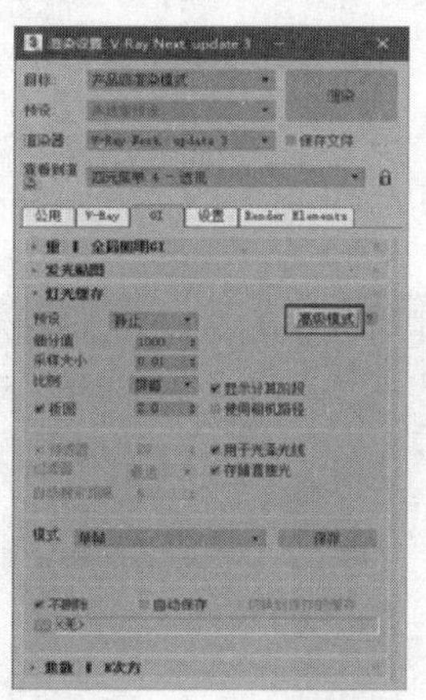

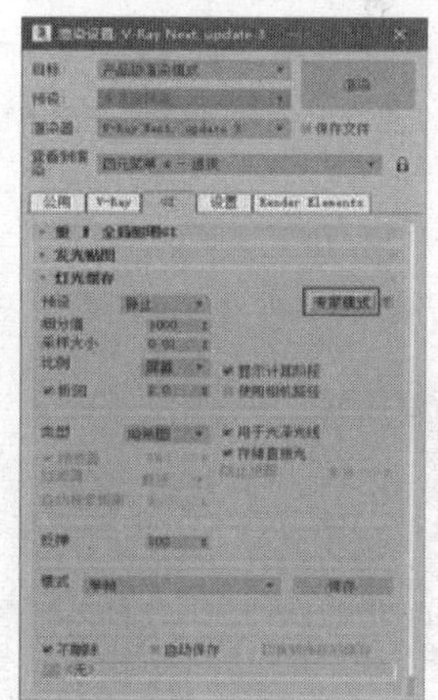

图3-64 【灯光缓存】卷展栏

【灯光缓存】引擎的基本思路是沿着摄影机所捕捉的可见光线出发，逆向追踪到光线的出发点，即光源位置进行采样计算。

此外【灯光缓存】引擎全面支持3ds Max系统提供的所有灯光与阴影类型，在室内效果图的实际制作中常被选用【二次引擎】。

## 3.5.1 【默认模式】参数组

### 1. 【细分值】

【细分值】参数用以确定将有多少条从摄影机视图出发的光线被反向追踪，实际的追踪光线数量为其设置参数的平方值，如将该值设置为 1000，则有 1000000 条光线被反向追踪，每条独立的光线被反向追踪至光源后，用以确定每块像素的颜色与亮度，如图 3-65~图 3-67 所示，该数值越大，得到的图像效果越平滑细腻，光线越明亮自然，所耗费的计算时间也越长。

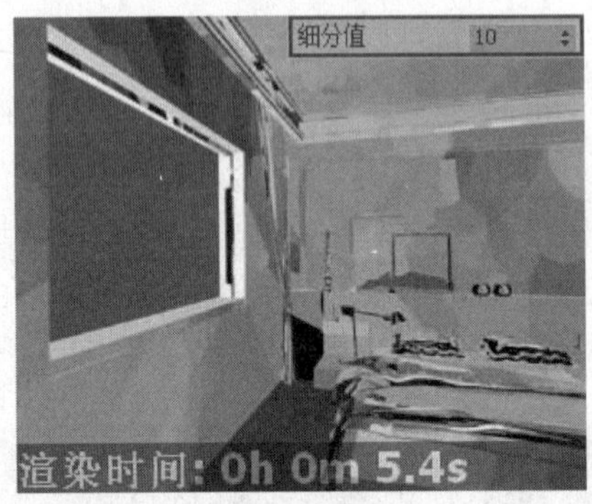


图 3-65　细分值为 10 的效果及耗时

图 3-66　细分值为 100 的效果及耗时

**注意：** 对比图 3-65 与图 3-66 可以发现，细分值为 100 的计算时间似乎比细分值为 10 的计算时间要少，在这里要明白一个概念，渲染时间并不等同于灯光计算时间。在渲染的过程中，如图 3-68 所示观察到的才是真正的灯光计算时间，而渲染时间除了灯光计算时间外，还包括图像的渲染时间。图 3-66 中的渲染时间小于图 3-65 中的渲染时间，主要是由于效果相对平滑，减少了图像渲染的时间。

图 3-67　细分为 1000 的效果及耗时

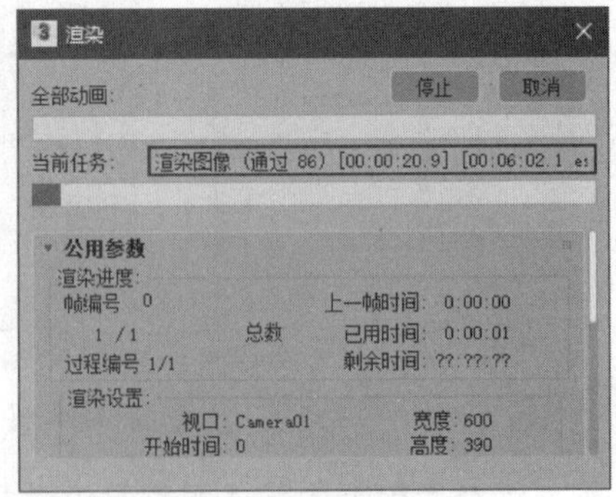


图 3-68　灯光缓存计算时间

### 2. 【采样大小】

【采样大小】用以确定【灯光缓存】采样样本的大小，值越小意味着样本距离越近，这样能更准确地捕捉并计算到相隔距离很近的光影变化信息，该数值越小渲染图像越平滑，光线过渡越自然，如图 3-69~图 3-71 所示。

图 3-69 采样为 0.02 的效果及耗时

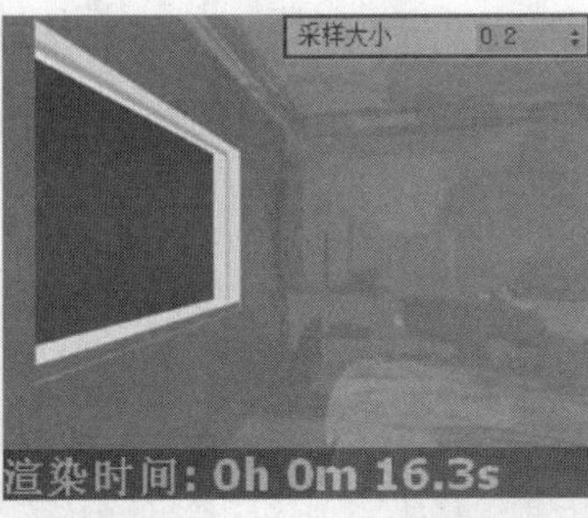


图 3-70 采样为 0.2 的效果及耗时

图 3-71 采样为 2 的效果及耗时

【采样大小】数值的效果受【比例】参数的影响。

### 3. 【显示计算阶段】

勾选【显示计算阶段】复选框后，在进行如图 3-72 所示的【灯光缓存】计算时，可以在渲染窗口内显示其具体的计算过程与状态，如图 3-73 与图 3-74 所示。此选项对灯光缓存的计算结果没有影响，但可以给用户一个比较直观的视觉反馈。

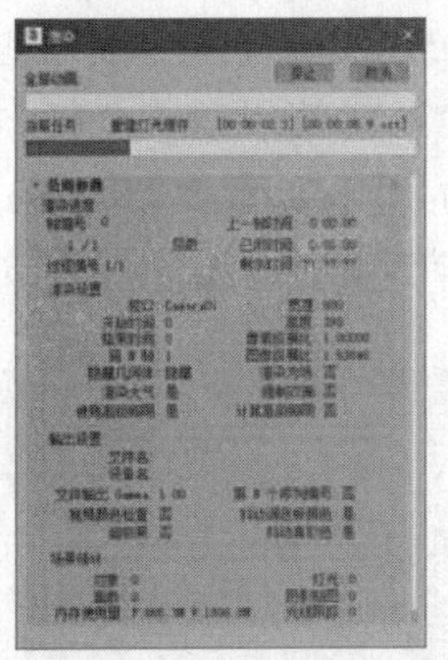

图 3-72 灯光缓存计算过程

图 3-73 显示灯光缓存计算过程一

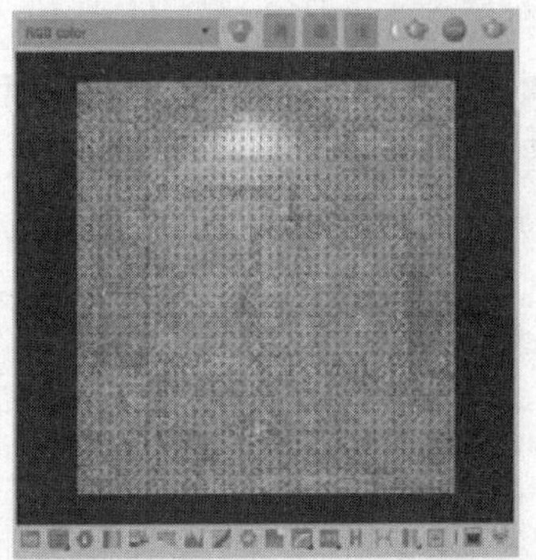

图 3-74 显示灯光缓存计算过程二

### 4. 【模式】

【灯光缓存】卷展栏中的【模式】参数组的功能与【发光贴图】卷展栏同名参数组的功能完全一致。

## 3.5.2 【高级模式】参数组

### 1. 【比例】

【比例】参数用于调整采样样本大小的最终尺寸，保持默认的【屏幕】选项时，采样分布会随着距摄影机的距离改变，即在屏幕远端会减少采样以节省时间。如果选择【世界】选项，由于图像的任何一处采样都是以设定的【细分值】为准，同一数值下切换选项对图像的渲染效果影响如图 3-75 与图 3-76 所示。

图 3-75　以屏幕为比例的渲染效果及耗时

图 3-76　以世界为比例的渲染效果及耗时

### 2. 【预滤器】

勾选【预滤器】复选框，将在【灯光缓存】进行过滤时，使光线四周样本与临近的样本进行比较，如果比较接近后面设定的判断值就会将相互接近的光线使用同一个样本代替，该复选框勾选与否以及【预滤器】参数值的高低对图像效果的影响如图 3-77~图 3-79 所示，可以看到勾选该复选框并适当增大数值可以有效减少模型转角以及重叠处的黑斑。

图 3-77　未进行预过滤的渲染效果

图 3-78　预过滤为 2 的渲染效果

图 3-79　预过滤为 20 的渲染效果

### 3. 【过滤器】

单击【过滤器】后的下拉按钮，可以确定【灯光缓存】进行过程中使用的过滤器类型，有以下 3 种方式可供选择。

❑ 【无】

选择【无】参数后，【灯光缓存】将不使用过滤而仅将最靠近着色点的样本作为发光点使用，其渲染效果如图 3-80 所示，可以看到在图像内出现了十分明显的色块。

❑ 【最近】

选择【最近】过滤器时，【灯光缓存】会搜寻最靠近着色点的样本，并取它们的平均值进行过滤采样，其渲染效果如图 3-81 所示，可以看到图像效果十分干净细腻。

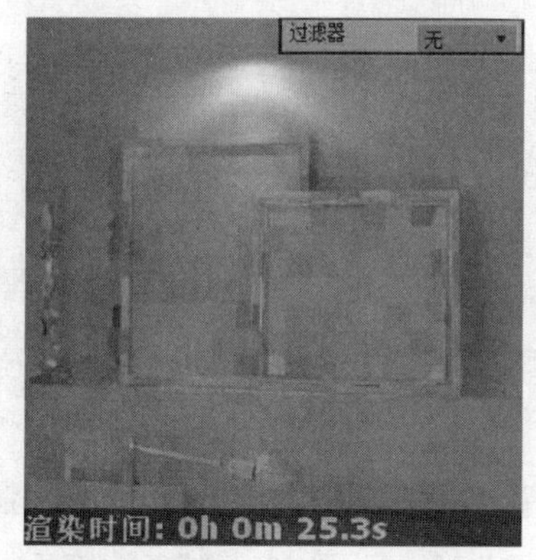


图 3-80　未进行过滤的图像效果

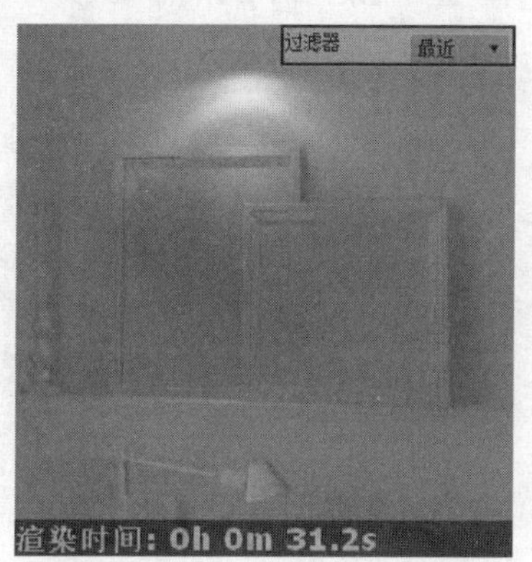


图 3-81　勾选【最近】过滤器的渲染效果及耗时

❑ 【固定】

选择【固定】过滤器时，【灯光缓存】会根据其后的数值搜寻距离着色点某一距离内的所有光线样本，并取平均值进行过滤采样，如图 3-82 与图 3-83 所示，其后参数值越大参考的样本越丰富，得到的图像效果越干净细腻，但会增加很多的计算时间。

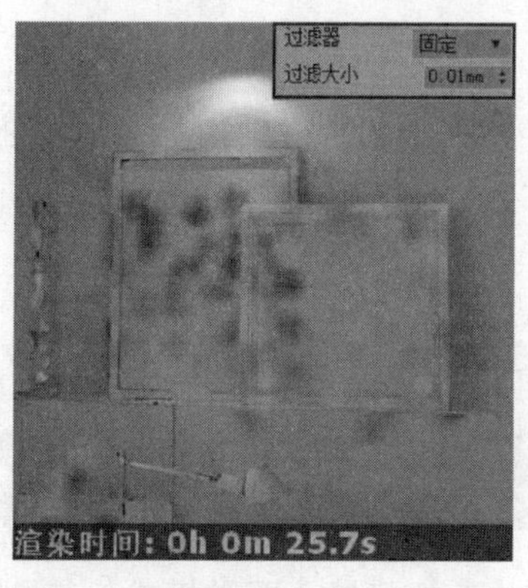


图 3-82　固定采样数值为 0.01 时的渲染效果

图 3-83　固定采样数值为 1 时的渲染效果

4. 【用于光泽光线】

如果场景中有较多的材质表现出了光泽效果，勾选【用于光泽光线】复选框有可能会缩短渲染时间。

5. 【存储直接光】

【存储直接光】复选框主要会影响场景中阴影的清晰度，对灯光形态也具有一定的影响，该复选框勾选与否的对比效果如图 3-84 与图 3-85 所示。

注意：如图 3-84 与图 3-85 所示的渲染结果是在【首次引擎】与【二次引擎】均使用【灯光缓存】时获得，可以看到勾选【存储直接光】会使模型边缘、灯光形态以及阴影均变得模糊。如果调整【首次引擎】为【发光贴图】，将得到如图 3-86 所示的效果。

图 3-84　保存直接光的效果及耗时

图 3-85　不保存直接光的效果及耗时

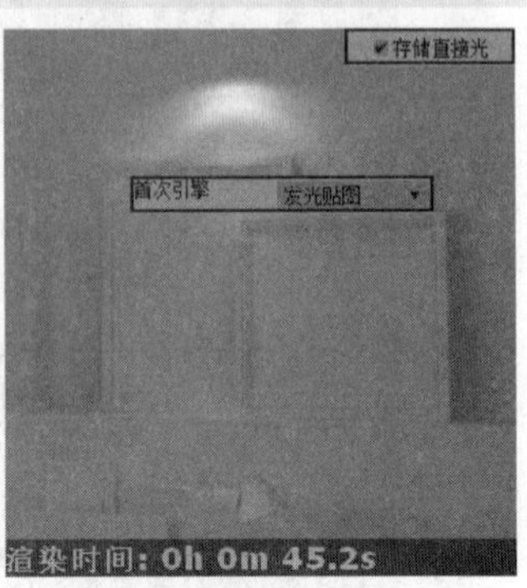


图 3-86　调整灯光引擎后的效果

6. 【渲染完成后】

【渲染完成后】参数组的功能与【发光贴图】卷展栏同名参数组完全一致。

### 3.5.3 【专家模式】参数组

1. 【防止泄漏】

该参数启用额外的计算，以防止灯光泄漏并减少闪烁的灯光缓存，值为 0.0 时表示禁用【防止泄漏】，0.8 的默认值应该足够用于所有情况下的案例。

2. 【反弹】

控制一束光线可能产生二次反弹的最大次数，这是一个上限值，通常无需更改此设置。

## 3.6 【焦散】卷展栏

单击展开【焦散】卷展栏，分为【默认模式】和【高级模式】两种模式，其具体参数项设置如图 3-87 所示，该卷展栏单独对场景中如图 3-88 所示的折射以及反射材质产生的焦散效果进行控制。

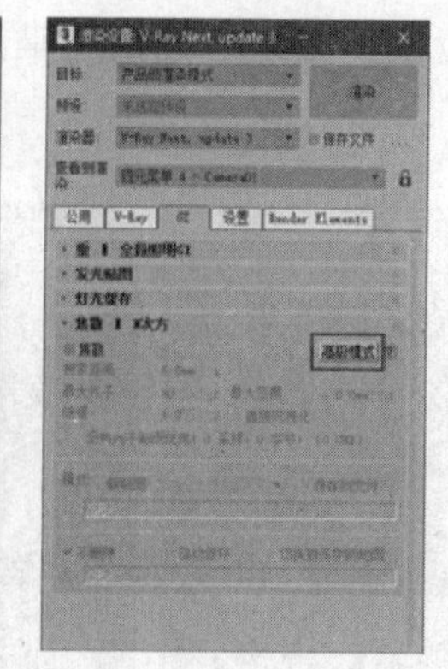

图 3-87 【焦散】卷展栏参数设置

图 3-88 VRay 渲染器表现的焦散效果

## 3.6.1 【默认模式】参数组

### 1. 【焦散】

勾选【焦散】复选框后才能将图 3-87 中所有的参数激活，并将在渲染时如图 3-89 所示进行【焦散光子图】计算，因此进行焦散效果表现时必须勾选此复选框。

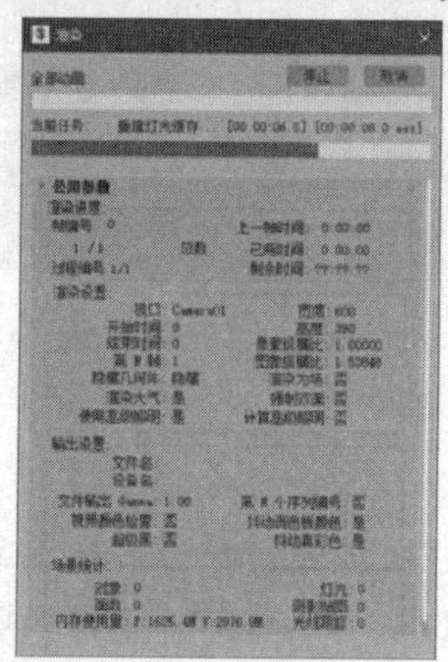

图 3-89 进行焦散光子图计算

### 2. 【搜索距离】

VRay 渲染器在追踪撞击到物体表面的某些点的单独光子时，会自动搜寻撞击点周边区域同一平面内的其他光子，【搜索距离】参数可以控制搜寻区域的大小，如图 3-90~图 3-92 所示，该参数数值越大，焦散效果越平滑明亮，但也会增加计算时间。

注 意：比较图 3-91 与图 3-92 可以发现，【搜索距离】并非越大越好，过大的数值对焦散效果的改变并不大，但会增加很多计算时间，因此通常需要根据测试渲染进行判断，以在较短的时间内得到理想的焦散效果。

### 3. 【最大光子】

【最大光子】用于限定 VRay 渲染器搜寻撞击点周边区域同一平面内的其他光子的最大数值，如果搜寻到的光子数量超过【最大光子】设定的数值，则会按【最大光子】设定数值进行计算，如图 3-93~图 3-95 所示，该数值越大焦散效果越平滑，效果越集中明亮，但也会耗费更多的计算时间。

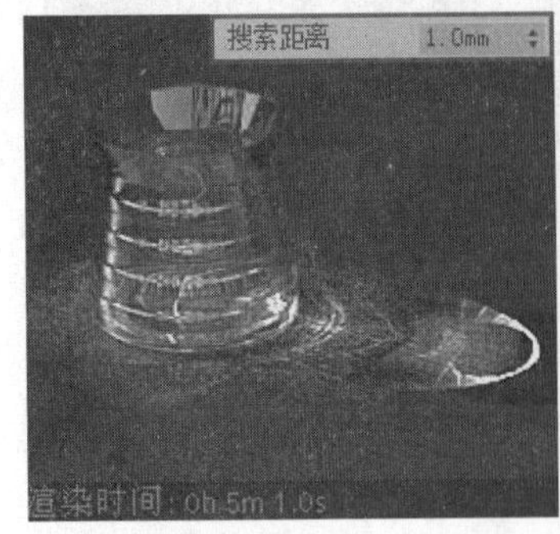


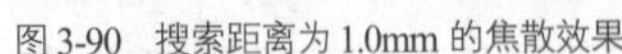

图 3-90　搜索距离为 1.0mm 的焦散效果

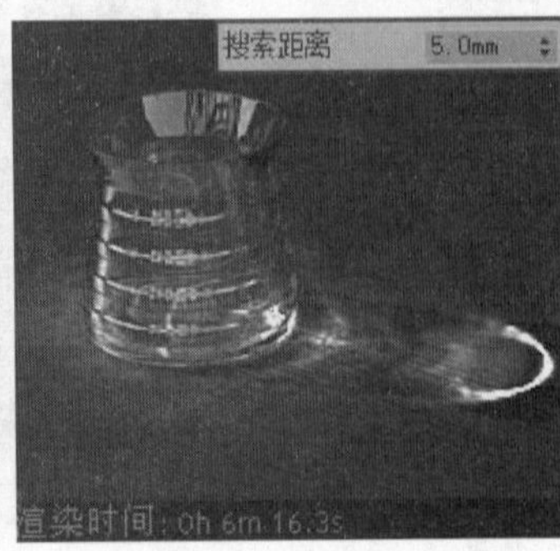


图 3-91　搜索距离为 5.0mm 的焦散效果

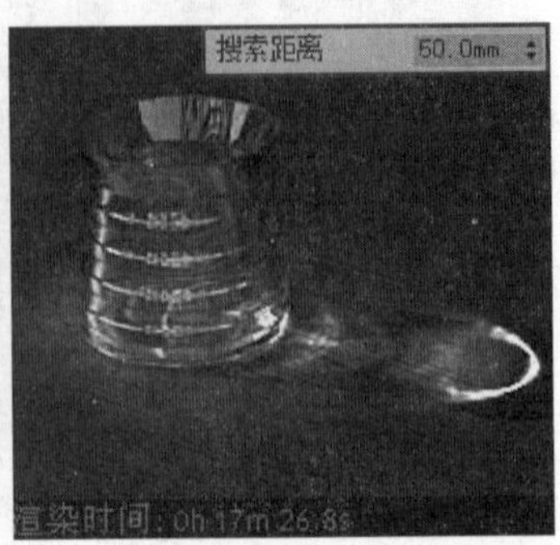


图 3-92　搜索距离为 50.0mm 的焦散效果

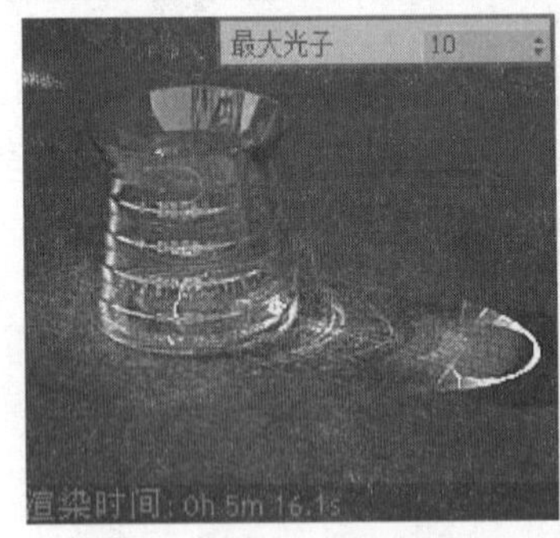


图 3-93　最大光子为 10 的焦散效果

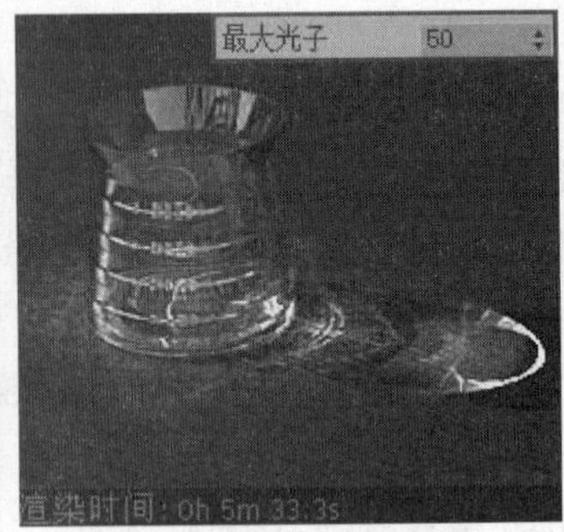


图 3-94　最大光子为 50 的焦散效果

图 3-95　最大光子为 200 的焦散效果

### 4.【最大密度】

【最大密度】用以确定【焦散光子图】最终的分辨率大小，如图 3-96~图 3-98 所示，该数值越小搜寻到的光子间距离越小，所表现出的焦散效果越平滑集中，所耗费的计算时间也越多。

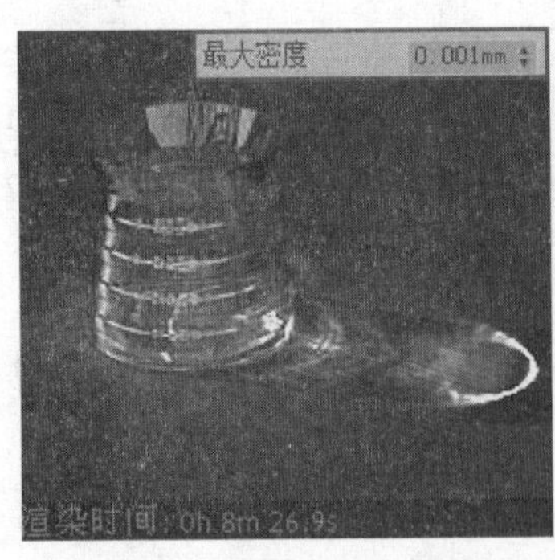


图 3-96　最大密度为 0.001mm 的焦散效果

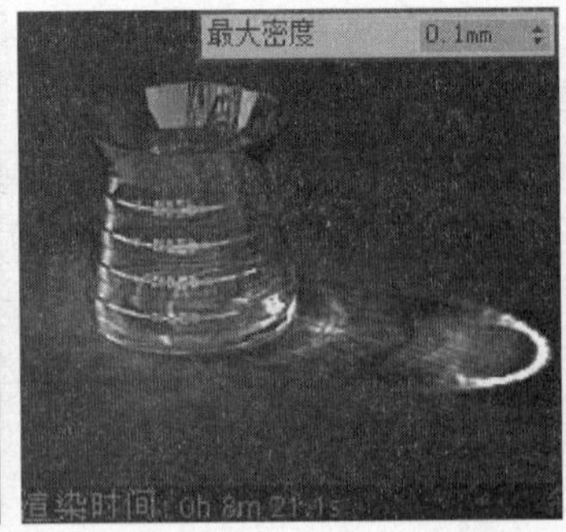


图 3-97　最大密度为 0.1mm 的焦散效果

图 3-98　最大密度为 1.0mm 的焦散效果

5. 【模式】

【焦散】卷展栏中的【模式】参数组的功能与之前介绍的【发光贴图】卷展栏中同名参数组完全一致。其中，【新贴图】模式与【单帧】模式相同。

## 3.6.2 【高级模式】参数组

1. 【倍增】

调整【倍增】后的数值，可以整体控制场景中所有焦散效果的强弱，如图 3-99 与图 3-100 所示。

图 3-99　倍增参数为 2.0 时对焦散强度的影响

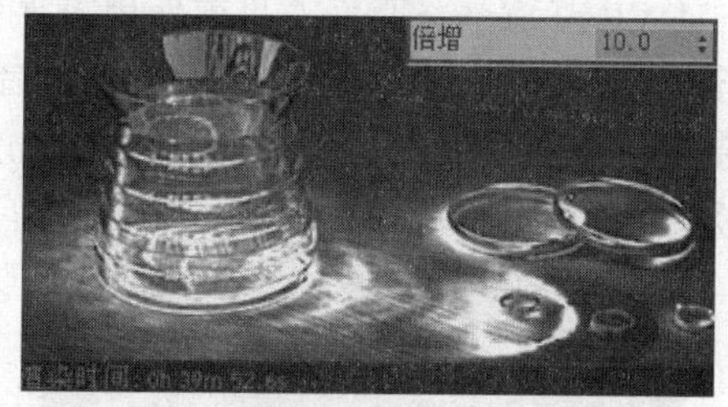


图 3-100　倍增参数为 10.0 时对焦散强度的影响

注意：【焦散】中的【倍增】参数可以对场景中产生的所有焦散效果进行强弱控制. 此外，选择场景中的模型或是在灯光后单击鼠标右键，选择右键菜单的【VRay 属性】命令，在弹出的面板中可【直接可视化】以对焦散效果进行更多的调整. 这一点将在本节“焦散的产生条件与其他控制方法”的小节中进行详细讲解。

勾选该复选框时，显示焦散贴图的计算，但此选项仅用于预览，应该在最终的渲染中禁用。

2. 【渲染完成后】

【渲染完成后】参数组的功能与【发光贴图】卷展栏同名参数组完全一致。

## 3.6.3 焦散的产生条件与其他控制方法

1. 产生焦散的条件

在设置了正确的【焦散】卷展栏参数的条件下，要表现出理想的焦散效果还需要注意以下两点。

❑　材质条件

通常具有折射效果（透明度较高）的对象以及具有反射能力（表面较光滑）的对象才能表现出理想的焦散效果，前者通过折射聚集光线会表现出如图 3-101 所示的焦散效果，后者通过反射聚集光线则会表现出如图 3-102 所示的焦散效果。

图 3-101　由折射产生的焦散效果

图 3-102　由反射产生的焦散效果

❑　灯光条件

就 VRay 渲染器而言，目前使用【平面】类型的 VRayLight 与 3ds Max 自带的【目标平行光】才能表现出理想的焦散效果.前者表现出的焦散效果如图 3-103 与图 3-104 所示，后者表现的焦散效果如图 3-101 与图 3-102 所示，通过比较可以发现,【目标平行光】表现的效果更为理想，但 VRayLight 渲染速度上具有一些优势。

图 3-103　VRay 平面灯光产生的折射焦散效果

图 3-104　VRay 平面灯光产生的反射焦散效果

注 意：除了灯光的种类会对焦散效果产生影响外，同一类灯光的面积大小也会对其产生影响，通常面积较小光线较集中的灯光会产生比较强烈的焦散效果。

### 2. 控制焦散的其他方法

除了通过【焦散】卷展栏内的参数整体控制焦散效果外，还可以通过【VRay 属性】进行控制。

❑　通过 VRay 灯光属性控制焦散

选择场景中用于表现焦散效果的灯光，如图 3-105 所示单击鼠标右键弹出快捷菜单，然后单击其中的【VRay 属性】命令，弹出如图 3-106 所示的 VRay 特性【灯光属性】面板。通过设置该面板红色框内的参数可以控制灯光的焦散效果。

➘　【生成焦散】

灯光只有在勾选【生成焦散】复选框后才能使照射对象表现出焦散效果。

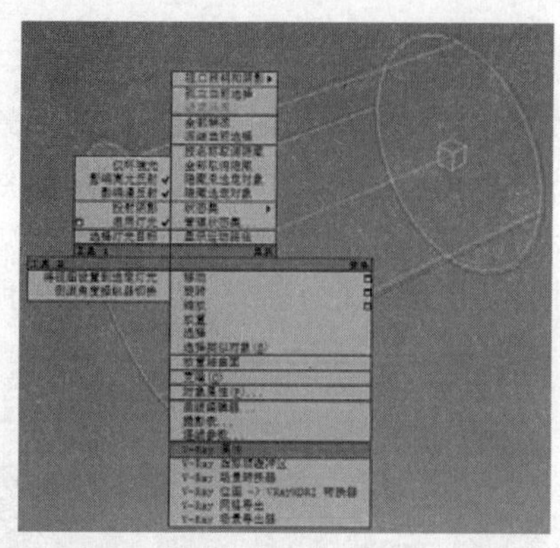
图 3-105　选择灯光单击 VRay 属性命令

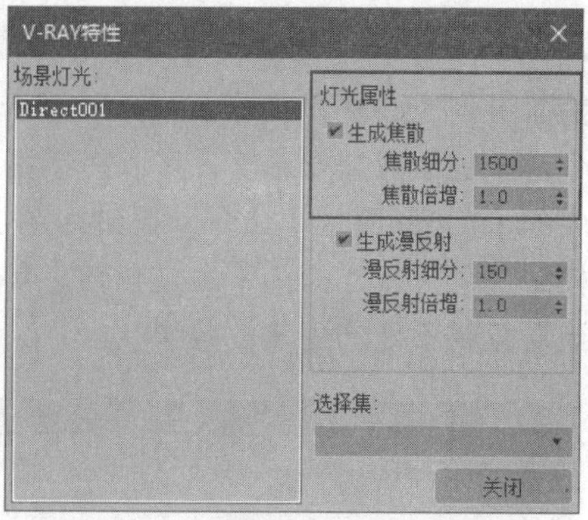

V-RAY特性
场景灯光:
Direct001
灯光属性
生成焦散
焦散细分: 1500
焦散倍增: 1.0
生成漫反射
漫反射细分: 150
漫反射倍增: 1.0
选择集:
关闭

图 3-106　VRay 特性【灯光属性】面板

### 【焦散细分】

【焦散细分】参数值影响焦散效果集中感与细腻程度，如图 3-107 与图 3-108 所示，该数值越大，焦散效果越明亮细腻，耗费的计算时间也越多。

图 3-107　焦散细分为 1500 的渲染效果

图 3-108　焦散细分为 4000 的渲染效果

### 【焦散倍增】

【焦散倍增】直接影响灯光产生焦散效果的程度，如图 3-109 与图 3-110 所示，该数值越大，焦散效果越明显，亮度越高。

图 3-109　焦散倍增为 1.0 的效果

图 3-110　焦散倍增为 5.0 的效果

□ 通过【VRay 对象属性】控制焦散

前面讲到的调整方式均会对场景中所有的焦散效果产生影响，如果要单独对场景中的若干个对象的焦散进行调整，可以在选择对应模型后单击鼠标右键弹出快捷菜单，然后单击其中的【VRay 属性】命令，通过如图 3-111 所示的【VRay 对象属性】面板实现调整。

模型对象只有在勾选【生成焦散】复选框后才能表现出焦散效果，如图 3-112 所示。未勾选对象将不能产生焦散效果。

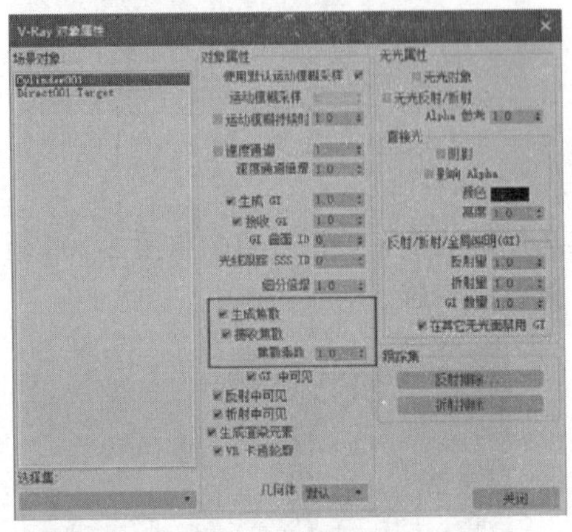


图 3-111　选择选项

图 3-112　未勾选【产生焦散】

注意：该面板内的【焦散乘数】对单独对象产生焦散的加强效果并不明显。

□ 通过【接收焦散】控制焦散

除了通过调整灯光与产生焦散的对象自身的属性加强焦散效果外，在接受焦散效果的柜台模型勾选【接收焦散】的前提下，如图 3-113 与图 3-114 所示调整其下的【焦散乘数】值同样可以控制焦散强度。

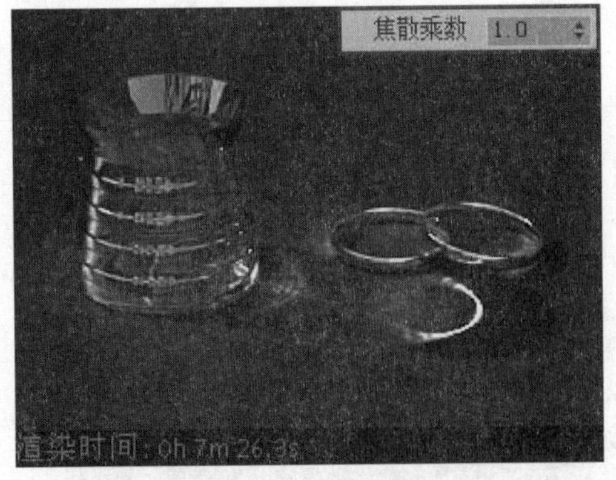


图 3-113　柜台模型接受焦散乘数为 1 的效果

图 3-114　柜台模型接受焦散乘数为 3.0 的效果

# 第 4 章 设置选项卡

本章重点：

- 【默认置换】卷展栏
- 【系统】卷展栏
- 【平铺纹理选项】卷展栏

## 4.1 【默认置换】卷展栏

单击展开【设置】选项卡，可以看到其具体的卷展栏设置如图 4-1 所示，集中了【BUG 反馈】、【关于 VRay】、【默认置换】、【系统】、【平铺纹理选项】以及【代理预览缓存】六个卷展栏。单击打开【默认置换】卷展栏，具体参数项设置如图 4-2 所示。

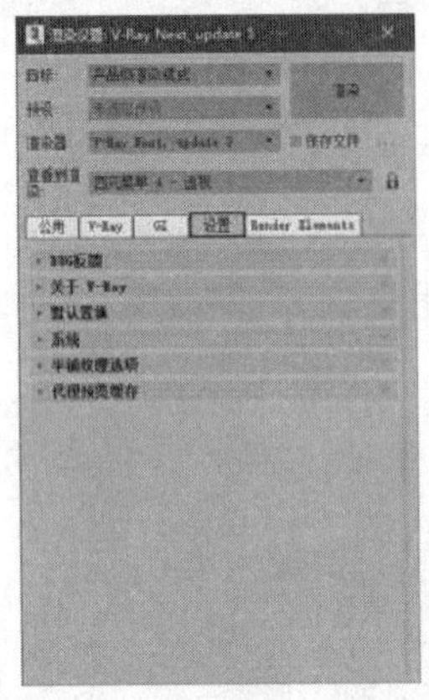


图 4-1 【设置】选项卡

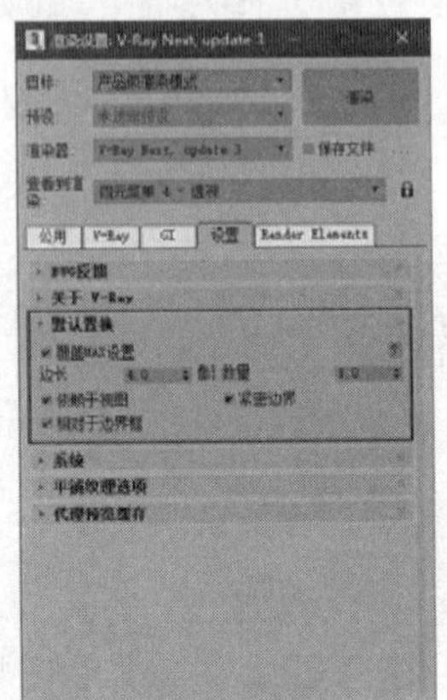


图 4-2 【默认置换】卷展栏

VRay 渲染器如图 4-3 所示通过在【VRayMtl（VRay 材质）】的【置换】贴图通道内载入黑白位图模拟出凹凸效果，区别于【凹凸】贴图通道以模型对象表面的明暗差异进行凹凸效果的模拟。VRay【置换】贴图使用三角面细分模型表面产生真正的起伏效果，而通过如图 4-3 所示的【置换】卷展栏参数则可以对细分表面的特征进行控制。

| 贴图 | | | |
|---|---|---|---|
| 漫反射 | 100.0 | ✔ | 无贴图 |
| 反射 | 100.0 | ✔ | 无贴图 |
| 光泽度 | 100.0 | ✔ | 无贴图 |
| 折射 | 100.0 | ✔ | 无贴图 |
| 光泽度 | 100.0 | ✔ | 无贴图 |
| 不透明 | 100.0 | ✔ | 无贴图 |
| 凹凸 | 30.0 | ✔ | 无贴图 |
| 置换 | 100.0 | ✔ | 无贴图 |
| 自发光 | 100.0 | ✔ | 无贴图 |
| 漫反射粗糙 | 100.0 | ✔ | 无贴图 |
| 菲涅尔 IOI | 100.0 | ✔ | 无贴图 |
| 金属度 | 100.0 | ✔ | 无贴图 |
| 各向异性 | 100.0 | ✔ | 无贴图 |
| 各向异性旋 | 100.0 | ✔ | 无贴图 |
| GTR 衰减 | 100.0 | ✔ | 无贴图 |
| IOR | 100.0 | ✔ | 无贴图 |
| 半透明 | 100.0 | ✔ | 无贴图 |
| 雾颜色 | 100.0 | ✔ | 无贴图 |
| 环境 | | ✔ | 无贴图 |

图 4-3 VRay 材质【置换】贴图通道

如果想要利用【置换】得到比较理想的凹凸效果，通常会使用本书第 7 章介绍的“【VRay 置换修改器】”进行控制，而在参数的设置上两者也有许多十分类似的地方，因此本节对【默认置换】卷展栏的参数项只做简单介绍，对于各参数具体的功能与特点大家可以参阅第 7 章的相关内容进行深入了解。

### 1. 【覆盖 MAX 设置】

【覆盖 MAX 设置】复选框默认情况下是勾选的，此时系统会使用【默认置换】卷展栏中的参数取代 3ds Max 系统关于置换效果的相关参数设定，即只有勾选该复选框后，其下的控制参数才有效。

### 2. 【边长】

【边长】参数用于控制产生置换时模型三角面细分表面产生的最小三角面长度，该数值越小，模拟出的凹凸效果越逼真，但也会耗费更多的计算时间。

注 意：通常在多边形中看到的细分面都是矩形的，但事实上细分面是三角形的。按键盘上的<8>键进入多边形的【边】层级后，如图 4-4 所示勾选【编辑边】卷展栏中的【编辑三角边】复选框，即可看到细分面显示为三角形，而默认显示为矩形可以减轻显示负担。

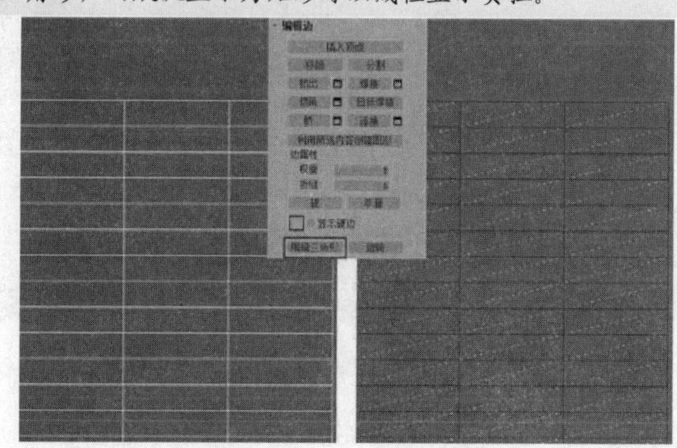

图 4-4　显示多边形的三角面

### 3. 【依赖于视图】

勾选【依赖于视图】复选框时，三角面的长度将以像素为单位，取消勾选后将以 3ds Max 系统设定的单位为准。

### 4. 【相对于边界框】

勾选【相对于边界框】复选框时，设定的【数量】参数值将以模型边框为比例进行凹凸效果的模拟，这样产生的置换效果十分强烈，取消勾选时则以系统单位为准。

### 5. 【数量】

通过【数量】参数可以调整 VRay 置换强度，该数值越大置换强度越大，如果设定为负值则会产生内陷的效果。

### 6. 【紧密边界】

勾选【紧密边界】复选框时，在进行渲染前将根据设定的【数量】参数值与模型自身细分面的高低进行预先采样分析。

注 意：【默认置换】卷展栏内的参数只能影响到使用【VRay 材质】的【置换】贴图通道所产生凹凸效果，并不能影响【VRay 置换修改器】所产生凹凸效果。

## 4.2 【系统】卷展栏

单击展开【系统】卷展栏，分为【默认】、【高级】、【专家】三种模式，其具体参数组设置如图 4-5 所示。

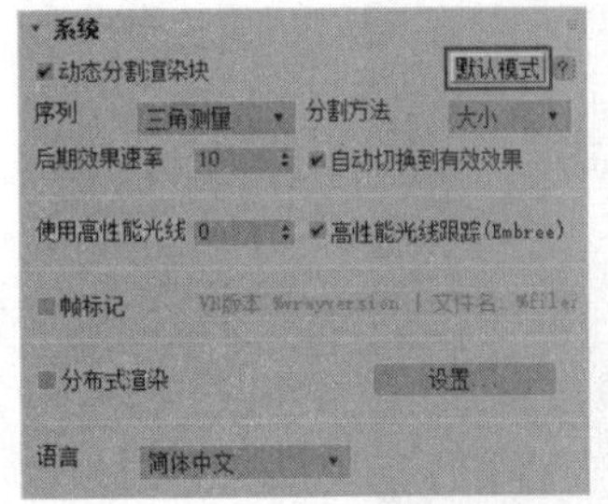


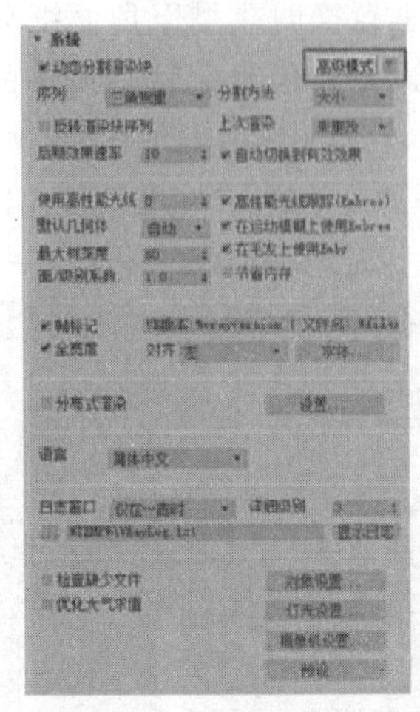

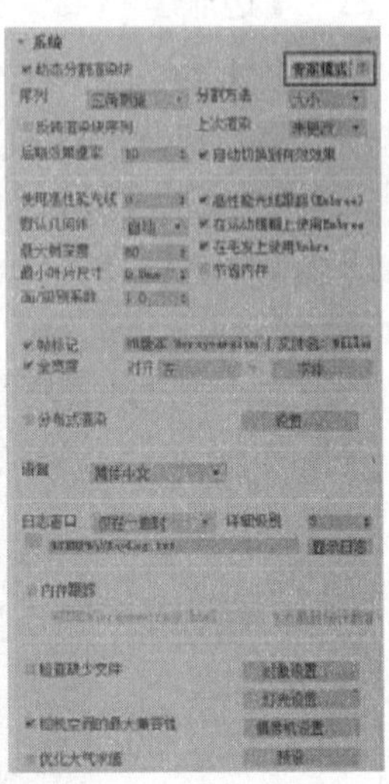

图 4-5 【系统】卷展栏三种模式

可以看到【专家】模式共包含了六个参数组，分别为【渲染区域分割】、【光计算参数组】、【帧标记】、【分布式渲染】、【VRay 日志】以及【杂项】，首先介绍一下这六个参数组的功能。

❑ 【渲染区域分割】

在【渲染区域分割】中可以设定渲染区域分割方法以及计算顺序等特征。

❑ 【光计算参数组】

通过【光计算参数组】的设定，可组织 VRay 渲染构架并调整渲染所占用的系统内存数量。

❑ 【帧标记】

勾选【帧标记】可以在渲染图像上显示 VRay 渲染器版本、渲染时间等相关信息。

❑ 【分布式渲染】

勾选【分布式渲染】可以实现网络渲染，即多台计算机同时对同一场景进行分布渲染。

❑ 【VRay 日志】

通过【VRay 日志】可以了解渲染过程数据（如内存占用量）信息以及警告、错误等信息。

❑ 【杂项】

【杂项】中的参数功能各异，但较重要。通过这些参数调整 3ds Max、VRay 渲染器与第三方插件的兼容性，并能对【VRay 对象】、【VRay 灯光】以及【预设】进行属性调整。

### 4.2.1 【默认模式】参数组

#### 1. 【动态分割渲染块】

勾选该复选框后，VRay 将在渲染接近完成时自动缩小渲染块的大小，以便使用所有可用的 CPU 内核。

#### 2. 【序列】

【序列】参数用于控制 VRay 渲染块的移动方式，其右侧的下拉按钮中如图 4-6~图 4-11 所示提供了【三角测量】（默认方式）、【顶->底】、【左->右】、【棋格】、【螺旋】、【Hilbert（希尔伯特）曲线】6 种移动方式。

图 4-6　三角测量区域排序

图 4-7　顶->底区域排序

图 4-8　左->右区域排序

图 4-9　棋格区域排序

图 4-10　螺旋区域排序

图 4-11　Hilbert 曲线区域排序

技巧：渲染块移动方式的改变对渲染速度没有太多的影响，通常可以使用运动规律较简单的【顶->底】或是【左->右】并配合【VR 帧缓冲区】窗口上的【渲染跟随鼠标】按钮控制渲染块的移动。

#### 3. 【分割方法】

该参数控制图像被划分为块的方式，以此控制【块图像采样器】卷展栏“渲染块宽度”和“渲染块高度”参数的含义。

❑ 【大小】

分割方法选择【大小】时，如图 4-12 所示，“渲染块宽度”和“渲染块高度”参数都以像素为单位进行测量。

❑ 【Count】

分割方法选择【Count】时，如图 4-13 所示，“渲染块宽度”和“渲染块高度”参数指定覆盖整个图像所需要的块数。

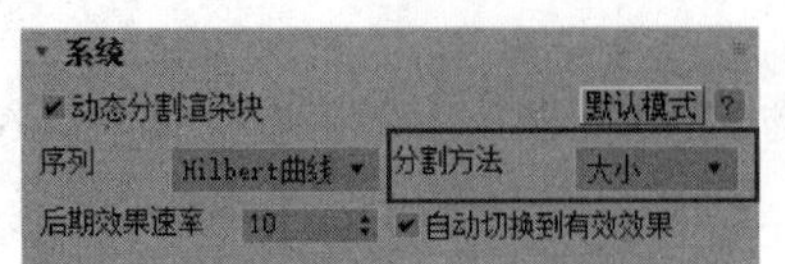


图 4-12　选择“大小”分割方法

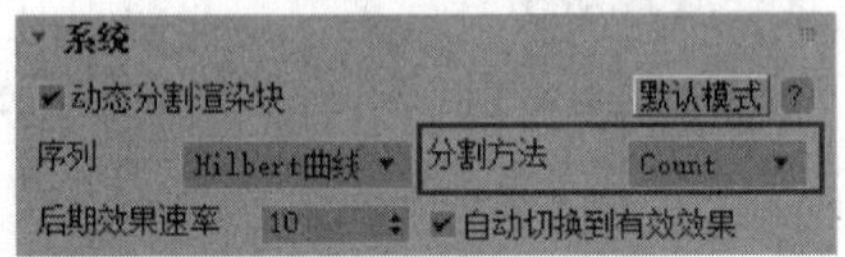


图 4-13　选择“Count”分割方法

### 4. 【后期效果速率】

在渐进渲染期间更新的频率数值设定为 0 时，表示在渐进渲染期间禁止更新，但较大的值会导致更频繁的更新效果，如数值设定为 100 时会尽可能的经常更新。通常将值设定在 5～10 之间就足够了。

### 5. 【高性能光线跟踪】

该选项可以启用英特尔高性能光线跟踪，在默认情况下为启用。

### 6. 【帧标记】

勾选【帧标记】复选框后可以在渲染图像时显示出诸如图 4-14 所示的 VRay 版本、渲染场景名以及渲染时间等相关信息。

VR版本 4.30.00 | 文件名: 2.2.6 旋转复制对象.max | 帧: 00000 | 图元: 41504 | 渲染用时: 0h 0m 7.3s

图 4-14　帧标记信息

在遵循 VRay 渲染器特定的语法基础上可以自行更改标记显示的信息内容，常用的语法与关键词如下。

- 版本：显示当前使用的 VR 的版本号。
- 文件名：当前场景的文件名称。
- 帧编号：当前帧的编号。
- 原始几何体：当前帧中交叉的原始几何体的数量。
- 渲染用时：完成当前帧所花费的渲染时间。
- 计算机名称：网络中计算机的名称。
- 日期：显示当前系统日期。
- 时间：显示当前系统时间。
- 宽度：以像素为单位的图像宽度。
- 高度：以像素为单位的图像高度。
- 摄影机：如果场景中存在摄影机，显示帧中使用的摄影机名称，否则显示为空。

- 物理内存：显示系统中物理内存的数量。
- 虚拟内存：显示系统中可用的虚拟内存。
- CPU 频率：显示系统 CPU 的时钟频率。
- 操作系统：显示当前使用的操作系统。

### 7. 【分布式渲染】

【分布式渲染】复选框用于组建 VRay 网络渲染（建立一台渲染主机后添加同一网络中其他计算机同时进行渲染），如图 4-15 所示，勾选【分布式渲染】复选框即启用网络渲染功能。

### 8. 【设置】

单击【设置】按钮会弹出【VRay 分布式渲染设置】对话框，可在其中进行服务器的添加、移除以及解析等操作。

❑ 【添加服务器】

单击【添加服务器】按钮后即弹出【添加渲染服务器】对话框，如图 4-16 所示，输入在同一网络其他服务器的名称，单击“确定”按钮即可将其添加入网络渲染。

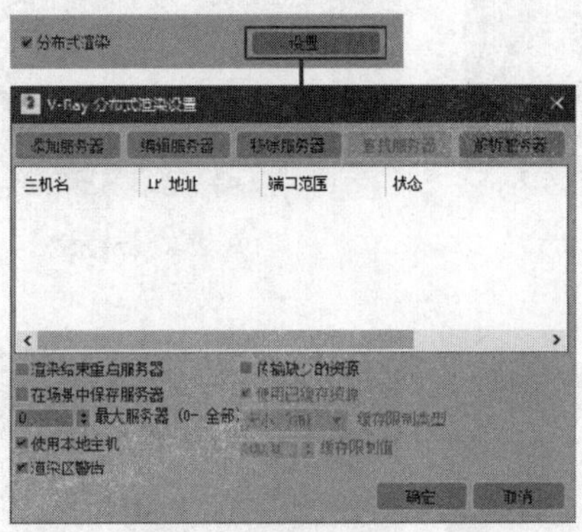

图 4-15　启用并设置分布式渲染

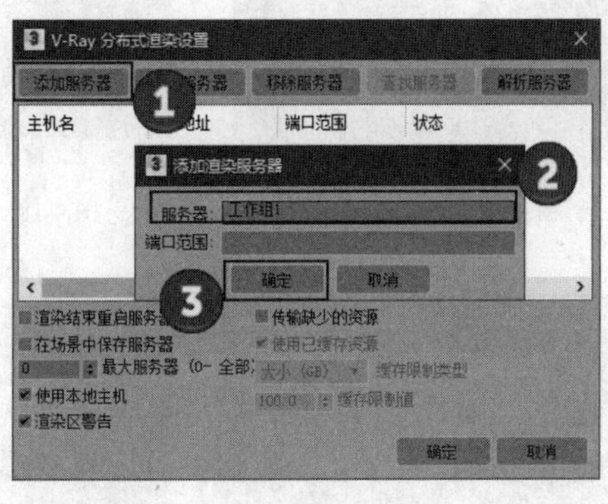

图 4-16　输入服务器名

❑ 【编辑服务器】

允许用户更改有关渲染服务器的数据。

❑ 【移除服务器】

选择已添加的网络渲染服务器的名称，然后单击【移除服务器】按钮即可将其移出网络渲染。

❑ 【查找服务器】

【查找服务器】按钮在该版本的 VRay 渲染器中已经失效。

❑ 【解析服务器】

当利用【添加服务器】按钮将同一网络中的服务器名称添加完成后，单击【解析服务器】按钮，VRay 渲染器即可以根据服务器名称自动添加进服务器所使用的 IP 地址。

## 4.2.2 【高级模式】参数组

### 1. 【反转渲染块序列】

勾选【反转渲染块序列】复选框后，实际的渲染块移动规律将为【序列】中设置的移动方式的反方向（如设定为顶->底，实际则为底->顶）。

### 2. 【上次渲染】

如果如图 4-17 所示完成渲染，在进行下次渲染前，通过【上次渲染】后的下拉按钮可以控制在下次渲染进行时 VRay 渲染器对比上一次渲染结果以什么样的方式显示新的渲染图像结果，各参数对应的具体效果分别如图 4-17~图 4-22 所示。

图 4-17　上次渲染结果

图 4-18　未更改显示方式

图 4-19　交叉显示方式

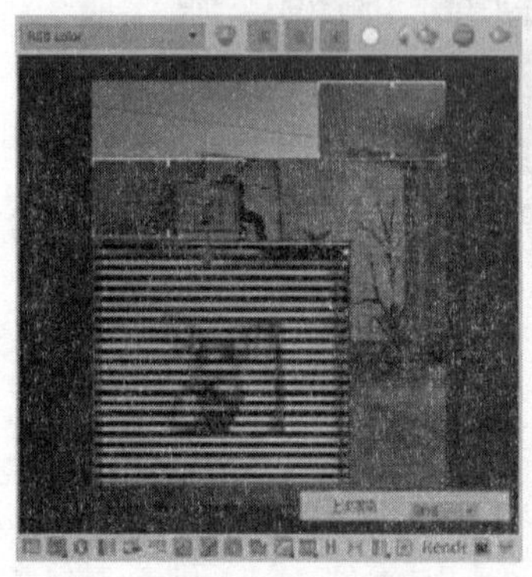

图 4-20　领域显示方式

图 4-21　变暗显示方式

图 4-22　蓝色显示方式

- 【未更改】

新渲染图像在计算过程中显示与上次渲染的图像保持完全一致。

- 【交叉】

新渲染图像在计算的过程中以上次渲染图像为背景进行一黑一白方格交替显示。

- 【领域】

新渲染图像在计算的过程中以上次渲染图像为背景进行一黑一白线形交替显示。

❑ 【变暗】

新渲染图像在计算的过程中以上次渲染图像为背景进行暗灰色显示。

❑ 【蓝色】

新渲染图像在计算的过程中以上次渲染图像为背景进行蓝色显示。

### 3. 【默认几何体】

通过【默认几何体】参数后的三角下拉按钮可以选择【静态】、【动态】或【自动】内存调用的方式。

❑ 【自动】

选择【自动】时，VRay 渲染器根据在渲染时内存占用的情况自行判断以【动态】或是【静态】的方式进行内存控制。

❑ 【静态】

选择【静态】时，VRay 渲染器将不会在渲染的过程释放内存以保持一个恒定的计算速度保证渲染速度，但当场景模型比较复杂时，渲染的过程中容易由于内存不足自动跳出渲染。

❑ 【动态】

选择【动态】时，VRay 渲染器在每完成一个渲染块的计算后释放出内存再开始进行下一个区域的计算，这样虽然会对渲染速度产生一些影响，但相对而言比较稳定。

### 4. 【在运动模糊上使用 Embree（高性能光线跟踪）】

对运动模糊对象使用高性能光线跟踪库，该选项默认是勾选的，但要注意，高性能光线跟踪不支持多个几何体运动模糊的采样。此外，高性能光线跟踪运动模糊不一定比默认的 VRay 运动模糊光线投影更快。

### 5. 【最大树深度】

VRay 渲染器在进行渲染时将场景划分出若干个细分区域，并分区域同时进行光线投射及计算，【最大树深度】数值越大区域划分得越细致，能同时计算的区域也越多，因此如图 4-23 与图 4-24 所示虽然会占用系统更多的内存，但同时也会加快渲染速度。

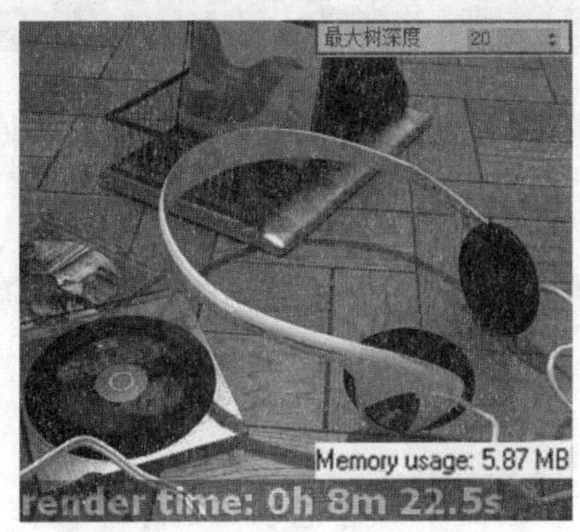


图 4-23　最大树深度为 20 时的渲染时间与内存占用量

图 4-24　最大树深度为 60 时的渲染时间与内存占用量

注意：当【最大树深度】数值超过场景所能细分的极限时仍然进行提高，则有可能如图 4-25 与图 4-26 所示在渲染时间上出现波动，因此通常保持默认参数值设置即可。此外对于【最大树深度】以及即将介绍的【最小叶片尺寸】与【面/级别系数】参数引起的变化，通过如图 4-27 所示的 VRay 信息窗口可详细地查看。

图 4-25　最大树深度为 80 时的耗时

图 4-26　最大树深度为 100 时的耗时

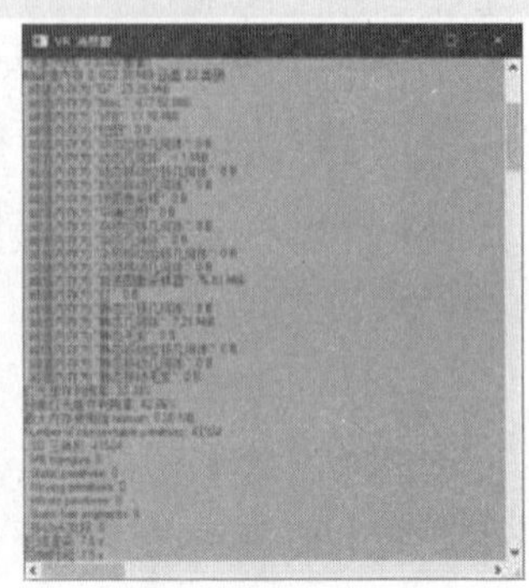

图 4-27　VRay 信息窗口

6. 【在毛发上使用 Embr（高性能光线跟踪）】

高性能光线跟踪库使用样条曲线来模拟头发（这有别于 VRay 的经典模型）。用户可能会预期高性能跟踪里的毛发模型与 VRay 的毛发模型之间的一些细微差异，如果发束是在最后的图像中大于一个像素的，那么这些差异将变得更为明显。

7. 【面/级别系数】

【面/级别系数】参数控制【最大树深度】划分区域中最多三角面的数量，如图 4-28~图 4-30 所示，该数值越小区域划分越精细，渲染速度会越快，同时将占用更多的内存。

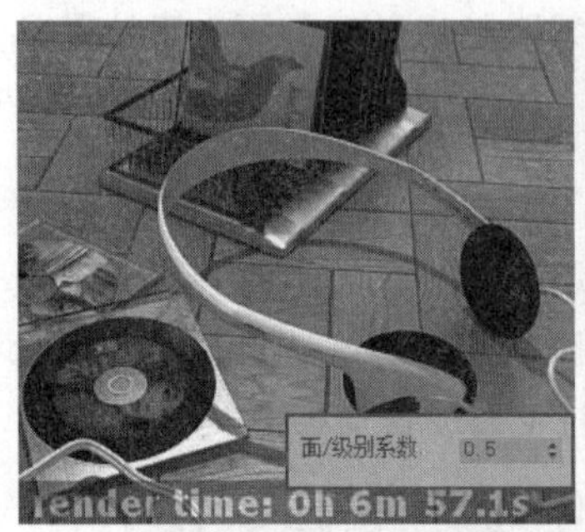


图 4-28　面/级别系数为 0.5 的渲染状态

图 4-29　面/级别系数为 1.0 的渲染状态

图 4-30　面/级别系数为 4.0 的渲染状态

8. 【节省内存】

高性能光线跟踪将使用更精简的方法来存储三角形，这可能会慢一些，但是可减少内存的使用量。

9. 【字体】按钮

单击【字体】按钮将弹出如图 4-31 所示的对话框，可以对标记字体的【字体样式】、【字形】和【大小】等进行调整。

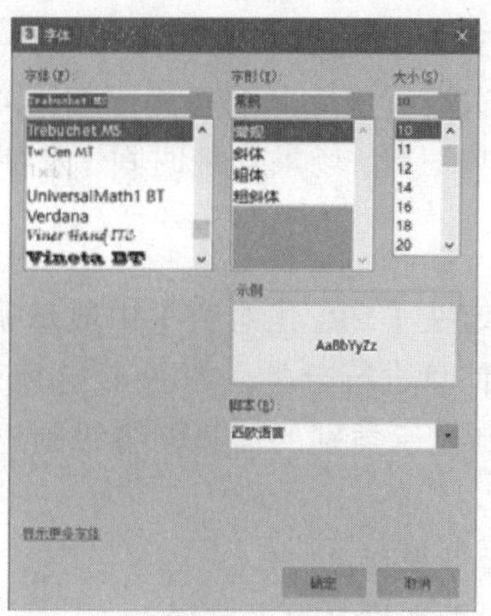
图 4-31 帧标记字体设置对话框

## 10. 【全宽度】

勾选【全宽度】复选框，渲染完成后显示标记信息的灰色透明条将如图 4-32 所示，从左至右完全占满整个图像而不考虑文字内容长度；如果取消勾选，则显示标记信息的灰色透明条将如图 4-33 所示与其文字内容等长。

图 4-32 帧标记全宽度显示效果

图 4-33 帧标记非全宽度显示效果

## 11. 【对齐】

通过【对齐】方式的切换，可以调整标记信息【左】、【居中】、【右】三种对齐位置，如图 4-34~图 4-36 所示。

图 4-34 左对齐效果

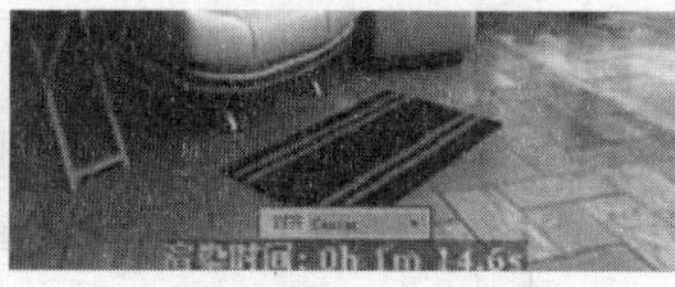

图 4-35 居中对齐效果

图 4-36 右对齐效果

注意：如果渲染图像较小，则根据不同的标记信息，对齐位置所遮盖的材质与灯光信息也会有所不同，对齐位置的变化可能会对渲染耗时产生一些影响。

## 12. 【日志窗口】

在本节的“【最大树深度】”小节中曾经介绍到通过【VRay 日志】查看【光计算】参数组，事实上在【VRay 日志】还可以查看到许多其他信息，下来进行详细介绍。

可以在【日志窗口】后选择显示日志的条件，有四种条件：从不、始终、尽在错误/警告时及尽在错误时。以后每次进行渲染时都将弹出如图 4-37 所示的【VR 消息窗】，在该窗口中记录了包括光计算参数细节、场景安装时间、内存使用量、渲染耗时等渲染细节。

### 13. 【详细级别】

【详细级别】参数用于设定在【VR 信息窗】中显示哪些方面的信息。在信息窗口内最多显示四种不同颜色对四类信息进行分类，如图 4-38 所示，VRay 渲染器则设置了 4 个信息级别（默认级别为 3）控制显示类别的信息，各级别对应的信息内容如下：

- 1——仅显示错误信息。
- 2——显示错误信息和警告信息。
- 3——显示错误信息、警告信息以及场景信息。
- 4——显示错误信息、警告信息、场景信息以及情报信息。

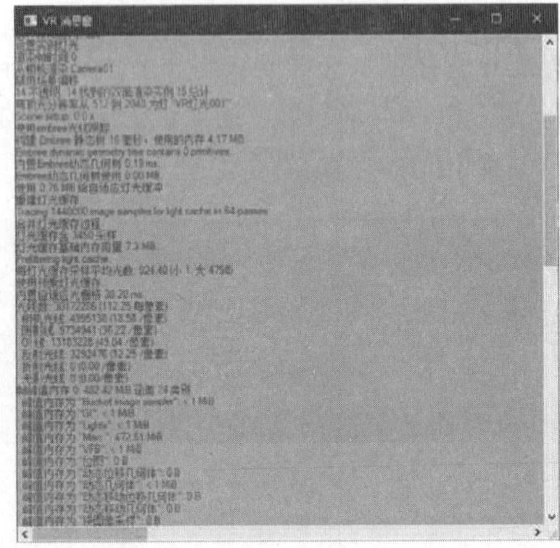

图 4-37　VR 消息窗

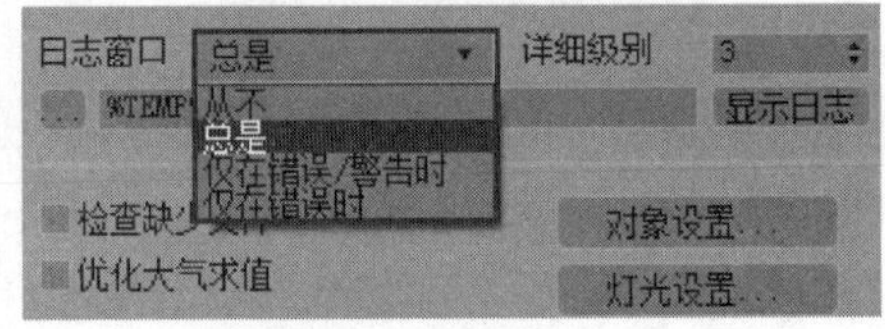


图 4-38　VRay 信息分类

此外单击该参数组最下方的...按钮，可以设定 VRay 信息的保存路径与保存文件名，默认的文件名称和保存路径是 C:\VRayLog.txt。

### 14. 【检查缺少文件】

勾选【检查缺少文件】后，在进行渲染前 VRay 渲染器将自动验证场景中是否有丢失的文件（如贴图与光域网文件）。如果有相关文件丢失将弹出如图 4-39 所示的提示面板，其中显示了具体的文件丢失的信息（这将耗费一些时间），并能将丢失的文件信息保存至 C:\VRayLog.txt。

### 15. 【优化大气求值】

勾选【优化大气求值】复选框后可以使 VRay 渲染器优先评估大气效果，如图 4-40 所示，勾选该复选框能加快 VRay 大气特效的渲染速度，对于 VRay 大气特效大家可以查阅本书第 11 章“VRay 属性与大气效果”中的相关内容进行详细了解。

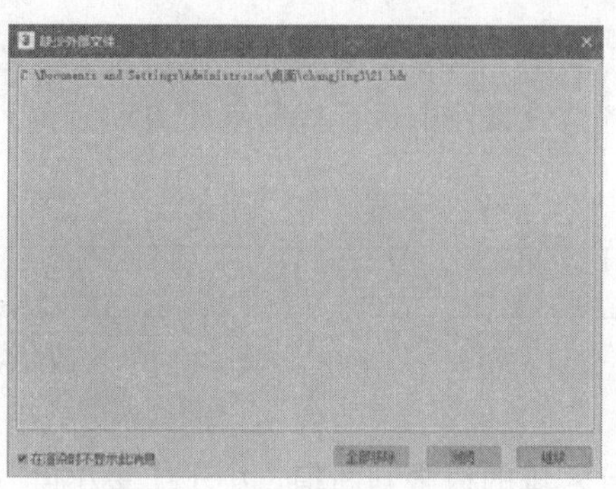

图 4-39　VRay 丢失文件提示面板

图 4-40　优化大气评估参数对大气效果渲染耗时的影响

### 16.　【对象设置】/【灯光设置】按钮

【对象设置】/【灯光设置】按钮用于控制模型对象与灯光对象的 VRay 属性，其作用将在本书第 11 章“VRay 属性与大气效果”中进行详细介绍，大家可以进行查阅。

### 17.　【摄影机设置】按钮

【摄影机设置】按钮用于控制 VRay 摄影机属性，其作用将在本书第 10 章“VRay 摄影机”中进行详细介绍，大家可以进行查阅。

### 18.　【预设】按钮

单击【预设】按钮将弹出如图 4-41 所示的【VRay 预设】面板，通过该面板可以将 VRay 渲染器当前设置的各个卷展栏参数以及 3ds Max 输出等参数设置进行保存，在以后的渲染中还可以直接进行加载应用，而不再需要逐个进行调整。

❑　【保存】

在【VRay 预设】面板右侧的【可用设置】列表中选择将要保存的各项参数卷展栏名称后，再在左侧的【文件预设】下方的空白框中输入将要保存的预设文件名，然后如图 4-42 所示单击【保存】按钮，即可将当前设定好的参数保存进【VRay 预设】面板最上方设置的文件路径中，并在【预设文件】下方的列表中出现预设文件名方便以后加载。

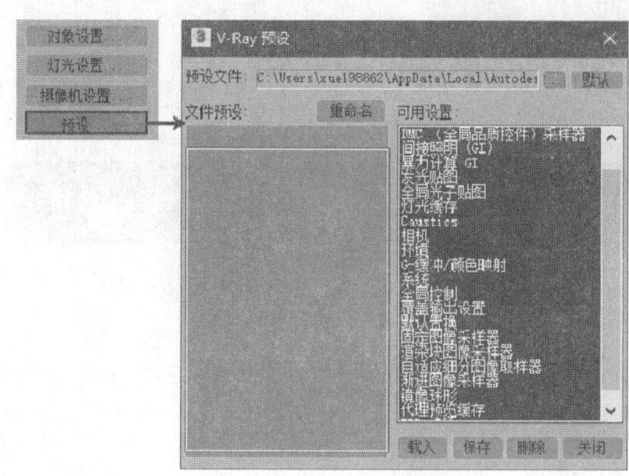


图 4-41　【VRay 预设】面板

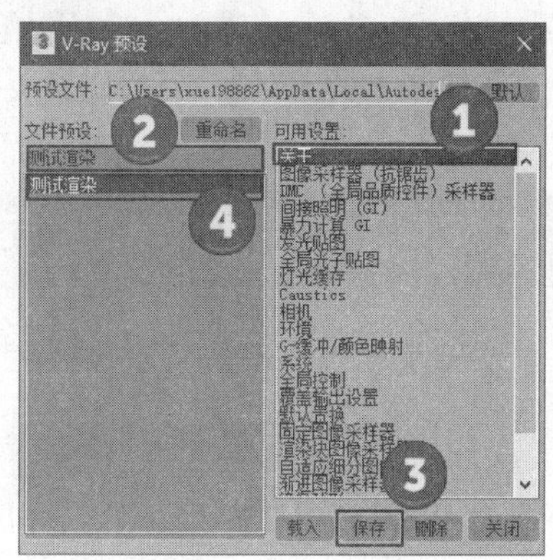


图 4-42　保存预设文件

❑ 【载入】

当场景中已经保存了预设文件后，在【VRay 预设】面板左侧的【文件预设】列表中选择预设文件名，然后单击【载入】按钮，即可将预设文件中保存好的参数自动设置为场景当前渲染参数，十分简捷有效。

### 4.2.3 【专家模式】参数组

#### 1. 【最小叶片尺寸】

“叶片尺寸”指的是场景根据【树深度】划分区域的极限判断值，小于【最小叶片尺寸】设定数值的区域将不会再被细分。如图 4-43~图 4-45 所示，该数值越大划分的区域越少，能同时进行光线计算的区域就越少，因此计算时间会越长。

图 4-43　最小尺寸为 0.0 的渲染耗时　　图 4-44　最小尺寸为 10.0 的渲染耗时　　图 4-45　最小尺寸为 40.0 的渲染耗时

#### 2. 【摄影机空间的最大兼容性】

3ds Max 系统中大部分内置的插件效果（特别是大气氛围效果）都是根据其默认的【扫描线渲染器】的计算方式配套开发的，勾选【摄影机空间的最大兼容性】参数，如图 4-46 所示，可以保证 VRay 渲染器与这些插件也能协同使用。

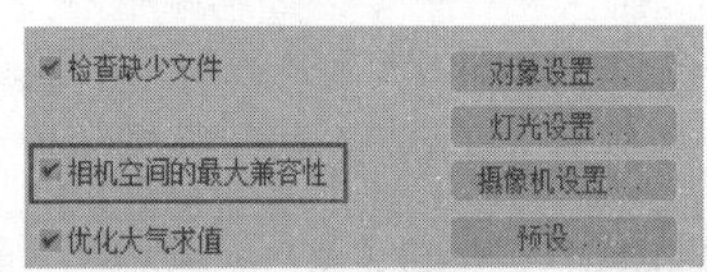


图 4-46　勾选【摄影机空间的最大兼容性】

## 4.3 【平铺纹理选项】卷展栏

单击展开【平铺纹理选项】卷展栏，其具体参数项设置如图 4-47 所示。

图 4-47　【平铺纹理选项】卷展栏

1. 【缓存大小（MB）】

指定平铺图像的缓存大小，单位为兆字节。当图像缓存已满时，部分图块将被刷新，并根据需要腾出空间来加载新的图块。

2. 【渲染结束清除缓存】

在完成渲染后清除平铺图像的缓存以避免速度变慢。

# 第 5 章 VRay 渲染元素选项卡

本章重点:

- 渲染元素
- 如何分离单个渲染元素图片
- 后期处理中渲染元素的使用

双击【渲染设置】面板上的【Render Elements|（渲染元素）】选项卡，将切换到如图5-1 所示的卷展栏面板，可以看到该选项卡的参数组设置十分简单，仅有【渲染元素】一个卷展栏。

单击【渲染元素】卷展栏下的【添加】按钮，将弹出如图 5-2 所示【渲染元素】面板，可以看到在该面板中列出了数十种与 VRay 相关的渲染元素。

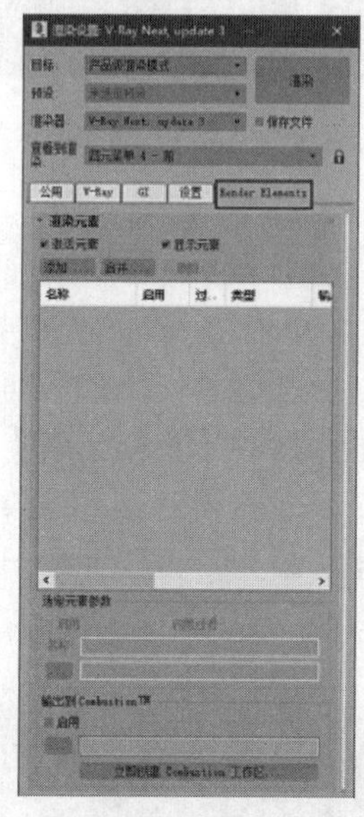


图 5-1 【渲染元素】选项卡参数设置

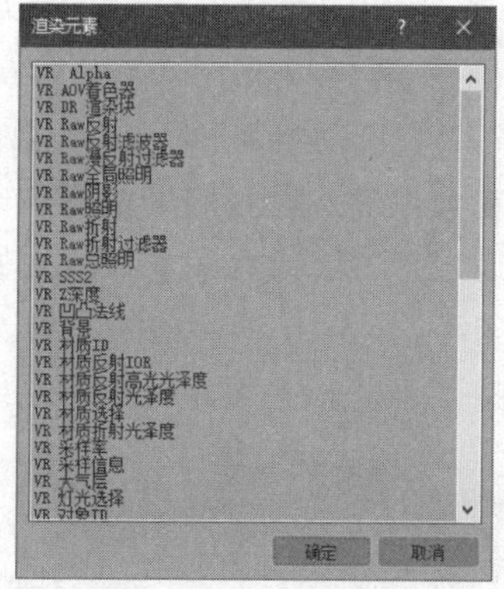


图 5-2 【渲染元素】选择面板

## 5.1 渲染元素

对于如图 5-3 所示的室内效果最终渲染图片，从整体看图片，主要由灯光与材质两大效果构成。灯光与材质效果又是由其他更为细小的元素组成，如灯光可以再细分为如图 5-4 与图 5-5 所示的灯光与阴影特征元素，材质可以细分为如图 5-6~图 5-8 所示高光、反射以及折射等多种特征元素。这些单个的特征元素就是【渲染元素】。

图 5-3 最终渲染图片

图 5-4 灯光渲染元素图片

图 5-5 阴影渲染元素图片

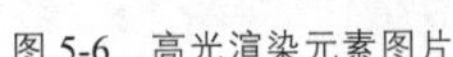
图 5-6　高光渲染元素图片

图 5-7　反射渲染元素图片

图 5-8　折射渲染元素图片

技 巧：除了构成最终渲染图像材质与灯光的各种渲染元素之外，VRay 渲染器还提供了具有特别功能的元素，如图 5-9 与图 5-10 所示的为【VR 线框颜色】与【VR Z 深度】渲染元素图片，前者用于后期选区的精确建立，后者则用于制作景深效果。

通常在渲染完成后我们只能得到一张如图 5-3 所示的由各种【渲染元素】合成的最终图片，但通过对【渲染元素】卷展栏的参数进行设置，则可以在得到最终渲染图片的同时得到如图 5-4~图 5-10 所示的将灯光、阴影、高光、反射、折射等渲染元素一一分离的单个图片，接下来就来学习分离单个渲染元素图片的方法。

图 5-9　【VR 线框颜色】渲染元素图片

图 5-10　【VR Z 深度】渲染元素图片

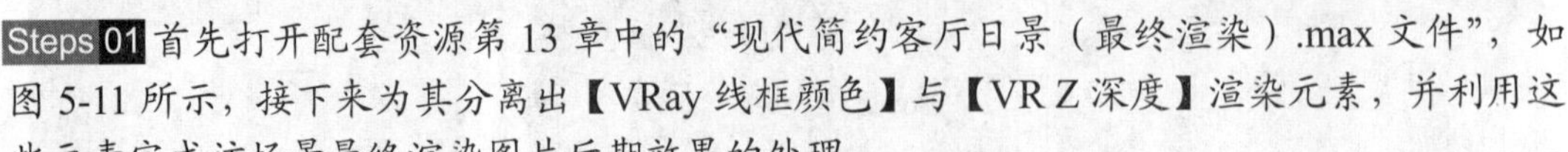

## 5.2 如何分离单个渲染元素图片

Steps 01 首先打开配套资源第 13 章中的“现代简约客厅日景（最终渲染）.max 文件”，如图 5-11 所示，接下来为其分离出【VRay 线框颜色】与【VR Z 深度】渲染元素，并利用这些元素完成该场景最终渲染图片后期效果的处理。

Steps 02 利用【VRay 帧缓冲窗口】分离渲染元素图片的操作相对复杂，所以如图 5-12 所示取消勾选【渲染帧窗口】，并保证 3ds Max 自带的帧缓冲窗口启用。

Steps 03 进入【渲染元素】选项卡，如图 5-13 所示，点击【添加】按钮，然后在弹出的面板中选择【VR 线框颜色】与【VR Z 深度】渲染元素。

Steps 04 选择完成后点击“确定”按钮，如果渲染完成后想自动保存【VR Z 深度】渲染元素图片，还可以点击如图 5-14 所示的【浏览】按钮 ...，预先设置好文件名与路径。

图 5-11　打开渲染元素测试.max 文件

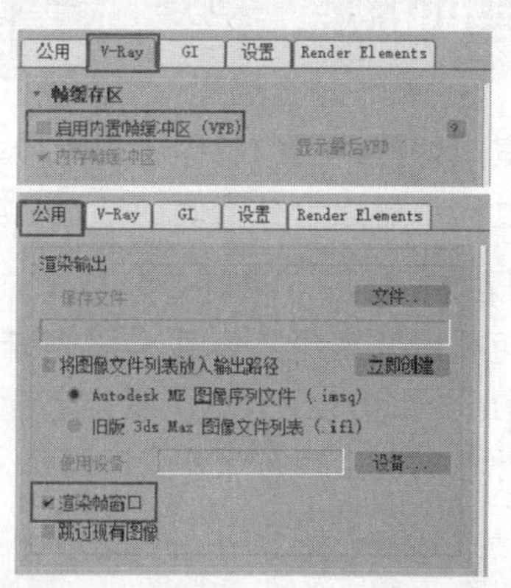


图 5-12　调整图像帧缓冲窗口

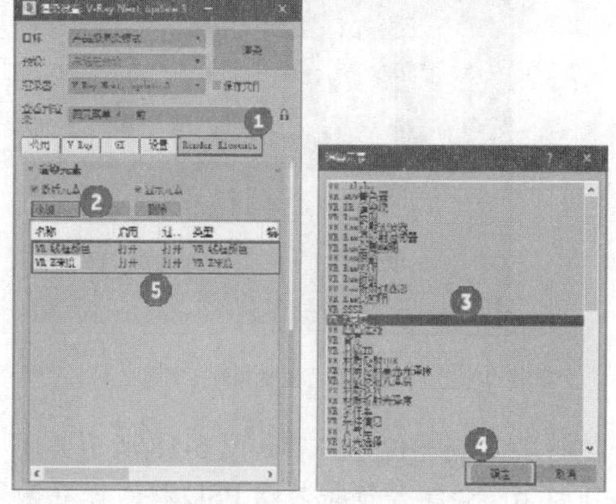

图 5-13　打开渲染元素测试.max 文件

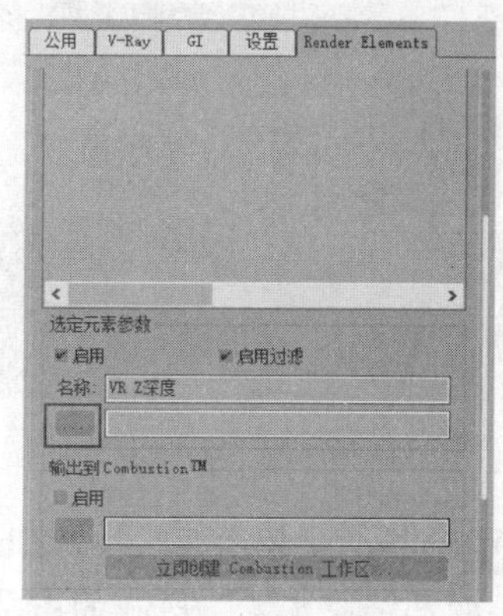


图 5-14　设置保存路径与文件

Steps 05 设置完成后点击【渲染】按钮，如图 5-15 所示，最终图片渲染完成会自动弹出【VR 线框颜色】与【VR Z 深度】渲染元素窗口，点击【保存】按钮即可将其保存。

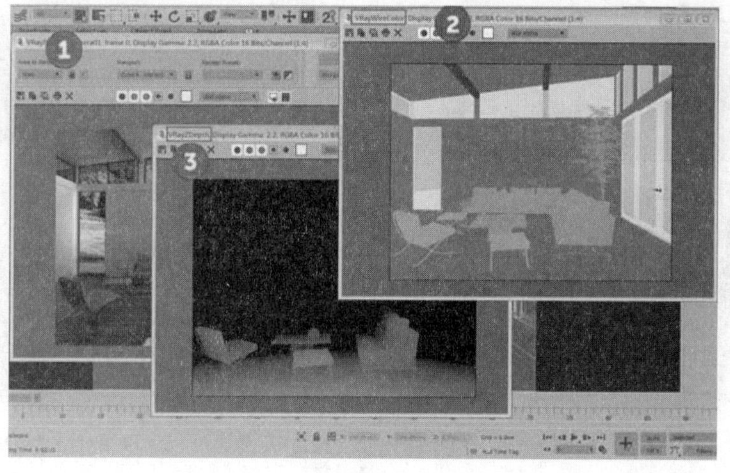

图 5-15　自动弹出渲染元素图片窗口

## 5.3 后期处理中渲染元素的使用

在室内外效果图的制作中利用最多的渲染元素为【VR 线框颜色】，通过它可以在后期处理的过程中建立十分精确的选区，具体的使用方法如下。

Steps 01 在 Photoshop 中打开配套资源本章文件夹中的“客厅日景”与“客厅线框颜色渲染元素”两个图像文件，如图 5-16 所示。

Steps 02 选择“客厅线框颜色渲染元素”图像文件，按<V>键启用移动工具后，在按住<Shift>键的同时拖动其至“客厅日景”图像文件中，如图 5-17 所示将其复制并对齐“客厅日景”。

图 5-16 打开图像文件

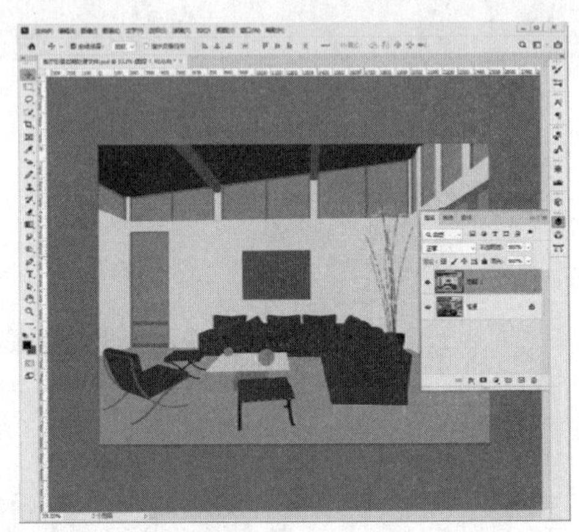

图 5-17 复制并对齐图片

Steps 03 选择“背景图层”，按<Ctrl+J>组合键将其复制一份，然后如图 5-18 所示关闭“客厅线框颜色渲染元素”所在的图层 1，并按下<Ctrl+S>组合键将其以 PSD 格式保存为“客厅日景后期处理.PSD”文件。

Steps 04 保存好文档后，首先进行图像整体效果的调整，如图 5-19 所示为其添加亮度/对比度调整图层。

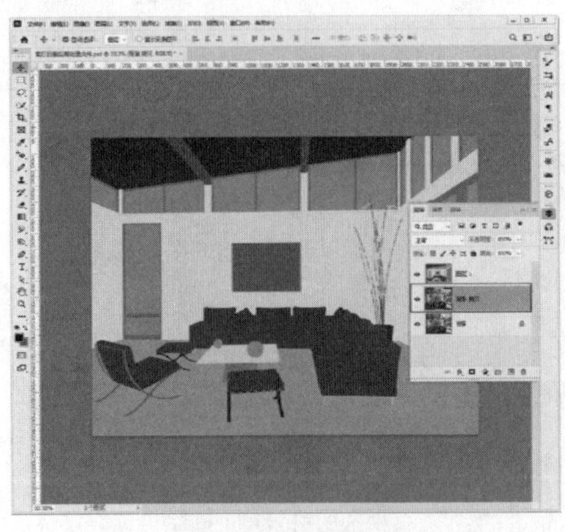

图 5-18 保存文档为 PSD 文件

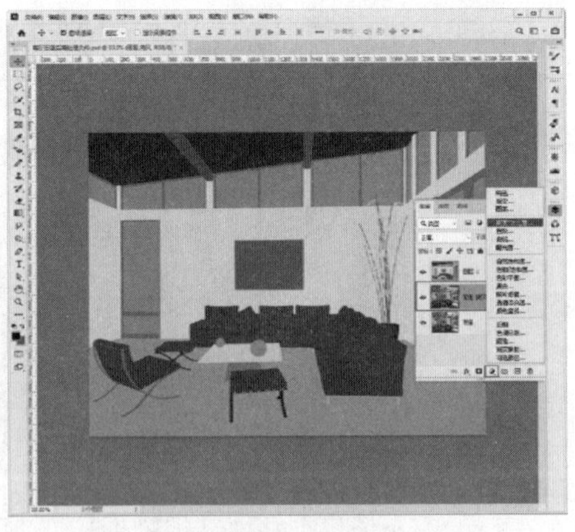

图 5-19 添加亮度/对比度调整图层

Steps 05 然后调整其具体参数如图 5-20 所示，获得如图 5-21 所示的处理效果。

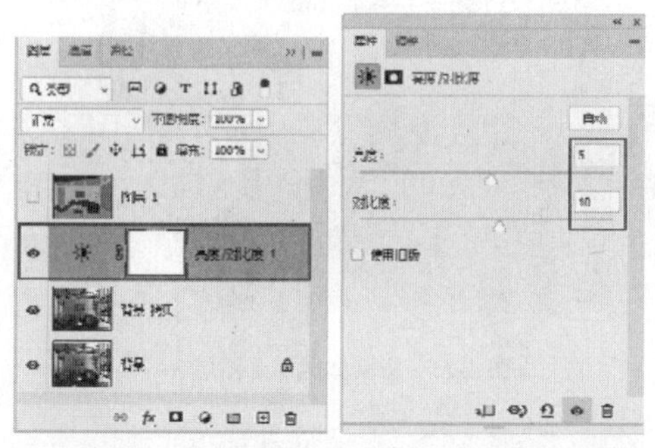

图 5-20　亮度/对比度具体参数设置

图 5-21　图像亮度/对比度调整完成效果

Steps 06 调整好图像整体的亮度与对比度效果后，按<Ctrl+Alt+Shift+E>组合键，如图 5-22 所示将其效果盖印至“图层 2”。接下来将使用“客厅线框颜色渲染元素”所在的图层 1 进行图像局部效果的调整。

Steps 07 开启并选择“客厅线框颜色渲染元素”所在的图层 1，然后如图 5-23 所示启用“魔棒工具”选择墙体所在位置的颜色，建立一个选区。

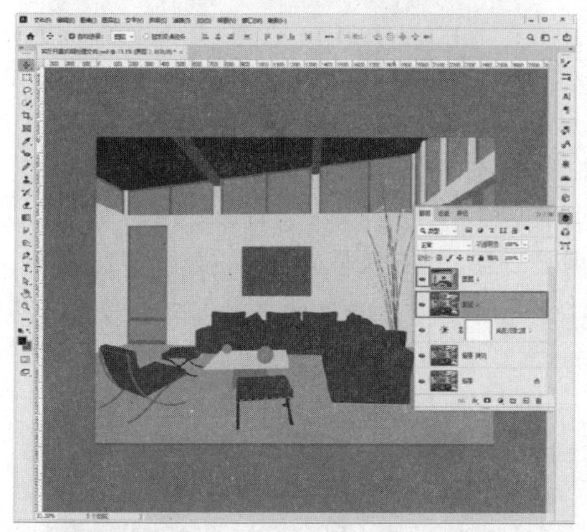

图 5-22　开启“客厅线框颜色渲染元素”所在的图层 1

图 5-23　利用魔棒工具建立墙体选区

Steps 08 保持建立好的选区，然后关闭“图层 1”并进入“图层 2”，如图 5-24 所示可以发现之前建立好的选区精准地选择到了图像中的墙体。

Steps 09 保持选择墙体的选区，然后按下<Ctrl+J>组合键如图 5-25 所示将其复制至“图层 3”，然后如图 5-26 所示为其添加“色彩平衡”调整图层，进行颜色的调整。

Steps 10 调整好“墙体”的效果后，利用“客厅线框颜色渲染元素”所在的图层 1 建立如图 5-27 所示的地板选区。

图 5-24 精确的选择到图像中的墙体

图 5-25 将墙体剪切至图层 3

图 5-26 添加“色彩平衡”调整图层

图 5-27 建立地板选区

注 意：在为复制的“图层 3”添加“色彩平衡”调整图层后，为了保证其调整效果不影响到其他区域，应该在两者的交界线处按住<Alt>键的同时单击鼠标左键为其添加“剪切蒙版”。

Steps 11 为刚创建的选区添加“亮度/对比度”调整图层，进行效果的改善，如图 5-28 所示。

Steps 12 调整好地板的效果后再重复类似的操作，完成图像中沙发等区域的颜色与亮度效果的改善，最终得到如图 5-29 所示的效果。

图 5-28 添加“亮度/对比度”调整图层

图 5-29 最终图像处理效果

# 第 6 章 VRay 材质与贴图

本章重点：

- 【VR 基础材质】
- 【VR 双面材质】
- 【VR 灯光材质】
- 【VR 包裹材质】
- 【VR 覆盖材质】
- 【VR 混合材质】
- 【VR 颜色贴图】
- 【VR 合成纹理】
- 【VR 污垢贴图】
- 【VR 边纹理】
- 【VRayHDRI】
- 【VRay 天光贴图】

将 VRay 渲染器成功安装并调用后，按<M>键打开【材质编辑器】，如图 6-1 所示单击【Standard】按钮，在弹出的【材质/贴图浏览器】中便可以找到 VRay 渲染器所提供的材质类型。这些材质功能各异，在使用方法上也有所区别，下面介绍用途最为广泛的 VRayMtl【VRay 基础材质】。

## 6.1 【VR 基础材质】

VRayMtl【VR 基础材质】是 VRay 渲染器用途最广泛的一种材质，在【材质/贴图浏览器】选择该材质后，即可在【材质编辑器】内看到如图 6-2 所示的材质卷展栏，通过调整卷展栏内的参数可以对材质色彩、纹理、表面光滑度、反射与折射、高光以及表面凹凸等材质属性与特征进行逼真的模拟，接下来就逐一进行介绍。

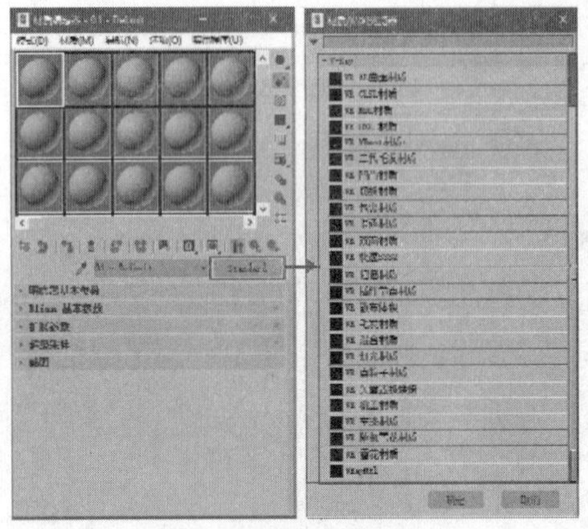

图 6-1　VRay 材质类型

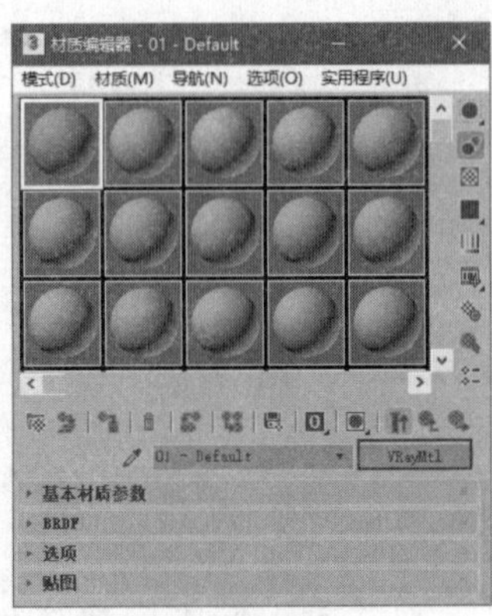


图 6-2　VRay 基础材质参数卷展栏

### 6.1.1 【基本材质参数】卷展栏

单击展开【基本材质参数】卷展栏，其具体的参数组设置如图 6-3 所示，可以看到其分为【漫反射】、【反射】、【折射】、【雾颜色】、【半透明】及【自发光】六大参数组，因此通过【基本材质参数】卷展栏的设置可以完成材质表面颜色、纹理、反射、高光以及透明度等基本材质属性的制作。

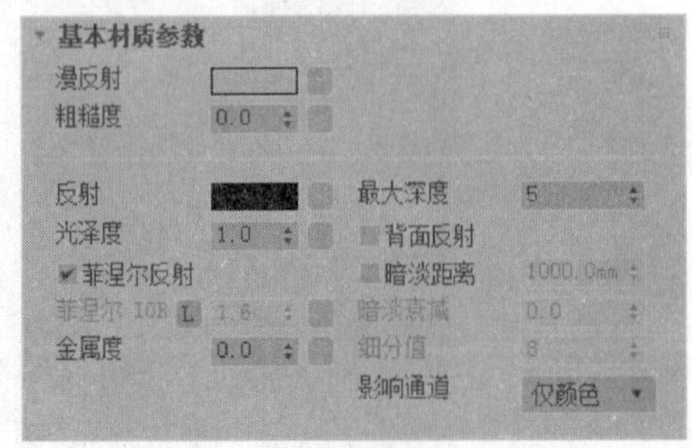


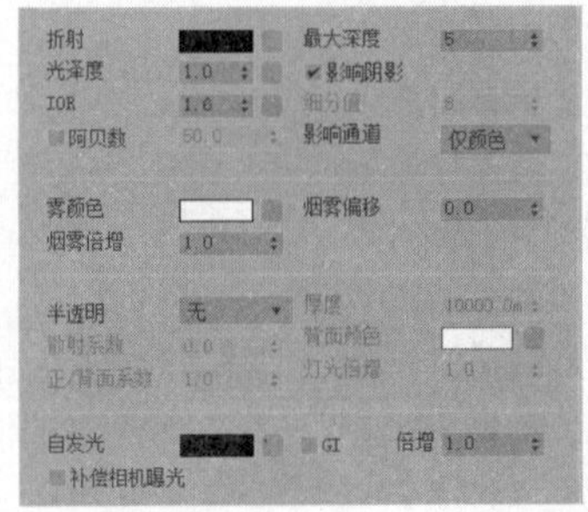


图 6-3　【基本材质参数】卷展栏的参数项设置

### 1. 【漫反射】参数组

❑ 【漫反射】

单击【漫反射】后的色块（色彩通道）将弹出如图 6-4 所示的【颜色选择器】面板，通过调整其中的颜色可以在材质表面表现出对应的色彩效果，如图 6-5 所示。

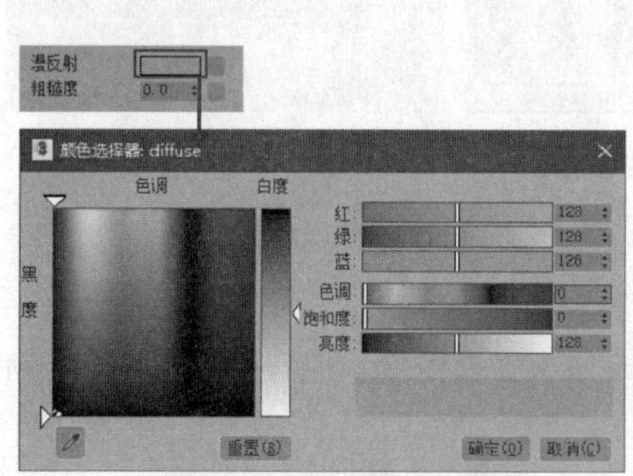


图 6-4 漫反射【颜色选择器】面板

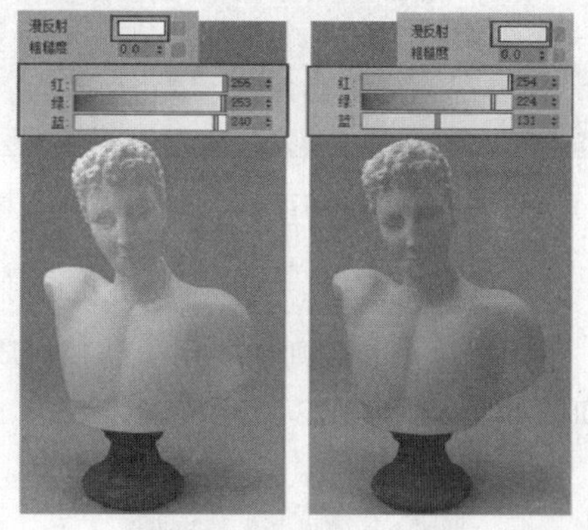


图 6-5 通过漫反射拾色器调整材质表面颜色效果

> **注 意：** 在如图 6-4 所示的【颜色选择器】中有多种颜色调整的方式，通常使用 RGB 三原色的混合比例调整颜色。

单击【漫反射】色块后的▢（贴图通道）按钮，弹出如图 6-6 所示的【材质/贴图浏览器】面板。在该面板内选择【位图】可以为材质表面加载外部纹理贴图（如木质纹理、石质纹理），或是直接使用 3ds Max 以及 VRay 渲染器提供的程序贴图，如【棋盘格】、VRaydirt【VRay 脏旧】贴图，制作出如图 6-7 所示的各种表面纹理效果。

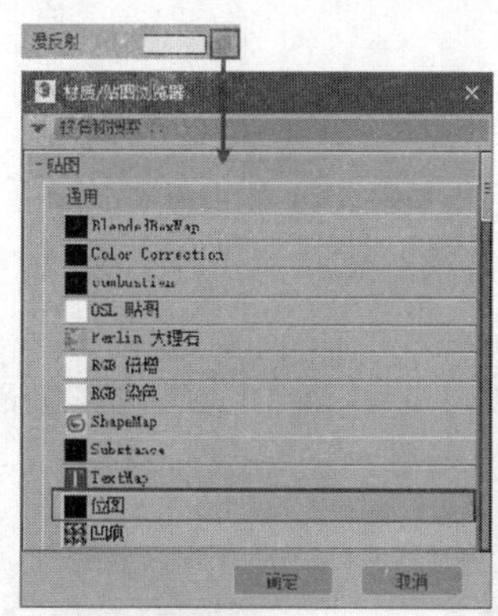


图 6-6 单击“贴图通道”按钮进入材质/贴图浏览器

图 6-7 利用贴图制作材质表面纹理效果

> **注 意：** 在 VRay 相关的材质中如果对“色彩通道”与“贴图通道”都做了调整，默认设置下材质将优先表现“贴图通道”中的调整效果，但【贴图】卷展栏中对应的数值可以控制两者的表现比例，如图 6-8~图 6-10 所示，其中数值越大越倾向表现“贴图通道”中调整的效果，这种调整比例对每个可调参数的作用均是如此。

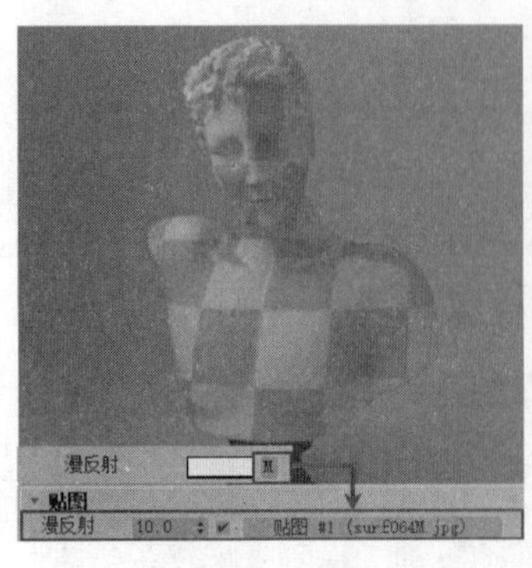

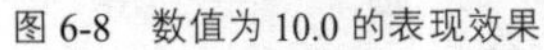


图 6-8　数值为 10.0 的表现效果

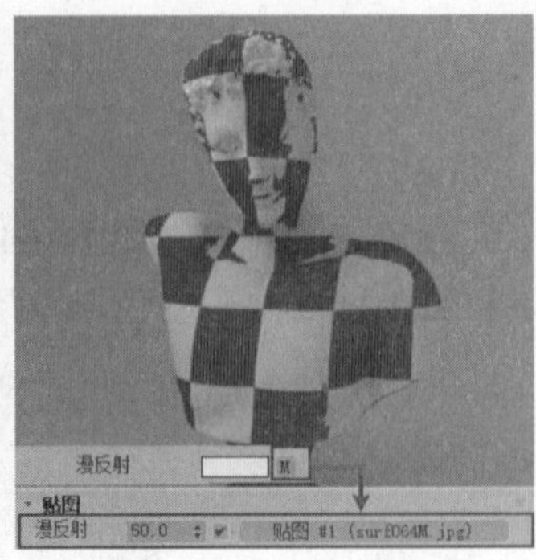


图 6-9　数值为 50.0 的表现效果

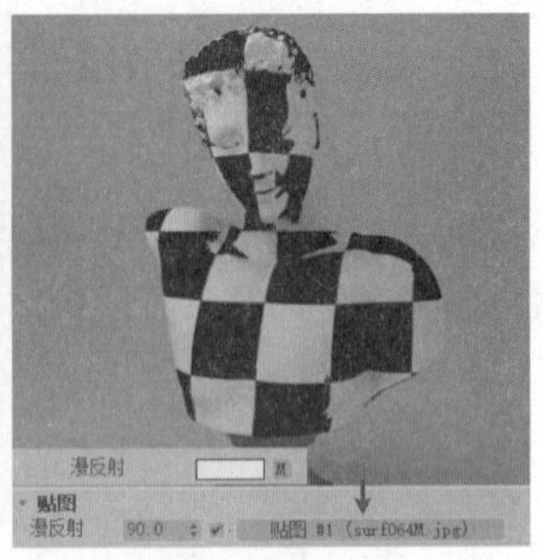


图 6-10　数值为 90.0 的表现效果

❑　【粗糙度】

【粗糙度】参数则主要用于调整材质表面明亮区域与阴暗区域交界过渡的柔和度，对比如图 6-11 与图 6-12 所示的渲染结果，可以发现该参数值越低，模型的轮廓线越饱满清晰，细节表现越突出。

图 6-11　粗糙度为 0.1 的效果

图 6-12　粗糙度为 0.9 的效果

## 2.　【反射】参数组

❑　【反射】

单击【反射】参数后的色块（色彩通道）同样将弹出【颜色选择器】面板，此时通过设置其中的【亮度】数值可以调整反射的强度，如图 6-13~图 6-15 所示，数值越大说明反射越强烈。

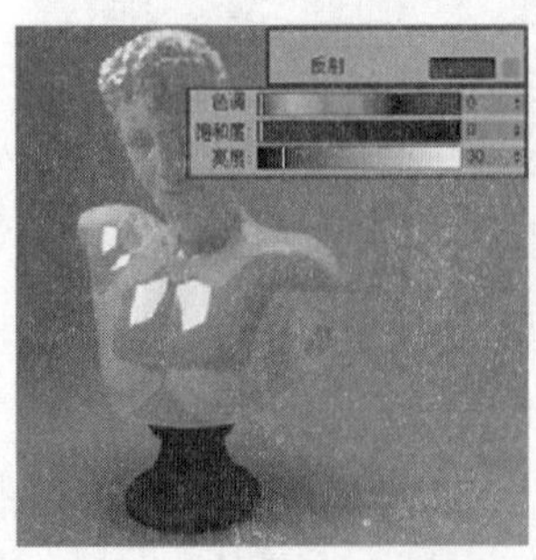


图 6-13　亮度值为 30 的反射效果

图 6-14　亮度值为 130 的反射效果

图 6-15　亮度值为 255 的反射效果

如果要表现出有色金属的反射效果，只需在【颜色选择器】面板中调整颜色效果即可，如图 6-16 与图 6-17 所示，但这里要注意一点，通过颜色通道仅能表现出有色金属的色彩与反射强度，并不能调整其表面质感。

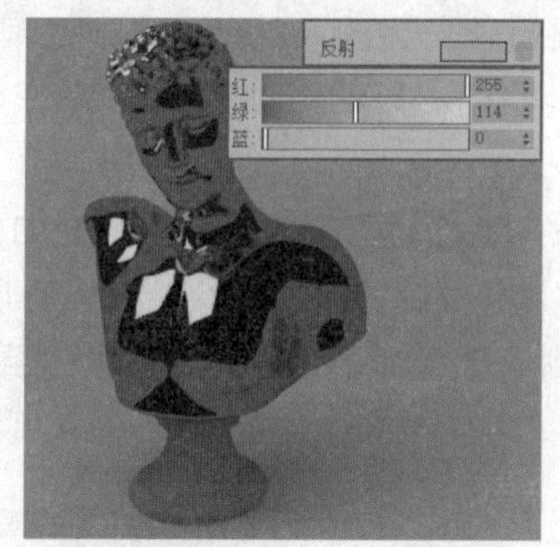


图 6-16　调整金色金属反射效果

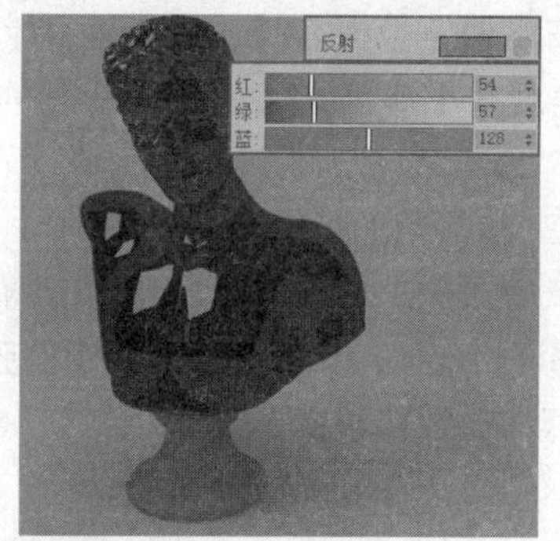


图 6-17　调整灰蓝色金属反射效果

单击【反射】后的 (贴图通道)按钮，也可以利用外部位图或程序贴图控制反射效果，如图 6-18 与图 6-19 所示。

图 6-18　使用外部位图进行反射模拟

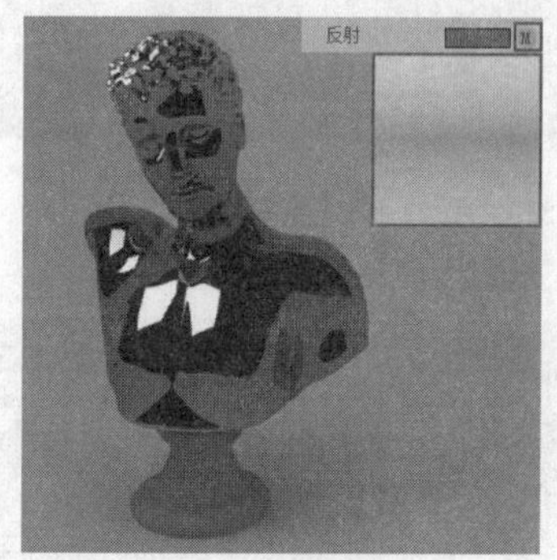


图 6-19　使用渐变程序贴图进行反射模拟

❑　【光泽度】

【光泽度】参数用于调整反射材质表面的模糊度，如图 6-20~图 6-22 所示，该数值越大反射表面越光滑，得到的反射能力也越强。

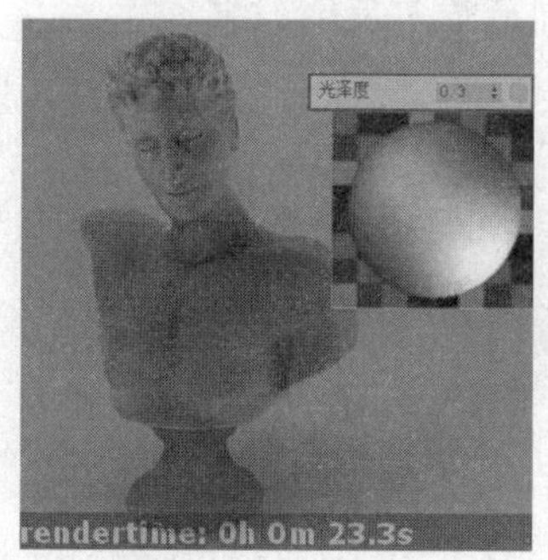


图 6-20　光泽度为 0.3 的反射效果

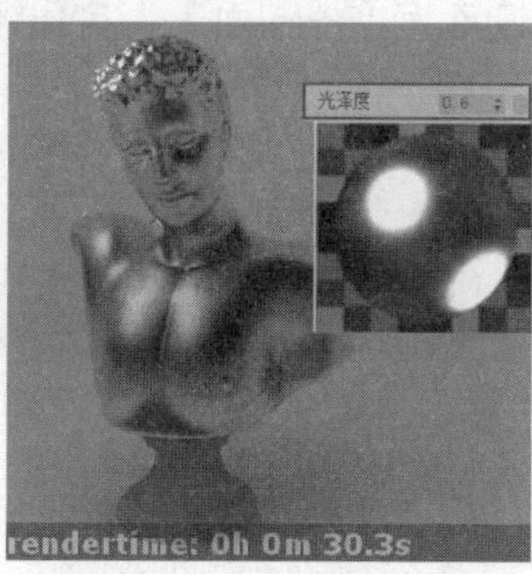


图 6-21　光泽度为 0.6 的反射效果

图 6-22　光泽度为 0.9 的反射效果

❑ 【菲涅尔反射】

在水面、地板等材质的表面所产生的反射效果随着光线的入射角度，以及观察距离远近、角度大小等因素发生强弱变化的现象，这种现象在物理学上被称为为“菲涅尔反射”，如图 6-23 与图 6-24 所示。

在 VRayMtl【VRay 基础材质】中勾选【菲涅尔反射】复选框，即可实现如图 6-25 所示的反射效果，单击其下的 L 按钮解除锁定，调整其下的【菲涅尔 IOR】数值则可以调整如图 6-26 所示的【菲涅尔反射】的强度，可以看到该数值越接近 1，反射由内至外的衰减越强烈，菲涅尔现象越明显。

图 6-23　水面的菲涅尔反射现象

图 6-24　光滑木地板表面的菲涅尔反射现象

图 6-25　勾选【菲涅尔反射】

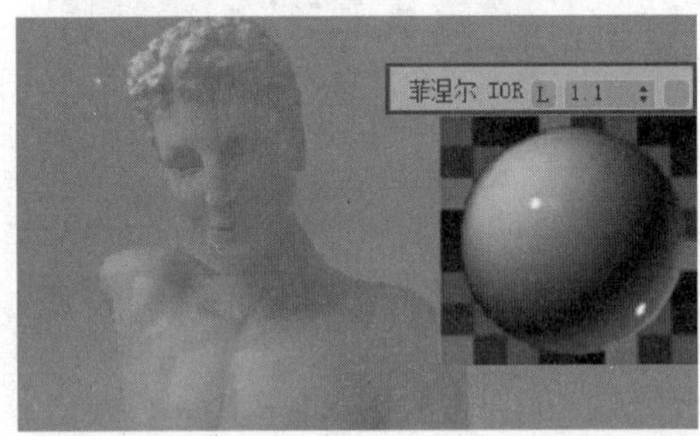


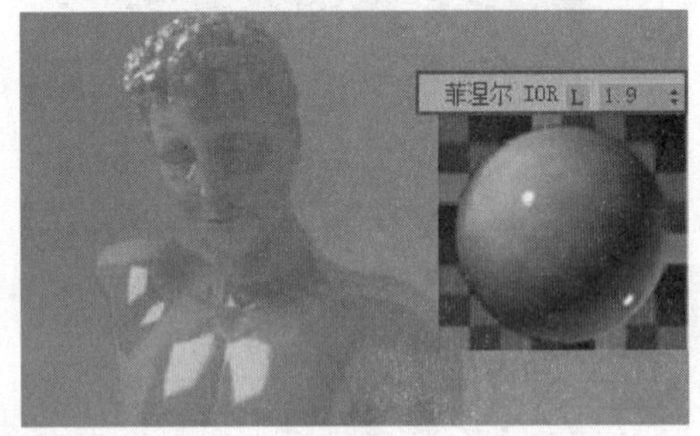


图 6-26　通过数值控制菲涅尔反射强度

此外还可以单击如图 6-27 所示的【反射】后的 （贴图通道)按钮，为其加载【衰减】程序贴图，通过将【衰减类型】设置为【Fresnel】，可以添加菲涅尔反射效果。

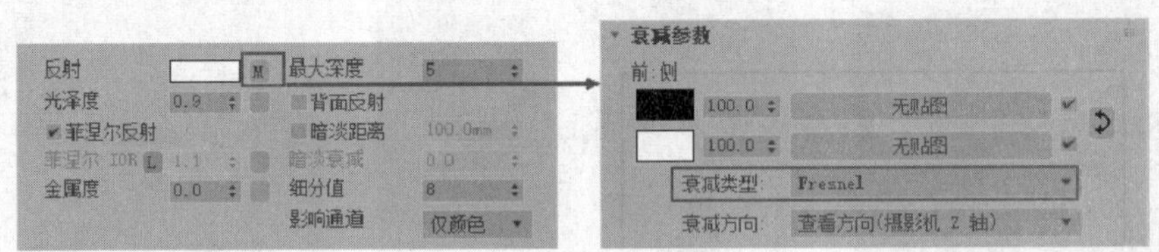


图 6-27　将【衰减类型】调整为【Fresnel】

此时可以通过设置其【前：侧】两个色块的颜色进行反射效果的调整，上方的【前】色块控制材质中最弱（即材质中心）的反射效果，下方的【侧】色块则控制最强（即材质边缘）的反射效果，如图 6-28 所示。

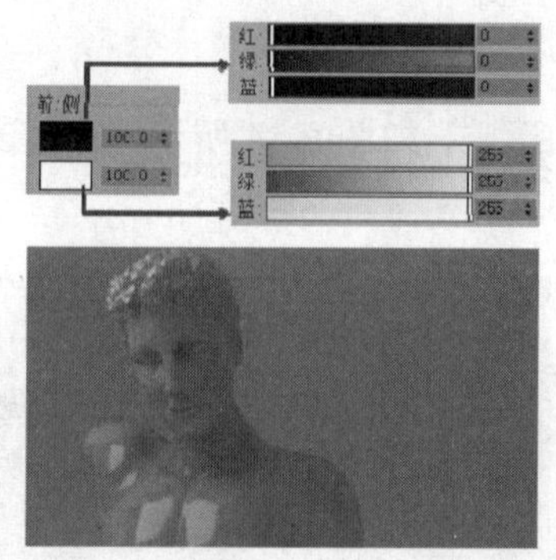


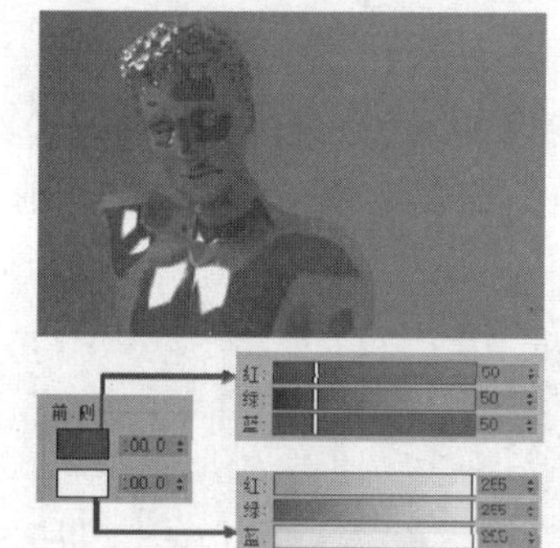


图 6-28　通过色块颜色控制菲涅尔效果

❑　【细分值】

当材质表面由于【反射光泽度】的调整产生较多噪点时，提高【细分值】可以减轻噪点程度，如图 6-29 与图 6-30 所示。该数值越高效果越明显，但所耗费的计算时间也越长，此外提高该数值对于灯光在材质表面产生的品质问题也可进行一定程度上的校正。

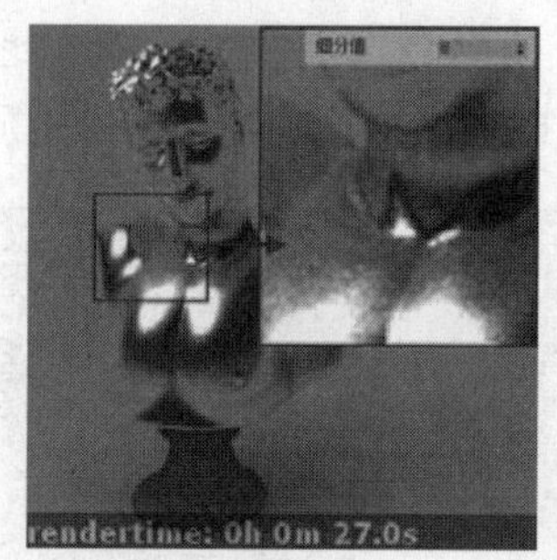


图 6-29　细分值为 8 的材质表面效果

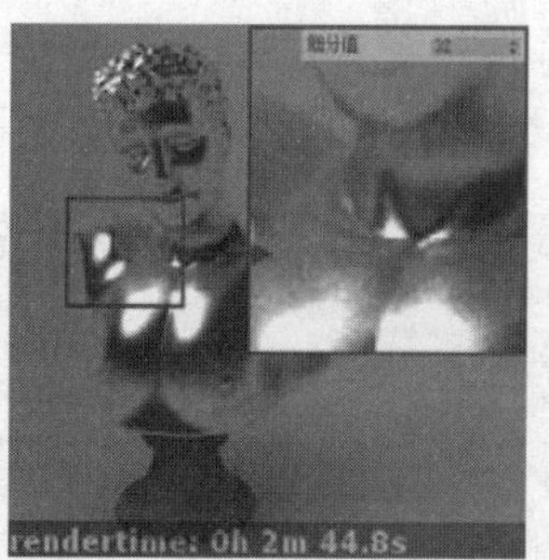


图 6-30　细分值为 32 的材质表面效果

❑　【最大深度】

【最大深度】参数控制单个材质对反射的计算次数，该参数数值越高反射计算越彻底，所表现的反射细节越充分，如图 6-31~图 6-33 所示，但也会耗费更多的计算时间。而对比图 6-32 与图 6-33 可以发现，默认的参数值 5 已经能取得相当不错的效果，再提高该值对细节的改善效果不大。

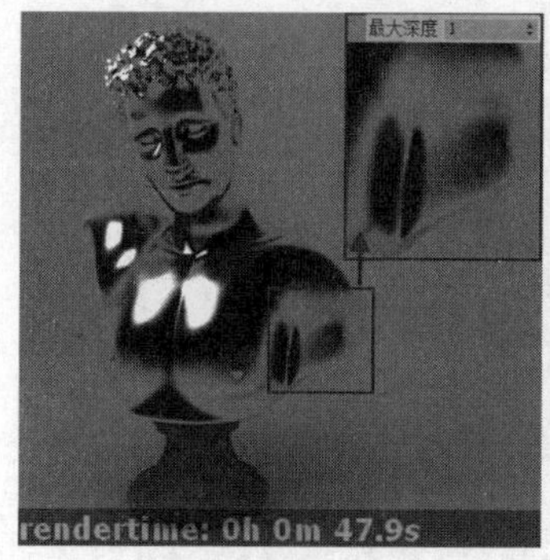


图 6-31　最大深度为 1 的细节效果

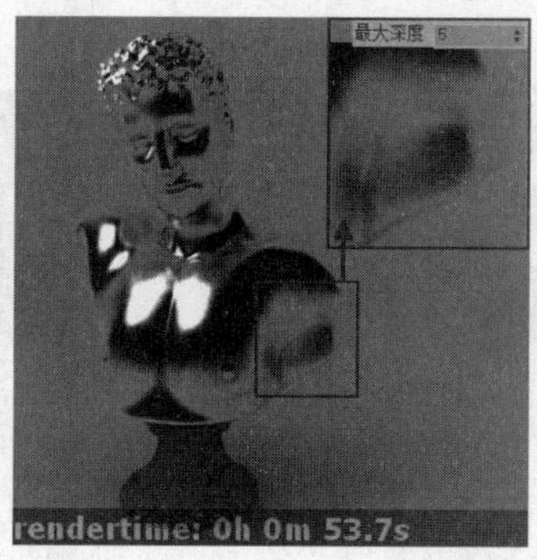


图 6-32　最大深度为 5 的细节效果

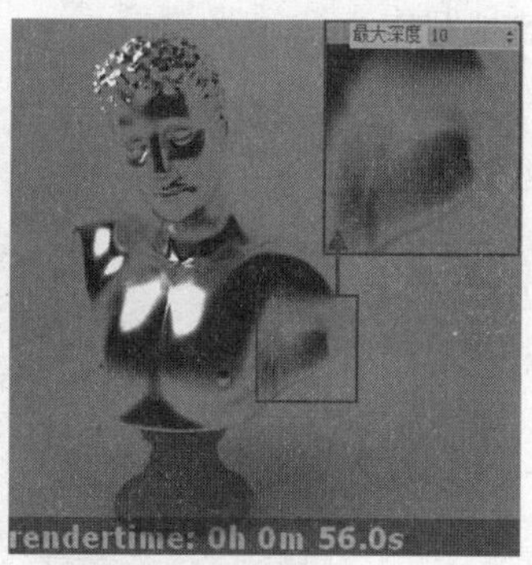


图 6-33　最大深度为 10 的细节效果

❑ 【背面反射】

【背面反射】材质效果对画面有十分细微的影响，如图 6-34 所示，勾选该复选框后在透明材质的背面会表现出更真实的反射细节。

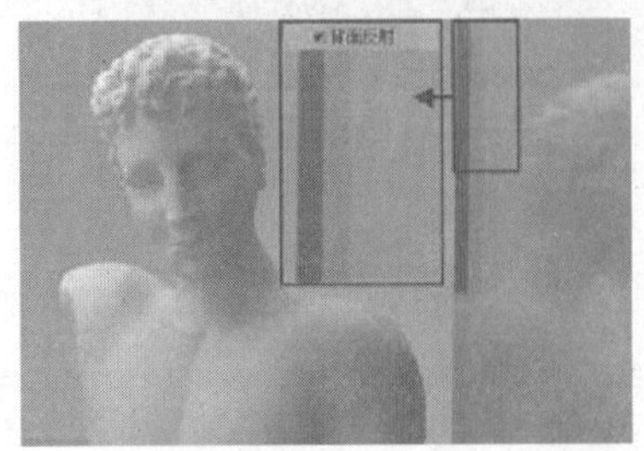


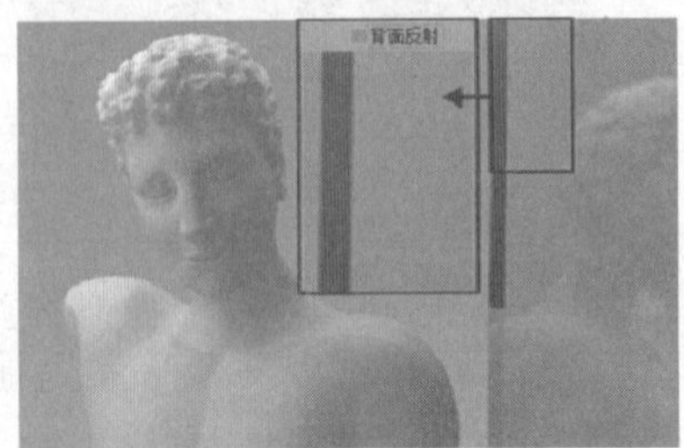


图 6-34　背面反射对材质效果的影响

3. 【折射】参数组

❑ 【折射】

单击【折射】参数后的色块（色彩通道），将弹出【颜色选择器】面板，此时通过设置【亮度】数值可以调整如图 6-35~图 6-37 所示的材质折射的强度，数值越大材质越透通。

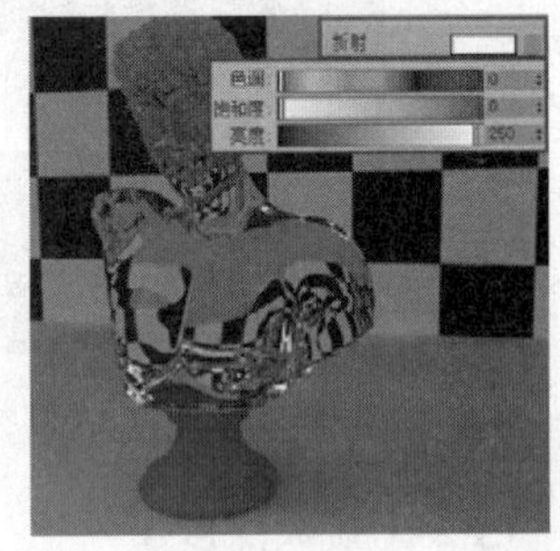


图 6-35　【亮度】为 60 的折射效果　　图 6-36　【亮度】为 180 的折射效果　　图 6-37　【亮度】值 250 的折射效果

同样通过在【颜色选择器】中调整出彩色效果，能制作出如图 6-38 与如图 6-39 所示的有色透明材质。但通过调整 VRayMtl【VRay 基础材质】中的【雾颜色】参数，能更有效地制作有色透明效果。

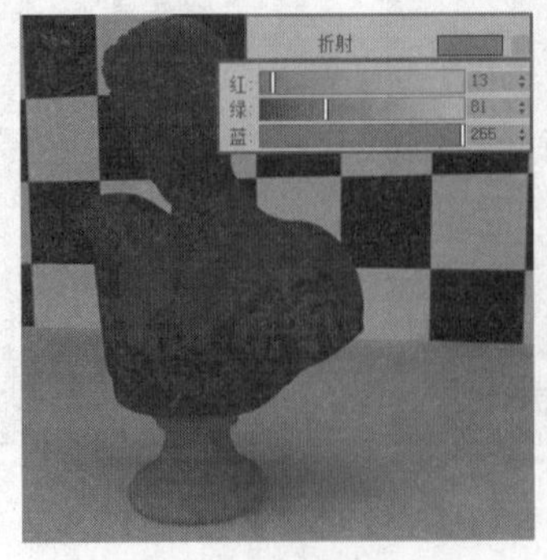


图 6-38　蓝色透明材质效果

图 6-39　红色透明材质效果

单击【折射】参数后的 "通道贴图"按钮，通过添加位图与程序贴图同样可以控制如图 6-40 与图 6-41 所示的折射效果，系统会根据加载的贴图色彩的 Value【明度】高低控制透明的程度。

图 6-40　利用外部贴图控制折射效果

图 6-41　利用程序贴图控制折射效果

❑　【光泽度】

【光泽度】控制折射产生的透明效果的模糊度，如图 6-42~图 6-44 所示，该数值越大材质表现得越光洁，材质通透感也越好，而越模糊的折射效果所需要的计算时间也越长。

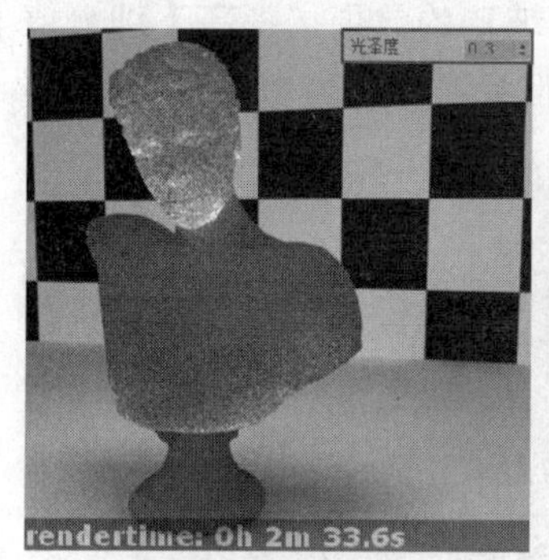


图 6-42　光泽度为 0.3 的透明效果

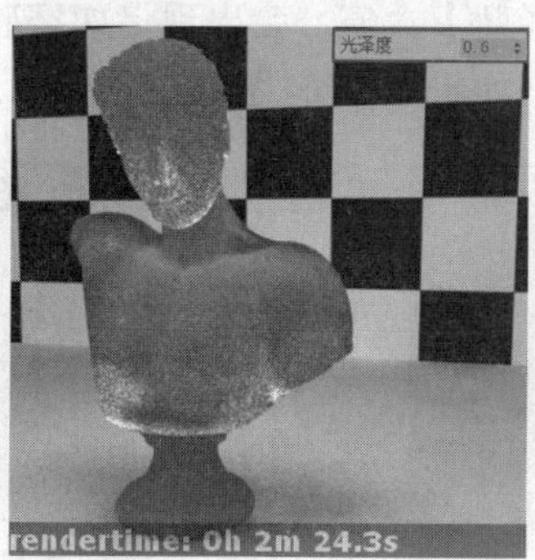


图 6-43　光泽度为 0.6 的透明效果

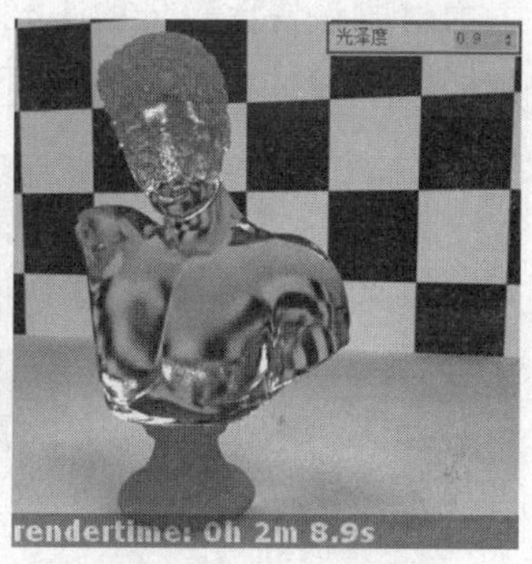


图 6-44　光泽度为 0.9 的透明效果

❑　IOR【折射率】

IOR 即 Index of refraction【折射率】。折射率不同，光线透过透明材质后传播的路径也会发生变化，通过调整该数值可改变材质的通透感，如图 6-45~图 6-47 所示。

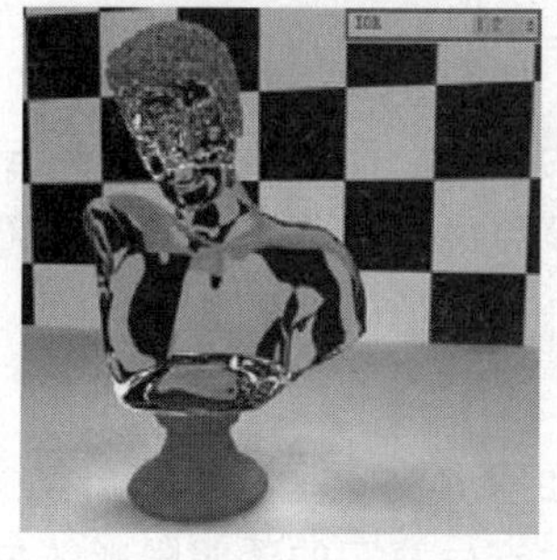


图 6-45　折射率为 1.2 的材质效果

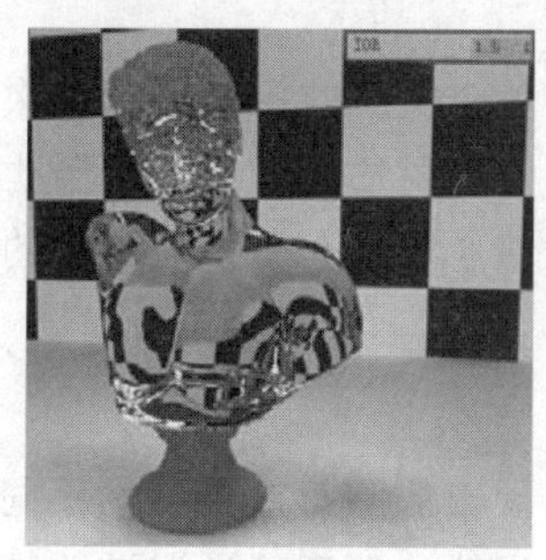


图 6-46　折射率为 1.5 的材质效果

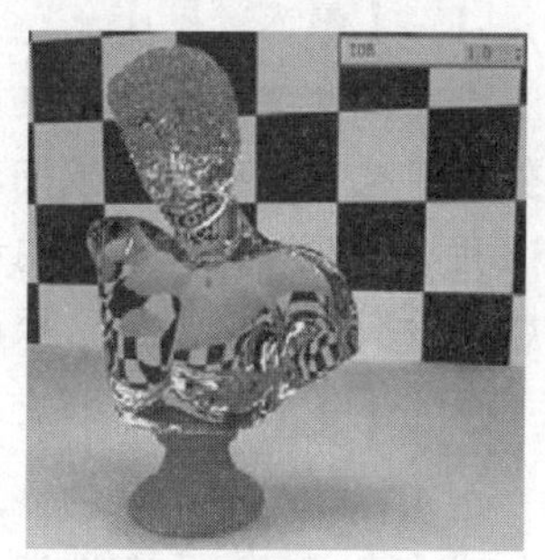


图 6-47　折射率为 1.8 的材质效果

这里需要注意的是，由于在工程光学中常把空气折射率当作 1，而其他介质的折射率就是对空气的相对折射率，因此如果将材质折射率设置为 1，将出现如图 6-48 所示的接近于消失的现象。常用材质的折射率如图 6-49 所示。

图 6-48　折射率为 1 时的材质效果

常用折射率表

| 物质名称 | 分子式或符号 | 折射率 |
|---|---|---|
| 熔凝石英 | $SiO_2$ | 1.45843 |
| 氯 化 钠 | NaCl | 1.54427 |
| 氯 化 钾 | KCl | 1.49044 |
| 萤　石 | $CaF_2$ | 1.43381 |
| 重冕玻璃 | ZK6 | 1.61263 |
| | ZK8 | 1.61400 |
| 钡冕玻璃 | BaK2 | 1.53988 |
| 火石玻璃 | F1 | 1.60328 |
| 钡火石玻璃 | BaF8 | 1.62590 |
| 松节油 | | 1.4721 |
| 橄榄油 | | 1.4763 |
| 水 | $H_2O$ | 1.3330 |

图 6-49　常用材质折射率

❑　【细分值】

为材质设置比较低的【光泽度】数值，会出现诸如磨砂玻璃的效果，提高【细分值】参数即能消除材质表面的噪点，如图 6-50 与图 6-51 所示，但会增加相当多的计算时间。

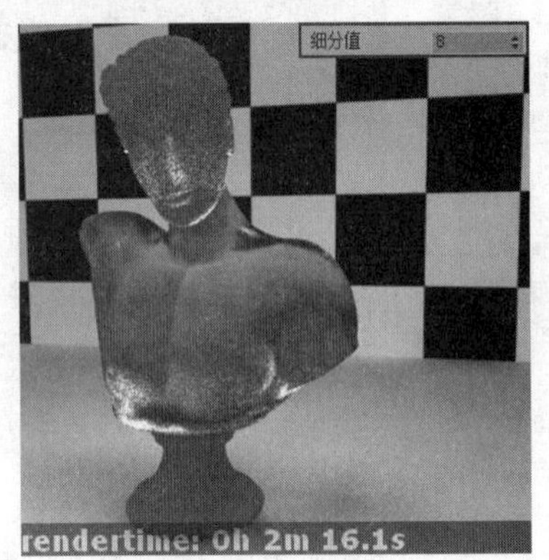


图 6-50　细分值为 8 时的模糊折射表面效果

图 6-51　细分值为 32 时的模糊折射表面效果

❑　【最大深度】

【最大深度】参数用来控制单个材质对折射的计算次数，如图 6-52~图 6-54 所示，该参数数值越高折射计算越彻底，透明材质越通透，细节也更为丰富。而对比图 6-53 与图 6-54 可以发现，保持默认的参数值 5 已经有了相当丰富的细节与良好的透明感，再提高该参数并没有过于明显的效果改善。

❑　【影响阴影】

透明物体与非透明物体所表现出的阴影效果截然不同，如图 6-55 与图 6-56 所示，只有勾选【影响阴影】复选框后，光线才能正确通过透明物体并产生真实的透明阴影效果，否则透明物体将表现出与非透明物体一样的实体黑色阴影。

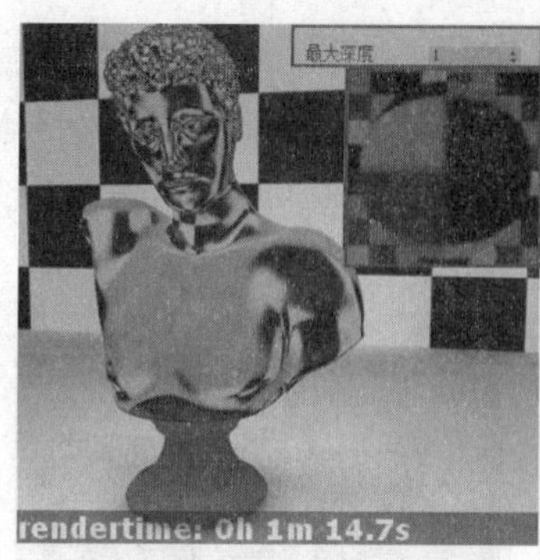


图 6-52　最大深度为 1 的透明效果

图 6-53　最大深度为 5 的透明效果

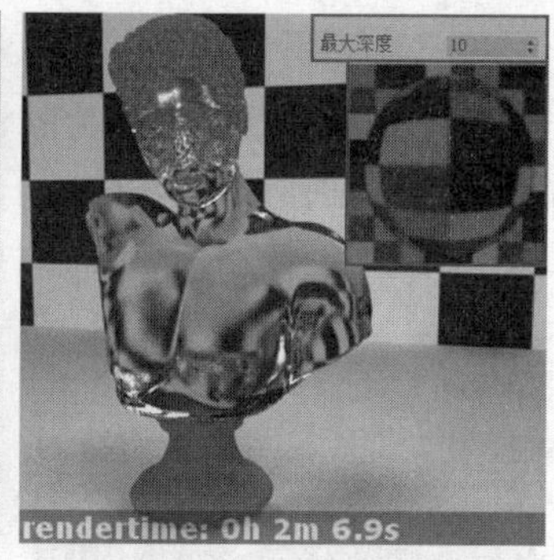


图 6-54　最大深度为 10 的透明效果

图 6-55　未选择【影响阴影】产生的阴影效果

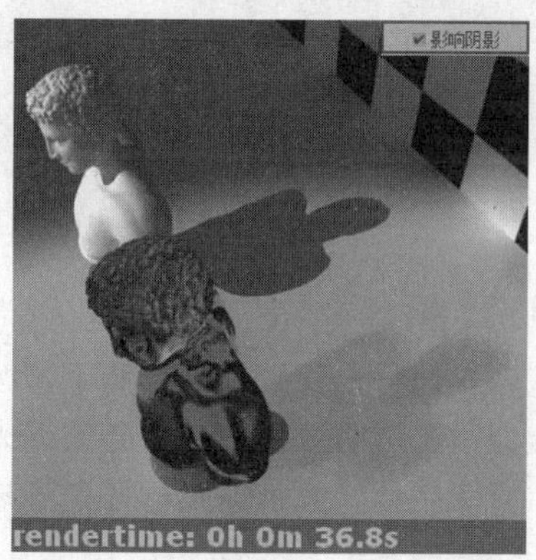


图 6-56　选择【影响阴影】产生的阴影效果

## 4.　【雾效】参数组

❑　【雾颜色】

调整【雾颜色】后的“色彩通道”可以表现出如图 6-57 所示的彩色透明效果，对比如图 6-58 所示的直接通过【折射】“色彩通道”调整表现的材质，可以发现【雾颜色】更能表现出透明材质的细节变化，而调整【折射】“色彩通道”只是简单地将模型表面染成彩色，无法计算模型内部的色彩细节。此外，【雾颜色】在渲染速度上更具优势。

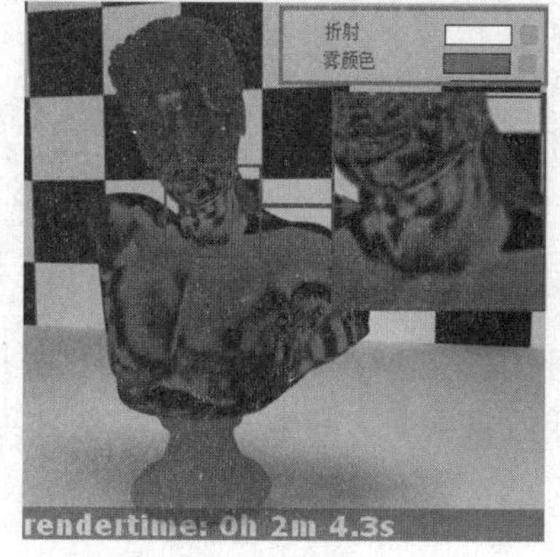


图 6-57　雾效颜色所表现的彩色透明材质

图 6-58　通过折射颜色表现的彩色透明材质

❑ 【烟雾倍增】

当【烟雾倍增】保持为默认参数值 1 时，【雾颜色】后的“色彩通道”调整的颜色通常会表现出如图 6-59 所示的十分浓重的效果，降低了材质本身的通透感。调整合适的【烟雾倍增】数值能在体现色彩效果的同时保留材质的通透程度，如图 6-60 与图 6-61 所示。

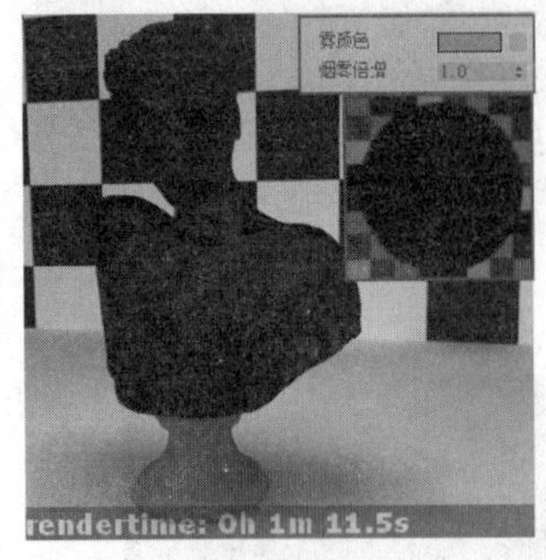


图 6-59　烟雾倍增为 1.0 的透明效果

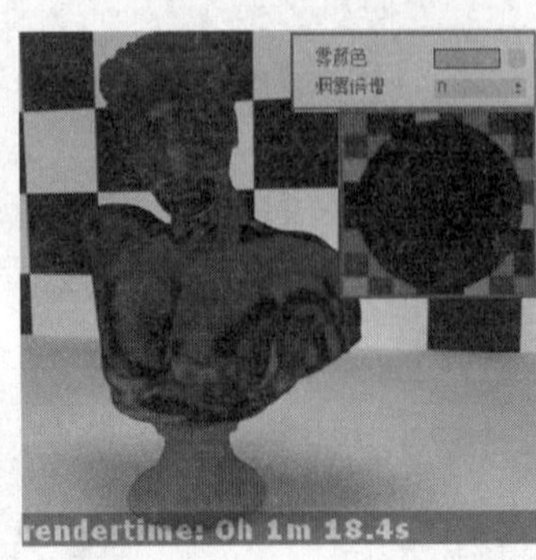


图 6-60　烟雾倍增为 0.1 的透明效果

图 6-61　烟雾倍增为 0.001 的透明效果

❑ 【烟雾偏移】

【烟雾偏移】参数用来控制【雾颜色】的偏移程度，如图 6-62~图 6-64 所示，当该参数取负值时，透明效果将变得暗淡无光（类似于使用【折射】“色彩通道”调整的彩色效果），而取正值时数值越大材质通透感越好，表面的光泽也越明显。

图 6-62　烟雾偏移为-0.5 的透明效果

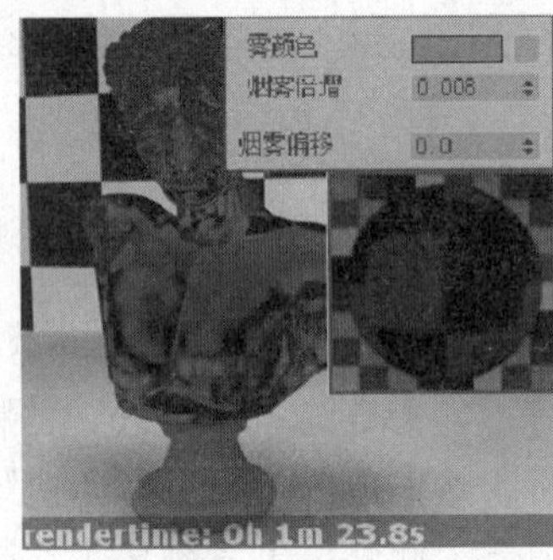


图 6-63　烟雾偏移为 0.0 的透明效果

图 6-64　烟雾偏移为 0.5 的透明效果

### 5. 【半透明】参数组

【半透明】参数组可以说是对【折射】参数组的一种补充，可以创造蜡、皮肤、奶酪等并不完全透明但透光性良好的材质效果。

❑ 【半透明】

在【半透明】下拉列表中可以选择【无】、【硬（蜡）】、【柔软（水）】或【混合模式】的半透明效果，其中【无】表示不进行半透明效果处理，其余三种类型的效果分别如图 6-65~图 6-67 所示。

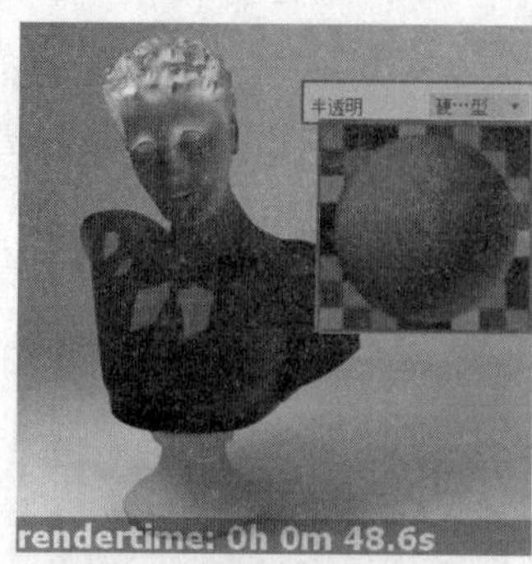


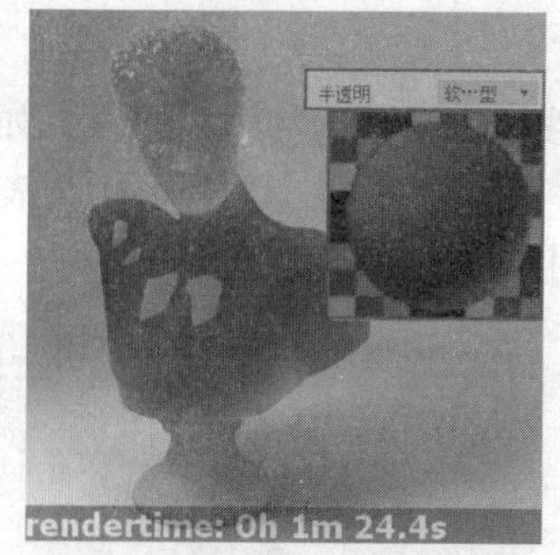


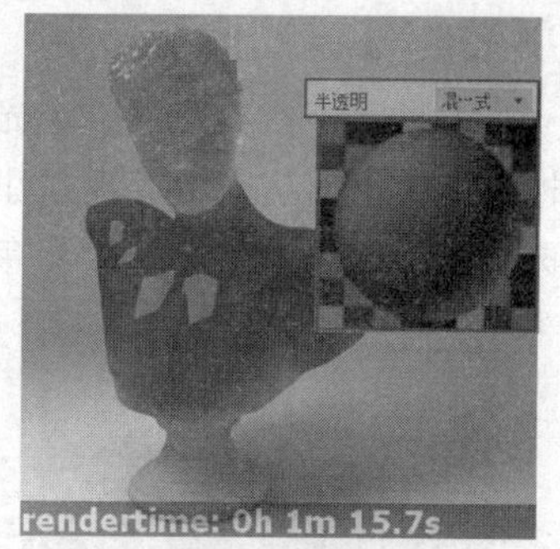


图 6-65 【硬（蜡）】类型半透明效果 图 6-66 【柔软（水）】类型半透明效果 图 6-67 混合模式半透明效果

❑ 【散射系数】

【散射系数】的取值范围为 0~1，如图 6-68 与图 6-69 所示，当取值靠近 0 时光线在半透明材质中向四周扩散，因此光线无法穿透的区域就暗一些，而取值靠近 1 时光线则在半透明材质中向内聚集，因此光线无法穿透的区域就显得明亮些。

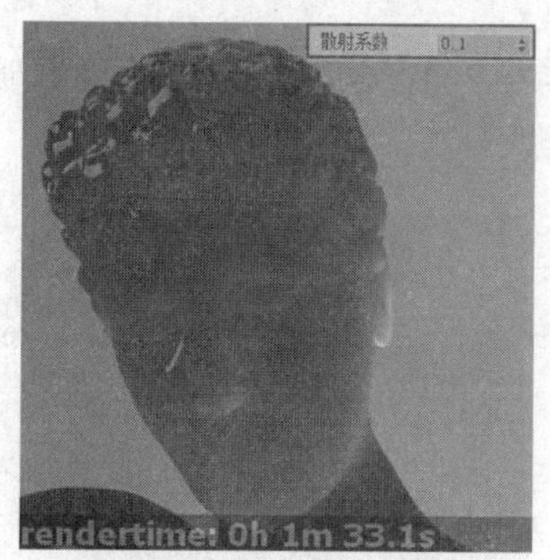


图 6-68 散射系数 0.1 的半透明效果

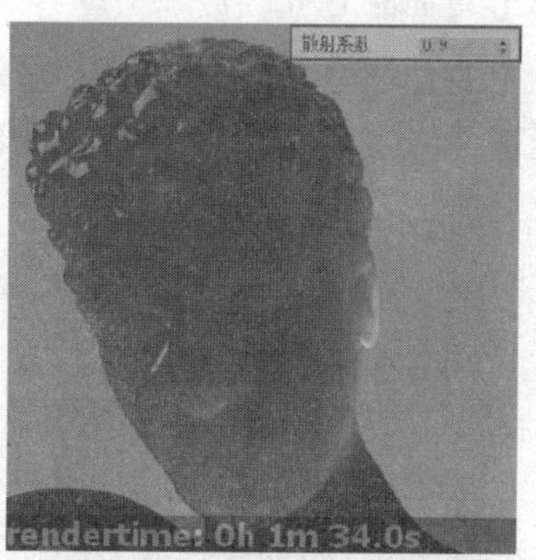


图 6-69 散射系数 0.9 的半透明效果

❑ 【正/背面系数】

【正/背面系数】的取值范围为 0~1，如图 6-70~图 6-72 所示，当取值靠近 0 时光线倾向于在内部传播，而取值靠近 1 时光线则倾向于在外部传播，此时材质边缘的透光效果会更理想。

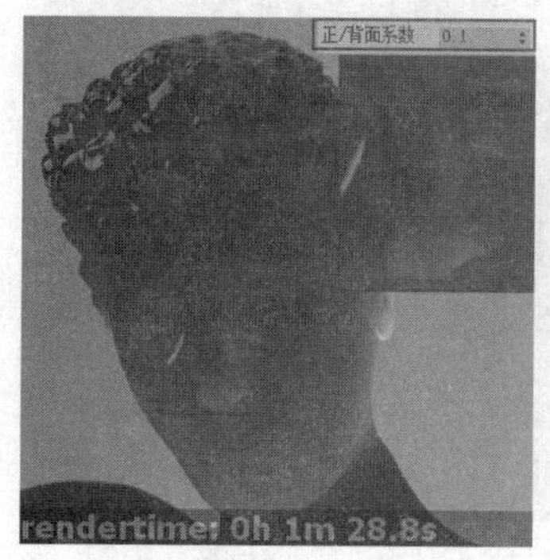


图 6-70 正/背面系数为 0.1 的效果

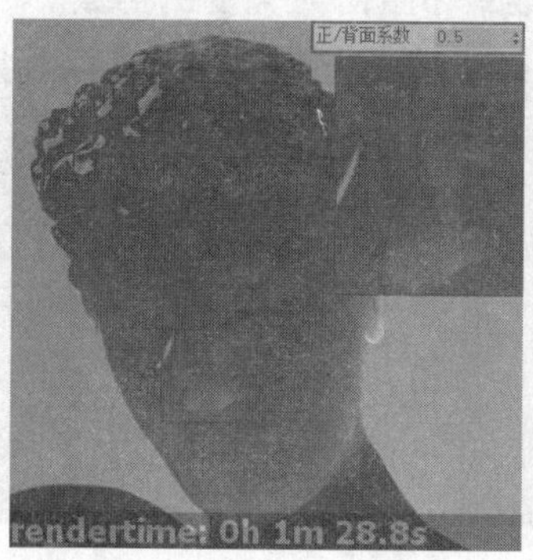


图 6-71 正/背面系数为 0.5 的效果

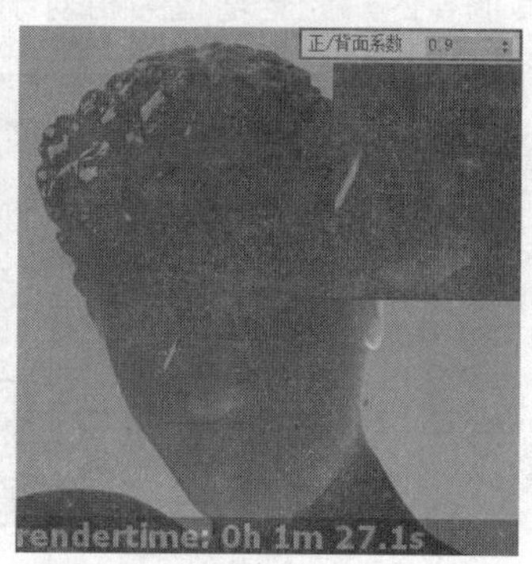


图 6-72 正/背面系数为 0.9 的效果

❑ 【厚度】

【厚度】参数用于设定光线透过半透明物体的厚度，如图 6-73~图 6-75 所示，其数值越大光线相对透过的距离越小，【背面颜色】调整的颜色表现越明显；数值越小则光相对透过的距离越大，【雾效颜色】调整的颜色表现越明显。

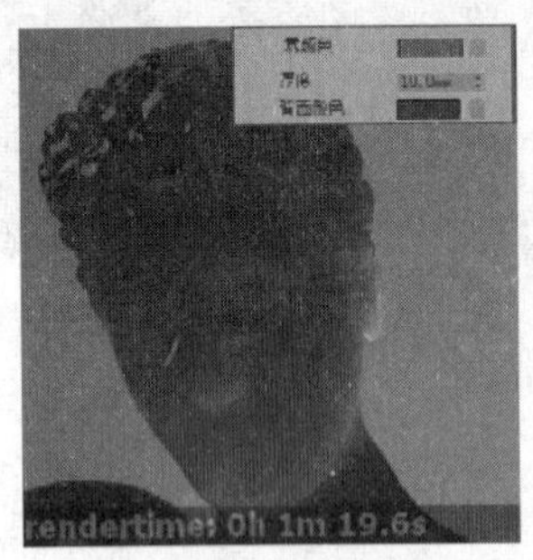

图 6-73　厚度为 10.0mm 的半透明效果

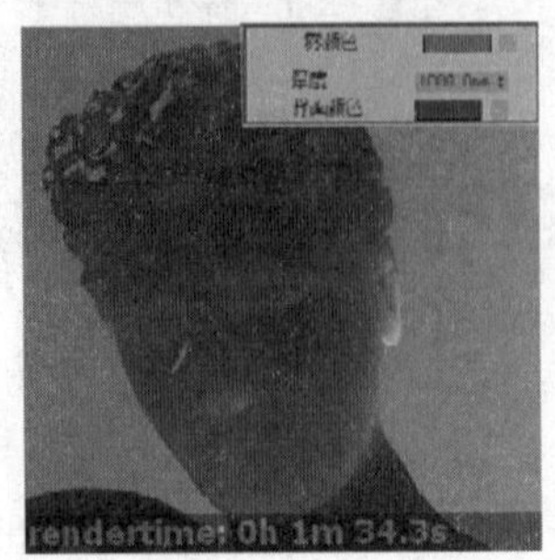

图 6-74　厚度为 1000.0mm 的半透明效果

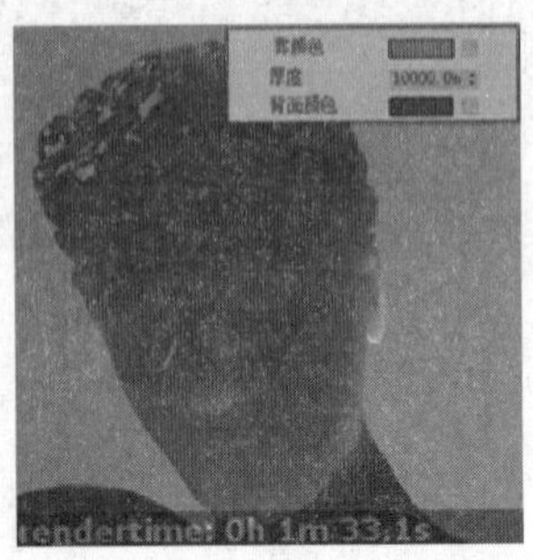

图 6-75　厚度为 10000.0mm 的半透明效果

❑ 【背面颜色】

通过【背面颜色】后的“色彩通道”可以如图 6-76 与图 6-77 所示调整半透明材质中透明度最差（光线不能完全穿透）的区域的颜色效果。

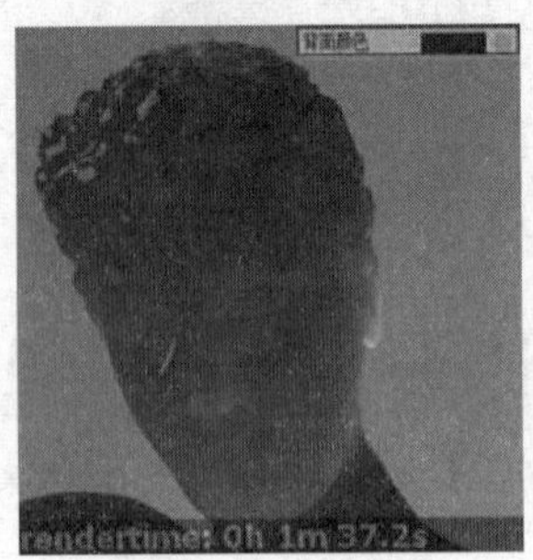

图 6-76　背面颜色为蓝色时的半透明材质效果

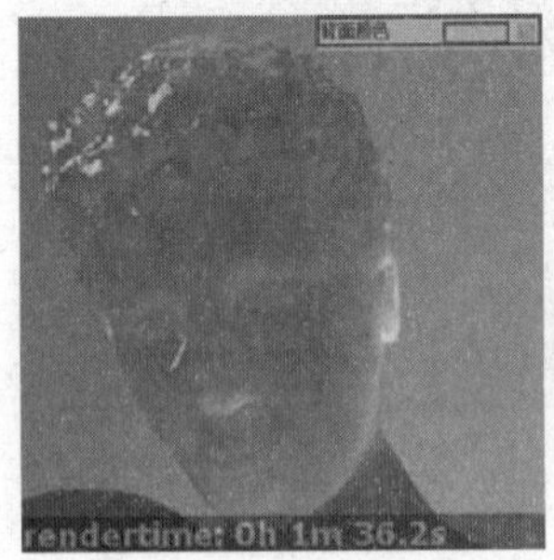

图 6-77　背面颜色为黄色时的半透明材质效果

❑ 【灯光倍增】

调整【灯光倍增】后的数值可以如图 6-78 与图 6-79 所示设置半透明材质的灯光亮度，其调整的灯光倍增值为相对于场景布置灯光亮度的倍数。

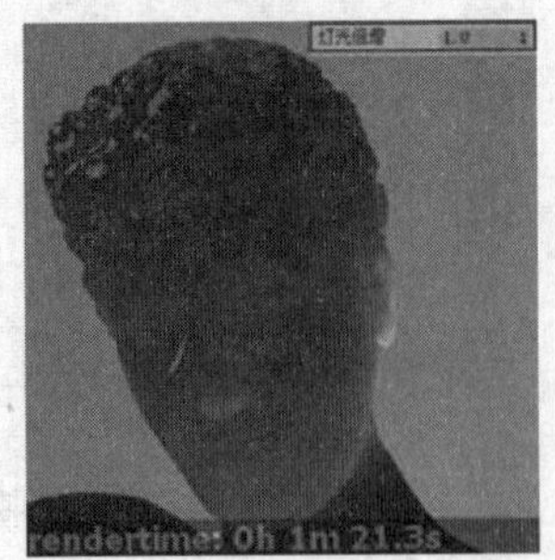

图 6-78　灯光倍增为 1.0 的半透明材质效果

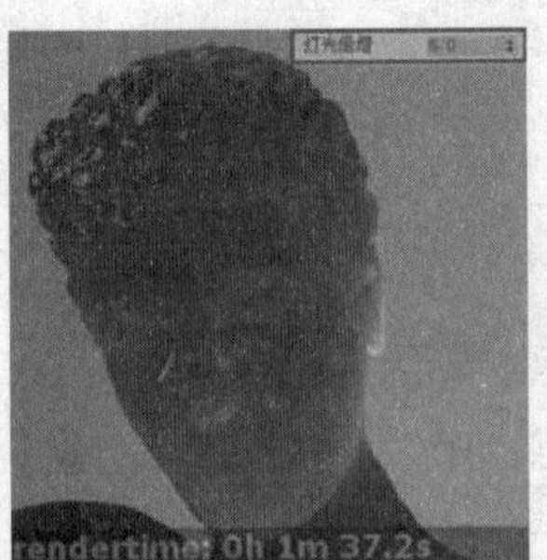

图 6-79　灯光倍增为 3.0 的半透明材质效果

## 6.1.2 BRDF 卷展栏

BRDF 卷展栏用于调整如图 6-80 所示的高光形状、大小、角度等特征，在表现细节的高光特写效果时十分有效。

图 6-80 高光特写效果

### 1. 【类型】

在【类型】参数后的下拉列表中可以选择 Phong、Blinn、Ward 以及 Microfacet GRT（GGX）四种高光类型，其具体的效果分别如图 6-81~图 6-84 所示。

图 6-81 Phong 高光类型

图 6-82 Blinn 高光类型

图 6-83 Ward 高光类型

图 6-84 GGX 高光类型

❑ Phong

Phong 类型常用于表面较薄的材质表面高光效果的制作，其表现的高光形态通常比较尖锐，但亮度不及 Blinn 类型。

❑ Blinn

采用 Blinn 类型将呈现最为真实的材质效果，其对高光暗部与亮部的分界线进行十分光滑清晰的处理。

❑ Ward

Ward 类型综合了以上两种类型的特点，不但适用于大多数高光效果的表现，在渲染速度上也有较大优势。

❑ Microfacet GRT（GGX）

Microfacet GRT（GGX）类型最适用于金属表面以及汽车油漆图层的制作，其镜面高光部分具有明亮的中心，但渲染时间更长。

### 2. 【使用光泽度】/【使用粗糙度】

勾选【使用光泽度】时，原样本将使用【反射光泽度】的值，【反射光泽度】的值为1.0将导致锐利的反射高光。勾选【使用粗糙度】时，使用【反射光泽度】的反向值，例如，如果【反射光泽度】的值为1.0，并选择【使用粗糙度】，则会导致漫反射阴影。

### 3. 【GTR尾衰减】

当BRDF类型设置为Microfacet GRT（GGX）时，【GTR尾衰减】参数控制从高光区域到非高光区域的过渡。

### 4. 【各向异性】

【各向异性】参数用于调整高光表现的长度，其取值范围为-1~1。如图6-85~图6-87所示，当该值为0时高光长度比较适中，边缘呈弧形效果；取值越靠近-1高光长度越长并显得明亮；取值越靠近1时则高光长度越短，倾向于被横向拉宽并显得模糊。

图6-85　各向异性为-0.9的高光形态

图6-86　各向异性为0的高光形态

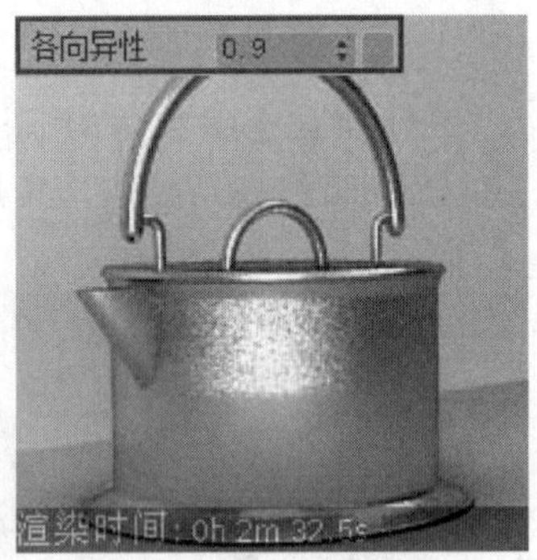


图6-87　各向异性为0.9的高光形态

### 5. 【旋转】

【旋转】参数用于控制高光产生的角度，如图6-88~图6-90所示，当取值为0时高光呈笔直的效果，调整为负值时将产生对应角度的顺时针旋转，调整为正值时将产生对应角度的逆时针旋转。但无论做出哪个方向的调整都会对高光的聚集度及亮度产生影响。

图6-88　旋转度数为-75.0的高光形态

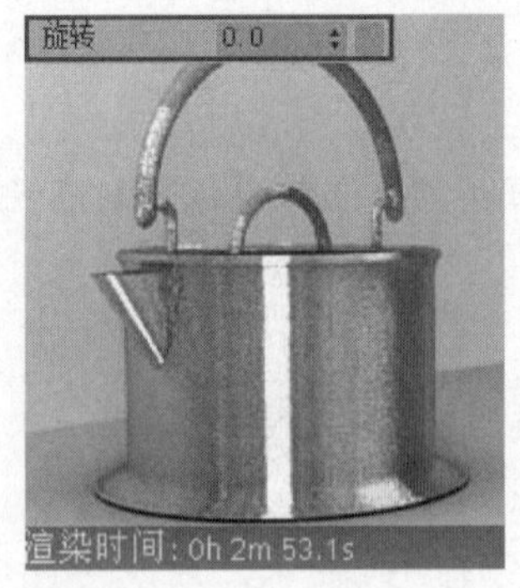


图6-89　旋转度数为0的高光形态

图6-90　旋转度数为75.0的高光形态

### 6. 【局部轴】

通过选择该参数下的 X、Y、Z 三个选项可以如图 6-91~图 6-93 所示调整高光产生的轴向。取 X 轴时将在模型表面产生横向高光效果，此时高光整体较暗淡；取 Y 轴时将在模型表面产生竖向的高光效果，但通常只在圆滑区域才能产生明亮的竖向高光效果；保持默认设置的 Z 轴能取得比较理想的高光效果。

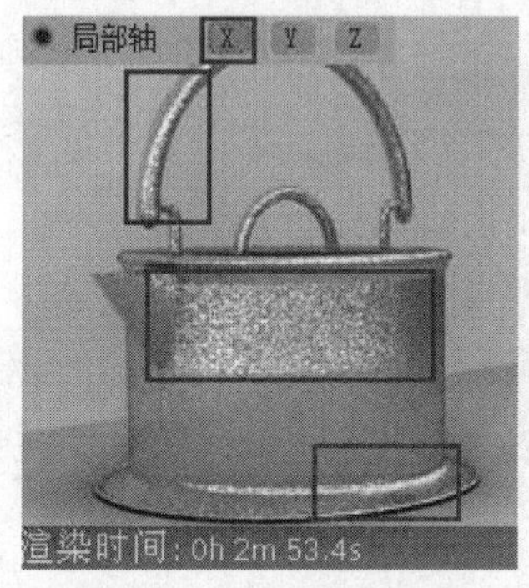

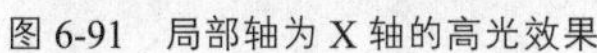

图 6-91　局部轴为 X 轴的高光效果

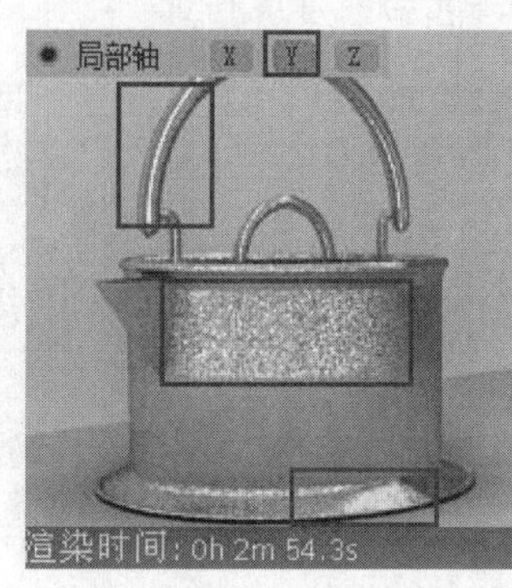


图 6-92　局部轴为 Y 轴的高光效果

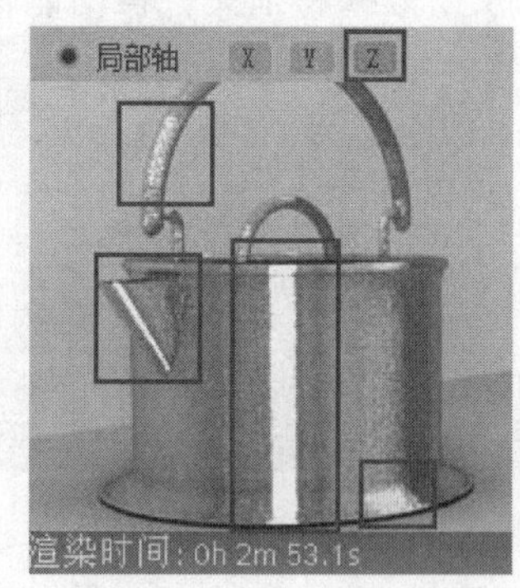


图 6-93　局部轴为 Z 轴的高光效果

技巧：【局部轴】参数调整的效果受模型【UVW 贴图】坐标的影响，此外如果模型较为复杂，可以进行拆分以对高光的细节进行控制。例如，将图 6-92 与图 6-93 中的茶壶提手的局部轴设置为 Y 轴，茶壶主体保持为 Z 轴以得到较好的高光表现效果。

### 7. 【贴图通道】

【贴图通道】参数用于进行同一对象多种【UVW 贴图】的坐标控制，如制作茶壶表面纹理效果的漫反射贴图与控制高光的贴图，当需要分别使用单独的【UVW 贴图】进行不同拼贴效果的控制时，如图 6-94 所示设置其【贴图通道】为 2，然后修改好对应的高光贴图与【UVW 贴图】的【贴图通道】即可。

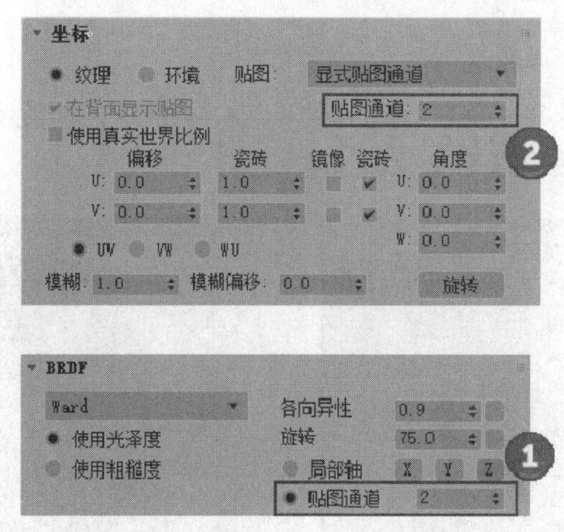


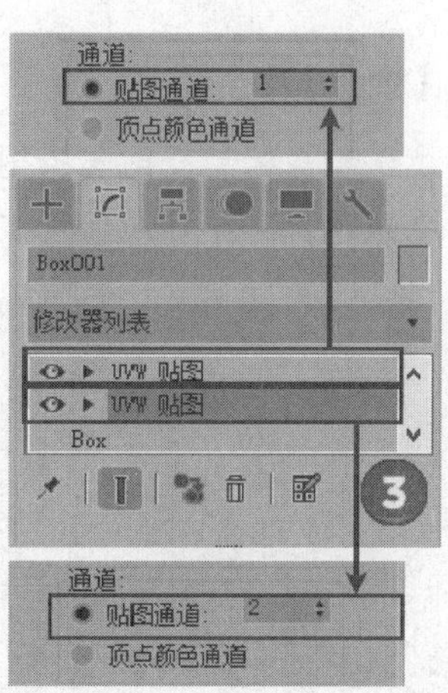


图 6-94　通过调整贴图通道进行单独【UVW 贴图】控制

## 6.1.3 【选项】卷展栏

### 1. 【跟踪反射】

【跟踪反射】参数控制该材质是否进行反射计算，如图 6-95 所示，取消该参数后模型的反射效果将消失，但仍能保留高光与光泽度特征。

图 6-95 跟踪反射参数对材质效果的影响

### 2. 【跟踪折射】

【折射跟踪】参数控制该材质是否进行折射计算，如图 6-96 所示，取消该参数后材质的折射透明效果将失效。

图 6-96 跟踪折射参数对材质效果的影响

### 3. 【中止】

【中止】参数控制反射与折射结束计算的值，如图 6-97~图 6-99 所示，其数值越大反射与折射结束计算越早，所表现的细节效果越不充分。

图 6-97 中止数值为 0.1 的材质效果

图 6-98 中止数值为 0.4 的材质效果

图 6-99 中止数值为 0.7 的材质效果

4. 【环境优先】

通过调整【环境优先】后的数值可以设定环境光对反射与折射细节的影响程度，通常保持默认参数值设置即可。

5. 【双面】

当模型由单面构成时，如图 6-100 所示选择【双面】参数将使模型两面都表现出材质效果，否则只有一面表现材质效果。

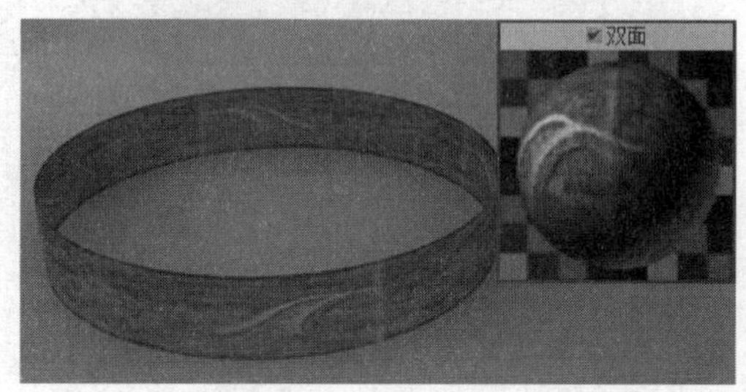

图 6-100 双面参数对单面模型材质的影响

6. 【使用发光图】

当场景使用了【发光贴图】作为灯光引擎时，如图 6-101 与图 6-102 所示，勾选【使用发光图】复选框将使用其作为计算材质折射与反射细节的全局光，通常这种计算方式会快许多。若取消勾选则将使用【强力引擎】计算，通常会耗费很多的计算时间。

图 6-101 使用发光图的灯光细节与耗时

图 6-102 未使用发光图的灯光细节与耗时

注 意：如果场景没有使用【发光贴图】以及【强力引擎】作为全局光计算引擎（如均使用【灯光缓存），则如图 6-103 与图 6-104 所示勾选【使用发光图】与否，都不会对渲染结果与计算耗时产生明显的影响。

图 6-103　使用发光图的灯光细节与耗时

图 6-104　未使用发光图的灯光细节与耗时

### 7. 【雾系统单位比例】

勾选【雾系统单位比例】时，雾色衰减取决于当前的系统单位。

### 8. 【光泽菲涅尔】

启用时，使用光泽菲涅尔插入光泽反射和折射。对于光泽反射的每个“微缩角”，不仅仅需要观察光线和表面法线之间的角度，还需要考虑菲涅尔方程。最明显的效果是随着光泽度的降低，图像边缘的亮度减弱。使用常规的菲涅尔透镜时，光泽度低的物体可能看起来不自然，并且在边缘“发光”，而有光泽的菲涅尔计算能使这个效果更加自然。

### 9. 【保存能量】

通过【保存能量】后的下拉按钮可以选择场景中反射与折射光线能量衰减的方式，从而决定漫反射与反射和折射之间的关系。

- RGB:使用该衰减方式，光线的衰减将按照现实的色彩模式进行，如图 6-105 所示材质的色彩表现十分丰富。
- Monochrome【单色】：使用该衰减方式，光线的衰减通常会受到材质漫反射、反射以及折射颜色亮度的影响，如图 6-106 所示，整个材质所表现的颜色将倾向于这三者中最为明亮的一种。

图 6-105　RGB 模式材质效果

图 6-106　单色模型材质效果

10. **【不透明度模式】**

- 【法线】:计算表面照明使光线获得透明效果。
- 【剪切】:根据不透明度映射的值，表面被着色为完全不透明或完全透明。这是最快的模式，但在渲染动画时可能会增加闪烁。
- 【随机】:表面随机着色为完全不透明或完全透明，因此平均而言，它看起来具有真正的透明度，此模式减少了照明计算，但可能会在不透明度图具有灰色值的区域引入一些噪波。

## 6.1.4 【贴图】卷展栏

VRayMtl【VRay 基础材质】的【贴图】卷展栏的具体参数设置如图 6-107 所示，对于之前讲解过的【漫反射】、【反射】以及【折射】等参数贴图通道的使用这里就不再赘述，接下来主要学习【凹凸】、【置换】、【不透明】和【环境】这四种贴图通道的使用方法。

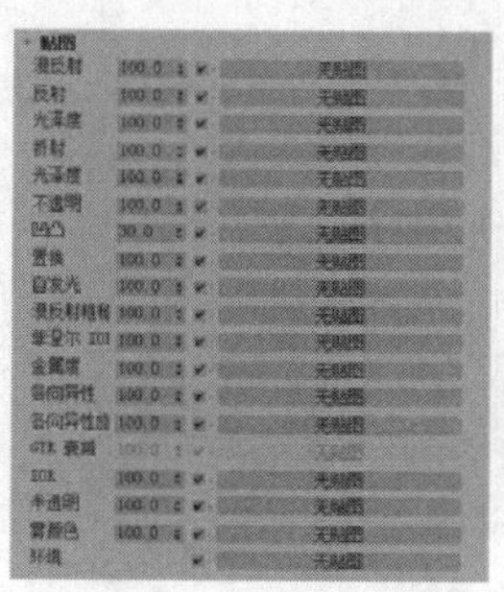

图 6-107 【贴图】卷展栏

### 1. 【凹凸】贴图

在效果图的制作中，有时需要对模型表现出一些真实、细致的褶皱效果以及边缘细节，此时可以选择通过模型建立相应细节，如图 6-108 中的右侧红色枕头模型及其渲染效果所示。此外，通过【凹凸】贴图的使用也可以使如图 6-108 中左侧简单的枕头模型表现一定的褶皱与边缘细节，如图 6-109 所示，在其【凹凸】贴图通道加载一张黑白位图并将数值调整为 400，渲染后即可得到如图 6-110 所示的表面效果。

图 6-108 两种类型的枕头模型及渲染效果

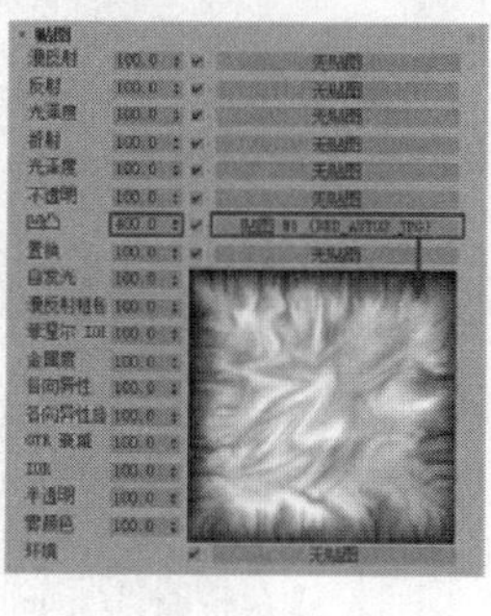

图 6-109 在凹凸贴图通道内加载黑白位图

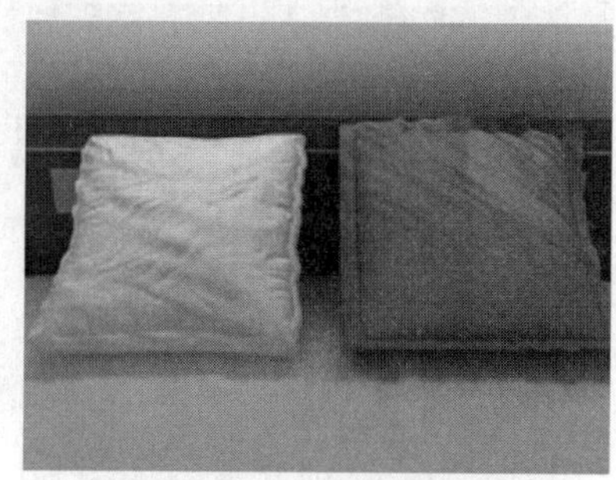

图 6-110 添加凹凸贴图后的渲染结果

但比较起来，利用【凹凸】贴图所模拟的表面褶皱与边缘细节都不是太理想，模型立体感并不强烈，接下来可以通过【置换】贴图通道模拟出更逼真的效果。

### 2. 【置换】贴图

【置换】贴图通道的使用方法与【凹凸】贴图通道的使用方法十分类似，都是通过在贴图通道加载黑白位图进行表面凹凸效果的模拟，如图 6-111 所示。【置换】贴图中添加同样的一张黑白位图并将数值调整为 25，添加完成后再次渲染即可得到如图 6-112 所示的渲染结果。

观察渲染结果可以发现使用【置换】贴图通道所模拟的表面褶皱下边缘细节效果十分真实，区别于【凹凸】贴图使用颜色的明暗进行凹凸效果的模拟，【置换】贴图会对模型产生真实的高低起伏变换，位图中黑色部分在渲染时会产生凹陷效果，白色部分则产生凸起效果。此外如果直接使用彩色贴图同样能完成凹凸效果的制作，因为 VRay 渲染器会自动将其转换成黑白位图进行计算，但这个过程会增加一定的渲染计算时间。

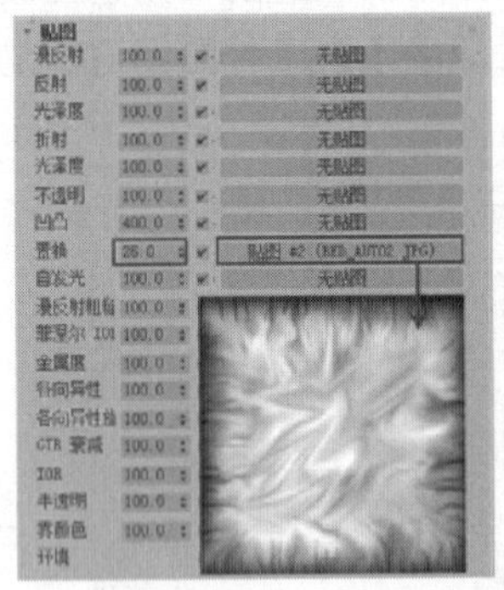

图 6-111　在置换贴图通道内加载黑白位图

图 6-112　添加置换贴图后的渲染结果

### 3. 【不透明】贴图

利用【不透明】贴图通道可以给如图 6-113 所示的简单实体模型快速制作出如图 6-114 所示的镂空效果。

【不透明】贴图同样通过加载黑白位图产生效果，位图中黑色区域在渲染时表现为透明镂空的效果，白色区域则表现为实心的效果，图片中的灰色的区域将根据具体数值产生不同程度的透明效果。

图 6-113　实体模型

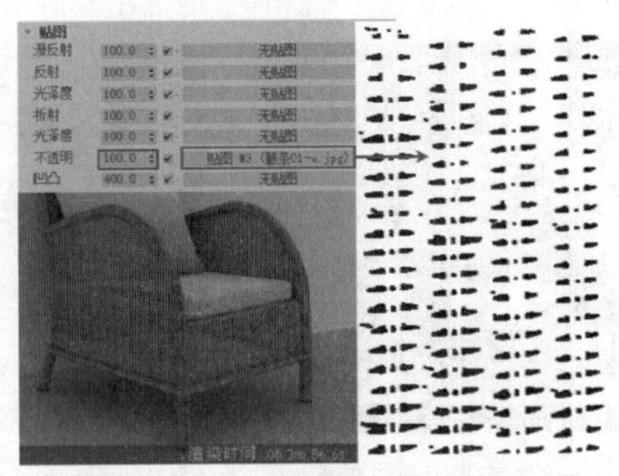

图 6-114　不透明贴图通道模拟的镂空效果

### 4. 【环境】贴图

【环境】贴图通道用于单独控制材质所赋予的模型反射面上体现的环境效果，如图 6-115 所示单独为左边模型添加一张环境图，在如图 6-116 所示的渲染结果中两者的反射效果区分开来。

图 6-115　通过环境贴图通道加载环境位图

图 6-116　渲染结果

注 意：在 VRay 渲染面板中的【环境】卷展栏下添加位图能对整个场景的环境产生影响。【贴图】卷展栏下的【环境】贴图只针对赋予了该材质的模型产生影响。

## 6.2 【VR 双面材质】

【VR 双面材质】具体参数项设置如图 6-117 所示，其可以使同一模型表现出两种材质的效果，区别于多维材质分别指定模型不同区域的表现方式，该材质将通过其中的【半透明】参数调整两种材质在整体模型上的表现比例。

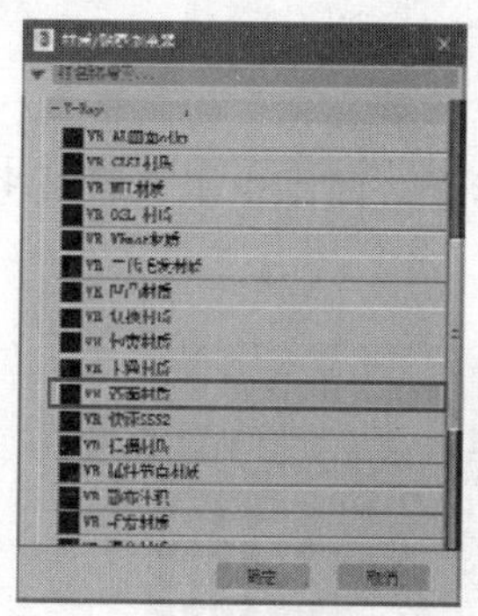

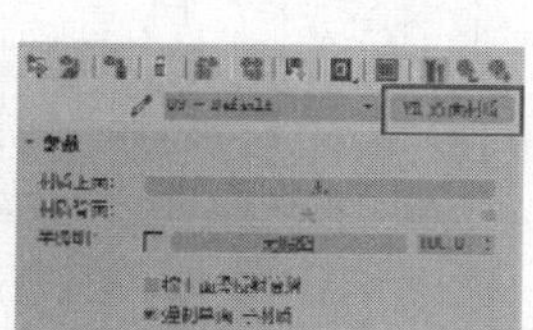

图 6-117　VR 双面材质参数面板

### 1. 【材质正面】

【材质正面】为默认【半透明】参数设定下模型所表现出的材质，如图 6-118 所示调整其为一个具有贴图效果的【VR 双面材质】，可以对场景进行照明。

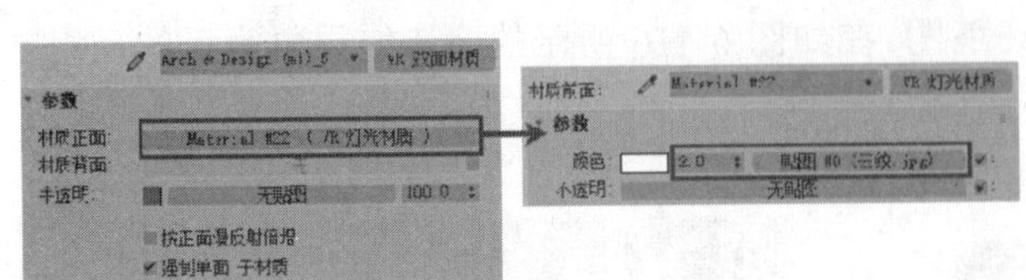
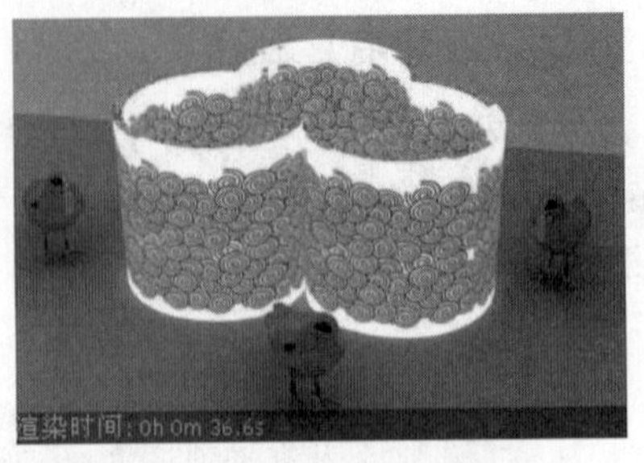

图 6-118　仅前方材质表现效果

## 2. 【材质背面】

【材质背面】通过调整【半透明】与【材质正面】进行混合表现，【半透明】越高其表现效果越明显，如图 6-119 所示。

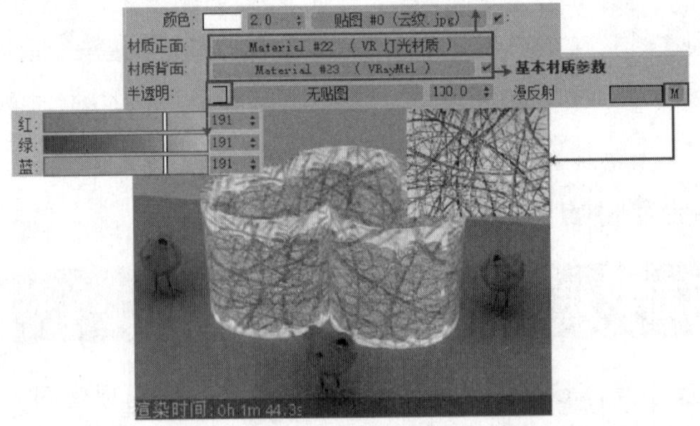

图 6-119　通过半透明调整后方材质表现效果

## 3. 【半透明】

【半透明】参数不但可以如上所述使用“色彩通道”进行调整，还可以如图 6-120 所示使用不同的纹理贴图进行材质表现比例的分配，贴图中黑色区域将表现【材质正面】效果，白色区域则表现【材质背面】效果。

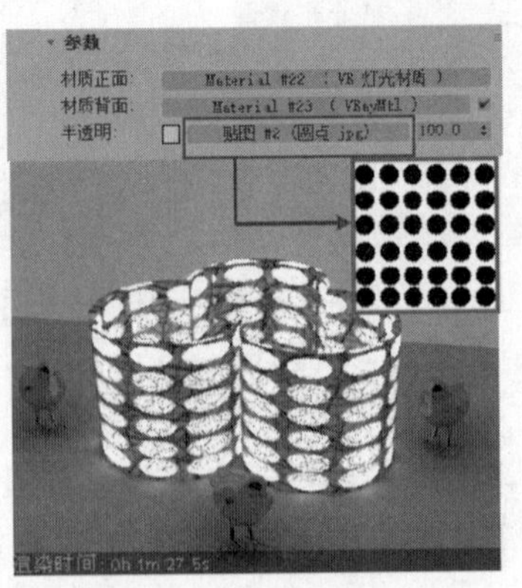

图 6-120　利用贴图控制表现效果

### 4. 【强制单面子材质】

勾选【强制单面子材质】后，如图 6-121 所示【半透明】相关调整功能将失效，将只能体现【材质正面】效果。

在如图 6-122 所示的【材质/贴图浏览器】中包含了数种 VRay 渲染器提供的材质类型，下面将详细介绍在室内效果图中常用的几种材质类型。

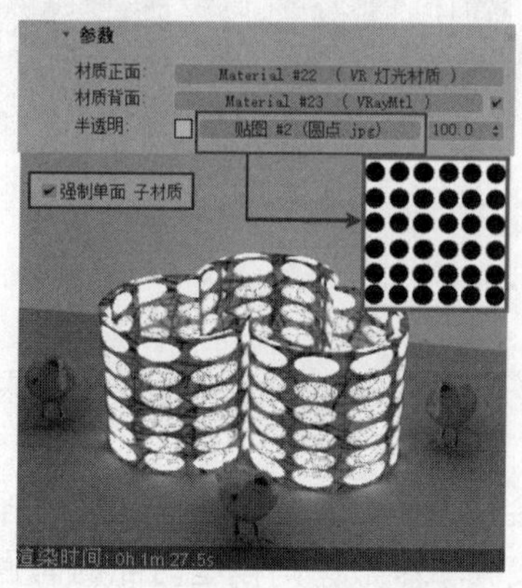


图 6-121　强制单面子材质对材质效果的影响

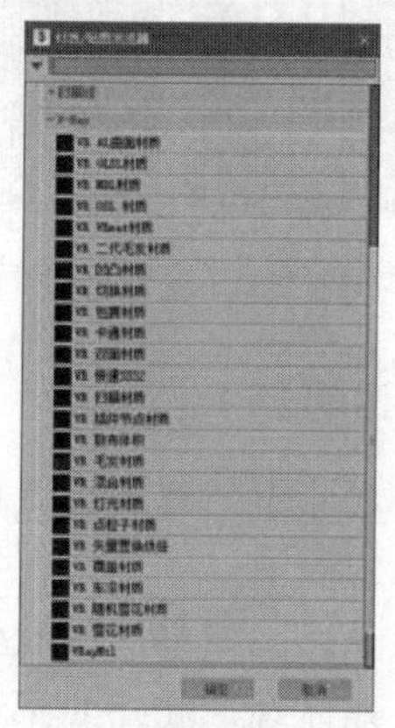

图 6-122　VR 贴图类型

## 6.3 【VR 灯光材质】

【VR 灯光材质】的具体参数设置面板如图 6-123 所示，利用其可以快速地制作出如图 6-124 所示的发光材质效果。

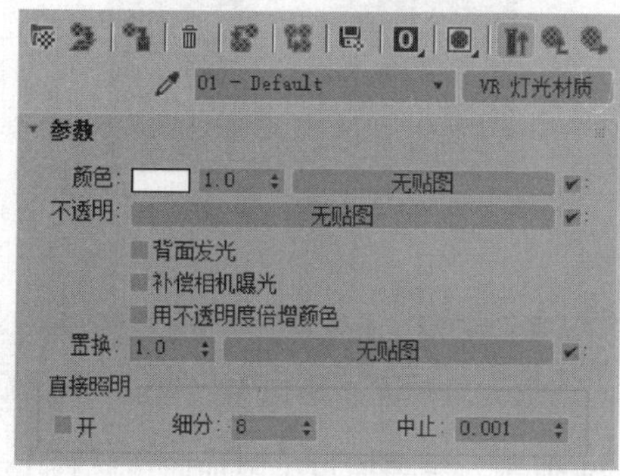


图 6-123　VR 灯光材质参数

图 6-124　VR 灯光材质的效果

### 1. 【颜色】

通过【颜色】参数后的“色彩通道”可以如图 6-125 所示调整出各种颜色的发光效果，并通过设置其后的数值进行发光强度的控制，在其后的贴图通道内加载位图可以如图 6-126 所示制作发光纹理效果。

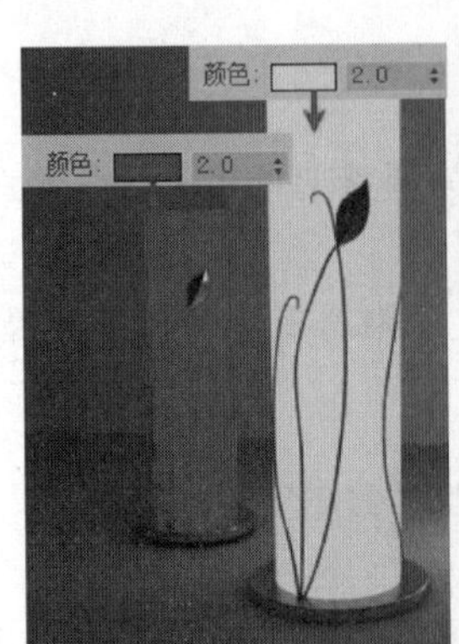


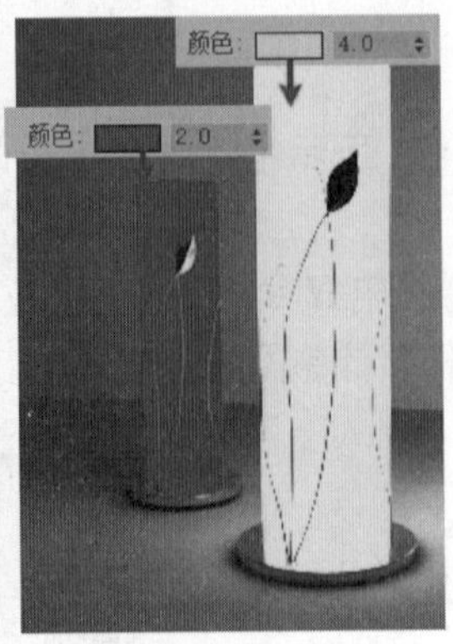


图 6-125　通过颜色与倍增调整发光颜色与强度

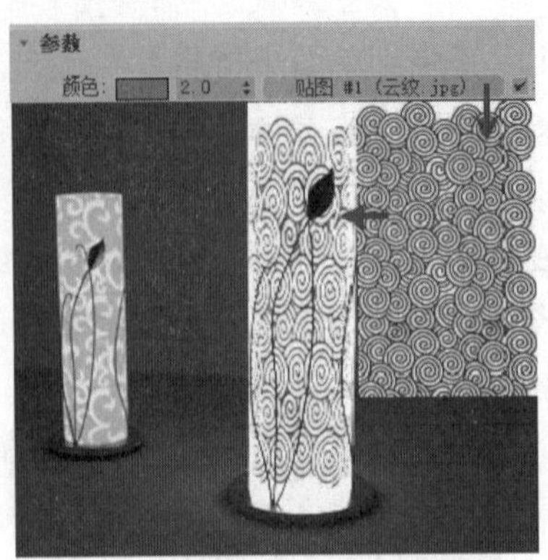


图 6-126　使用位图模拟发光表面纹理效果

### 2. 【不透明】

使用【不透明】贴图通道，同样可以如图 6-127 所示对模型表面制作发光效果的同时进行镂空效果的表现。

但要注意一点，如果调整较强的发光强度，则会如图 6-128 所示由于光线过强的原因镂空效果并不能体现，此外如果选择其下的【背面发光】参数，则模型内部的面也会产生发光效果。

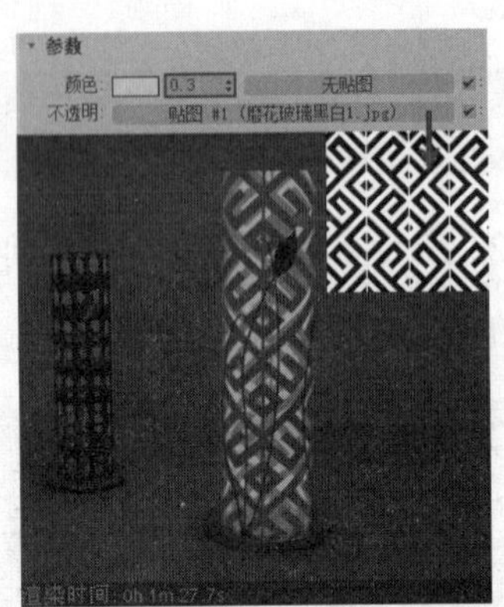


图 6-127　利用不透明度贴图制作镂空效果

图 6-128　发光强度影响镂空效果的表现

## 6.4 【VR 包裹材质】

【VR 包裹材质】的具体参数设置如图 6-129 所示，主要通过【附加曲面属性】参数组对其中【基本材质】的间接光照属性进行控制。

### 1. 【基本材质】

【基本材质】为【VR 包裹材质】进行控制的对象，如图 6-130 所示单击材质名称，在【材质/贴图浏览器】中选择【VR 包裹材质】，该材质即成为【基本材质】，通过【VR 包裹材质】下的参数即可调整其间接光照属性。

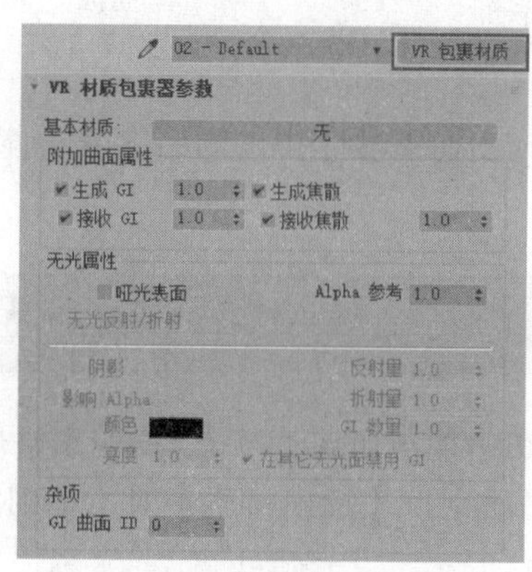


图 6-129 VR 包裹材质参数设置

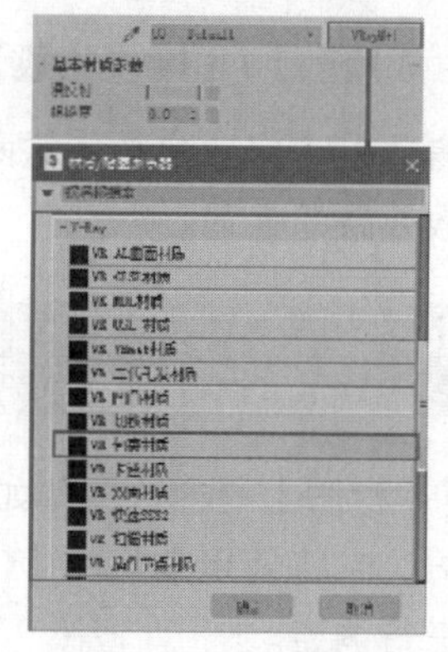

图 6-130 添加 VR 包裹材质

## 2. 【附加曲面属性】参数组

### ❑ 【生成 GI（全局光照）】

【生成 GI（全局光照）】后的参数值可以调整材质赋予对象对全局光的影响程度，如图 6-131~图 6-133 所示，随着参数值的增大，对象能产生类似【VR 灯光材质】的照明效果，但其自身亮度不会产生大的改变。

图 6-131 生成全局光照为 1.0 的效果

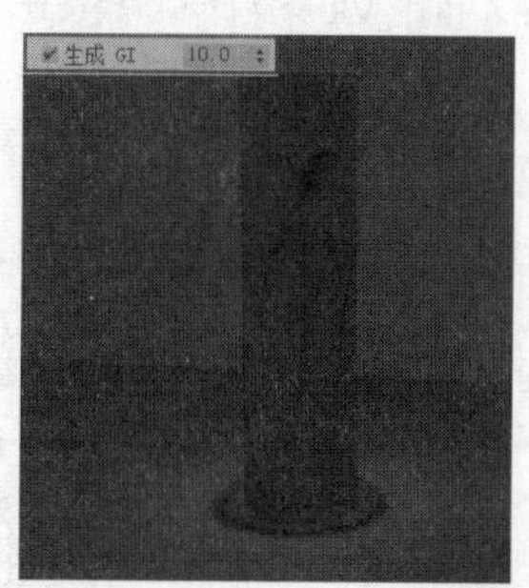


图 6-132 生成全局光照为 10.0 的效果

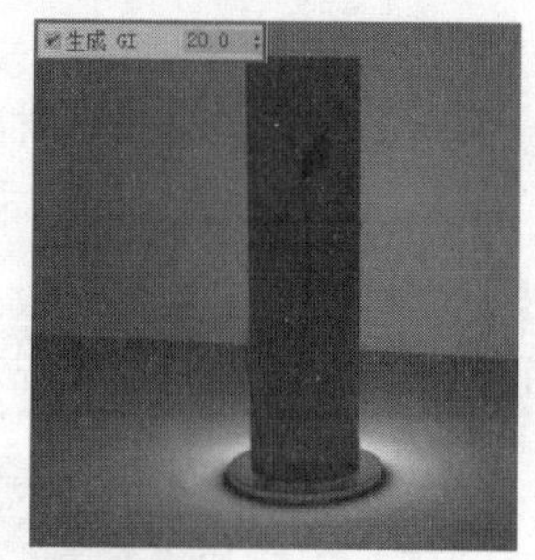


图 6-133 生成全局光照为 20.0 的效果

### ❑ 【接收 GI（全局光照）】

【接收 GI（全局光照）】后的参数值可以调整材质赋予对象自身的亮度，如图 6-134~图 6-136 所示，数值越大模型对象越亮，但其对周围的环境不会产生明显的照明效果。

图 6-134 接收全局光照为 1.0 的效果

图 6-135 接收全局光照为 5.0 的效果

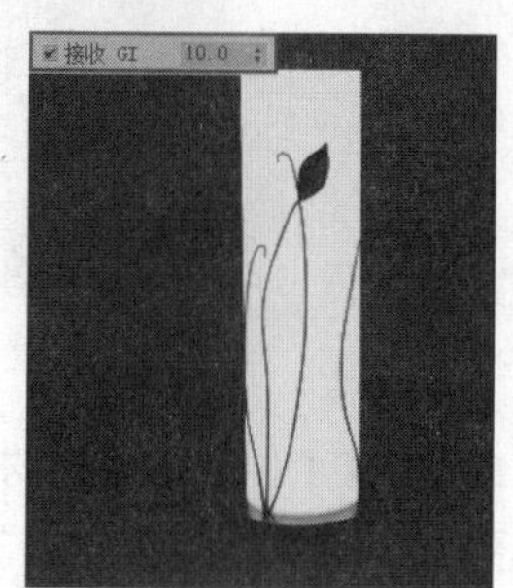


图 6-136 接收全局光照为 10.0 的效果

### 3. 【生成焦散】/【接收焦散】

【生成焦散】/【接收焦散】这两项参数与【VRay 对象属性】中的同名参数功能一致，用于调整焦散效果的强弱。

## 6.5 【VR 覆盖材质】

【VR 覆盖材质】的参数设置如图 6-137 所示，在功能与用法上与【VR 包裹材质】都有类似的地方，它将使用其后的【GI（全局光照）材质】、【反射材质】对【基础材质】的材质特征进行调整。

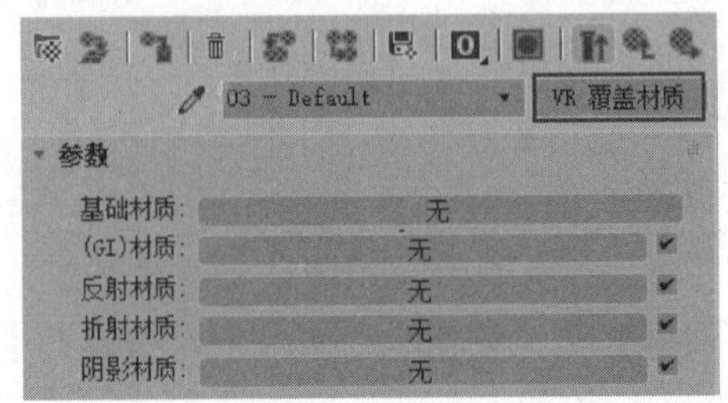


图 6-137　VR 覆盖材质参数设置

### 1. 【GI（全局光）材质】

【GI（全局光）材质】用于控制【基础材质】对全局光效果的影响，如图 6-138 所示，当【基础材质】不具发光效果时，在【GI（全局光）材质】内选取一个具有发光能力的材质即可使其获得发光效果而不改变其他材质特征。

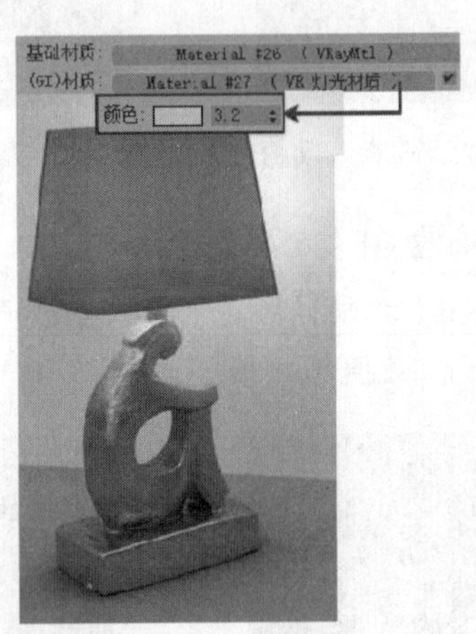


图 6-138　利用代理全局光材质制作发光效果

此外【GI（全局光）材质】另一个重要用途是用于控制溢色，当【基础材质】为色彩较艳丽的材质时，如图 6-139 所示在【GI（全局光）材质】内选取一个浅色材质即可减轻溢色现象而又不影响材质表面颜色效果。

图 6-139　用代理全局光材质控制色溢

### 2. 【反射材质】

【反射材质】专用于进行【基础材质】反射效果的调整，如图 6-140 所示，在未制作漫反射纹理的【基础材质】的【反射材质】中添加漫反射纹理贴图后，在右侧镜子的反射效果中即会出现添加的纹理效果。

### 3. 【折射材质】

【折射材质】专用于进行【基础材质】折射效果的调整，如图 6-141 所示，在未制作漫反射纹理的【基础材质】的【折射材质】中添加漫反射纹理贴图后，其透过玻璃折射观察的部分即会出现添加的纹理效果。

图 6-140　利用反射材质制作的超现实效果

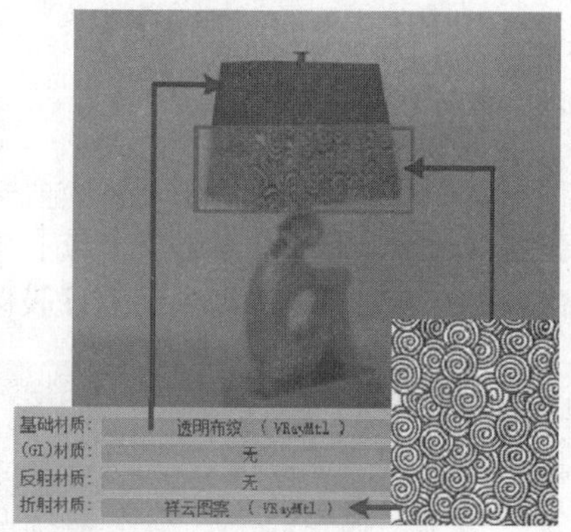


图 6-141　利用折射材质制作的超现实效果

### 4. 【阴影材质】

【阴影材质】专用于进行【基础材质】阴影效果的调整，如图 6-142 所示，未制作折射透明效果的【基础材质】表现出了实心的阴影效果，如果在其【阴影材质】中添加具有折射透明属性的材质，则渲染效果中将出现如图 6-143 所示的透明阴影效果。

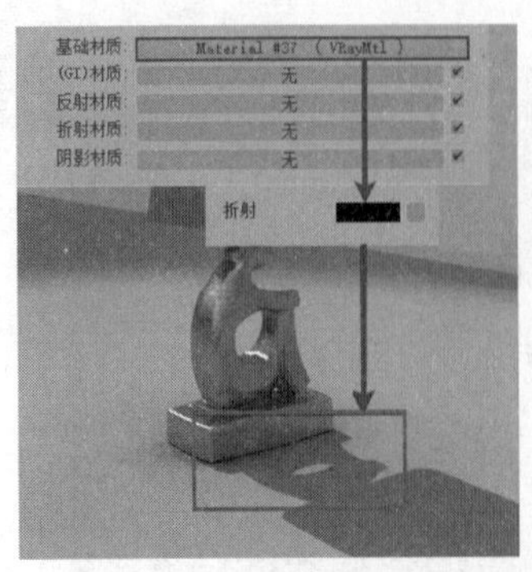


图 6-142　实体材质所表现的实心阴影效果

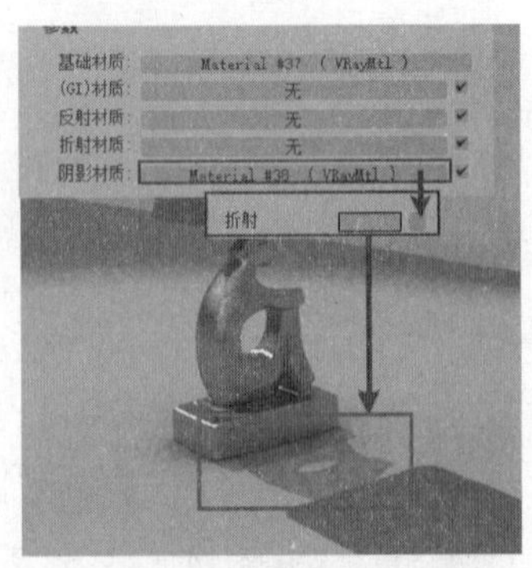


图 6-143　利用替代阴影材质表现的透明阴影效果

## 6.6 【VR 混合材质】

【VR 混合材质】的具体参数设置如图 6-144 所示，接下来通过学习制作如图 6-145 中所示的花纹玻璃材质效果来了解该材质的使用方法与参数含义。

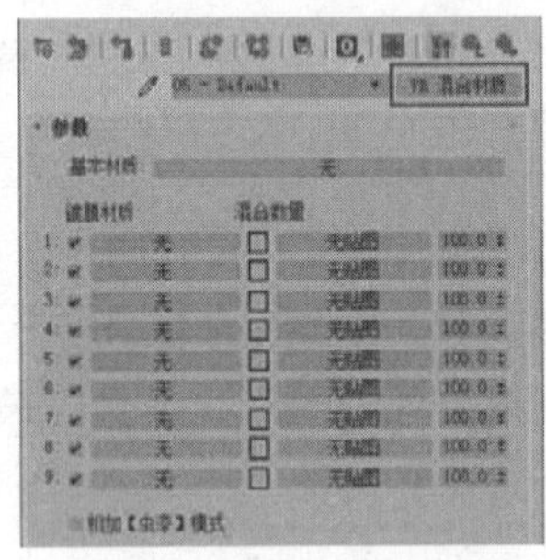

图 6-144　VR 混合材质参数设置

图 6-145　利用 VR 混合材质制作的花纹玻璃效果图

### 1. 【混合数量】

【混合数量】参数是调整【VR 混合材质】的关键，通常可以如图 6-146 所示为其加载一张贴图用于控制【基本材质】与【镀膜材质】的分布。贴图黑色区域将表现【基本材质】的效果，而白色区域则表现【镀膜材质】的效果。

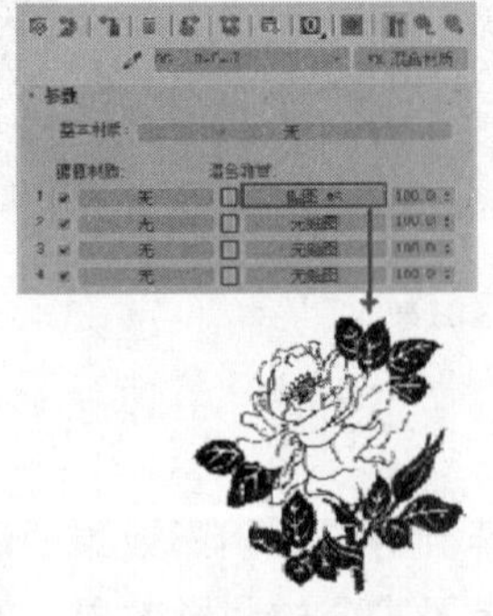

图 6-146　在混合数量贴图通道加载黑白位图

2. 【镀膜材质】

单击进入【镀膜材质】可以编辑【混合数量】中加载贴图白色区域的材质效果，如图 6-147 所示为其添加一个白色反射效果的材质后，渲染将得到如图 6-148 所示的效果。

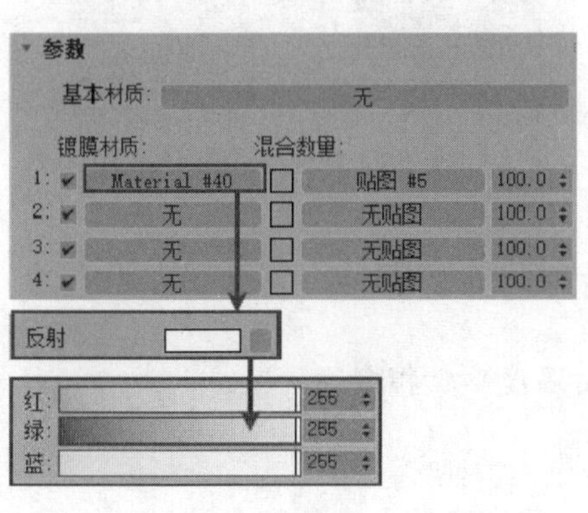


图 6-147　编辑镀膜材质

图 6-148　镀膜材质表现的效果

3. 【基本材质】

单击进入【基本材质】参数设置面板可以编辑【混合数量】中加载贴图黑色区域的材质效果，如图 6-149 所示为其添加一个金色反射效果的材质后，渲染将得到如图 6-150 所示的效果，可以看到花纹表现出了金色的反射效果。此时如图 6-151 所示再更换【混合数量】后的贴图可以呈现各种花纹效果。

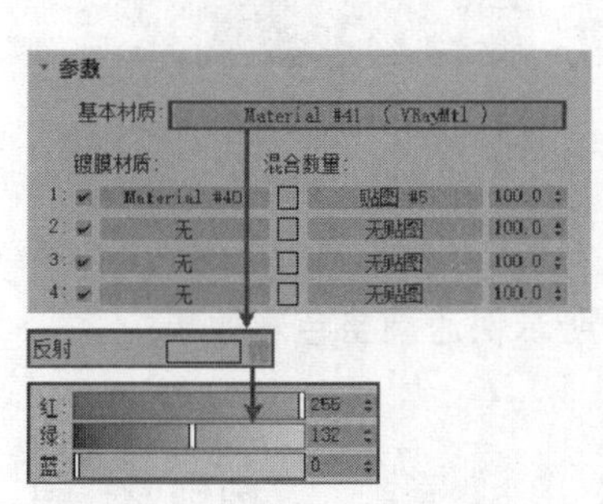


图 6-149　编辑基本材质效果

图 6-150　编辑基本材质的渲染效果

图 6-151　更换混合数量后的贴图

## 6.7 【VR 颜色贴图】

【VR 颜色贴图】的具体参数设置如图 6-152 所示，如图 6-153 所示的颜色选择器对色彩的调整只能用整数设定（即只存在 0~255 共 256 种色阶），能表现出更为细致的色彩变化。

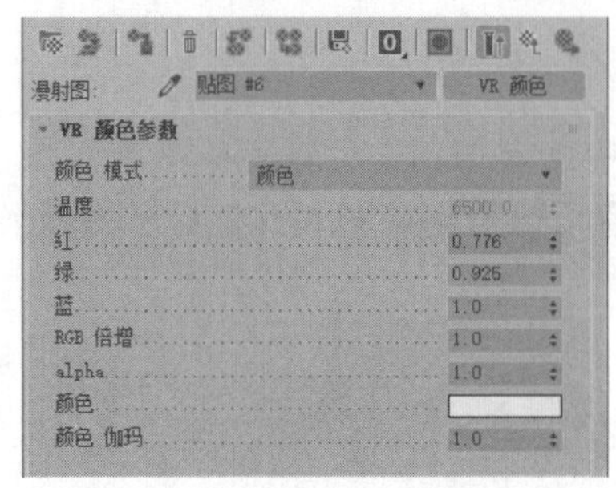


图 6-152　VR 颜色贴图具体参数设置

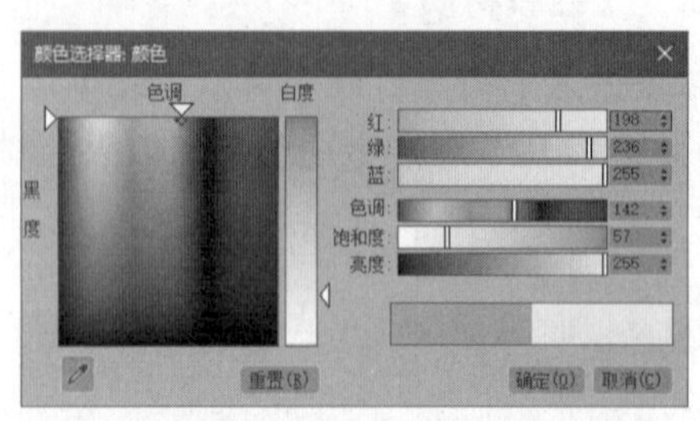


图 6-153　颜色选择器参数设置

## 1.　【颜色模式】

- 【颜色】: 设置参数指定颜色。
- 【温度】: 色温（以开尔文为单位）由温度参数指定。

## 2.　【红/绿/蓝】

通过调整【红/绿/蓝】参数后数值可以精确的指定不同色阶的颜色效果，如图 6-154~图 6-156 所示。

图 6-154　调整红色效果

图 6-155　调整绿色效果

图 6-156　调整蓝色效果

## 3.　【RGB 倍增】

调整【RGB 倍增】后的数值可以如图 6-157~图 6-159 所示快速调整色彩效果。

图 6-157　RGB 倍增为 0.5 的效果

图 6-158　RGB 倍增为 1.0 的效果

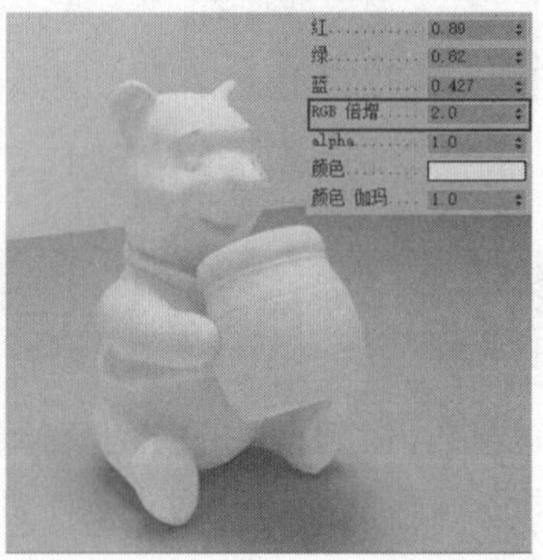


图 6-159　RGB 倍增为 2.0 的效果

注 意：【RGB 倍增】参数并不直接对色彩的明度进行倍增，而是将其设定后的数值进行翻倍（如由 0.5 倍增至 1），因此通常非红、绿、蓝色三种原色增大倍增后都会倾向于表现浅色（数值倾向于 1）的效果。

### 4. Alpha

Alpha 参数用于调整外部“色彩通道”中的颜色与【VR 颜色贴图】调整的色彩在模型上表现的比例，如图 6-160~图 6-162 所示，Alpha 数值越大越倾向于表现【VR 颜色贴图】调整的色彩。

图 6-160 Alpha 数值为 0.1 的效果

图 6-161 Alpha 数值为 0.3 的效果

图 6-162 Alpha 数值为 0.7 的效果

### 5. 【颜色】

通过【颜色】后的“色彩通道”可以预览调整好的色彩或调整一个基准色再通过【红/绿/蓝】参数值进行校正。

### 6. 【颜色伽玛】

在渲染过程中应用的伽玛校正，但不会影响颜色样本。

## 6.8 【VR 合成纹理】

【VR 合成纹理】的具体参数项设置如图 6-163 所示，类似于【VR 混合材质】将两种材质进行混合表现，【VR 合成纹理】可以将两种不同的位图进行如图 6-164 所示的合成表现。

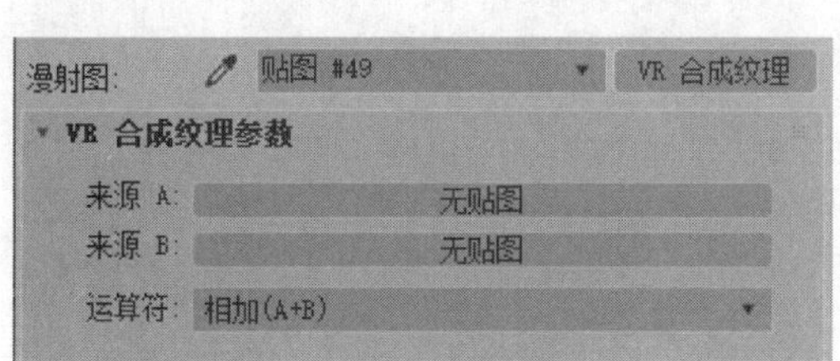


图 6-163 VR 合成纹理参数设置

图 6-164 VR 合成纹理表现效果

1. 【来源 A】

单击【来源 A】后的“贴图通道”可以如图 6-165 所示载入位图或是程序贴图，而加载的贴图在没有使用【来源 B】进行控制时会如图 6-166 所示完整地表现出纹理效果。

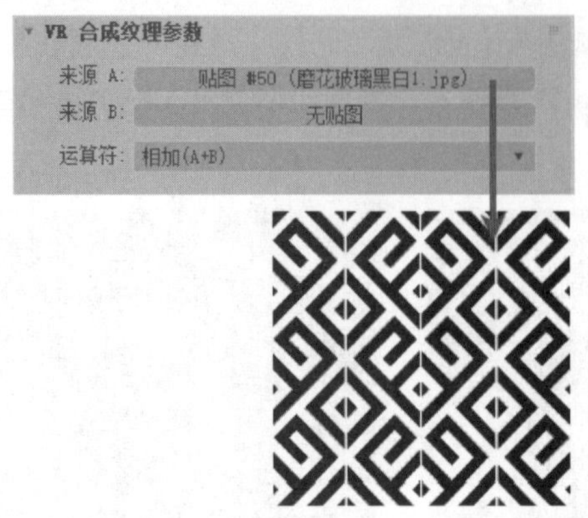


图 6-165 添加位图至来源 A 贴图通道

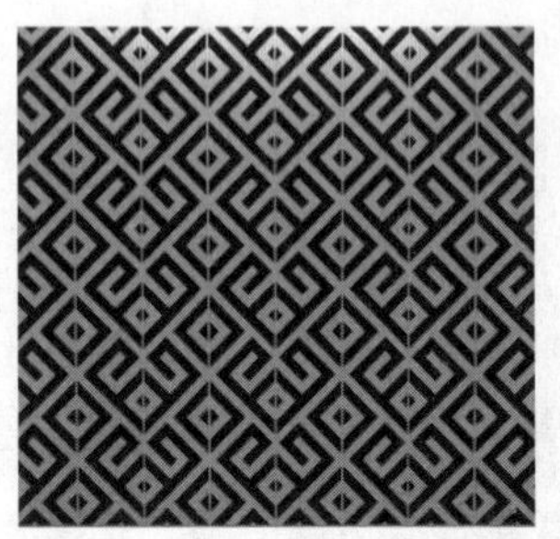

图 6-166 来源 B 贴图通道表现效果

2. 【来源 B】

单击【来源 B】后的“贴图通道”同样可以如图 6-167 所示载入位图或是程序贴图，但加载的贴图通常用于控制【来源 A】中加载的位图的表现区域，白色区域将掩盖位图纹理的表现。

3. 【运算符】

【运算符】用于控制来源 A 与来源 B 的作用方式，如图 6-168 所示单击其下拉按钮可以看到除了如图 6-167 所示表现的默认相加（A+B）【加集运算】外，还有其他 6 种模式，其各自表现的效果如图 6-169~图 6-174 所示。

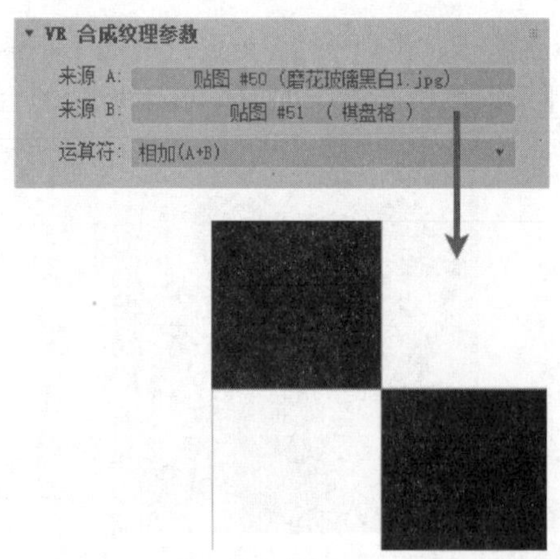


图 6-167 添加棋盘格程序贴图至来源 B 贴图通道

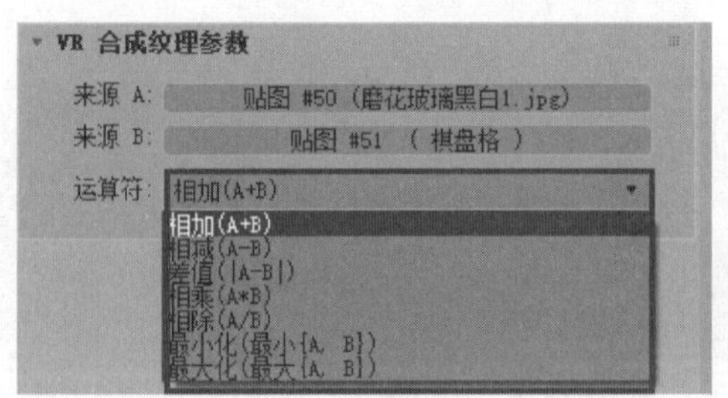


图 6-168 运算符类型

图 6-169 相减运算效果

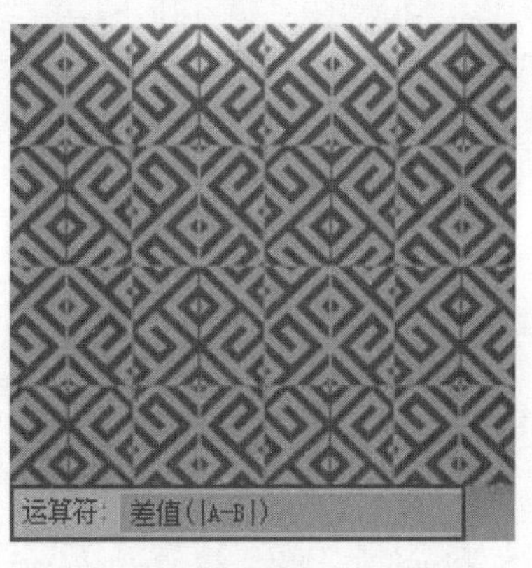


图 6-170 差值运算效果

图 6-171 相乘运算效果

图 6-172 相除运算效果

图 6-173 最小化运算效果

图 6-174 最大化运算效果

## 6.9 【VR 污垢贴图】

【VR 污垢贴图】的具体参数项设置如图 6-175 所示，将其加载在材质的【漫反射】贴图通道后可以模拟如图 6-176 所示的物体表面陈旧、脏污的效果，接下来介绍该贴图在室内效果图的制作中常用的一些参数的具体含义。

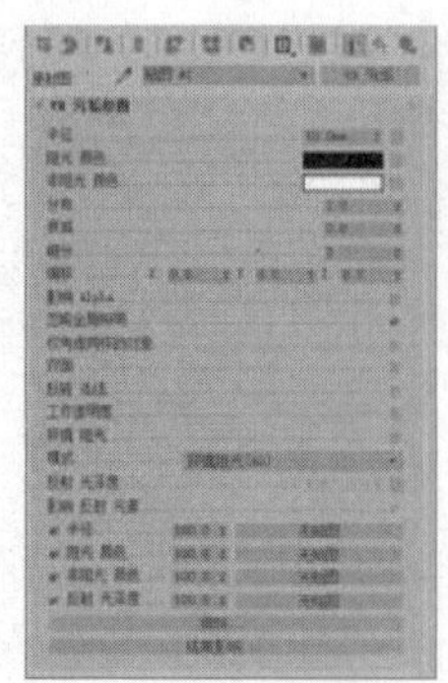

图 6-175 VRay 污垢贴图参数设置

图 6-176 VR 污垢贴图模拟的表面纹理效果

## 1. 【半径】

通过调整【半径】的数值可以控制其下的【阻光颜色】对【非阻光颜色】的影响范围，如图 6-177~图 6-179 所示，该数值越大，【阻光颜色】侵蚀【非阻光颜色】越深入。

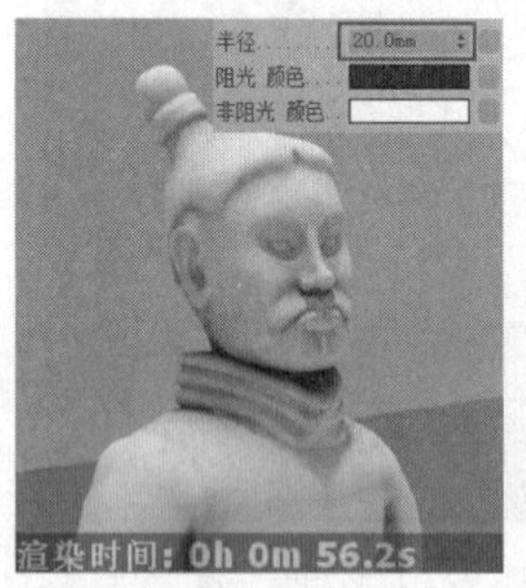


图 6-177 半径数值为 20.0mm 的效果

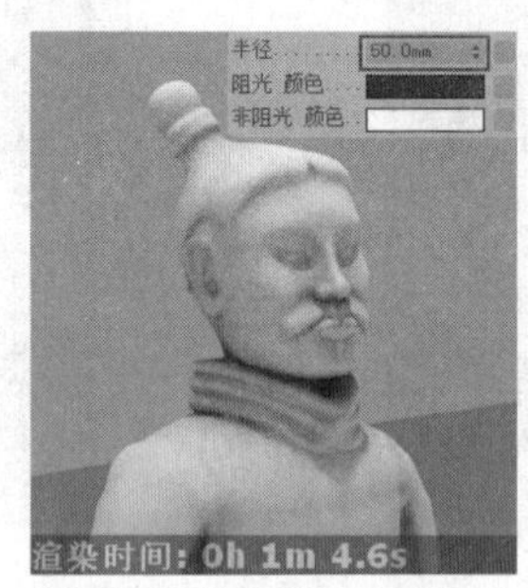


图 6-178 半径数值为 50.0mm 的效果

图 6-179 半径数值为 200.0mm 的效果

技 巧：【VR 污垢】贴图模拟的真实的污垢侵蚀效果，在模型的边缘会产生强烈的侵蚀现象，但在内部则变得平缓，因此增加【半径】参数值太多通常不会产生十分明显的效果表现，此外需要在【渲染设置】面板中选择 VRay【全局控制】中的【过滤贴图】选项才有效。

## 2. 【阻光颜色】

通过【阻光颜色】后的“色彩通道”可以如图 6-180~图 6-182 所示调整模型表面污垢的颜色。

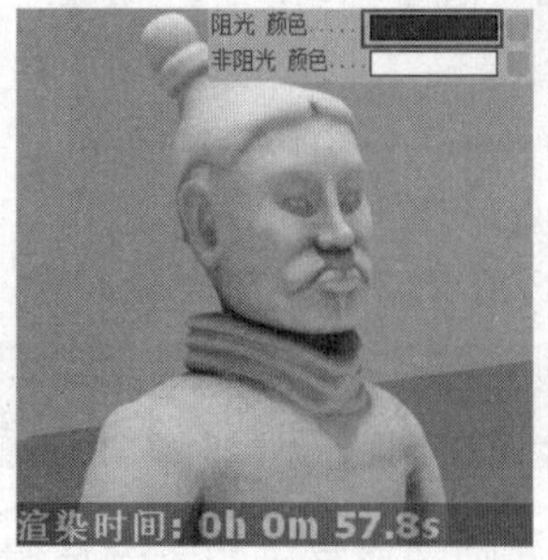


图 6-180 蓝色污垢效果

图 6-181 黄色污垢效果

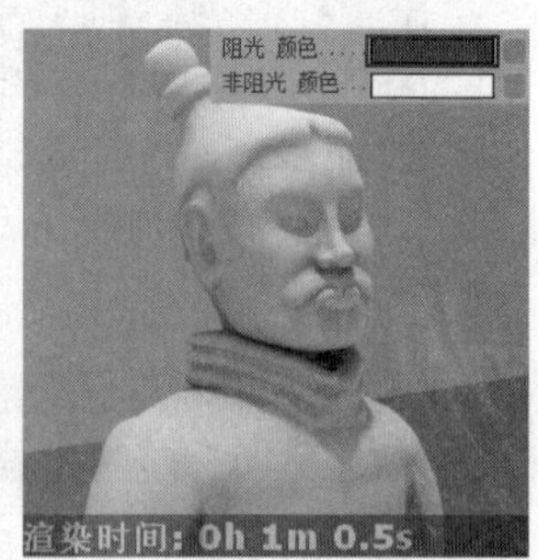


图 6-182 灰色污垢效果

### 3. 【非阻光颜色】

通过【非阻光颜色】后的“色彩通道”可以如图 6-183~图 6-185 所示调整模型主体的颜色效果。

图 6-183　非污垢区为蓝色效果

图 6-184　非污垢区为黄色效果

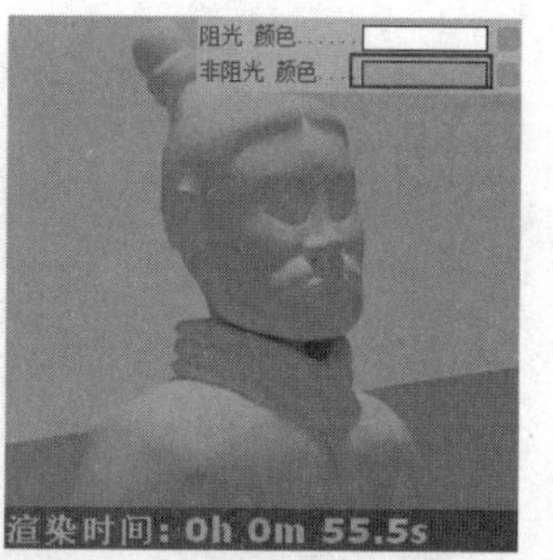


图 6-185　非污垢区为红色效果

### 4. 【分布】

【分布】参数用于控制【阻光颜色】分布的密集程度，如图 6-186~图 6-188 所示，当取值为 0 时其分布的相当均匀，随着数值的增大，污垢颜色越来越亮，但其范围也变得相对集中。

图 6-186　分布为 0 的材质效果

图 6-187　分布为 10.0 的材质效果

图 6-188　分布为 50.0 的材质效果

### 5. 【衰减】

【衰减】参数用于控制【阻光颜色】效果的衰减程度，如图 6-189~图 6-191 所示，该参数值越低【阻光颜色】在模型表面分布越广，衰减越平缓，而随着该数值的增大衰减将变得急促，影响范围将随之变小。

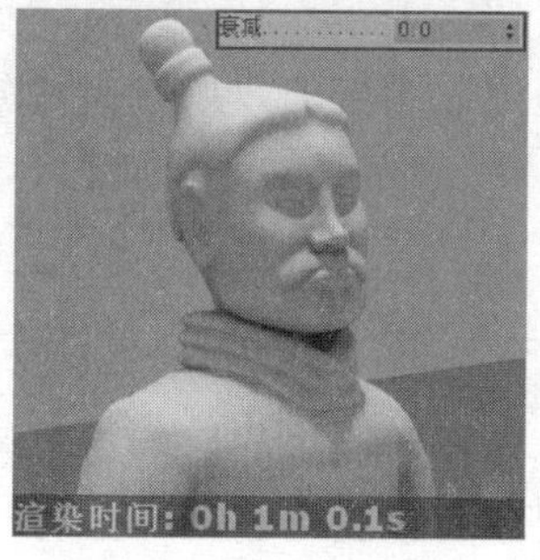


图 6-189　衰减为 0 的材质效果

图 6-190　衰减为 10.0 的材质效果

图 6-191　衰减为 50.0 的材质效果

6. 【细分】

【细分】参数用于控制【阻光颜色】表现的品质高低与整体渲染耗时，如图 6-192 与图 6-193 所示，该参数越高所获得的效果越平滑，计算耗时越长。

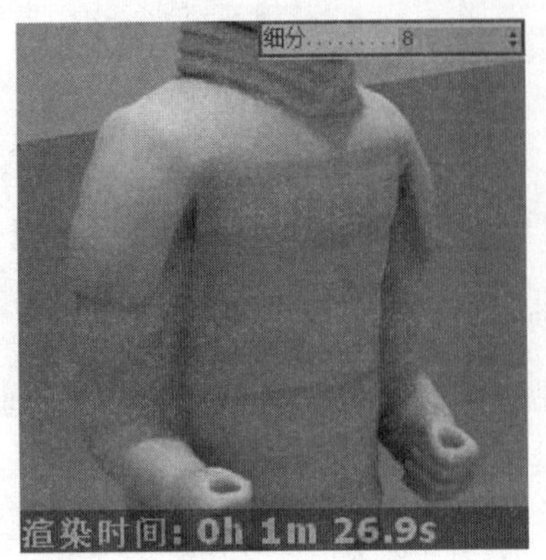


图 6-192　细分值为 8 的材质表面效果

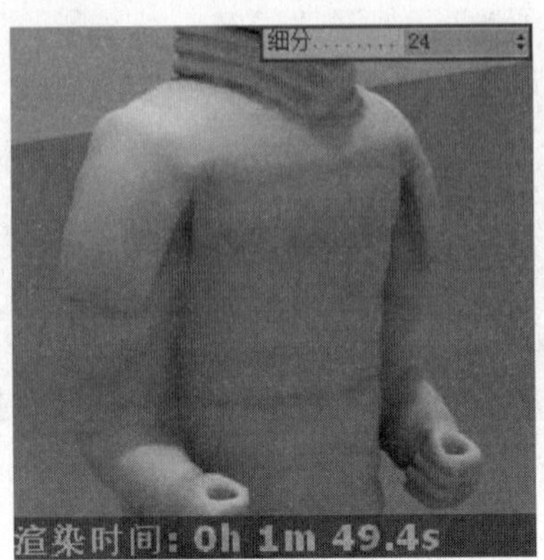


图 6-193　细分值为 24 的材质表面效果

7. 【偏移】

调整【偏移】选项中的 X、Y、Z 三个轴向的数值可以如图 6-194~图 6-196 所示控制污垢在某个轴向上产生得更为强烈的效果。

图 6-194　X 轴上集中表现污垢效果

图 6-195　Y 轴上集中表现污垢效果

图 6-196　Z 轴上集中表现污垢效果

8. 【影响 Alpha】

勾选【影响 Alpha】复选框后，材质【漫反射】“色彩通道”调整的效果与“贴图通道”加载【VR 污垢】贴图调整的效果将共同作用于材质表面效果，其产生的变化如图 6-197 所示。

9. 【忽略全局照明】

勾选【忽略全局照明】复选框后，材质由【VRay 污垢】贴图所产生的影响将不计入全局照明的计算当中，如图 6-198 所示。这样可以对色溢等现象可以进行一定的钳制。

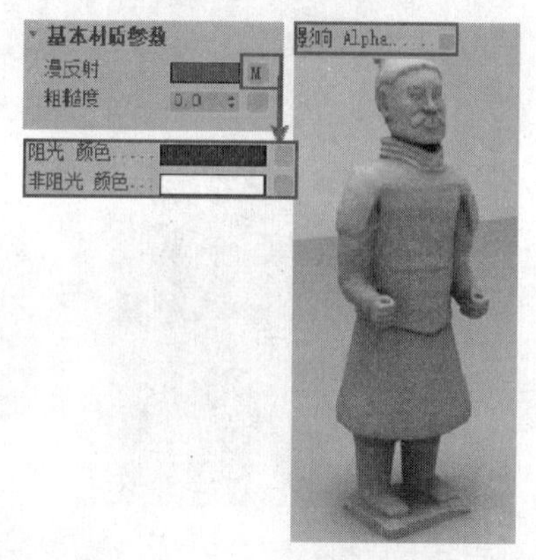

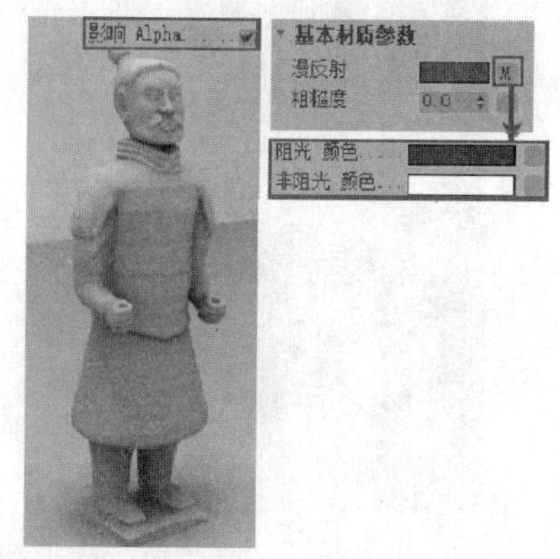


图 6-197 影响 Alpha 参数对材质效果的影响

图 6-198 忽略全局照明对材质效果的影响

### 10.【仅考虑同样的对象】

勾选【仅考虑同样的对象】复选框后，【VR 污垢】贴图仅对赋予的模型产生脏污侵蚀，对于与其接触的模型将不能产生影响，如图 6-199 与图 6-200 所示，勾选该复选框后【VR 污垢】贴图的侵蚀范围变小了许多。

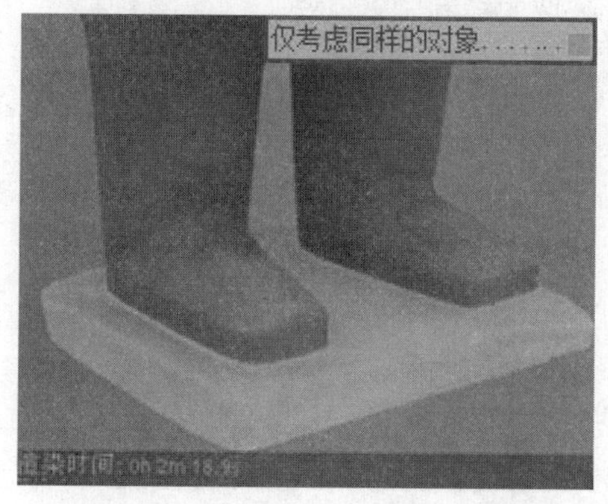


图 6-199 未选择仅考虑同样对象的脏旧材质效果

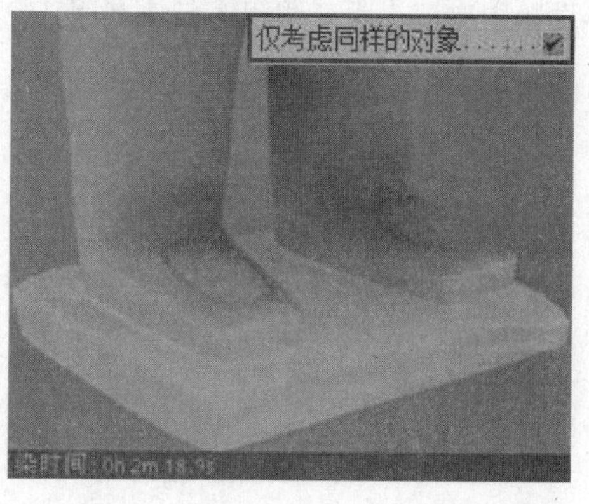


图 6-200 选择仅考虑同样对象后的脏旧材质效果

### 11.【反转法线】

勾选【反转法线】复选框后，如图 6-201 所示，【VR 污垢】贴图中【阻光颜色】将出现在之前不能侵蚀的区域，而之前被侵蚀的区域将由【非阻光颜色】取代。

图 6-201　反转法线参数对污垢材质的影响

12.【工作透明度】

当材质同时具有透明效果时，勾选【工作透明度】可以如图 6-202 所示使污垢效果侵蚀至材质内部。

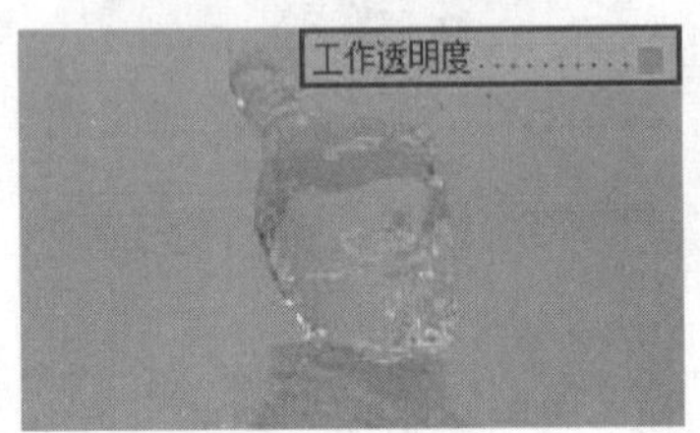


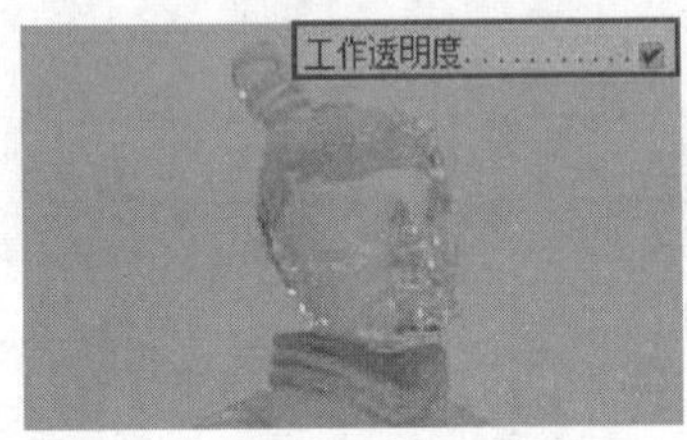


图 6-202　工作透明度参数对污垢材质的影响

13.【半径】

单击【半径】参数后的“贴图通道”，可以如图 6-203 与图 6-204 所示加载外部位图或程序贴图进行【阻光颜色】与【非阻光颜色】区域的控制。

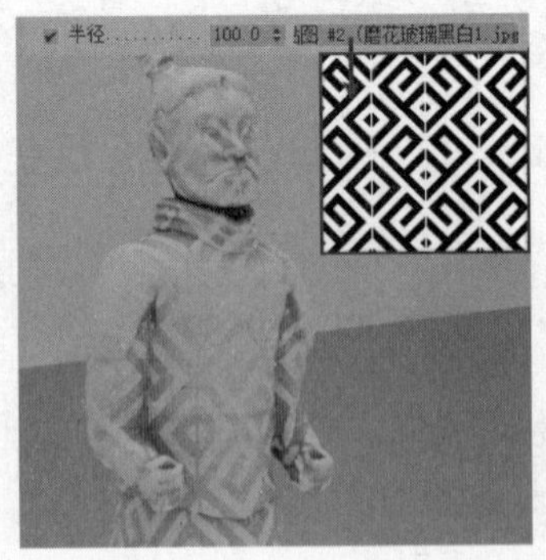


图 6-203　利用外部位图进行控制污垢效果分布

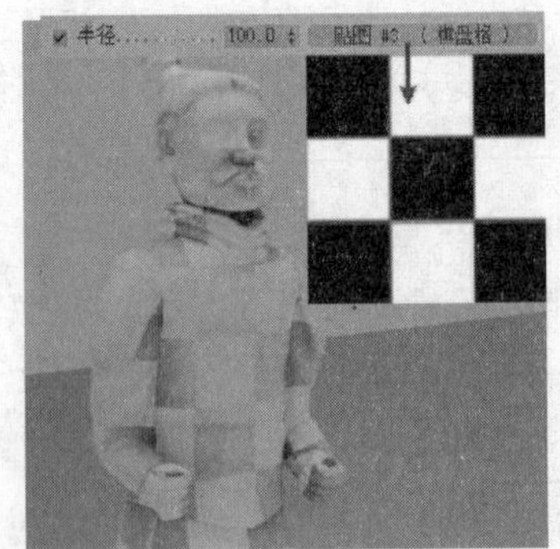


图 6-204　利用程序贴图控制污垢效果分布

14.【阻光颜色】

单击【阻光颜色】参数后的“贴图通道”，可以如图 6-205 与图 6-206 所示加载外部位图或程序贴图进行污垢效果的制作。

图 6-205　利用外部位图模拟污垢效果

图 6-206　利用程序贴图模拟污垢效果

### 15.【非阻光颜色】

单击【非阻光颜色】参数后的“贴图通道”，可以如图 6-207 与图 6-208 所示加载外部位图或程序贴图进行非污垢区效果的制作。

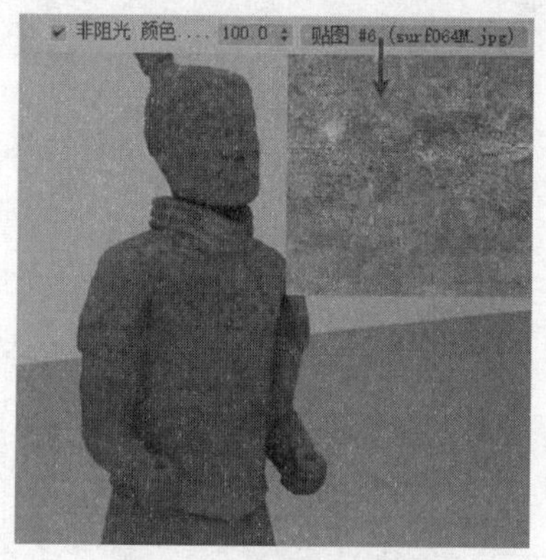


图 6-207　利用外部位图模拟非污垢效果

图 6-208　利用程序贴图模拟非污垢效果

## 6.10【VR 边纹理】

【VR 边纹理】具体参数项设置如图 6-209 所示，利用其可以制作出如图 6-210 所示的模型轮廓线效果。

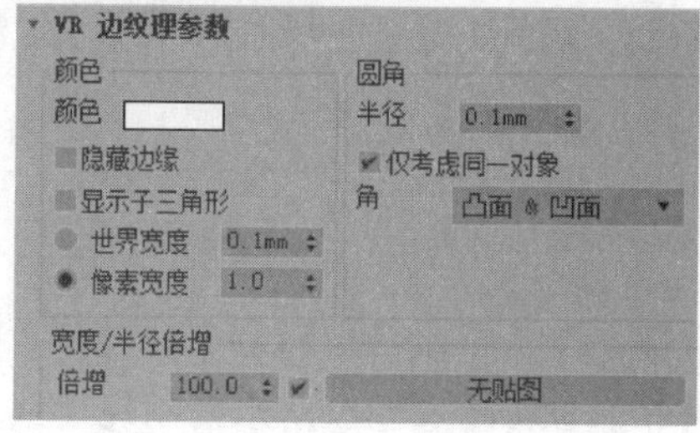


图 6-209　VR 边纹理贴图具体参数

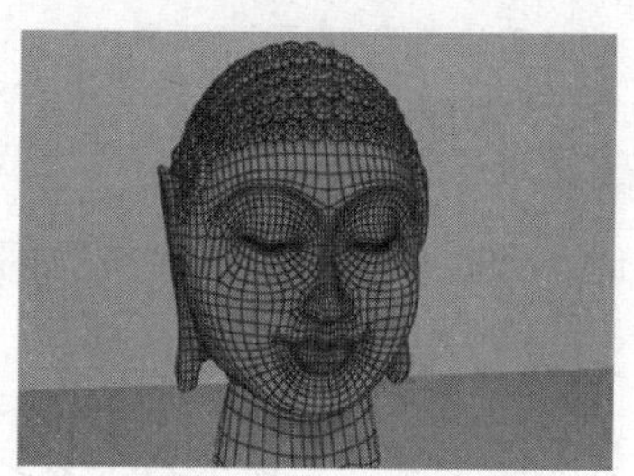

图 6-210　VR 边纹理贴图效果

## 6.10.1【颜色】参数组

### 1. 【颜色】

调整【颜色】后的“色彩通道”，可以如图 6-211 与图 6-212 所示改变渲染图像中模型轮廓线的颜色。

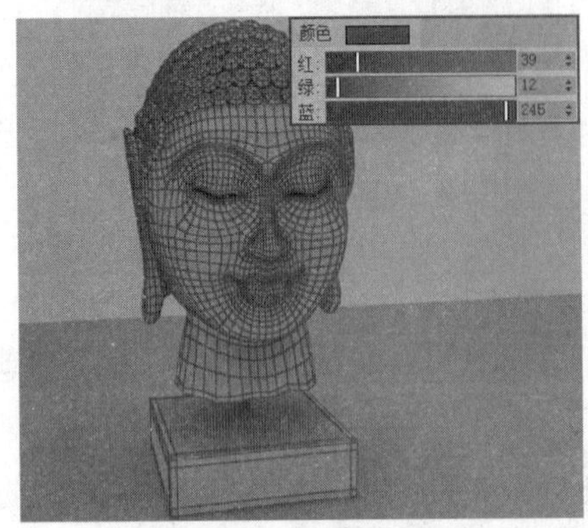


图 6-211 蓝色轮廓线效果

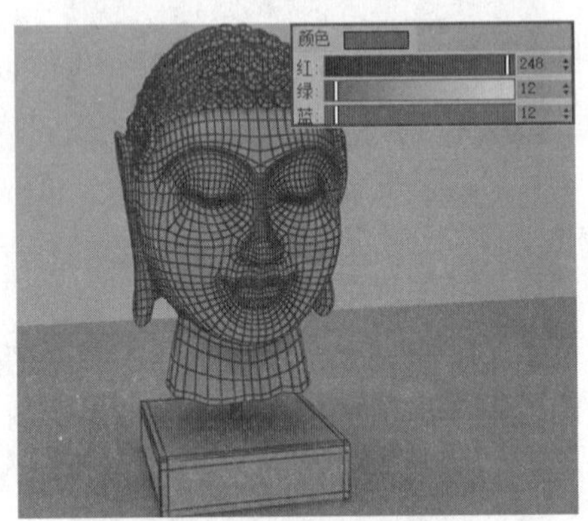


图 6-212 红色轮廓线效果

### 2. 【隐藏边缘】

勾选【隐藏边缘】复选框，模型表面被隐藏的三角边界线将被渲染出来，勾选与否的对比效果如图 6-213 与图 6-214 所示。

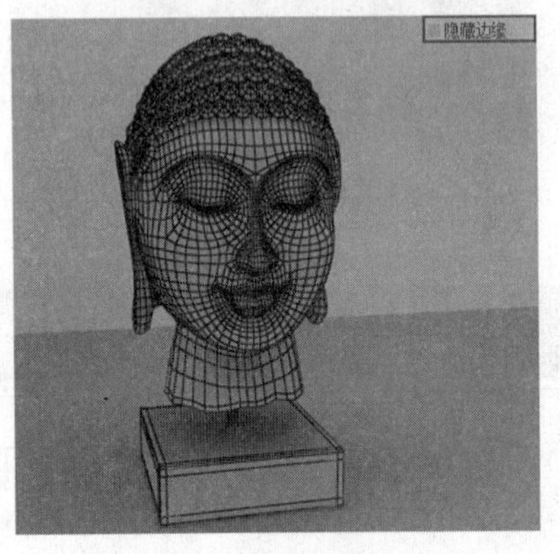


图 6-213 未渲染隐藏三角边界线

图 6-214 渲染出隐藏三角边线

### 3. 【显示子三角形】

启用时，通过位移贴图或渲染时间细分生成的边将是可见的。

### 4. 【世界宽度】/【像素宽度】

【世界宽度】或是【像素宽度】参数可以如图 6-215 与图 6-216 所示控制轮廓线的粗细程度。

图 6-215　以世界宽度为单位渲染的线条效果

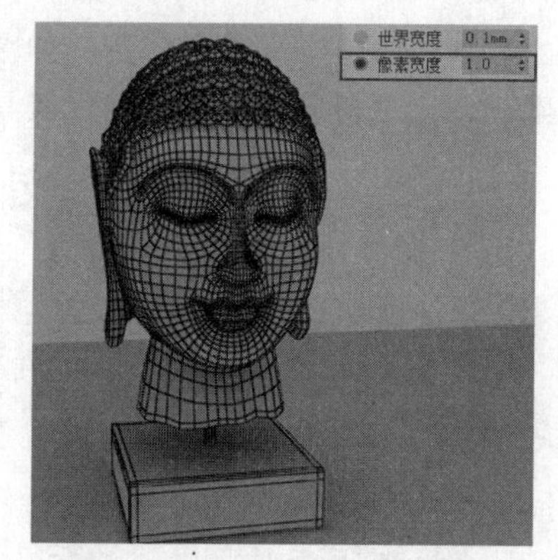


图 6-216　以像素宽度为单位渲染的线条效果

技巧：以【世界宽度】为单位时其后设定的数值即为真实厚度，如设置为 1 系统单位为 mm 时，其厚度即为 1mm。而以【像素宽度】为单位时其后设定的数值为像素宽度，如设置为 1，则其线框宽度为 1 个像素大小。

### 6.10.2 【圆角】参数组

#### 1. 【半径】

指定将纹理用作凹凸贴图时圆角的半径。这个值总是以世界单位表示。

#### 2. 【仅考虑同一对象】

启用时，只会沿着属于与贴图相同的对象的边生成圆角。禁用时，会在对象与场景中的其他对象相交时形成边缘，从而产生圆角。

#### 3. 【角】

指定要应用圆角边缘的面的类型。

- 【凸面和凹面】：在凸面和凹面上都产生圆角。
- 【仅凸面】：只在凸面上产生圆角。
- 【仅凹面】：只在凹面上产生圆角。

### 6.10.3 【宽度/半径倍增】参数组

设置边纹理的倍增值，默认值为 100。单击右侧的贴图通道，可以添加贴图。

## 6.11 【VRayHDRI】

【VRayHDRI】(高动态范围图像)可以加载具有灯光信息的图像文件并在场景中快速模拟环境灯光效果，尤其能丰富场景中的反射与折射细节。

【VRayHDRI】（高动态范围图像）通常被加载到【环境】卷展栏【反射/折射环境】

参数中的“贴图通道”内进行使用，如图 6-217 所示，加载完成后如图 6-218 所示将其关联复制到一个空白材质球上即可查看其具体参数。

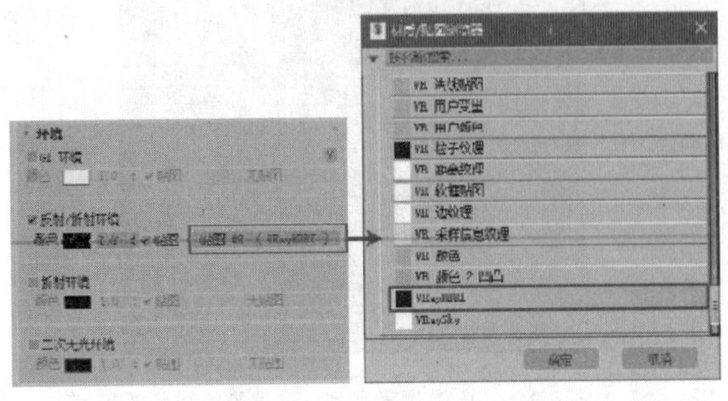

图 6-217　添加 VRayHDRI 至环境卷展栏

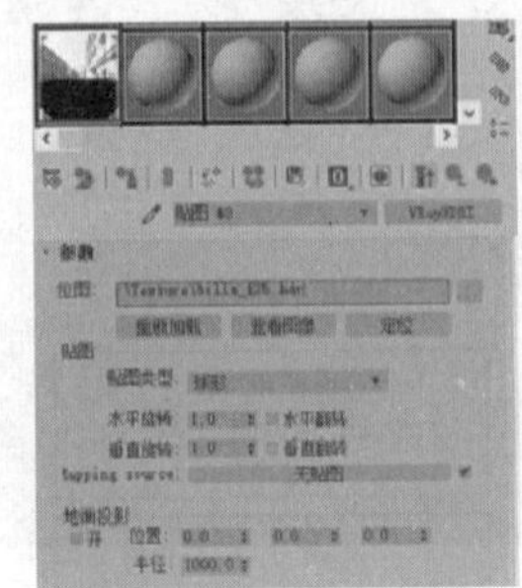

图 6-218　将 VRayHDRI 复制至空白材质球

### 1. 【位图】

单击【位图】后的浏览按钮，可以如图 6-219 所示为其添加 HDR 格式的图像文件，该种文件不但能记录色彩亮度信息，还能保留取景时的灯光信息。

### 2. 【贴图类型】参数组

在该参数下一共提供了五种【VRayHDRI】（高动态范围图像）贴图类型，对应的效果分别如图 6-220~图 6-224 所示，其中【球形环境贴图】是效果最为理想的一种类型。

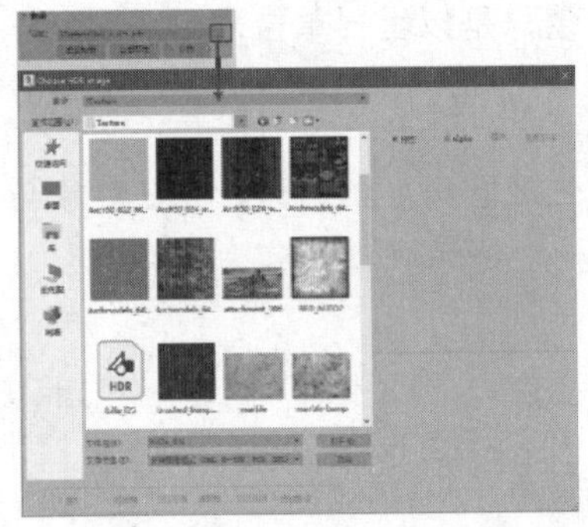

图 6-219　单击浏览按钮添加 HDR 图像文件

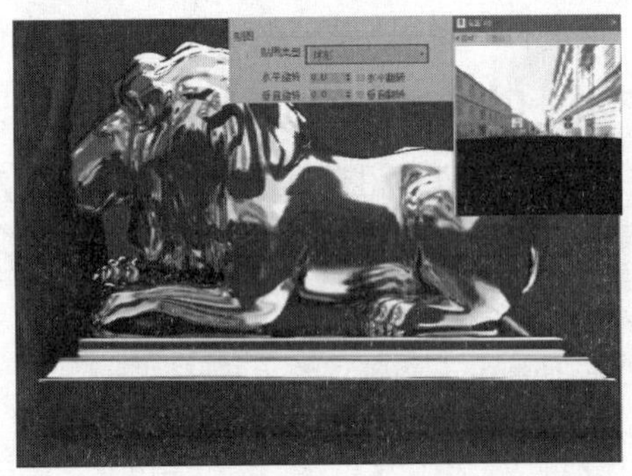

图 6-220　球形环境贴图类型渲染效果

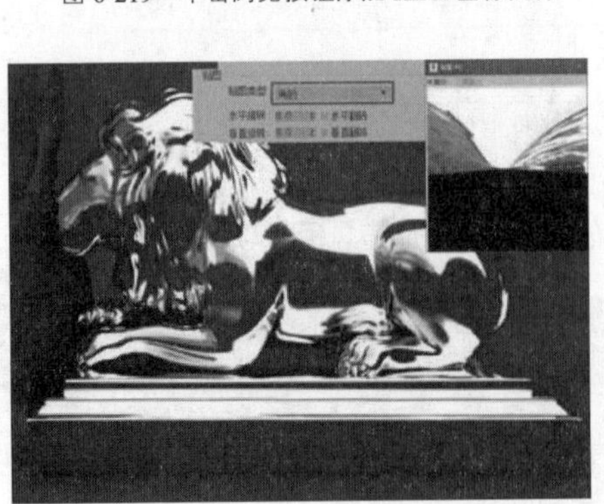

图 6-221　成角贴图类型渲染效果

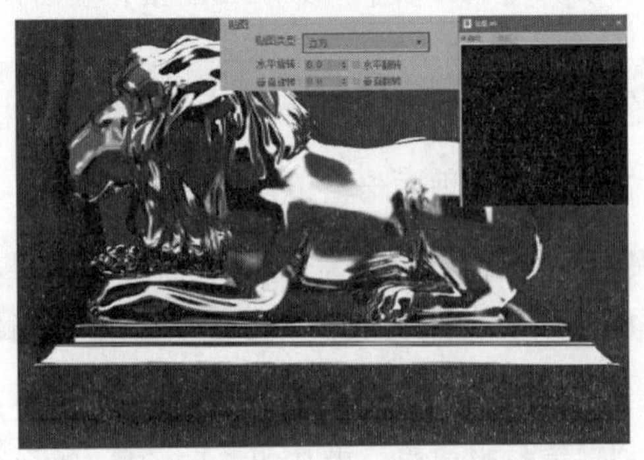

图 6-222　立方环境贴图类型渲染效果

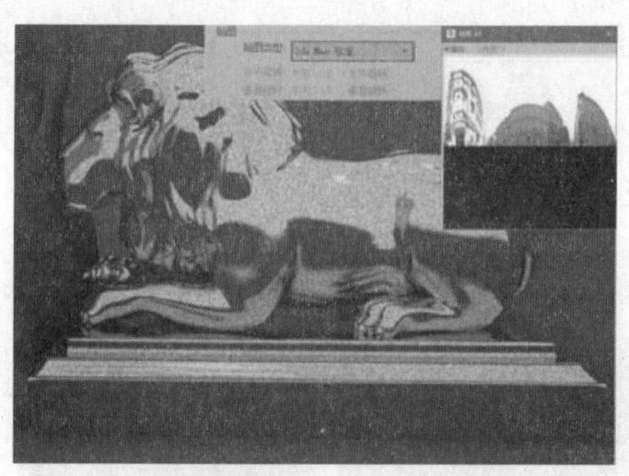

图 6-223　标准 3ds Max 类型渲染效果

图 6-224　球体镜像贴图类型渲染效果

### 3. 【全局倍增】

调整【全局倍增】后的数值，可以如图 6-225 与图 6-226 所示控制 VRayHDRI【高动态范围图像】的亮度，并对应使用。

图 6-225　全局倍增为 0.5 时的渲染效果

图 6-226　全局倍增为 1.2 时的渲染效果

### 4. 【渲染倍增】

调整【渲染倍增】后的数值可以同样控制 VRayHDRI【高动态范围图像】的亮度，但在图像渲染效果中只能针对加载的参数进行调整，如加载在【反射/折射环境】中就只能对反射/折射环境进行影响，并不能提高环境光亮度，如图 6-227 与图 6-228 所示。

图 6-227　渲染倍增为 0.5 时的渲染效果

图 6-228　渲染倍增为 1.5 时的渲染效果

### 5. 【水平旋转/水平翻转】

通过调整【水平旋转/水平翻转】两个参数，可以控制如图 6-229 与图 6-230 所示 HDR 贴图水平旋转与水平翻转，并将在渲染图像的反射面上产生调整后的图像效果。

图 6-229　水平旋转参数对 HDR 贴图的影响

图 6-230　水平翻转参数对 HDR 贴图的影响

### 6. 【垂直旋转/垂直翻转】

通过调整【垂直旋转/垂直翻转】两个参数，可以控制如图 6-231 与图 6-232 所示 hdr 贴图垂直旋转与垂直翻转，并将在渲染图像的反射面上产生调整后的图像效果。

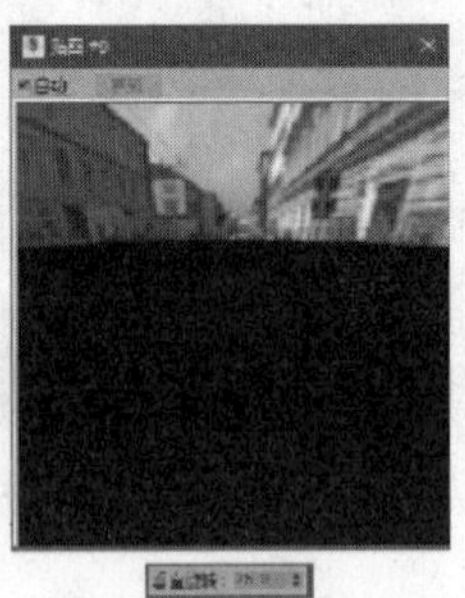

图 6-231　垂直旋转参数对 HDR 贴图的影响

图 6-232　垂直翻转参数对 HDR 贴图的影响

### 7. 【反向伽玛】

调整【反向伽玛】数值可以影响如图 6-233 与图 6-234 所示【VRayHDRI】（高动态范围图像）亮度与色彩对比效果，并在渲染图像中产生同样的影响。

图 6-233　反向伽玛值为 1.0 时的图像效果

图 6-234　反向伽玛值为 2.0 时的图像效果

## 6.12【VR 天光】贴图

利用【VR 天光】贴图可以模拟出如图 6-235 所示的天空效果，通常与【VRay 阳光】联动使用，具体使用方法与各参数的功能，请大家查阅本书第 9 章“VRay 灯光与阴影”中的“VRaySky 以及与 VRaySun 的联动使用”一节中的详细内容。

图 6-235 【VR 天光】贴图模拟的天空效果

# 第 7 章 VRay 置换修改器

本章重点：

- 【类型】参数组
- 【常见】参数组
- 【2D 贴图】参数组
- 【3D 贴图/细分】参数组

在前面曾经学习到使用 VRayMtl（VRay 材质）的【置换】贴图通道制作出如图 7-1 所示的布料凹凸效果，而使用本章介绍的 VRay DisplaceMod【VRay 置换修改器】则可以表现出如图 7-2 所示的布料绒毛细节效果。

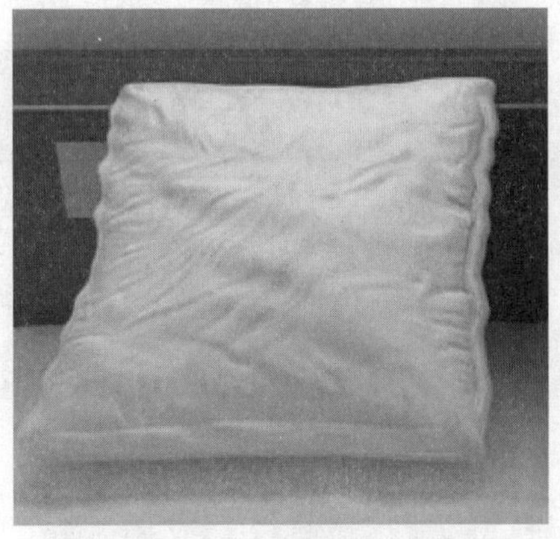

图 7-1 VRay 材质置换贴图模拟的布料效果

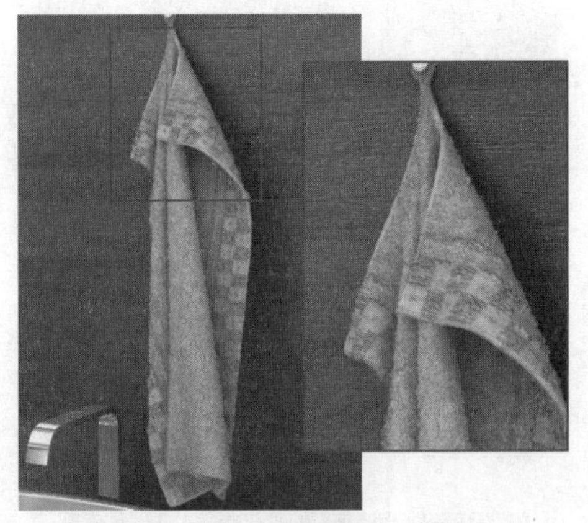

图 7-2 VRay 置换修改器模拟绒毛效果

Steps 01 打开配套资源本章文件夹中的“VRay 置换修改器测试.max”文件，如图 7-3 所示。接下来将为场景右侧的毛巾使用 VRay DisplaceMod【VRay 置换修改器】进行绒毛效果的模拟。

Steps 02 选择右侧的毛巾模型，如图 7-4 所示进入【修改命令面板】为其添加 VRay DisplaceMod【VRay 置换修改器】命令。

图 7-3 打开 VRay 置换修改器测试文件

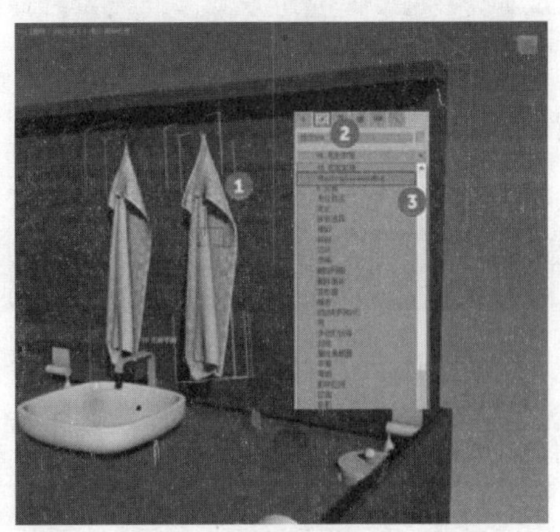


图 7-4 为右侧毛巾添加 VRay 置换修改器

Steps 03 添加【VRay 置换修改器】命令后，在【修改命令面板】下方可以看到如图 7-5 所示的参数设置。

Steps 04 如图 7-6 所示保持【VRay 置换修改器】默认参数不变，仅为其添加一张黑白位图进行效果模拟，在左侧毛巾模型对应材质的【置换】贴图通道里添加同一张黑白位图。

Steps 05 经上述设置后进行渲染，得到如图 7-7 所示的渲染效果，在如图 7-8 所示的细节放大图中可以发现，利用【VRay 置换修改器】模拟的绒毛细节更为逼真，接下来对如图 7-5 所示的【VRay 置换修改器】的参数进行具体介绍。

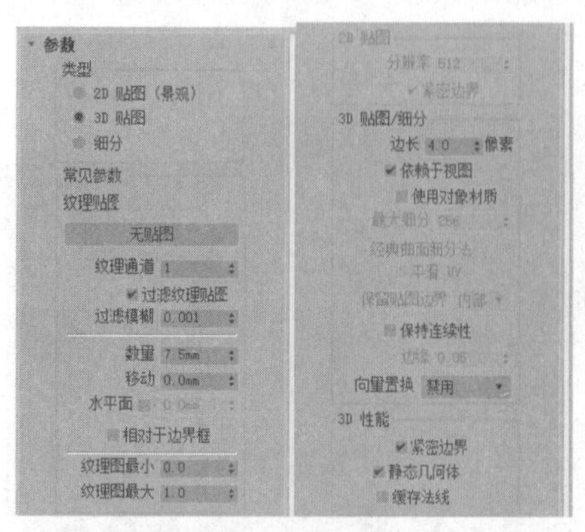


图 7-5　VRay 置换修改器参数设置

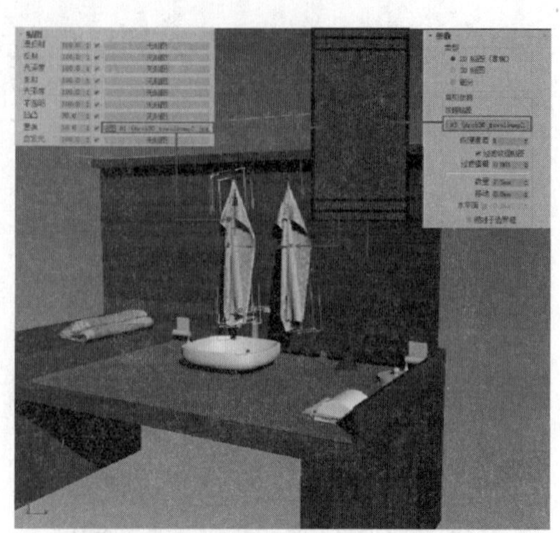

图 7-6　添加黑白贴图至 VRay 置换修改器

图 7-7　渲染效果对比

图 7-8　细节对比效果

## 7.1 【类型】参数组

【类型】参数组用于控制在【通用参数】内添加的位图，在模型表面产生置换效果的具体方法共有【2D 贴图】、【3D 贴图】与【细分】三种。

### 7.1.1 【2D 贴图】

【2D 贴图】是工作中常选择的置换类型，对于在效果图中常常表现的如图 7-7 所示的毛巾效果，以及如图 7-9 所示的草地类效果【2D 贴图】都能胜任。其缺点是仅能控制表面两个轴向的贴图拼贴效果，而模型内部转折面贴图效果与外部贴图效果难以衔接完美（由于无法控制 Z 轴拼贴产生），如图 7-10 所示。

注 意：在工作中导入的【位图】以及 3ds Max 自身提供的【棋盘格】、【混合】、【渐变】、【渐变坡度】、【漩涡】以及【平铺】等程序贴图均为二维贴图，在这些贴图中只有当使用【位图】时可以保持默认的【2D 贴图】参数不变，渲染结果不会产生错误。

图 7-9　2D 贴图所模拟草地效果

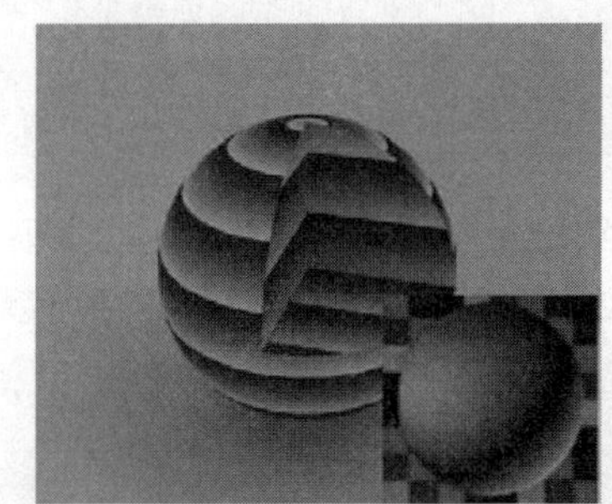

图 7-10　2D 贴图无法完整控制所有轴向贴图拼贴效果

## 7.1.2【3D 贴图】

【3D 贴图】置换类型适合表现如图 7-11 所示的三维立体模型的表面变形效果，如图 7-12 所示，它能完美地控制三个轴向上的贴图效果。

图 7-11　3D 贴图所模拟岩石效果

图 7-12　3D 贴图能控制三个轴向的贴图效果

注 意：第一，如果要表现出比较理想的置换效果，模型表面的细分值最好相对设置高一些；第二，如果添加了三维程序贴图进行置换效果的制作，那么最好选择对应的【3D 贴图】模式，否则渲染效果不理想；第三，3ds Max 自身提供的【细胞】、【衰减】、【噪波】、【烟雾】、【波浪】以及【树木】等程序贴图均为三维贴图，区别程序贴图是 2D 还是 3D 的方法十分简单，如图 7-13 与图 7-14 所示在加载该贴图后进入其【坐标】卷展栏查看轴向参数即可，比较可以发现 3D 贴图提供了完整的 X、Y、Z 三个轴向的控制。

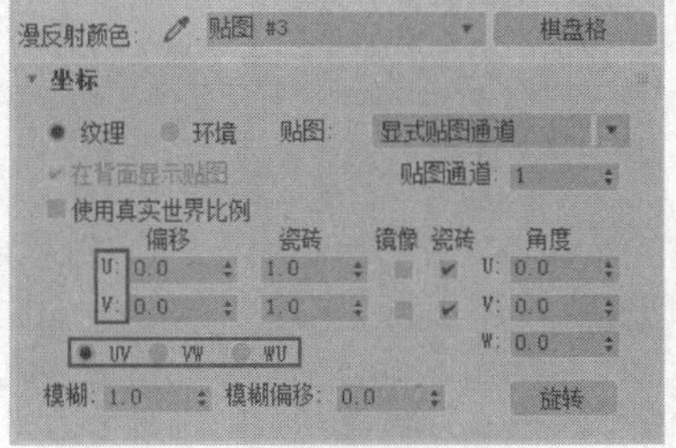


图 7-13　2D 贴图坐标参数设置

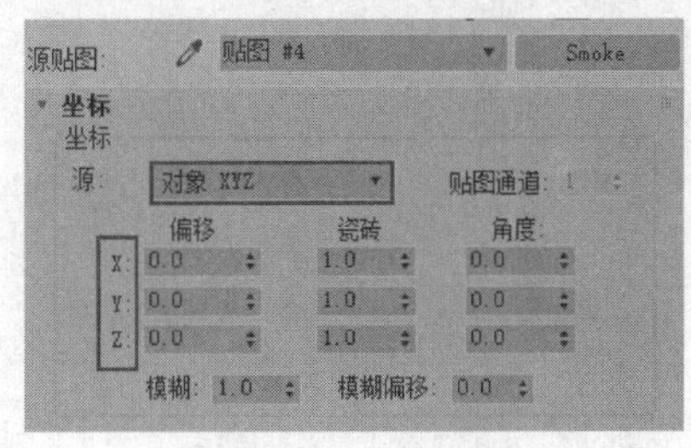


图 7-14　3D 贴图坐标参数设置

### 7.1.3 【细分】

【细分】与【3D 贴图】置换类型十分类似，使用该类型产生的凹凸效果如图 7-15 所示。比较如图 7-16 所示的细节效果可以发现该类型会在表面产生较圆滑的效果，一些在【3D 贴图】置换类型中表现出的尖锐细节被忽略。

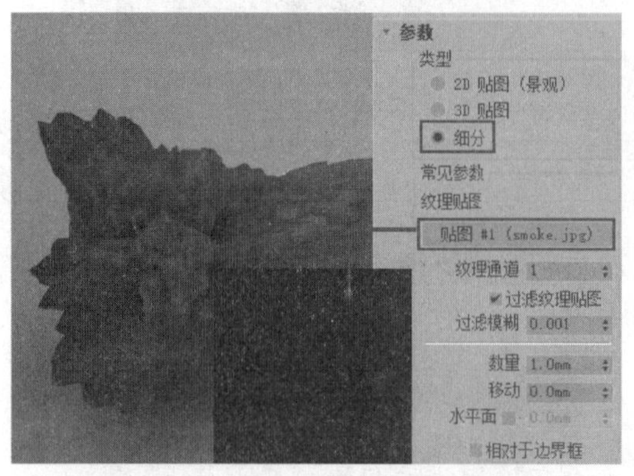


图 7-15　细分置换类型产生的渲染效果

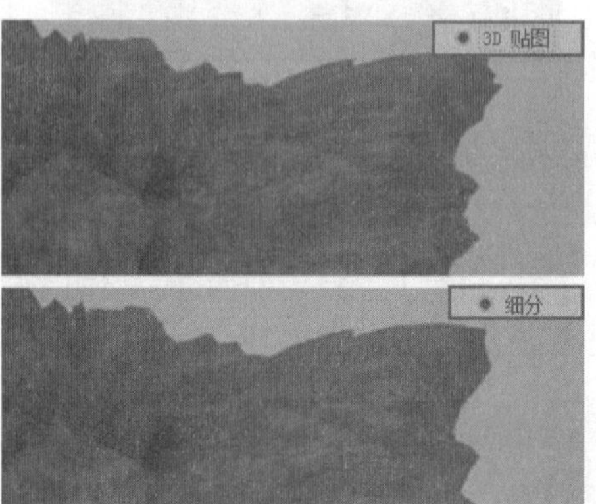


图 7-16　3D 贴图与细分类型产生效果的细节对比

## 7.2 【常见参数组】

无论是使用【2D 贴图】、【3D 贴图】还是【细分】置换类型，都需要通过【常见参数】加载产生置换效果的贴图，并通过其下的参数控制所产生的细节效果。

### 7.2.1 【纹理贴图】

在【纹理贴图】下方的空白按钮中加载不同的贴图将产生不同的置换效果，如图 7-17 与图 7-18 所示。

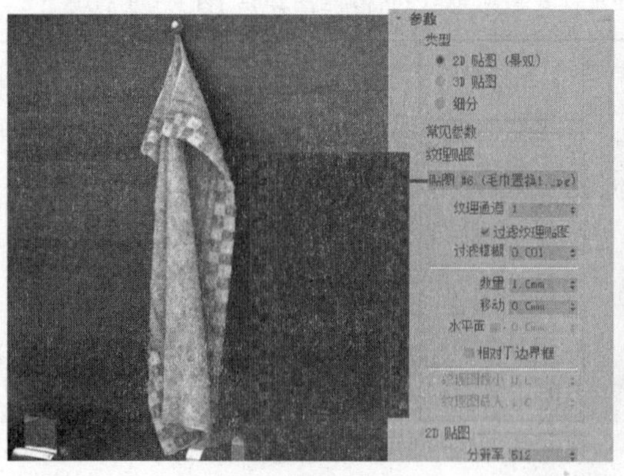


图 7-17　置换效果一

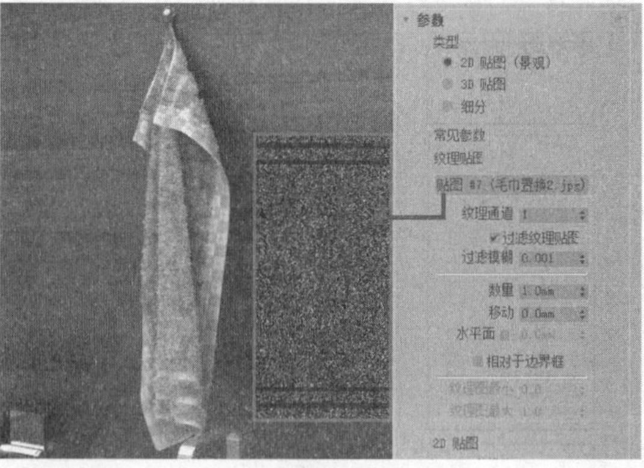


图 7-18　置换效果二

## 7.2.2 【纹理通道】

在利用 VRay DisplaceMod【VRay 置换修改器】制作诸如毛巾、地毯等置换效果时，如果材质所加载的【漫反射】贴图与用于产生置换的贴图在拼贴效果上有所区别，此时应该将置换贴图的【贴图通道】设置新的编号，如图 7-19 所示，然后再使用同样编号的【纹理通道】与【UVW 贴图】【贴图通道】，如图 7-20 所示。这样统一了编号后就可以通过【UVW 贴图】的参数单独控制置换贴图的拼贴效果。

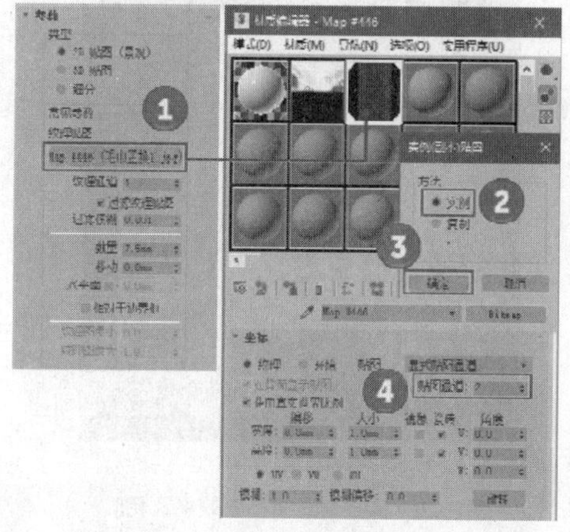

图 7-19　关联复制置换贴图至材质球并修改通道号

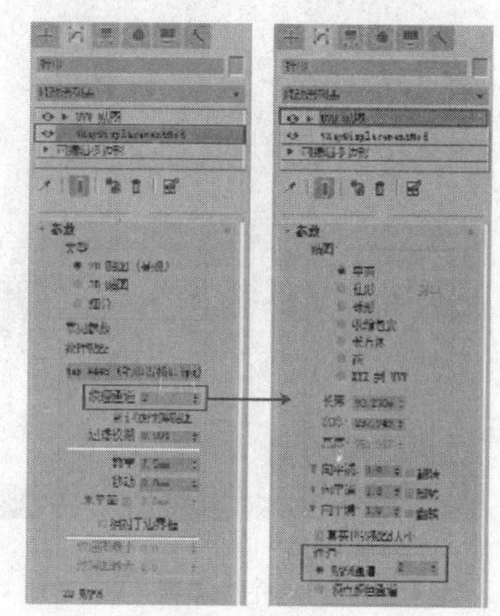

图 7-20　使用对应编号的纹理通道与 UVW 贴图进行控制

## 7.2.3 【过滤纹理贴图】

在进行置换效果的渲染时，如果勾选【过滤纹理贴图】复选框，VRay 渲染器会根据渲染对象与观察摄影机的远近对置换细节进行自动分配，即在特写区域表现细节度高的置换效果，在看不到的区域则忽略置换细节从而缩短渲染时间。勾选与否所产生的细节与耗时分别如图 7-21 与图 7-22 所示。

注意：勾选【3D 贴图/细分】参数组中的【使用对象材质】复选框时，【过滤纹理贴图】将失效。

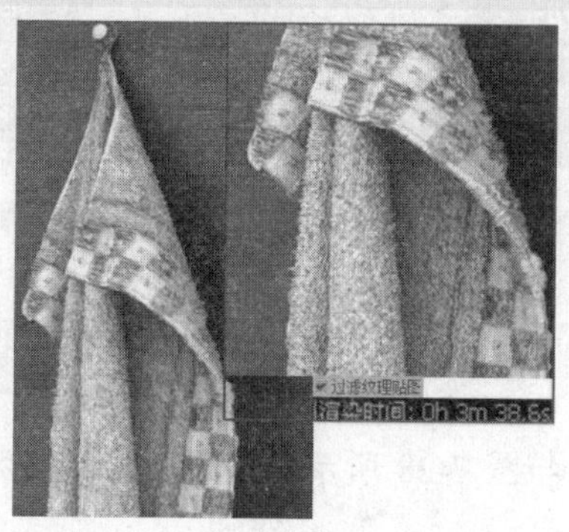


图 7-21　勾选【过滤纹理贴图】的渲染细节及耗时

图 7-22　不勾选【过滤纹理贴图】的渲染细节及耗时

## 7.2.4 【过滤模糊】

通过调整【过滤模糊】参数后的数值可以对置换细节进行控制，如图 7-23 与图 7-24 所示，设置的数值越低置换细节越精细，设置的数值越高置换细节越不精细。但最终的渲染时间要根据置换细节的精细程度决定，有时渲染平坦表面复杂的漫反射贴图反而可能耗费更多的时间。

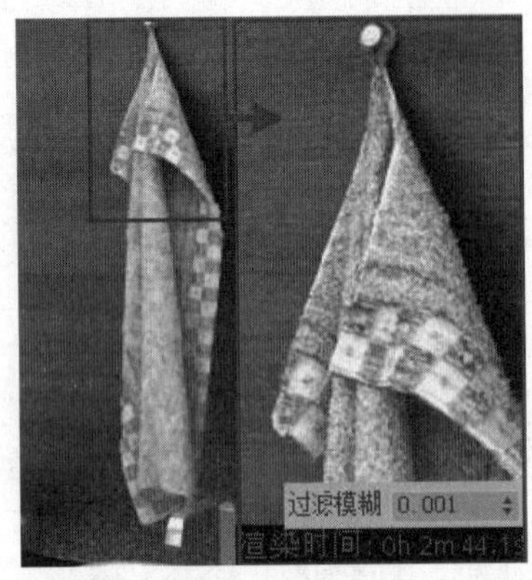


图 7-23　低数值过滤模糊效果及耗时

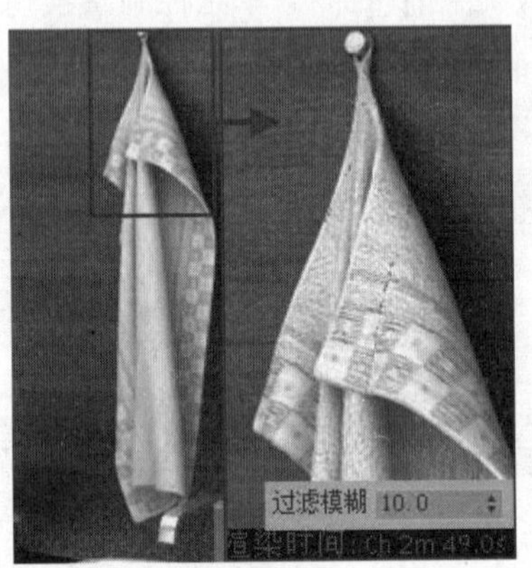


图 7-24　高数值过滤模糊效果及耗时

**技巧：** VRay DisplaceMod【VRay 置换修改器】中【过滤模糊】参数的作用通过置换位图自身的【坐标】卷展栏中【模糊偏移】参数的调整同样能完成，如图 7-25 与图 7-26 所示，调整该参数同样能达到类似的效果。

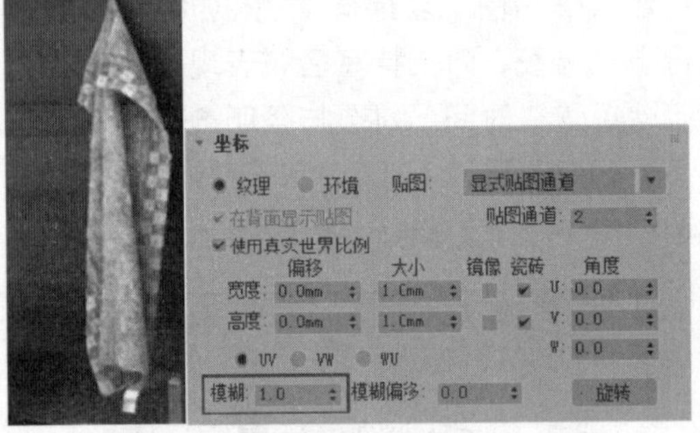


图 7-25　置换贴图低数值模糊偏移效果及耗时

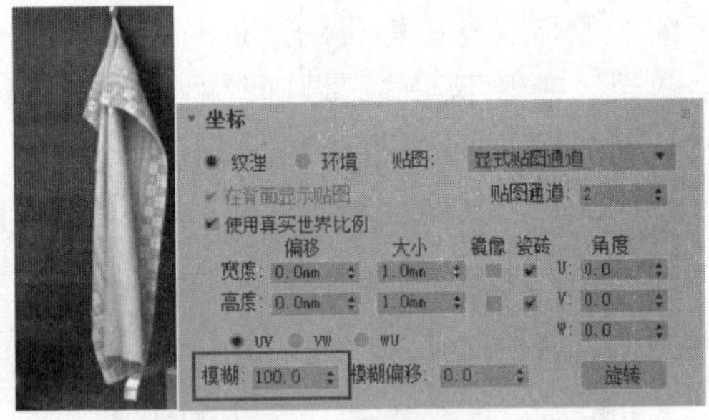


图 7-26　置换贴图高数值过滤模糊效果及耗时

## 7.2.5 【数量】

通过设置【数量】参数后的数值可以如图 7-27 与图 7-28 所示调整置换强度，数值越高所产生的置换效果越强烈。

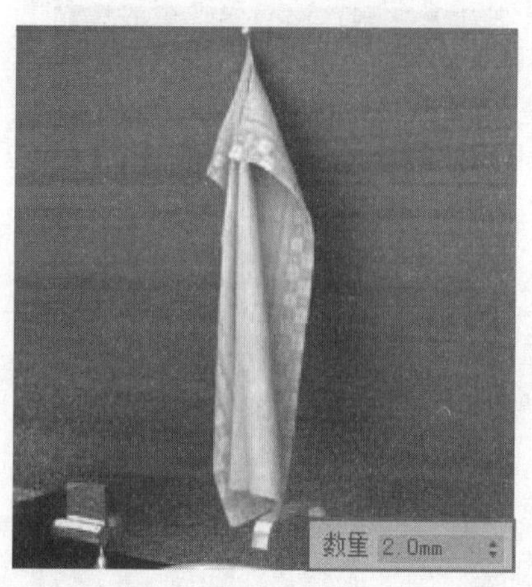

图 7-27　数量为 2.0mm 时的置换效果

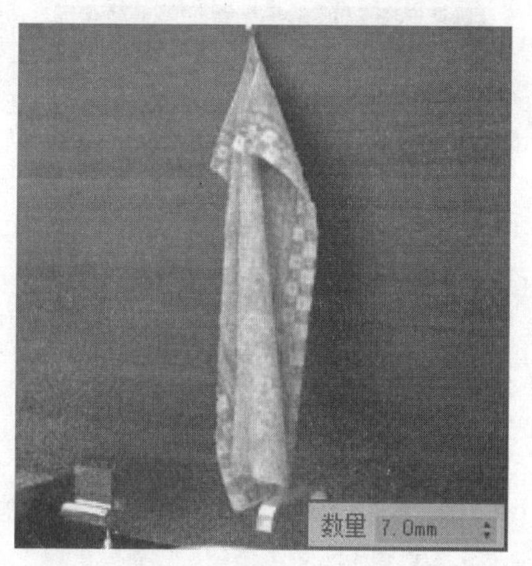


图 7-28　数量为 7.0mm 时的置换效果

注 意：适当地增大【数量】将有利于置换细节效果的突出，但过于高的数值会使置换效果显得不真实，因此在实际的工作中常常需要通过测试渲染逐步去确定最终数值以模拟出最佳的效果。

## 7.2.6【移动】

通过调整【移动】参数后的数值可以控制在置换的同时整体模型是否产生凹或凸的效果，如图 7-29~图 7-31 所示，取正值时为膨胀（凸出）效果，取负值时为收缩（凹陷）效果，如果没有特别的效果要求，保持其默认数值会取得最真实的效果。

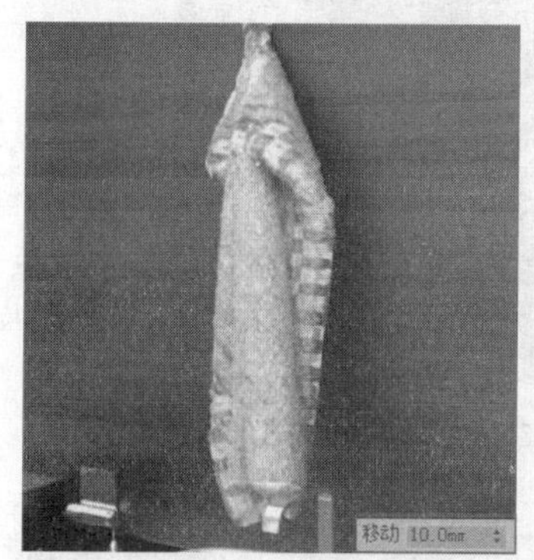


图 7-29　移动为 10.0mm 的效果（膨胀）

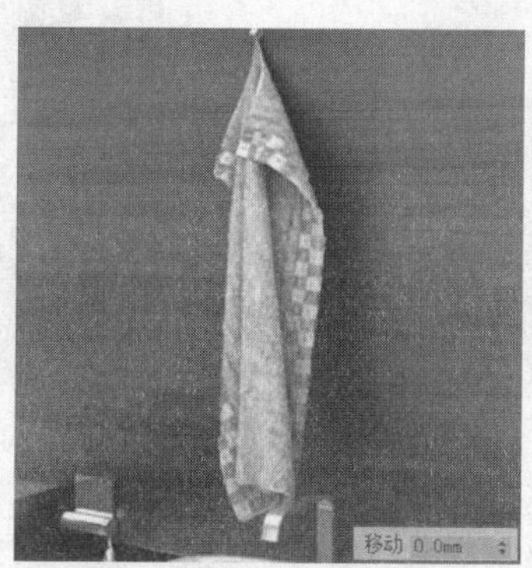


图 7-30　保持默认数值 0.0mm 的效果

图 7-31　移动-10.0mm 时的效果（收缩）

## 7.2.7【水平面】

勾选【水平面】复选框后，其设定的数值将决定置换效果在渲染中的可见性，如图 7-32 与图 7-33 所示，如果模型被置换时存在强度小于该参数设定数值的凹凸面时，这些凹凸面就不能被渲染，因此通常保持该参数为默认的不勾选状态即可。

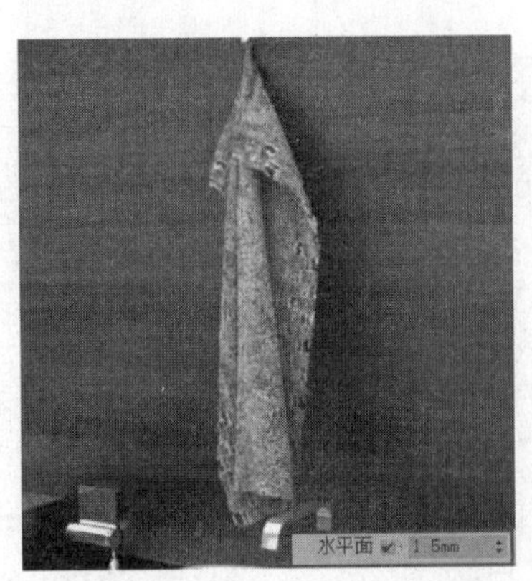


图 7-32　水平面数值为 1.5mm 时的置换渲染效果

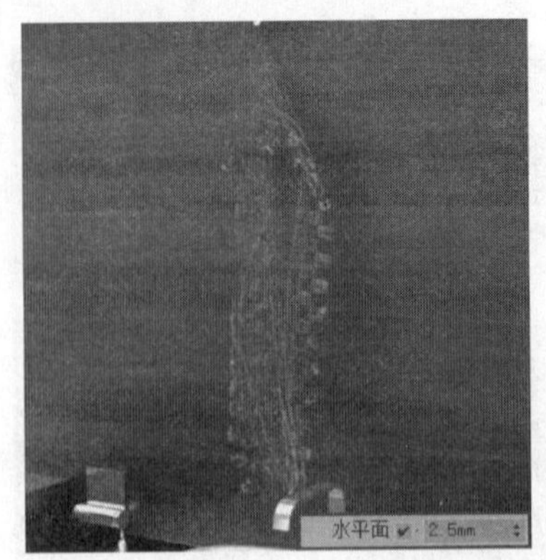


图 7-33　水平面数值为 2.5mm 时的置换渲染效果

### 7.2.8【相对于边界框】

【相对于边界框】用于改变之前设定的【数量】参数后数值的单位，如图 7-34 所示。不勾选该复选框时将用设定的【系统单位】，勾选后将以参考模型的边界框长度为准，会形成如图 7-35 所示的十分剧烈但很不真实的置换效果，因此通常保持其默认的不勾选状态即可。

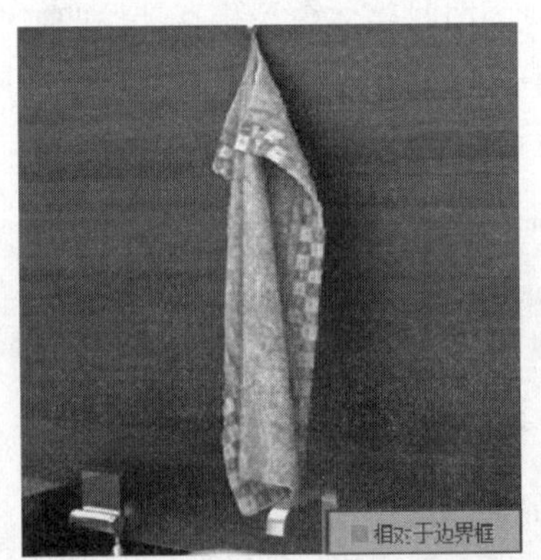


图 7-34　不勾选【相对于边界框】的置换效果

图 7-35　勾选【相对于边界框】的置换效果

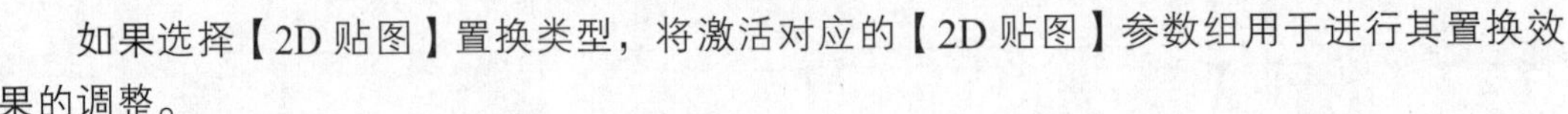

## 7.3【2D 贴图】参数组

如果选择【2D 贴图】置换类型，将激活对应的【2D 贴图】参数组用于进行其置换效果的调整。

### 7.3.1【分辨率】

通过调整该参数可以得到用于置换的位图的分辨率，如图 7-36~图 7-38 所示，分辨率高时置换细节将更为丰富。

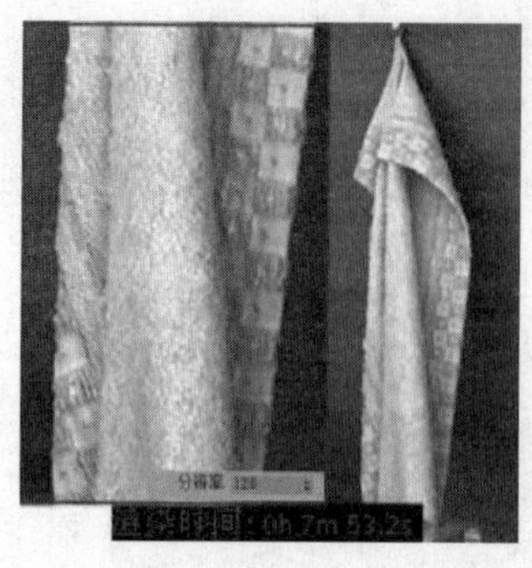
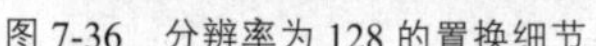

图 7-36　分辨率为 128 的置换细节

图 7-37　分辨率为 512 的置换细节

图 7-38　分辨率为 1024 的置换细节

**注 意：** 从图 7-36~图 7-38 中可以发现，虽然提高【分辨率】能加强置换细节的表现，但同样也会增加渲染计算时间，通常保持默认数值 512 即可。这时达到的细节度已经能满足通常的表现要求，同时也能保证相对较快的渲染速度，而过于微小的细节的突出体现反而会使渲染效果变得不真实。

### 7.3.2 【紧密边界】

【紧密边界】复选框默认为勾选状态，因此在进行渲染时 VRay 渲染器将会根据设定的【数量】参数值与模型自身细分面的高低进行预先采样分析。理论上，勾选该复选框能加快渲染速度但会损失一些细节，从如图 7-39 所示的对比效果上可以看到该复选框勾选与否对渲染图像产生的改变十分微小，但渲染速度却有可观的改变，因此通常保持该复选框为默认的勾选状态。

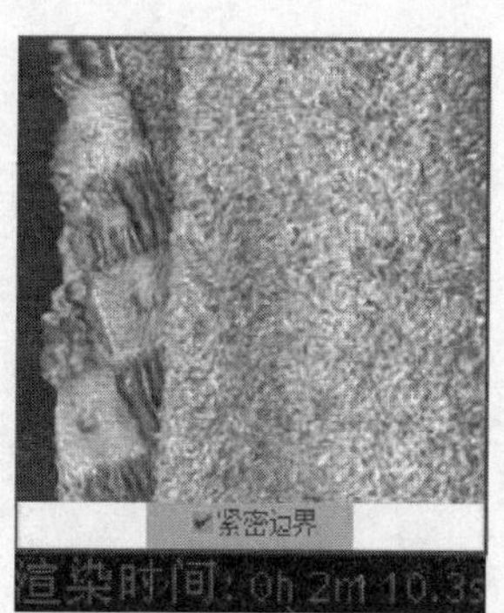

图 7-39　勾选【紧密边界】将加快渲染速度

## 7.4 【3D 贴图/细分】参数组

### 7.4.1 【边长】

通过设置【边长】参数可以调整置换三角面的最长边的长度，如图 7-40 与图 7-41 所示。该数值越小置换效果越精细，耗费的计算时间越长。

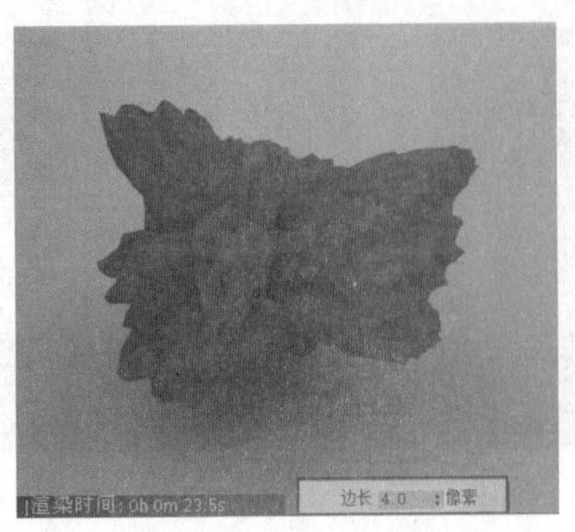


图 7-40　边长为 4.0 时的渲染效果及耗时

图 7-41　边长为 40.0 时的渲染效果及耗时

技巧：第一，【边长】对置换效果的影响作用类似于模型自身的细分面大小的变化，【边长】数值越大模型最长边长度越长，这样就相当于模型自身单个细分面增大而细分面总数降低，因此置换细节会变少。第二，勾选该复选框后，通过其后的【依赖于视图】参数可以调整边长度是以像素宽度(勾选时)还是以世界宽度单位为参考标准。

## 7.4.2【最大细分】

【最大细分】参数后的数值将决定模型表面自身分段数产生的细分面在进行置换时被分割为更小的三角面的最大数值，如图 7-42 与图 7-43 所示。该数值越大细分越精密，所得到的置换效果也越好，耗费的计算时间也越长。

图 7-42　最大细分为 1 时的渲染效果及耗时

图 7-43　最大细分为 256 时的渲染效果及耗时

注意：第一，模型表面最终的最大细分数值为【最大细分】参数值的平方数，如默认的数值为256，那么最终的细分数将为 256*265=65536 个，大多数情况下这个数值足以满足微小置换细节的需要，因此该参数保持默认即可；第二，如果需要制作比较精细的置换效果，为了降低模型自身面数对场景操作的影响，可以将模型自身面数降低而通过提高【最大细分】值完成，而对于模型自身细分面数量已经很大的模型，【最大细分】数值的调整对置换效果的影响并不大。

## 7.4.3【紧密边界】

【紧密边界】参数与【2D 贴图】参数组内的同名参数含义一致。

## 7.4.4【使用对象材质】

勾选【使用对象材质】复选框时，模型对象即使添加了 VRay DisplaceMod【VRay 置换修改器】，其表面的凹凸效果也将由其材质参数决定，如果自身材质中没有凹凸或是置换效果，则模型不会产生任何表面特征的变化，如图 7-44 与图 7-45 所示。

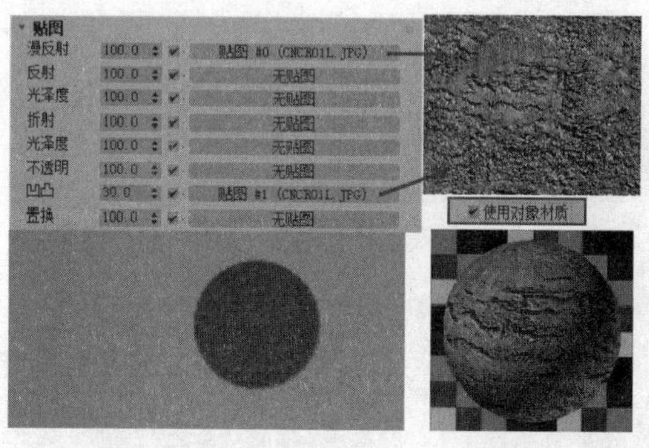


图 7-44 勾选【使用对象材质】将使用材质表面特征

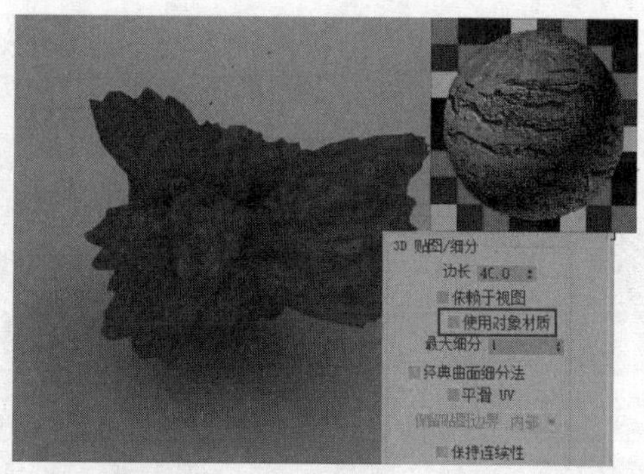


图 7-45 不勾选【使用对象材质】所产生的表面效果

## 7.4.5【保持连续性】

【保持连续性】可以控制模型转折面以及不同材质 ID 面衔接处产生圆滑的置换效果，如图 7-46 与图 7-47 所示。对于转折面丰富的置换模型勾选该复选框将避免转折处有可能产生的破面现象。

图 7-46 不勾选【保持连续性】将产生破面现象

图 7-47 勾选【保持连续性】将有效防止破面的产生

注 意: 在勾选了【保持连续性】复选框后，可以通过【边缘】后的参数值控制由置换产生的转折面间的缝隙可被自动连接的最大距离，其可设置的最大数值为 0.5，距离大于这个数值的缝隙将不会被连接。

# 第 8 章 VRay 创建对象

本章重点：

- 【VRay 代理】
- 【VR 毛发】
- 【VR 无限平面】
- 【VR 球体】

VRay 创建对象类型包括如图 8-1 所示的【VRayProxy】、【VRay 代理】、【VR 毛发】、【VR 球体】与【VR 无限平面】。

这四个创建对象类型的功能各异，针对效果图的制作，【VRay 代理】用于精简场景复杂的模型，降低场景面数；【VR 毛发】用于模拟毛发，能制作出十分理想的地毯绒毛效果；【VR 球体】与【VR 无限平面】能在一定程度上为场景模型的创建带来便捷。下面首先介绍【VRay 代理】创建对象。

## 8.1 【VRay 代理】

单击【VRay 代理】按钮将进入如图 8-2 所示的【代理参数】面板，单击其中的【浏览】按钮可以如图 8-3 所示导入*.vrmesh 格式的【VRay 网格代理物体】。因此要了解【VRay 代理】的使用，就必须先了解什么是【VRay 网格代理物体】。

在室内效果图的制作中，有时会导入一些细节相当丰富的模型用于烘托场景的氛围。打开配套资源中本章文件夹中的“VRay 代理原始.max”文件，可以看到如图 8-4 所示的圣诞树模型。可以发现其细节十分丰富，激活视图按键盘上的<7>键可以发现该模型的面数接近 150 万，这个数值相当于一个较复杂的室内场景模型的总面数。

图 8-1　VRay 创建对象类型

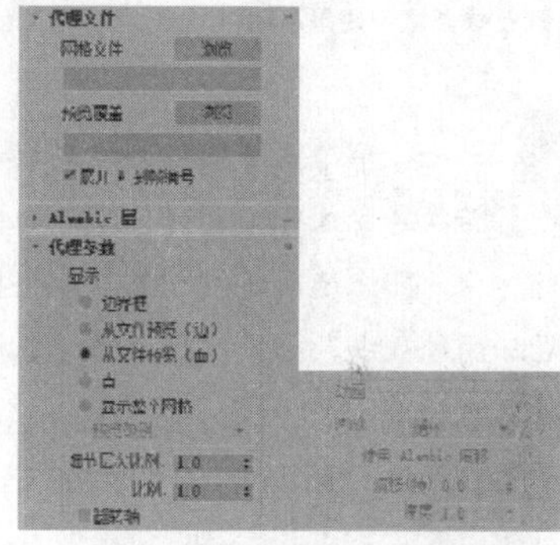


图 8-2　VRay 代理参数设置

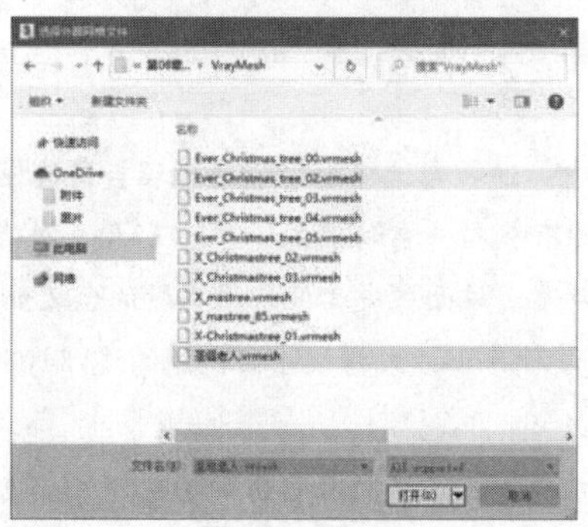

图 8-3　导入 VRay 网格代理物体

图 8-4　细节丰富的圣诞树模型

**注 意：** 过高的模型面数会造成两个问题。第一，会造成视图常规的平移、缩放等操作迟滞，影响工作效率；第二，则会拉长渲染计算的时间。而利用【VRay 代理】与【VRay 网格代理物体】能有效地解决这两个问题。

保持默认的模型状态单击【渲染】按钮，将得到如图 8-5 所示的渲染结果。接下来利用【VRay 网格代理物体】对模型的面数进行精简。

由于圣诞树模型中最外层的树干与针状树叶所占用的模型面数最多，因此考虑先对其进行精简。首先如图 8-6 所示选择这些模型并按<Alt+Q>组合键将其独立显示。

然后如图 8-7 所示选择最上方的树叶模型，单击鼠标右键，在弹出的快捷菜单中选择【附加】命令，然后自上至下单击场景中其他模型进行附加，使其成为一个整体。

图 8-5　默认模型渲染效果及耗时

图 8-6　选择外层树干与树叶独立显示

图 8-7　选择【附加】命令

注 意：第一，单个的【网格物体】或是【多边形物体】都能转换成【VRay 网格代理物体】，但如果逐个进行转换将会使操作变得繁琐，而又因为在转换的过程中会暂时性地占用大量内存，因此最好分段进行转化，即先选用【附加】命令将整体模型分割成几个较大的局部整体进行转换；第二，在进行模型附加的过程中，如果被附加的模型材质有所区别则会弹出如图 8-8 所示的对话框，此时保持默认选择【匹配材质 ID 至材质】即可。

附加到如图 8-9 所示的模型后单击鼠标右键，在弹出的快捷菜单中选择【VRay 网格导出】命令。

然后在弹出的【VRay 网格导出】面板中如图 8-10 所示设置好将要保存的【VRay 网格】的保存路径、保存类型、保存名称等参数，再单击“确定”按钮即可。

技 巧：在如图 8-10 所示的【VRay 网格导出】面板中，通常勾选【自动创建代理】复选框。这样在成功导出【VRay 网格】后，系统将自动删除场景中的原有模型并自动调用保存的【VRay 网格】进行代替，从而节省置换的操作步骤，减少失误并提高工作效率。该面板中其他常用参数的含义如下：

▶【导出所有选中的对象在一个单一的文件上】：使用该种导出方式将使导出得到的【VRay 网格】物体共用一个处于原点的坐标。

▶【导出每个选中的对象在一个单独的文件上】：使用该种导出方式将在导出的【VRay 网格】物体中保持模型之前的各个坐标不变。

▶【导出动画】：如果将被转换的模型自身存在动画属性，勾选该复选框后，转换成的【VRay 网格】保留动画属性。

图 8-8　选择匹配材质 ID 至材质

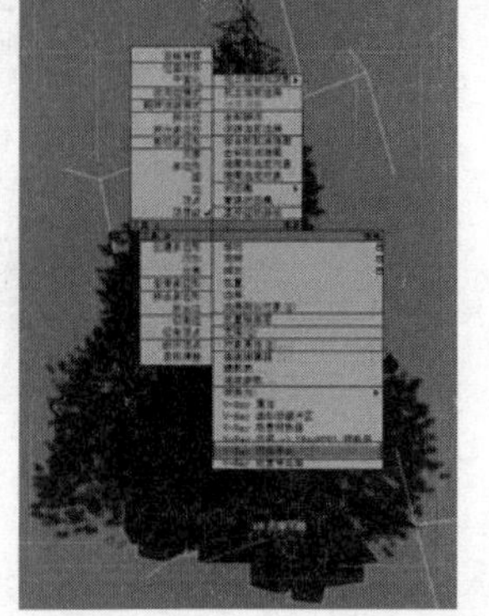

图 8-9　选择命令

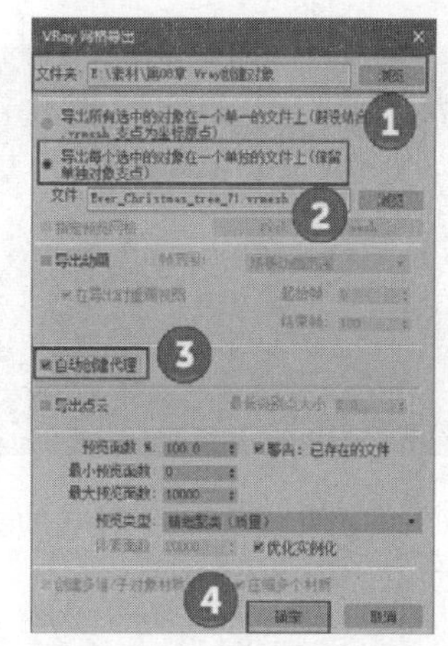

图 8-10　VRay 网格导出面板

单击“确定”按钮后经过数秒时间的自动转换，得到的效果如图 8-11 所示。可以看到上端的模型已经显示为灰色的【VRay 网格代理物体】，模型总面数也减少到 120 多万。

重复类似的操作，将余下的模型分中部与底部两个区域进行【VRay 网格代理物体】的转换。完成这两部分的转换后退出独立显示模式，此时的模型总面数已经锐减至 40 多万，如图 8-12 所示。如果此时视图操作仍不流畅，读者可以继续选择内部树干进行简化。

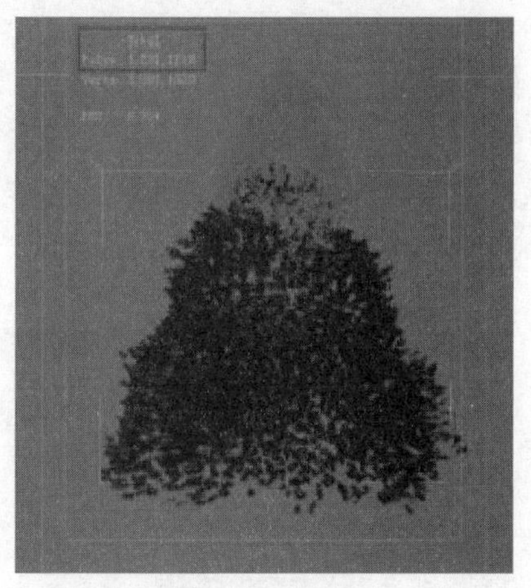

图 8-11　初步精简模型总面数后的效果

图 8-12　精简模型总面数后的效果

注 意：当模型转换成【VRay 网格代理物体】后，其材质与贴图效果就不能再进行有效编辑了，因此在转换前必须确定好材质效果。此外由于【VRay 网格代理物体】能进行移动、旋转、缩放以及复制等操作，因此利用它可以制作出如图 8-13 所示的十分庞大的模型组件，并渲染出如图 8-14 所示的效果。

利用【VRay 网格代理物体】完成如图 8-12 所示的模型简化后，再次进行渲染将得到如图 8-15 所示的渲染效果，从图中可以发现模型细节并没有什么损失，但其渲染耗时减少至 4 分 20 秒。

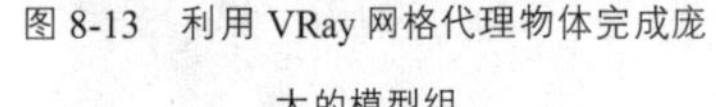

图 8-13　利用 VRay 网格代理物体完成庞大的模型组

图 8-14　VRay 网格代理物体渲染效果

图 8-15　精简模型面数后的渲染效果及耗时

当我们创建并保存【VRay 网格代理物体】后，在其他的场景中需要再使用到相同的模型时，就可以使用【VRayProxy】(VRay 代理)，单击【浏览】按钮直接选择进行导入了，而不需要再次进行转换。接下来详细介绍【VRay 代理参数面板】参数的具体含义及用法。

## 8.1.1 【网格文件】

当模型成功导出为【VRay 网格代理物体】后，如果在其他场景中需要用到该【VRay 网格代理物体】，可以首先如图 8-16 所示单击【网格文件】的【浏览】按钮找到目标文件"圣诞老人.vrmesh"文件并单击"打开"按钮。

然后在视图中单击模型将要摆放的位置，此时会再次弹出如图 8-17 所示的面板，单击"打开"即可完成一次【VRay 网格代理物体】的导入，如果此时再次单击视图将进行下一次的导入。因此在确定导入完成后，应该按键盘左上角的<ESC>键以结束导入操作。

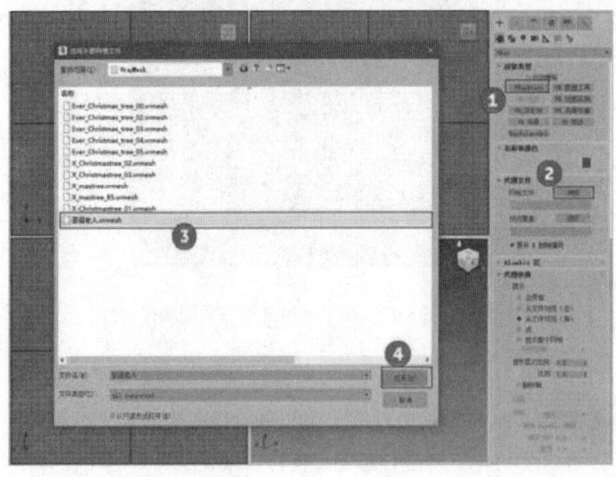


图 8-16　单击浏览按钮找到将要导入的 VRay 网格

图 8-17　确定导入

当如图 8-18 所示成功导入"圣诞老人.vrmesh"后，选择该网格物体然后调整参数面板中的【比例】参数可以对其进行大小调整，如图 8-19 所示。

图 8-18　成功导入“圣诞老人.Vrmesh”

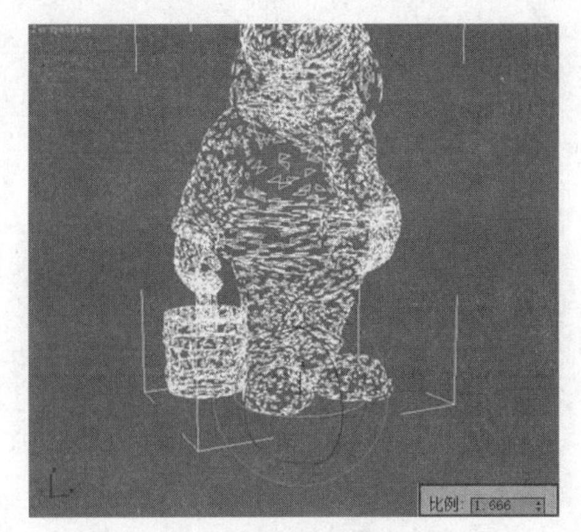


图 8-19　通过缩放参数调整 VRay 网格大小

技 巧：如果在导入 VRay 网格代理物体前预先设置好了【比例】参数值，在导入后网格物体将自动进行缩放，并自动与地平面对齐。

### 8.1.2 【显示】参数组

【显示】参数组控制导入的【VRay 网格代理物体】在视图中的显示方式，如图 8-20~图 8-22 所示的【边界框】、【从文件预览（边）】以及【点】为其中的三种方式，这三种方式在网格物体导入前或导入后进行调整都能起到同样的效果。

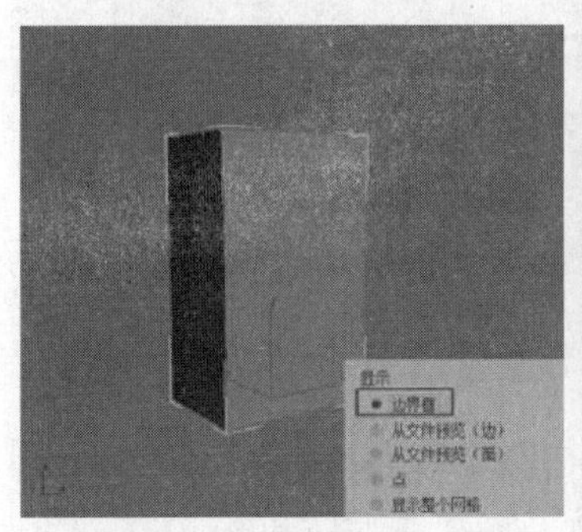


图 8-20　【边界框】显示方式

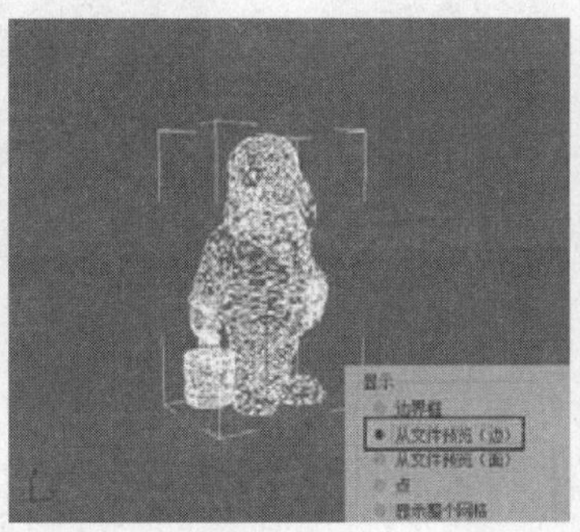


图 8-21　【从文件预览（边）】显示方式

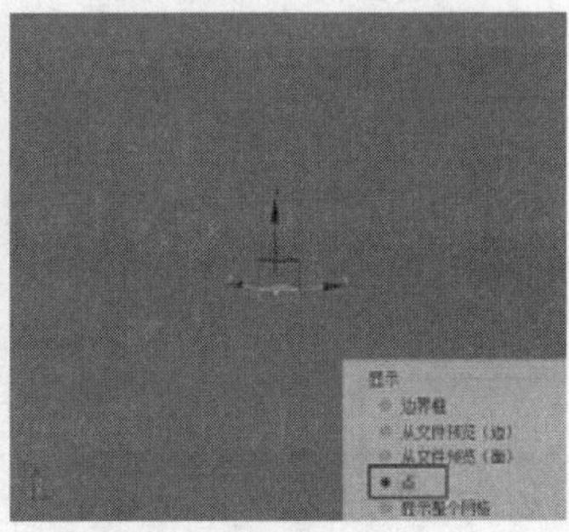


图 8-22　【点】显示方式

## 8.2 【VR 毛发】

【VR 毛发】创建对象可以附着在场景的模型上，使其产生十分细致逼真的毛绒效果，在未选择模型对象的情况下，【VR 毛发】创建按钮如图 8-23 所示呈灰色冻结状态，选择场景中的地毯模型然后再单击【VR 毛发】创建按钮可以生成如图 8-24 所示的毛发效果。

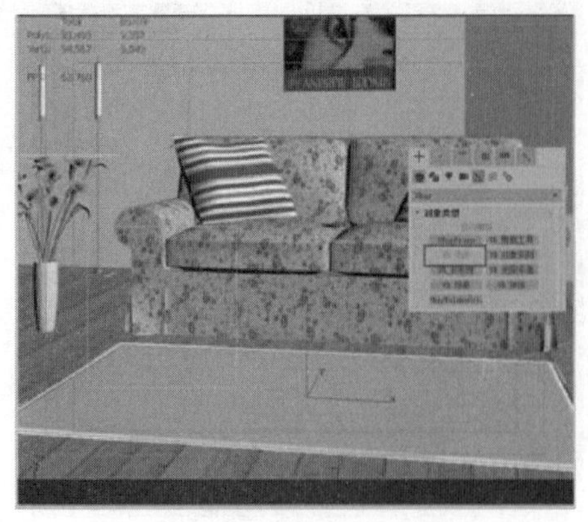

图 8-23　VR 毛发创建按钮被冻结

图 8-24　附着于模型的 VR 毛发

【VR 毛发】生成后进入修改命令面板，可以通过设置如图 8-25 所示的参数进行效果调整。最终的地毯效果如图 8-26 所示。

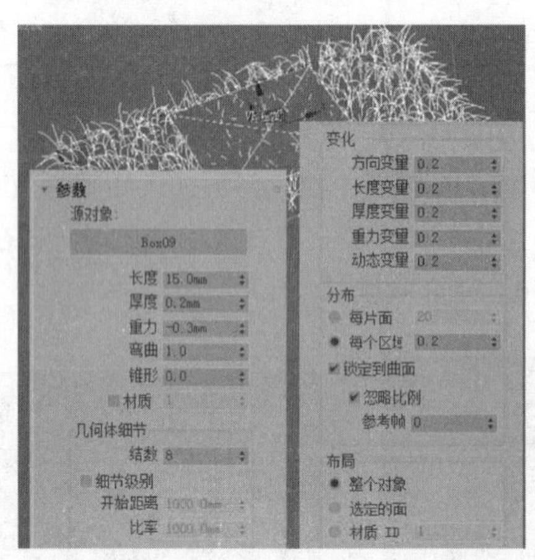


图 8-25　VR 毛发参数设置

图 8-26　VR 毛发完成效果

## 8.2.1 常用参数组

### 1.　【长度】

【长度】参数控制生成毛发的长度，如图 8-27 与图 8-28 所示，该数值越大毛发越长，通常较长的毛发效果看上去也更为杂乱。

### 2.　【厚度】

【厚度】参数控制生成毛发的粗细，如图 8-29 与图 8-30 所示，该数值越大得到的毛发越粗大。值得注意的是，其调整效果需要进行渲染才能体现，无法直接通过视图进行预览。

图 8-27 长度为 3.0mm 时的毛发长度

图 8-28 长度为 8.0mm 时的毛发长度

图 8-29 厚度为 0.1mm 时的毛发效果

图 8-30 厚度为 1.0mm 时的毛发效果

### 3. 【重力】

【重力】参数控制生成毛发在形态呈现上翘或是下垂的效果，如图 8-31~图 8-34 所示，取不同的正值时毛发总体呈不同程度上翘效果，而取不同负值时则表现为不同程度的下垂效果。

图 8-31 重力为 3.0mm 的效果

图 8-32 重力为 10.0mm 的效果

图 8-33 重力为-3.0mm 的效果

图 8-34 重力为-10.0mm 的效果

4. 【弯曲】

【弯曲】参数控制生成毛发的弯曲程度，如图 8-35 与图 8-36 所示，该数值越大毛发弯曲越强烈。

图 8-35 弯曲数值为 0.5 时的毛发效果

图 8-36 弯曲数值为 5.0 时的毛发效果

5. 【锥形】

【锥形】用于控制生成毛发从根部到末梢逐渐变尖锐的效果，如图 8-37 与图 8-38 所示，当设置该参数值为 0 时将不产生变化，为 1 时毛发末梢会变得十分锐利，同样该参数的调整效果并不能在视图中直接预览。

图 8-37 锥度为 0 时的毛发效果

图 8-38 锥度为 1.0 时的毛发效果

## 8.2.2 【几何体细节】参数组

【几何体细节】参数组用于控制渲染时单根毛发诸如面数、分段等细节，通常保持默认设置即可。

## 8.2.3 【变化】参数组

【变化】参数组用于控制常用参数组中的【长度】、【厚度】、【重力】效果的随机变化，主要用于制作出自然散乱的效果。

### 1. 【方向变量】

【方向变量】参数控制生成毛发在弯曲方向上的随机性，如图 8-39 与图 8-40 所示，当参数值设置为 0 时，毛发将在同一方向上进行弯曲，而调整为较大的数值时其弯曲角度有了自然的随意性。

图 8-39　方向变量为 0.2 时的毛发效果

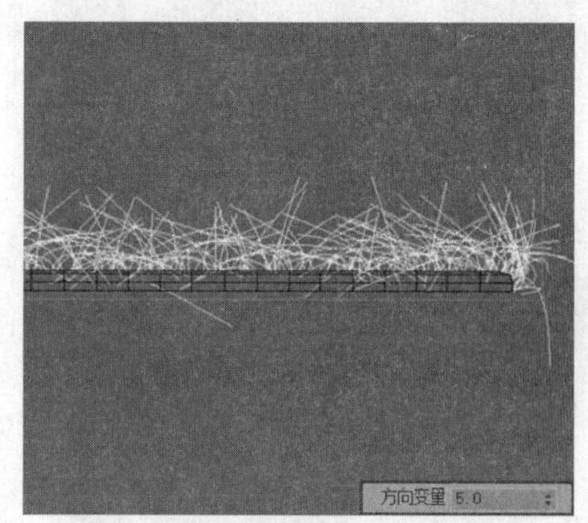


图 8-40　方向变量为 5.0 时的毛发效果

### 2. 【长度变量】

【长度变量】参数控制生成毛发在长度上变化的随机性，如图 8-41 与图 8-42 所示，该参数设置较大的数值能使毛发的长度产生变化。

图 8-41　长度变量为 0 时的毛发效果

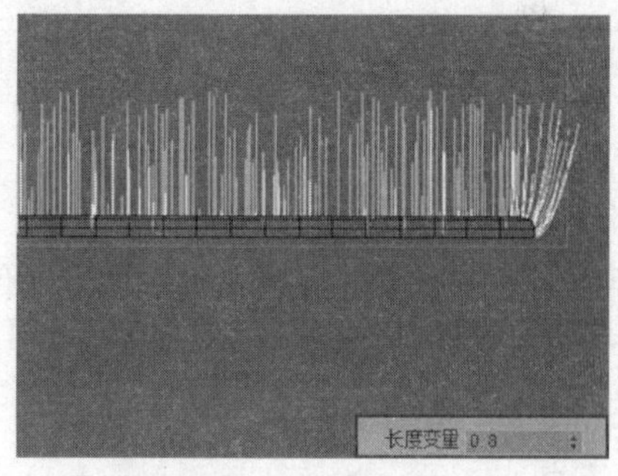


图 8-42　长度变量为 0.8 时的毛发效果

### 3. 【厚度变量】

【厚度变量】参数控制毛发厚度变化的随机性，如图 8-43 与图 8-44 所示，调整该参数值能使毛发自身粗细产生自然变化。

### 4. 【重力变量】

【重力变量】参数控制毛发由于重力的影响在方向上变化的随机性，如图 8-45 与图 8-46 所示。该参数值越大，则由于重力的影响毛发在方向上的变化越杂乱。

图 8-43 厚度变量为 0 时的毛发效果

图 8-44 厚度变量为 1.0 时的毛发效果

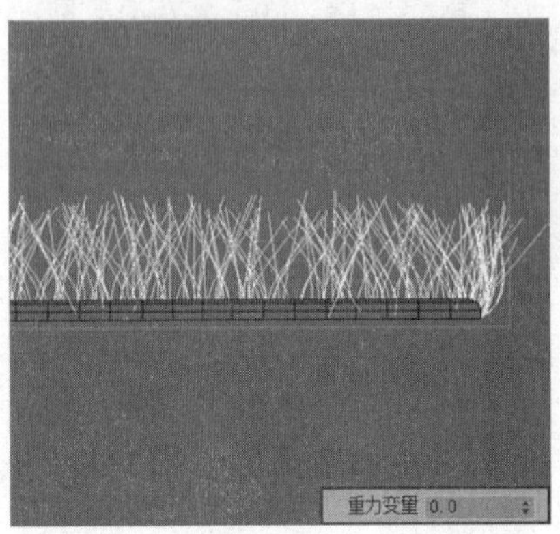


图 8-45 重力变量为 0 时的毛发效果

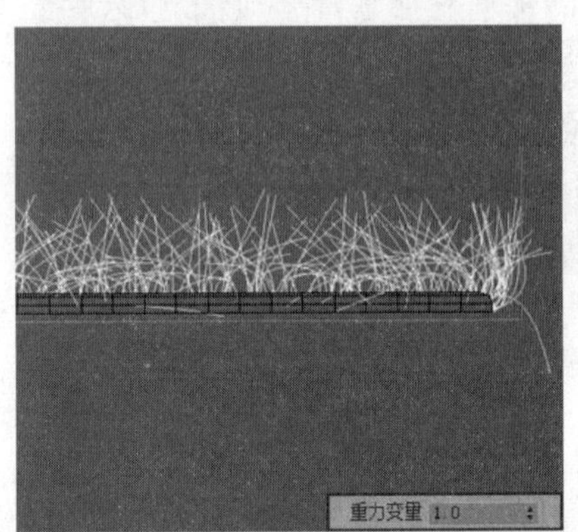


图 8-46 重力变量为 1.0 时的毛发效果

## 8.2.4 【分布】参数组

### 1. 【每个面】

选用【每个面】参数后，将以模型表面细分面为单位产生毛发，即模型表面细分越多所产生的毛发数量也越多.其数值控制着每个细分面产生的毛发数量。

### 2. 【每个区域】

选用【每个区域】参数后，将以区域为单位生成毛发。此时轻微改变该参数后的数值也会引起毛发数量产生急剧的变化，一般将该参数控制在 0.1 以下即可。其后的【参考帧】复选框一般在制作动画时需要进行勾选，以产生稳定的毛发效果。

## 8.2.5 【布局】参数组

### 1. 【整个对象】

选用【整个对象】参数时,【VR 毛发】将沿着附着对象所有的面生成毛发效果。

2. 【选定的面】

选用【选定的面】参数时，【VR 毛发】仅在选择的面上生成毛发效果。

3. 【材质 ID】

选用【材质 ID】参数时，【VR 毛发】仅在附着对象上与该参数设定编号一致的材质所赋予的面上产生毛发效果。

## 8.3 【VR 无限平面】

### 8.3.1 【VR 无限平面】的特点

【VR 无限平面】是 VRay 渲染器中一个十分简单却又很有特点的创建对象，如图 8-47 所示单击【VR 无限平面】创建按钮，在视图中单击鼠标左键即可创建一个【VR 无限平面】对象。从图中左上角的统计数据可以发现其不占用系统资源，即本身没有模型面数。

注 意：默认创建的【VR 无限平面】将紧贴网格生成，即其高度处于系统设定的地平面上。

此外，从图 8-47 中可发现【VR 无限平面】的【参数】卷展栏下没有无参数设置，只有一行“VRay 几何体 SDK 无限平面实例”的对象定义，可以理解为无限大小的平面示例。如图 8-48 所示即为创建的【无限平面】渲染效果。

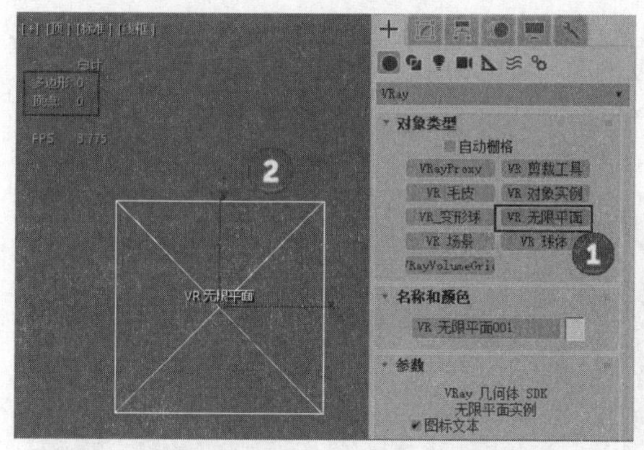


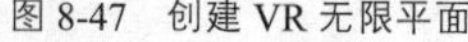

图 8-47　创建 VR 无限平面

图 8-48　默认参数 VR 无限平面渲染效果

【VR 无限平面】虽然定义为无限大小的平面，但若要其完全覆盖整个渲染窗口，则需要参考决定该渲染角度的摄影机的【地平线】。如图 8-49 所示选择摄影机，勾选其【显示地平线】可以看到视图出现代表地平面的黑色线条。视图中线条上方的区域就是【VR 无限平面】无法覆盖的区域，通常调整为天空效果。

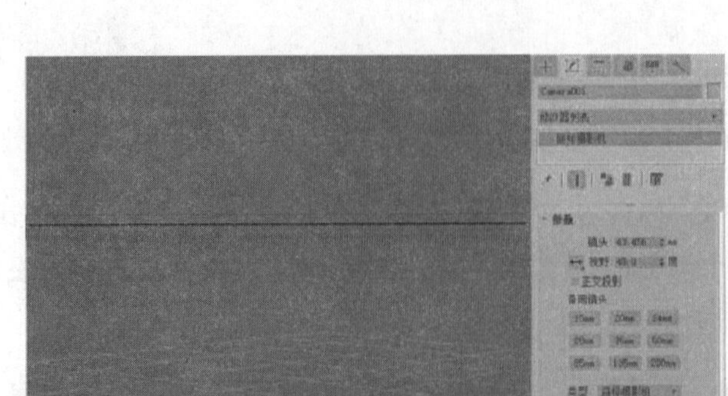

图 8-49　显示当前视角摄影机地平线

技 巧：如果一定要完成渲染窗口被【VR 无限平面】完全覆盖的效果，只需要通过摄影机角度的旋转将地平线调整至视图外即可。

## 8.3.2 【VR 无限平面】的用途

### 1. 模拟室外的地坪

在进行室外效果图的表现时，例如需要表现草地、广场等面积较大，效果单一的地坪效果时，如图 8-50 所示使用【平面】等模型创建的地坪在渲染时将得到如图 8-51 所示的等大的地坪区域效果。

如果如图 8-52 所示在与树坛底面相贴处创建【VR 无限平面】并赋予对应的材质，然后调整好地平线位置，则在渲染结果中将产生如图 8-53 所示的无限大的地坪效果。

图 8-50　使用平面模拟的草地模型

图 8-51　渲染结果中等大的草地效果

图 8-52　使用 VR 无限平面模拟草地模型

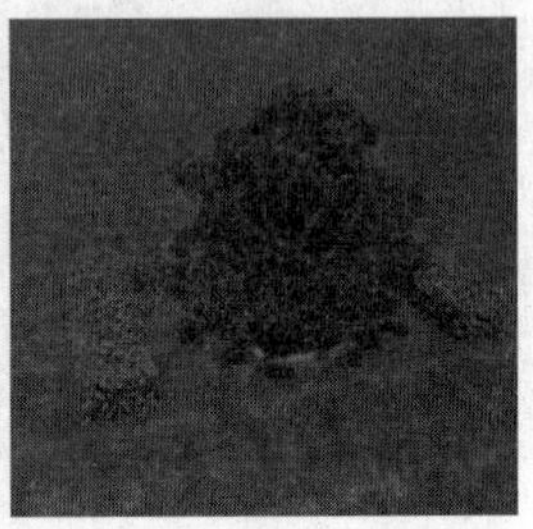

图 8-53　VR 无限平面在产生无限大的地平效果

注 意：在使用【VR 无限平面】模拟地坪时，无法再使用【UVW】贴图控制其材质贴图平铺效果，如图 8-54 所示。此时如果需要调整贴图拼贴效果，则必须通过材质贴图的【坐标】参数组中的 Tiles【平铺】参数进行贴图拼贴效果的控制，如图 8-55 所示。

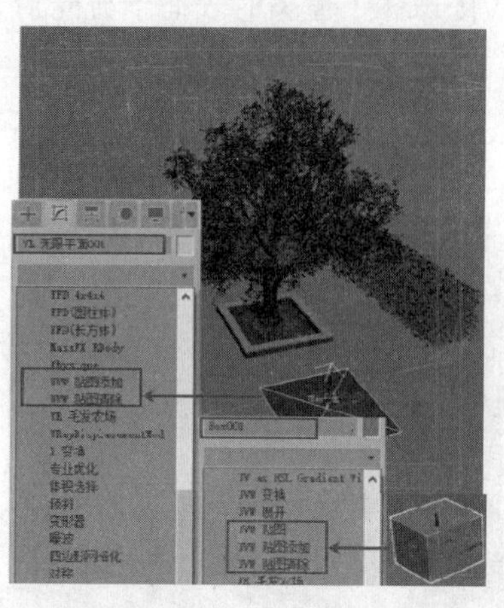

图 8-54　无法为 VR 无限平面添加 UVW 贴图

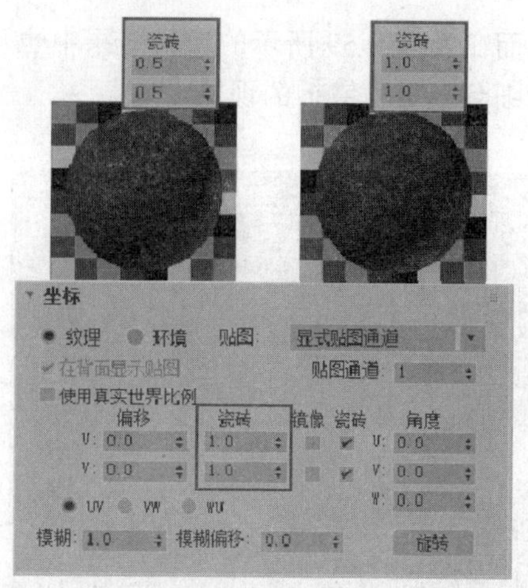

图 8-55　通过坐标平铺参数控制贴图拼贴效果

### 2. 加强室外光线的反弹

从前面关于【间接光照】的内容中，我们了解到灯光反弹对于渲染图像亮度的影响，在进行室内渲染图的制作时，有时会使用纯室外光线的照明手法，这个时候如果室外没有创建任何模拟地坪的模型，则现实中地坪反弹室外光线进入室内的照明影响将被忽略，可能会出现如图 8-56 所示的室外光线从窗口至室内的衰减急骤的现象，导致室内出现死黑，图像整体偏暗。

在室外创建一个【VR 无限平面】模拟无限大的地坪，会得到如图 8-57 所示的渲染效果，从图像中可发现光线从室外至室内的衰减十分自然，室内死黑的现象得到了解决，图像整体亮度理想。

图 8-56　创建 VR 无限平面

图 8-57　默认参数 VR 平面渲染效果

## 8.4【VR 球体】

【VR 球体】是 VRay 渲染器最新开发的一个创建对象。该对象目前暂时还没有太多实际的用途。其自身的特点如图 8-58 所示，区别于传统的【球体】与【几何球体】，【VR 球体】自身并不占用系统任何资源。

而在如图 8-59 所示的渲染结果中也可以发现【VR 球体】渲染时表面十分光滑，不会出现细分三角面皱折的现象。

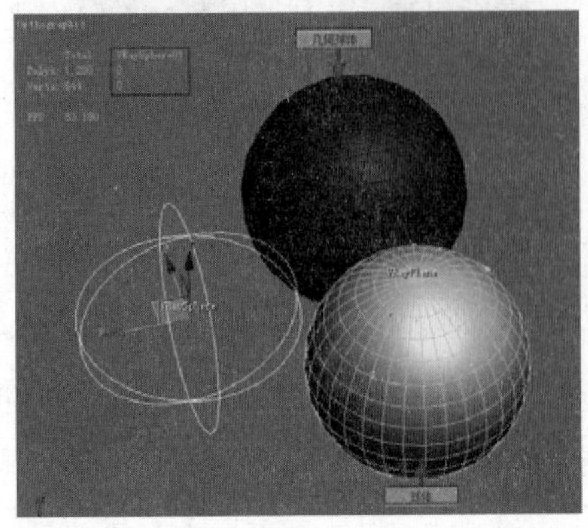

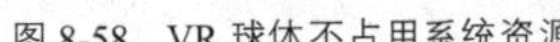
图 8-58 VR 球体不占用系统资源

图 8-59 VR 球体渲染表面十分光滑

【VR 球体】的参数也十分简单，调整其下的【半径】参数可以控制球体的大小，勾选【反转法线】复选框则球体内外表面会翻转，如图 8-60 所示。

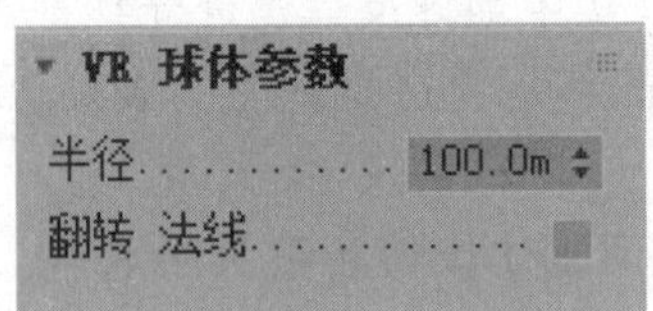

图 8-60 VR 球体参数

# 第 9 章 VRay 灯光与阴影

本章重点:

- VRayLight
- VRayIES
- VRaySun
- VRaySky 以及与 VRaySun 的联动使用
- VRayShadow
- VRay 灯光列表

进入灯光创建面板，通过下拉按钮选择【VRay】类型可以发现 VRay 渲染器提供了如图 9-1 所示的四种类型的光源。单击其中的【VRayLight】按钮，如图 9-2 所示通过【类型】参数下拉按钮，可展开其中包含的【平面】、【穹顶】、【球体】、【网格】、【圆盘】光源。接下面通过其中使用最频繁，参数最全面的【平面】灯光详细介绍 VRay 灯光类型的参数。

图 9-1　VRay 提供的四种光源

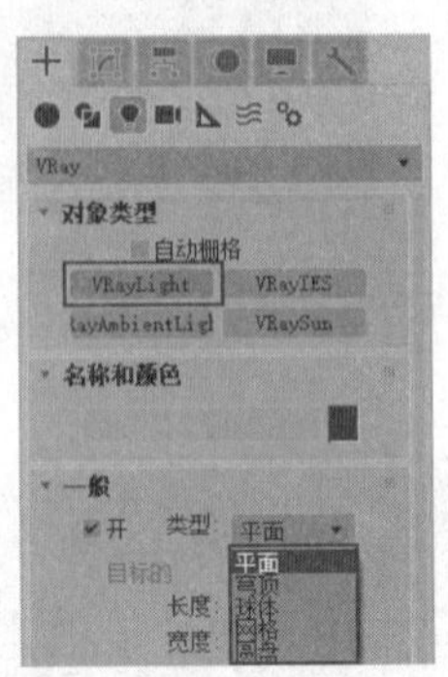


图 9-2　灯光类型

## 9.1 VRayLight

打开本书配套资源中对应章节文件夹中的“VRayLight 测试”模型，如图 9-3 所示可以看到场景中有一个士兵模型与狮身人面像模型。下面将利用这个简单的场景讲解 VRay 灯光类型的参数。

注 意：为了准确地在渲染结果中体现由灯光参数的变化而产生的影响（如阴影、亮度等），场景中两个模型都只使用了接近白色的简单材质。通过对 VRay 渲染器参数以及默认 VRayLight 参数的调整，在渲染结果中可以观察到灯光细节的变化。

Steps 01 如图 9-4 所示，在场景中单击【VRay 灯光】创建按钮后，按住鼠标左键并拖动创建一盏【平面】类型的灯光。

图 9-3　打开 VRay 灯光测试场景

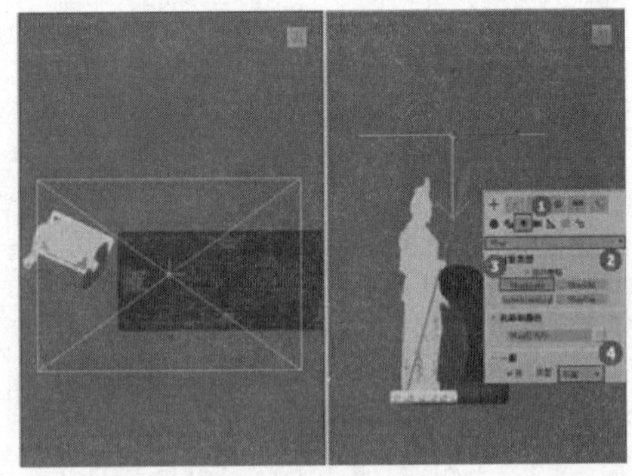

图 9-4　在场景中创建一盏平面类型的 VRayLight

Steps 02 选择灯光单击按钮进入【修改面板】，可以看到如图 9-5 所示的默认 VRayLight 参数。为了得到较精细的渲染图像，观察到灯光变化的细节，再如图 9-6 所示设置 VRay 渲染器的参数。

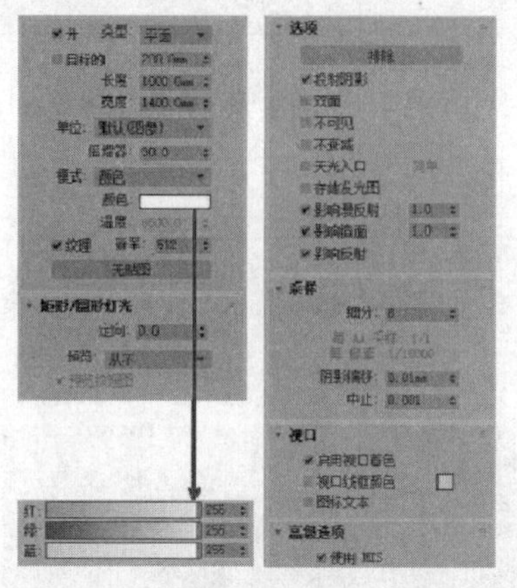

图 9-5　默认的 VRayLight 参数

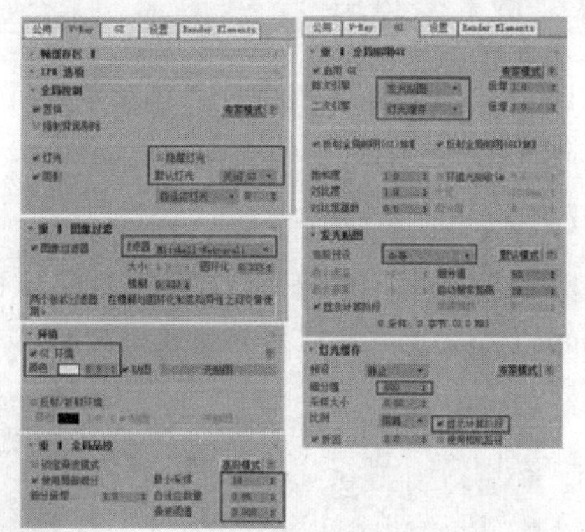

图 9-6　设置 VRay 渲染器参数

Steps 03 VRay 渲染器参数调整完成后，按键盘上的<C>键进入摄影机视图，单击【渲染】按钮得到如图 9-7 所示的渲染结果，可以看到渲染图像中灯光亮度过高，模型与材质细节难以观察到细节。

图 9-7　默认参数 VRayLight 的渲染结果

Steps 04 如图 9-8 所示调整相关参数即可改善灯光效果。下面对 VRayLight 的参数进行具体介绍。

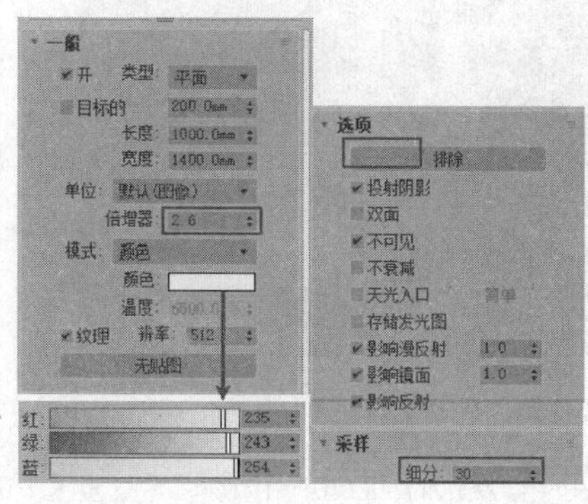


图 9-8　调整 VRayLight 参数后的渲染结果

## 9.1.1 【一般】参数组

VRayLight 的【一般】参数组具体参数设置如图 9-9 所示，该组参数控制 VRayLight 的开启、照射对象及灯光形态类型。

### 1. 【开】

该参数默认情况下处于勾选状态，取消该参数勾选则将如图 9-10 所示创建的【VRayLight】不会产生任何照明及投影效果。

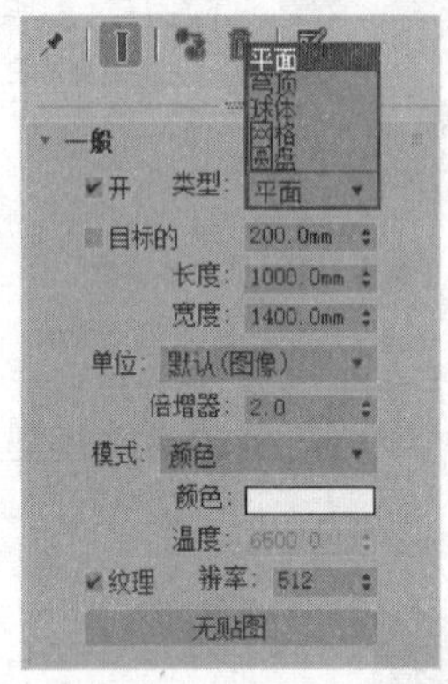


图 9-9 常规参数组设置

图 9-10 未勾选【开】参数的渲染结果

### 2. 【类型】

单击该参数后的下拉按钮，可以将灯光类型从默认的【平面】切换至如图 9-11 所示的【穹顶】类型或如图 9-12 所示的【球体】类型。对于这两种灯光参数的变化，将在后面内容中详细的穿插讲述。

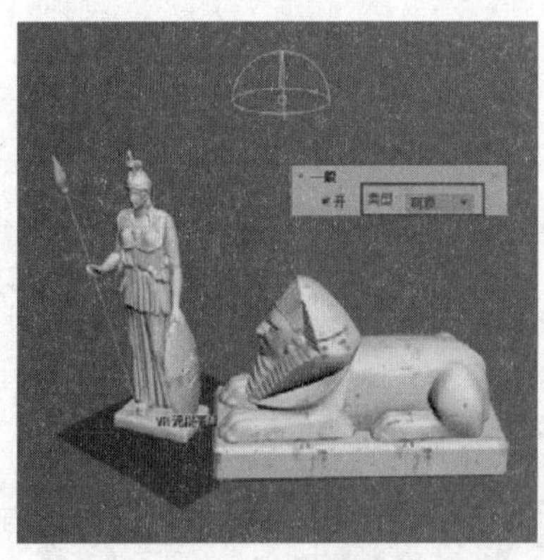

图 9-11 穹顶类型

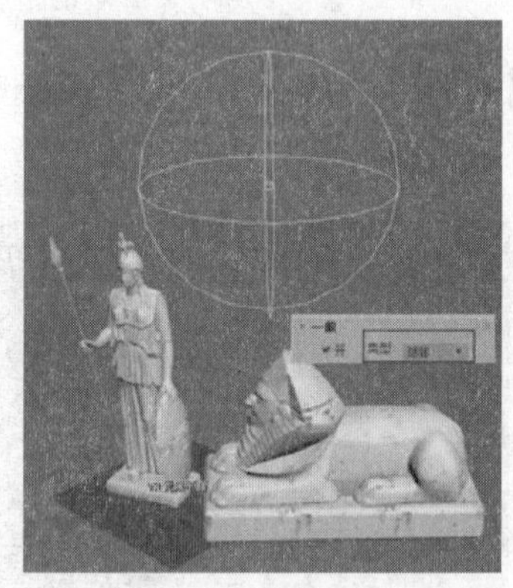

图 9-12 球体类型

**注 意:** 默认的 VRayLight 形状类型为【平面】，虽然在灯光创建完成后仍然可以切换灯光形状类型，但如果需要用到【穹顶】类型或是【球体】类型时，最好切换到对应类型后再进行灯光创建，这样才能更准确的定位灯光位置与大小。

### 3. 【尺寸】参数组

VRayLight 的【尺寸】参数组会随着 VRayLight 的【类型】的变换而产生如图 9-13 所示变化。

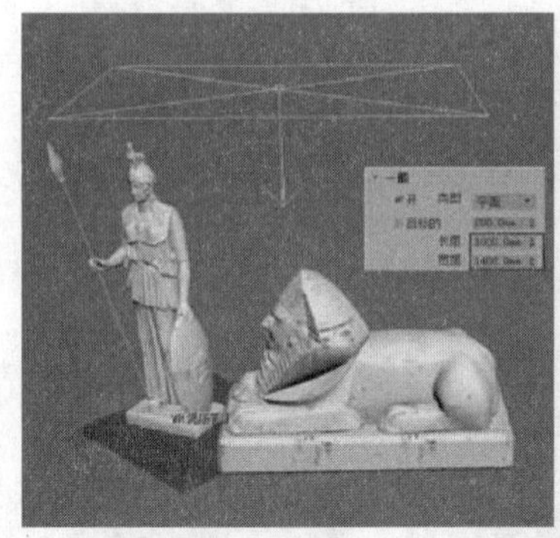

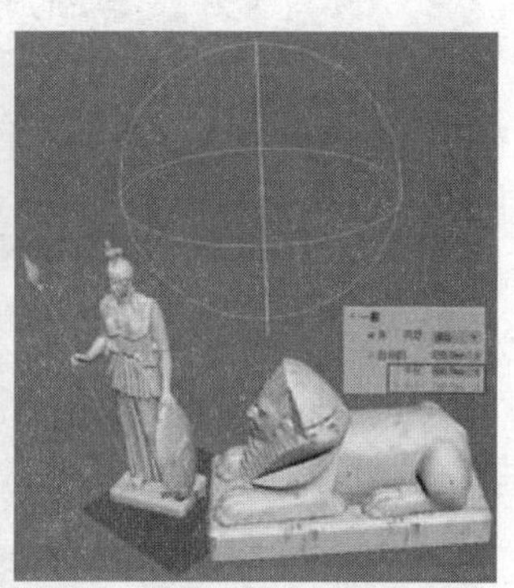

图 9-13 灯光类型对尺寸参数组的影响

当 VRayLight 为【平面】类型时，除了模拟常用的面光源外，还可以通过其【长度】与【宽度】参数如图 9-14 与图 9-15 所示调整线光源与点光源的效果。

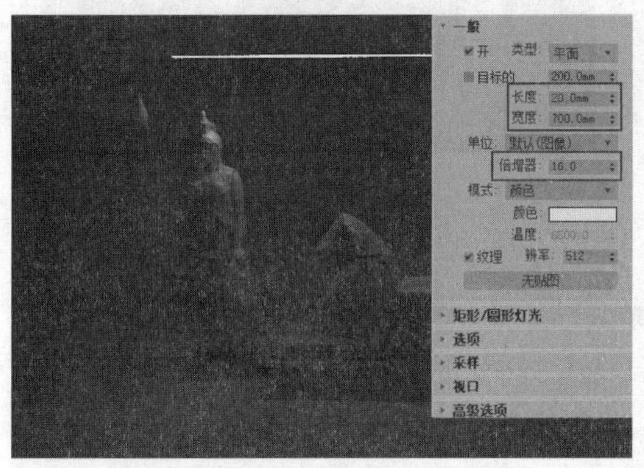


图 9-14 使用平面类型 VRayLight 模拟线光源

图 9-15 使用平面类型 VRayLight 模拟点光源

**技巧：** 由于灯光使用的是默认的【图像】单位，因此当其变成面积较小的线光源与点光源时，为了取得明显的发光效果，其【倍增器】需要对应的增大。

当 VRayLight 为【穹顶】类型时，其【尺寸】参数组呈灰色不可用的状态，此时灯光亮度只能通过【倍增器】后的数值大小进行控制，如图 9-16 与图 9-17 所示。

**技巧：** 【VRayLight】为【穹顶】类型时，灯光的创建通常在【顶视图】完成，这样灯光会自动紧贴地面生成，而灯光位于室内的任一位置均可。从图 9-16 与图 9-17 的渲染结果可以发现，【穹顶】类型的灯光自身形状并不能在渲染图像中显现，其能十分柔和地提高场景整体的亮度与色调，并不会形成投影效果，因此该类型灯光常用于模拟环境光或是作为补光用于改变渲染图像亮度或色调。

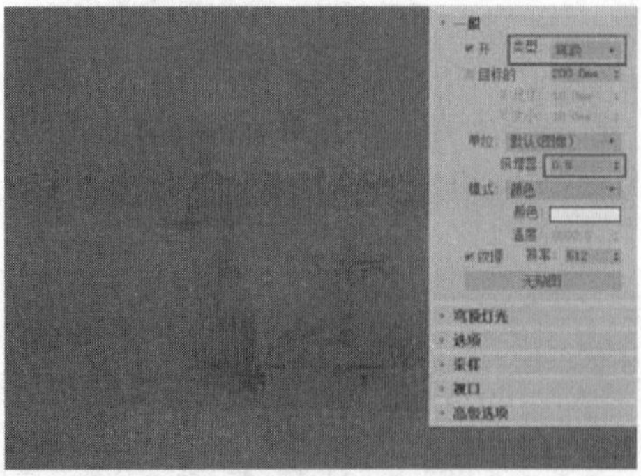

图 9-16　倍增器数值为 0.5 时穹顶类型 VRaylight 亮度

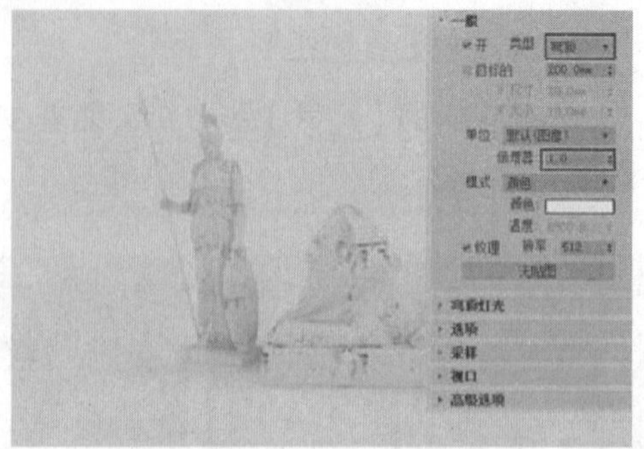

图 9-17　倍增器数值为 1.0 时穹顶类型 VRaylight 亮度

当 VRayLight 为【球体】时，其【尺寸】参数组将只有【半径】参数可用，如图 9-18 与图 9-19 所示，通过该参数的调整可以控制灯光自身大小与亮度。

图 9-18　半径值为 100.0 时球体类型 VRayLight 形状与亮度

图 9-19　半径值为 300.0 时球体类型 VRayLight 形状与亮度

技巧：【VRayLigh】为【球体】类型时，可以模拟现实中任何自身呈球状的灯光效果，如太阳光、台灯灯光等，而通过接下来介绍的【选项】参数组的调整，能控制出十分理想的灯光细节。

## 4. 【单位】

该参数控制灯光以何种单位进行倍增变化，调整【倍增器】数值后，以默认【图像】单位获得的图像效果如图 9-20 所示，切换至其他单位所渲染得到的图像分别如图 9-21~图 9-24 所示。

图 9-20　以默认【图像】为单位

图 9-21　以【发光功率】为单位

图 9-22　以【亮度】为单位

图 9-23 以【辐射率】为单位的渲染结果

图 9-24 以【辐射】为单位的渲染结果

从以上的渲染结果中可以发现，当在默认【图像】单位下调整【倍增器】数值取得比较理想的灯光效果后，转换至其他任何单位，系统首先都会自动计算出对应的【倍增器】数值，但最终的渲染结果中所产生的变化十分有限。下面是这 5 个单位的具体定义。

- 【图像】：该单位下以图像自身的亮度为基准。首先任意设定一个数值，通过渲染测试其亮度效果，然后根据该亮度进行调整。如图 9-25 与图 9-26 所示该单位下灯光的强度与灯光的尺寸大小有关。

图 9-25 【图像】单位大尺寸灯光效果

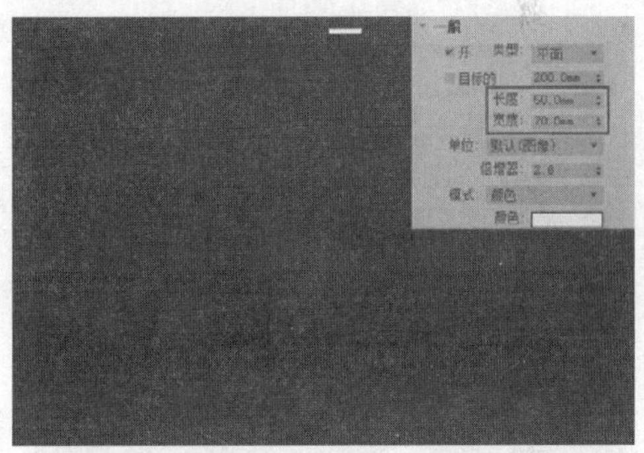
图 9-26 【图像】单位下小尺寸灯光效果

- 【发光功率】：该单位下设定的数值表示光源发射的总发光量。因此当【倍增器】数值一定时，如图 9-27 与图 9-28 所示，在该单位下灯光的尺寸大小对总体的亮度影响不大，但会影响到材质表面的高光大小、反射以及衰减等特征（如灯光尺寸越小，光束越集中，被灯光垂直照射区域高光越亮）。

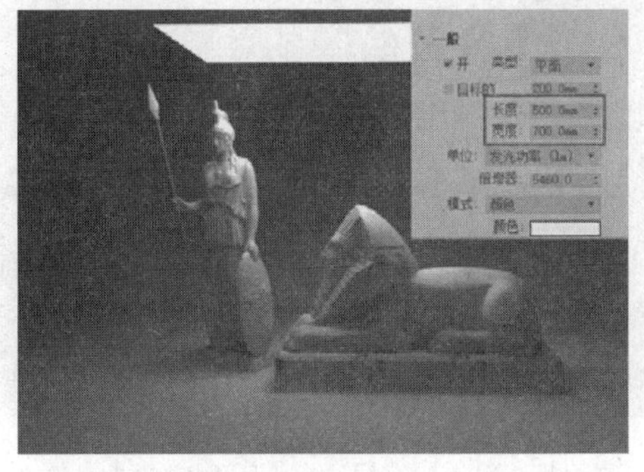
图 9-27 【发光功率】单位大尺寸灯光效果

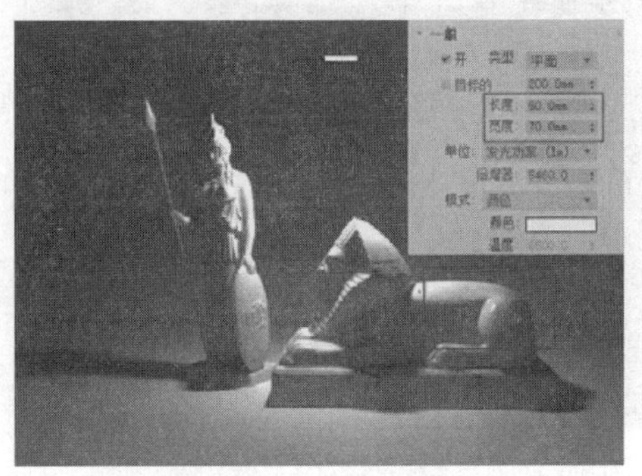
图 9-28 【发光功率】单位小尺寸灯光效果

- 【亮度】：该单位表示物体表面亮度（灰度）大小，如图 9-29 与图 9-30 所示使用该单位时灯光的强度与尺寸大小有关（呈比例关系）。

图 9-29 【亮度】单位大尺寸灯光效果

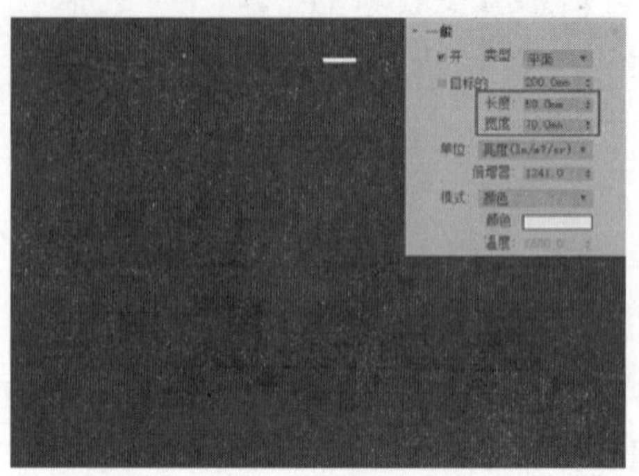


图 9-30 【亮度】单位小尺寸灯光效果

- 【辐射率】：该单位通常以 W【瓦特】测定灯光亮度，因此当【倍增器】数值一定时，如图 9-31 与图 9-32 所示使用该单位时灯光尺寸对整体亮度影响不大，与以【发光功率】为单位时产生的变化类似。

图 9-31 【辐射率】单位大尺寸灯光效果

图 9-32 【辐射率】单位小尺寸灯光效果

- 【辐射】：该单位表示发光物体单位面积垂直向下的发光量，因此如图 9-33 与图 9-34 所示灯光的尺寸大小能直接影响到整体的亮度。

图 9-33 【辐射】单位大尺寸灯光效果

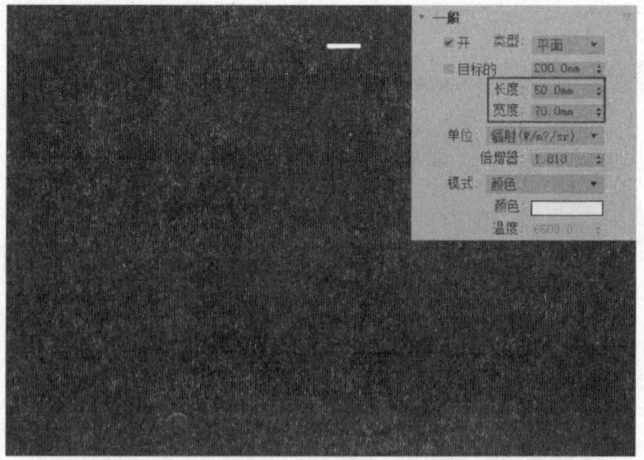


图 9-34 【辐射】单位小尺寸灯光效果

5. 【颜色】

通过单击【颜色】参数后的“颜色通道”色块可直接设置灯光的发光颜色，如图 9-35 与图 9-36 所示。

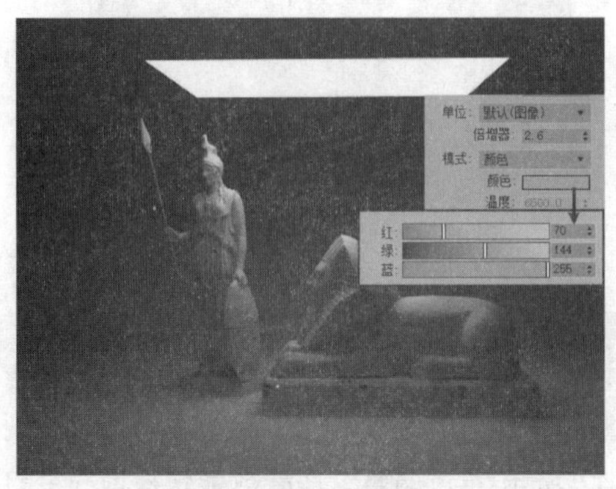


图 9-35　蓝色调冷色灯光效果

图 9-36　桔色调暖色灯光效果

注 意：通过“颜色通道”设置的颜色一般而言只是光线在受光物体表面上呈现的颜色，而灯光自身的颜色由于亮度的原因会产生或大或小的偏差，因此在制作光带效果时，为了准确表达出灯带的发光时的颜色，最好使用发光材质进行表现。

6. 【倍增器】

如图 9-37 与图 9-38 所示，通过设定【倍增器】参数后的数值可以调整灯光的强度大小。

图 9-37　倍增器数值为 2.6 时灯光的强度

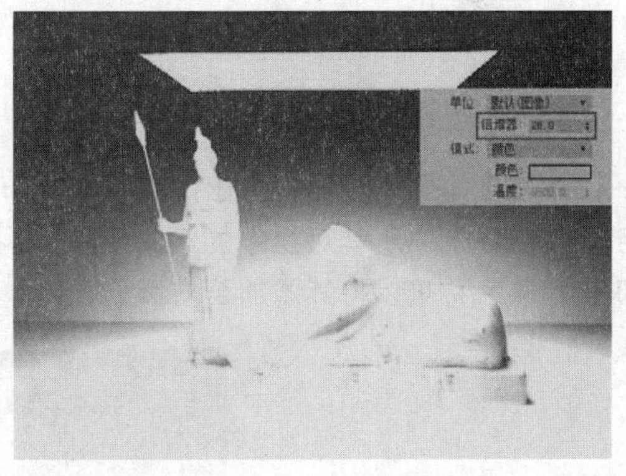


图 9-38　倍增器数值为 26.0 时灯光的强度

技 巧：当灯光自身颜色亮度较高时，即使曝光过度，灯光的颜色只会变成高亮的色调，如图 9-37 与图 9-38 所示，而当使用亮度较低的颜色时，灯光强度如果过高，则灯光颜色有可能在曝光区域变成纯白色，如图 9-39 与图 9-40 所示。

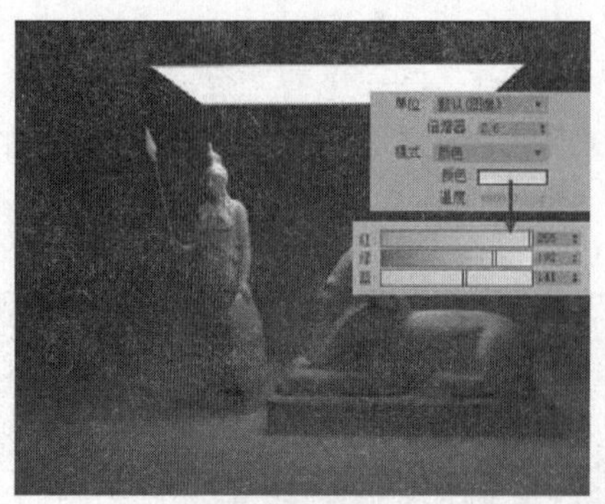

图 9-39　低亮度颜色合适灯光亮度效果

图 9-40　低亮度颜色曝光过度效果

## 9.1.2【选项】参数组

VRayLight 灯光的【选项】参数组的具体参数设置与默认参数勾选状态如图 9-41 所示，保持默认的勾选状态，灯光的渲染结果如图 9-42 所示.通过调整这些参数能快捷地改变灯光的特征。

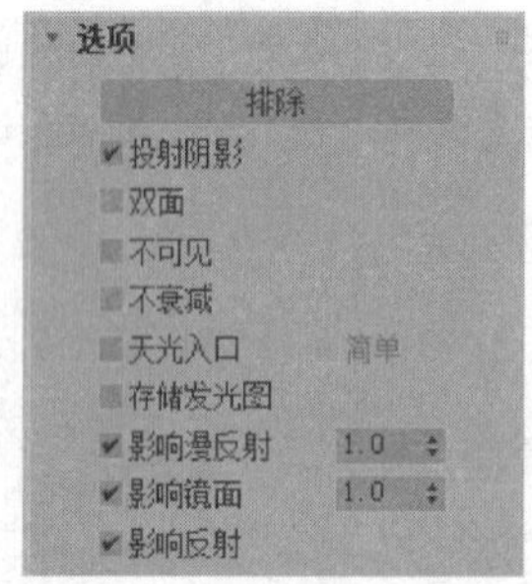


图 9-41　VRayLight 选项参数组

图 9-42　默认选项参数下灯光的渲染效果

### 1.【排除】

单击【排除】按钮将弹出如图 9-43 所示的【排除/包含】对话框，在其左侧的列表显示了当前场景中所有可操作的对象名称，选择对象名称后单击对话框中部的 >> 按钮或直接双击对象名称可以将其添加至右侧列表内。

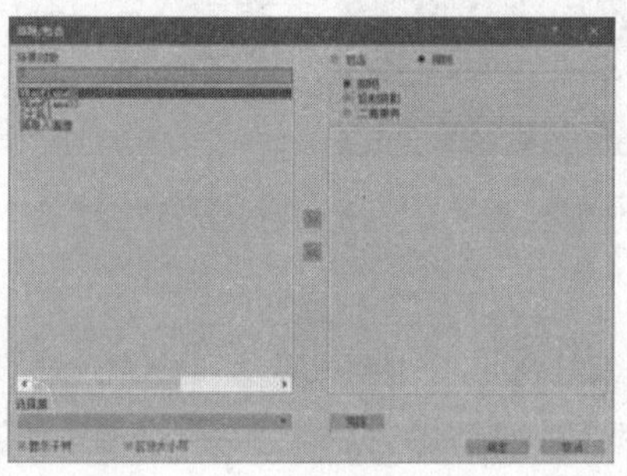

图 9-43　【排除/包含】对话框

当对象添加至右侧列表后，通过其右上角的【包含】或【排除】参数便可以控制灯光对该对象的【照明】、【投射阴影】以及【二者兼有】的灯光影响，接下来进行介绍。

将场景中【士兵】添加至【排除】列表，并保持默认的【二者兼有】参数，如图 9-44 所示渲染完成后，可以看到在渲染结果中【士兵】模型没有接受到灯光直接照明效果，同时没有投影效果。

注意：灯光所调整的【排除】或是【包含】只影响灯光的直接照明效果，因此在图 9-44 中【士兵】模型受灯光【间接照明】以及环境光的影响仍然存在。如果此时关闭场景中【启用 GI】选项后再进行渲染将得到如图 9-45 所示的效果。

图 9-44　排除士兵模型的照明与投影

图 9-45　关闭【启用 GI】后的渲染效果

如果将此时默认的【排除】选项切换【包含】选项，渲染则产生如图 9-46 所示效果。从图中可以看到此时灯光只对【士兵】模型进行单独的照明与投影。

切换回【排除】选项，然后选择【照明】参数，渲染得到如图 9-47 所示的结果，可以看到【士兵】模型没有得到灯光的【直接照明】，仅对其投射了阴影。

技巧：当场景中存在多个对象时，如果此时要排除多个对象的照明，可以双击选择不需要排除照明的少数对象名称，然后将默认的【排除】参数切换【包含】，以较少的操作步骤完成同样的效果。

图 9-46　切换至包含选项后的渲染效果

图 9-47　选择【照明】参数后的渲染效果

保持【排除】选项，然后选择【投射阴影】，渲染得到如图 9-48 所示的结果。可以看到【士兵】模型接受到了灯光的【直接照明】，但没有产生相应的投影效果。如图 9-49 所示是其细节的放大与图 9-47 中相同区域细节放大的效果。

图 9-48　选择投射阴影参数后的渲染效果

图 9-49　阴影细节对比效

### 2.　【投射阴影】

【投射阴影】参数控制灯光对场景中是否对所有物体对象进行投影，取消该复选框的勾选将得到如图 9-50 所示的渲染图像，可以看到模型对象没有任何投影效果。

### 3.　【双面】

默认参数下【平面】类型的 VRayLight 只在其法线方向(即灯光箭头所指方向)产生单面的照明效果，勾选【双面】复选框后在进行渲染时将产生如图 9-51 所示对前后两面均产生直接照明的效果。

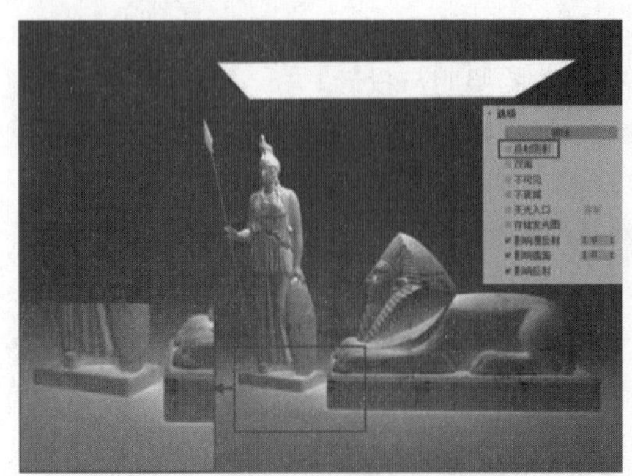

图 9-50　【投射阴影】对灯光投影的影响

图 9-51　勾选【双面】对灯光照明效果的影响

### 4.　【不可见】

如前面的渲染图片中所示，默认情况下灯光自身的形状（【穹顶】类型灯光除外）在渲染图像中是可见的。勾选【不可见】复选框后如图 9-52 所示灯光自身形状在渲染图像中将被隐藏，仅保留其发光与投影效果，因此在工作中该复选框常被勾选。

### 5.　【不衰减】

默认情况下灯光将在法线方向一侧由近至远产生灯光由强至弱直至消失的衰减现象。勾选【不衰减】后灯光的渲染效果如图 9-53 所示，可以看到在灯光法线方向一侧产生了亮度恒定的照明效果。

图 9-52 勾选【不可见】对灯光效果的影响

图 9-53 勾选【不衰减】对灯光效果的影响

### 6. 【天光入口】

勾选【天光入口】后，VRayLight 的【倍增器】以及之前介绍的【选项】参数将失去独立调整的能力，如图 9-54 所示渲染将不会产生光影效果。

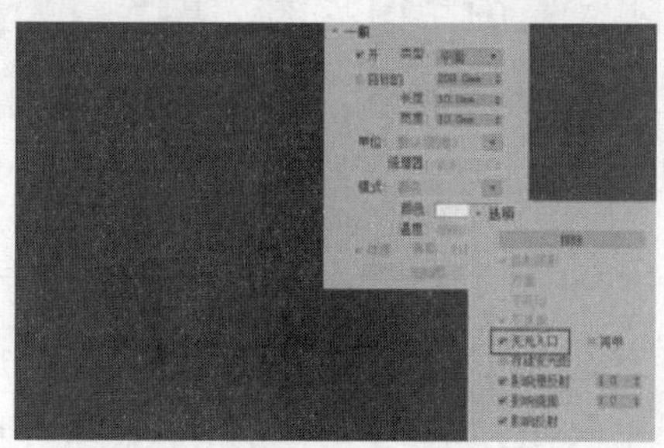

图 9-54 勾选【天光入口】对灯光效果的影响

此时通过 VRay 渲染器【环境】卷展栏可以进行场景亮度的提高，如图 9-55 所示。

如果删除此时的 VRayLigth 灯光仅保留环境光渲染将得到如图 9-56 所示的效果。对比两张图片的细节可以发现此时 VRayLight 对场景产生的影响已经十分微弱。

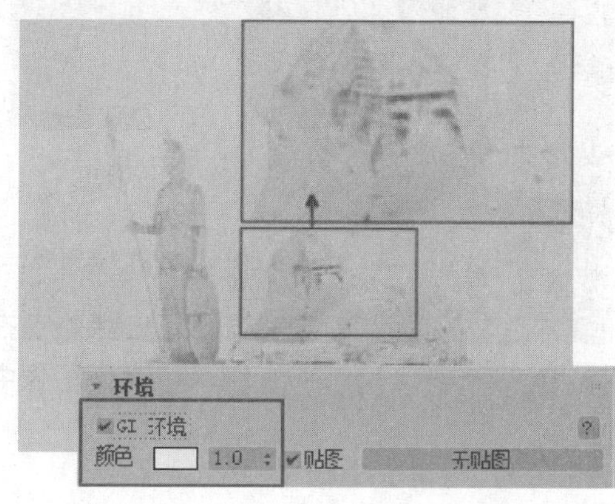


图 9-55 通过环境天光与 VRayLight 提高场景亮度

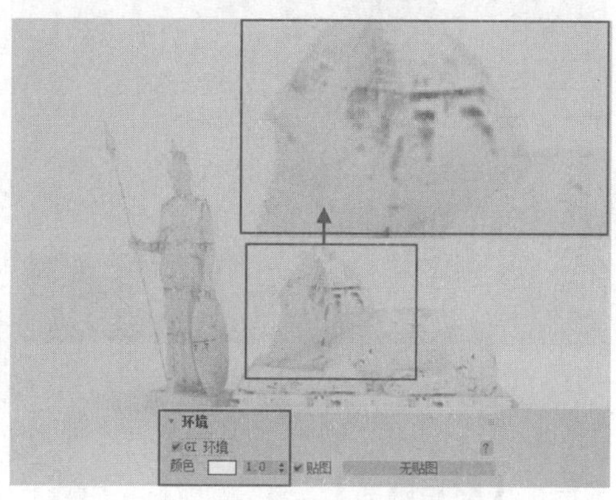


图 9-56 仅环境天光照明得到的渲染效果

### 7. 【存储发光图】

当场景的【全局光照】使用了【发光贴图】引擎时，如果勾选【存储发光图】参数，则在相关的光照信息计算时场景中的 VRayLight 的相关数据将被同时计算且保存，在下一次进行重复计算时被保存的数据将被重新利用，以达到节省计算时间的目的，对比图 9-57 与图 9-58 可以发现这样虽然能节省到渲染时间，但图像中的阴影细节会变得模糊，明暗过渡显得十分平缓。

图 9-57 未勾选【存储发光图】的渲染效果及耗时

图 9-58 勾选【存储发光图】的渲染效果及耗时

### 8. 【影响漫反射】

【影响漫反射】复选框默认为勾选状态，对比如图 9-59 与图 9-60 所示的渲染效果可以发现，取消勾选后，场景中只有【士兵】模型手中兵器具有的反射效果，以及【狮身人面像】模型具有折射效果反映出了 VRayLight 直接照明的效果，对不具反射/折射只具有【漫反射】颜色的【士兵】躯体模型以及地面、背景均不再产生任何直接照明效果。

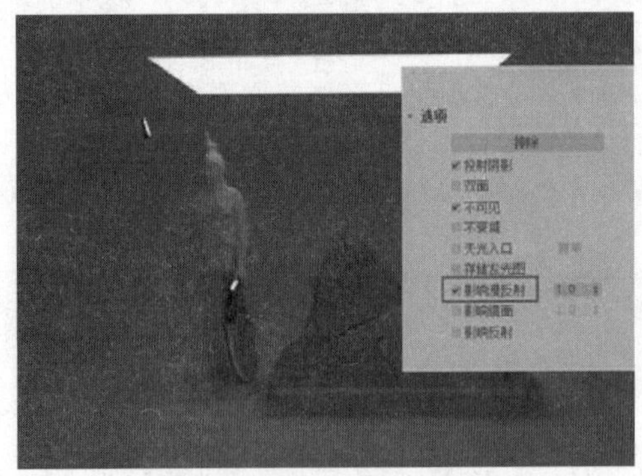


图 9-59 勾选【影响漫反射】的渲染结果

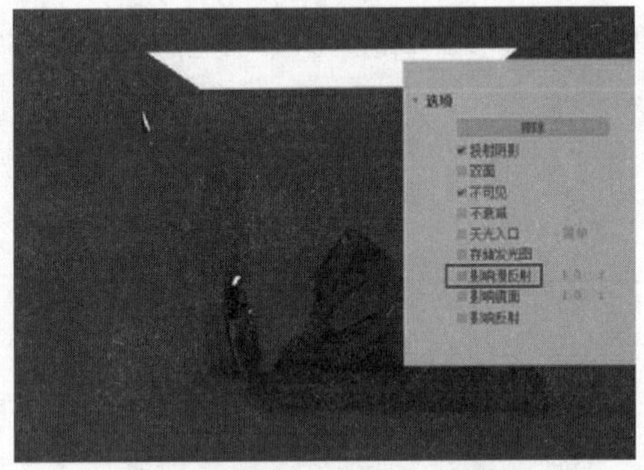


图 9-60 未勾选【影响漫反射】的渲染结果

### 9. 【影响镜面】

默认参数下该项参数为勾选状态，取消该参数的勾选后场景中材质极细微的高光反射细节将被忽略，除非是进行极细微的高光反射特写的渲染表现，否则该项参数勾选与否都不会对图像产生可观察到的影响，仅在渲染时间上产生极小的差异。

10. 【影响反射】

默认参数下【影响反射】参数为勾选状态。对比如图 9-61 与图 9-62 的渲染结果可以发现取消该参数的勾选后，场景中【士兵】模型手中具有的反射能力的兵器将不再体现直接照明的反射效果。

图 9-61　勾选【影响反射】的渲染结果

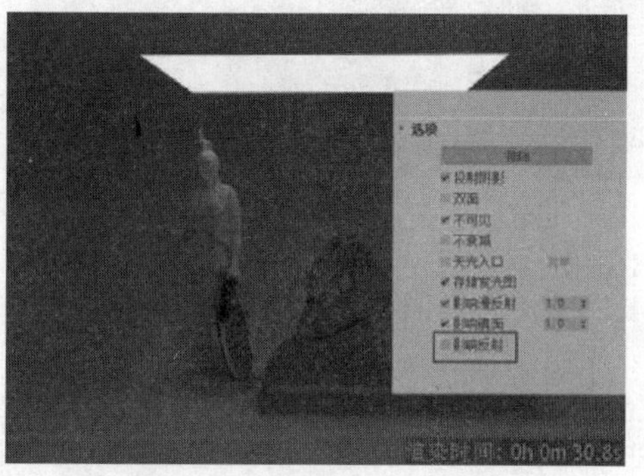

图 9-62　未勾选【影响反射】的渲染结果

技巧：在渲染时对反射效果的计算往往耗费较多的时间，因此当场景中有较多的灯光时，物体表面的反射计算就会变得复杂起来。为了提高渲染速度，可以取消其中一些辅助灯光、补光的【影响反射】参数的勾选，同时材质反射面也会显得整洁一些。

## 9.1.3 【采样】参数组

VRayLight 的【采样】参数组具体参数设置如图 9-63 所示，该组参数主要控制由 VRayLight 产生的阴影的品质高低以及其阴影偏移量等细节效果。

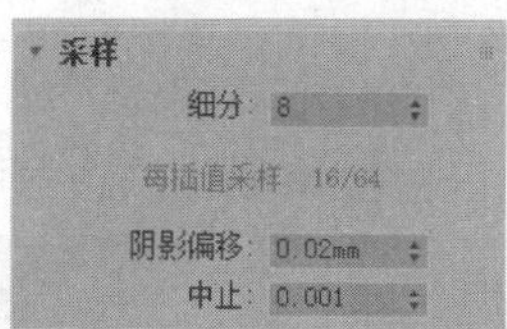


图 9-63　【采样】参数组

1. 【细分】

通过【细分】数值的高低可以从灯光自身的角度控制渲染图像中的噪点、光斑等品质问题，如图 9-64 与图 9-65 所示该参数值设置越高图像质量越好，但同时也会增加渲染计算时间。

技巧：高数值的【细分】能得到较高的渲染图像质量，但同时也会耗费更多的计算时间，在实际的工作中当并非进行最终渲染时，该数值一般保持为默认的 8，而最终渲染时则可以根据 VRayLight 影响面积大小进行调整，一般不会超过 30。

图 9-64 低细分渲染图像质量及耗时

图 9-65 高细分渲染图像质量及耗时

### 2. 【阴影偏移】

【阴影偏移】参数设定大小如图 9-66 与图 9-67 所示控制着阴影与投影物体之间的距离远近，在工作中保持其默认的参数值即可。

图 9-66 阴影偏移量为 0.01mm 时的阴影效果

图 9-67 阴影偏移量为 100.0mm 时的阴影效果

### 3. 【中止】

【中止】参数控制 VRayLight 照明的细节深浅，如图 9-68 与图 9-69 所示该参数设置越大，灯光的照明效果越容易中止，在工作中保持该参数的数值为默认设置即可。

图 9-68 中止值为 0.001 时的渲染效果

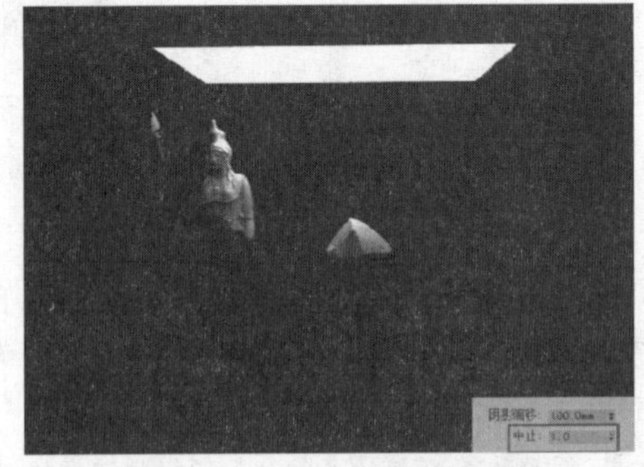

图 9-69 中止值为 1.0 时的渲染效果

注 意：当【中止】设置的数值必须小于 VRayLight 在【倍增器】中设置的数值，否则灯光不会形成任何照明效果。

## 9.2 VRayIES

【VRayIES】是 VRay 渲染器新推出的一种灯光类型，该种灯光具体的参数设置如图 9-70 所示，通过加载光域网文件可以制作如图 9-71 所示的筒灯光束效果。

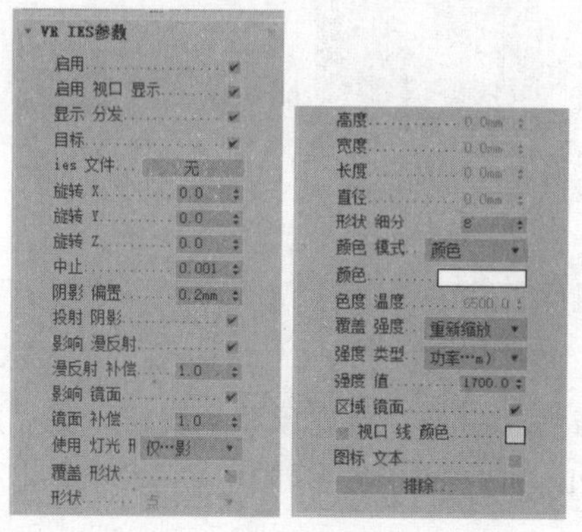


图 9-70　VRayIES 具体参数设置

图 9-71　使用 VRayIES 模拟出的灯光效果

### 9.2.1 【启用】

【启用】参数控制 VRayIES 是否启用。默认参数下其为勾选，取消勾选则如图 9-72 所示该盏 VRayIES 不产生任何效果。

### 9.2.2 【目标】

【目标】参数控制 VRayIES 是否利用目标点进行灯光方向与角度的控制。默认为勾选状态，取消勾选后灯光的方向与角度将只能如图 9-73 所示通过旋转灯光自身进行控制。

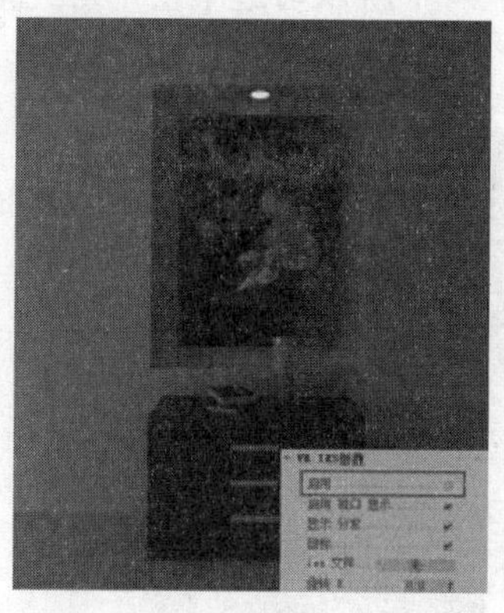

图 9-72　取消勾选【启用】的渲染效果

图 9-73　使用旋转工具调整 VRayIES 朝向

默认的 VRayIES 灯光渲染结果如图 9-74 所示，单击其下的 无 按钮，如图 9-75 所示加载光域网文件进行发光效果的控制，渲染后可以得到如图 9-71 所示的光束效果。

图 9-74 默认 VRayIES 光束效果

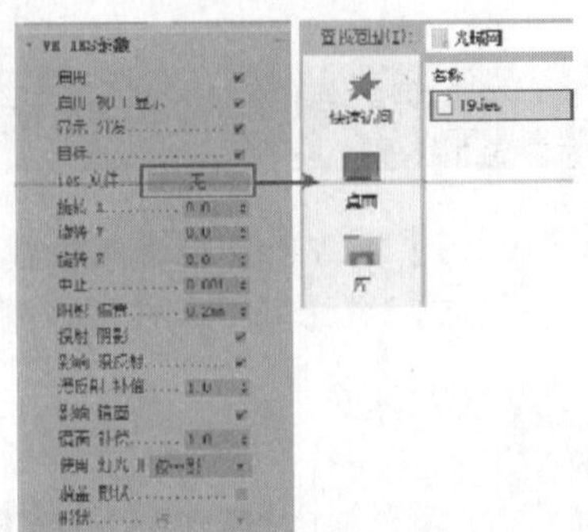

图 9-75 为 VRayIES 添加光域网文件

## 9.2.3【中止】

【中止】参数控制 VRayIES 灯光的结束值。当灯光由于衰减现象其亮度低于其后所设定的数值时其照明效果将被结束，该参数与 VRayLight 中的同名参数意义完全一致。

## 9.2.4【阴影偏置】

【阴影偏置】控制 VRayIES 灯光投影与投影物体的距离，该参数与 VRayLight 中的同名参数意义完全一致。

## 9.2.5【投射阴影】

该参数控制 VRayIES 是否启用投影效果，默认参数下其为勾选产生投影效果。

## 9.2.6【使用灯光形状】

当 VRayIES 加载了光域网文件时，如图 9-76 与图 9-77 所示勾选【使用灯光形状】复选框将产生的光束效果表现得更为明显。

图 9-76 默认 VRayIES 光束效果

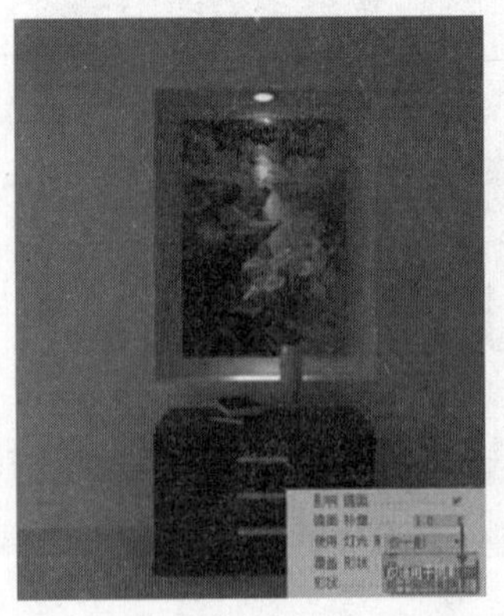

图 9-77 为 VRayIES 添加光域网文件

### 9.2.7【形状细分】

【形状细分】参数类似于 VRayLight 中的【细分】参数，用于控制灯光以及投影效果的品质。

### 9.2.8【颜色模式】

通过选择【颜色模式】后的下拉按钮可以切换色彩模型为【颜色】或【温度】。

- 选择【颜色】模式时，VRayIES 将通过其下的“颜色通道”进行灯光颜色的控制。
- 选择【温度】模式时，VRayIES 将通过其下的【色度温度】参数值进行灯光颜色的控制。

### 9.2.9【功率】

当【强度类型】选择为【功率（lm）】，通过调整下方【强度值】后的数值可以调整 VRayIES 的灯光强度。

## 9.3 VRaySun

VRaySun【VRay 阳光】功能十分强大，利用它可以十分灵活地模拟晴朗的天气下各个时间段的阳光氛围。接下来我们首先介绍 VRaySun【VRay 阳光】的创建方法。

打开配套资源中本章文件夹中的“VRaySun 测试.max”文件，如图 9-78 所示可以看到这是一个简单的室外建筑场景。

按<T>键切换到【顶视图】，然后单击按钮进入灯光创建面板，如图 9-79 所示选择至 VRay 类型，然后单击 VRaySun【VRay 阳光】创建按钮，在顶视图中拖动鼠标创建一盏 VRaySun【VRay 阳光】。

**技巧：** 当单击 VRaySun【VRay 阳光】创建按钮，在顶视图中拖动鼠标创建灯光时，鼠标落下处将生成灯光，拖动结束处将生成灯光目标点，而当灯光创建完成时将自动弹出如图 9-79 中的对话框询问“是否自动添加 VRaysky【VRay 天光】环境贴图时”，为了尽可能地不影响到 VRaysun【VRay 阳光】的参数测试结果，这里选择“否”。

图 9-78 打开 VRaySun 测试场景

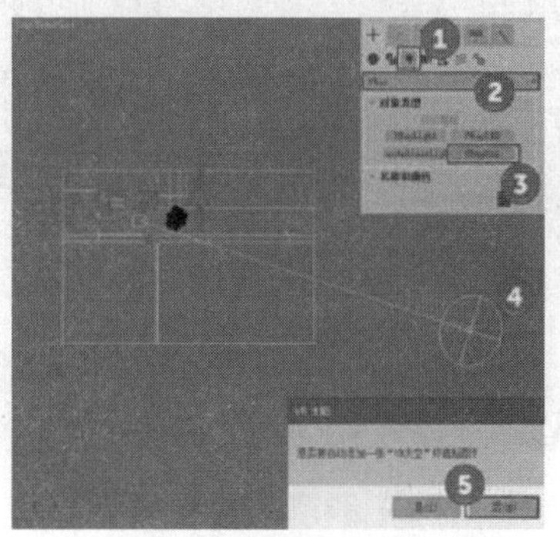



图 9-79 创建 VRaySun

在【顶视图】中创建 VRaySun【VRay 阳光】后，还需切换到【左视图】或是【前视图】，如图 9-80 所示根据所表现的时间段氛围调整好灯光的高度与角度。VRaySun【VRay 阳光】具体参数设置如图 9-81 所示，接下来对各个参数进行详细的介绍。

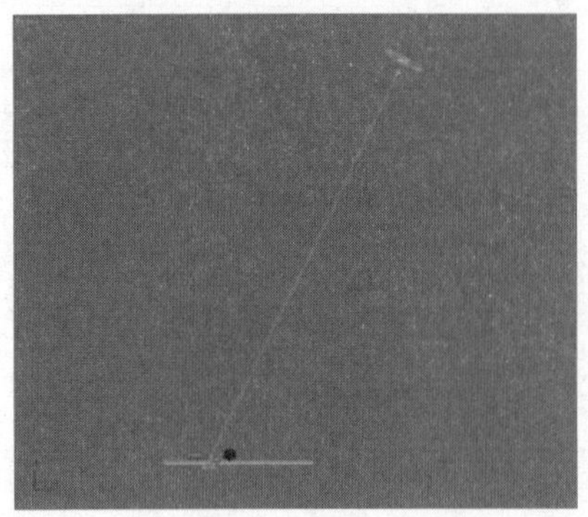
图 9-80　调整 VRaySun 的高度与角度

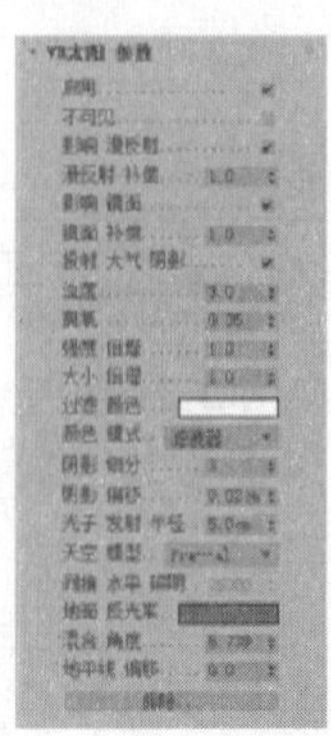
图 9-81　VRaySun 参数设置

## 9.3.1【启用】

勾选该参数后场景中所创建的【VRay 阳光】才能产生光影效果，与 VRayIES 中的同名参数意义完全一致。

## 9.3.2【不可见】

此处的【不可见】参数控制 VRaySun【VRay 阳光】是否在渲染中虚拟为球体。

## 9.3.3【浊度】

【浊度】控制大气中浮尘的浑浊度。如图 9-82 与图 9-83 所示在同一灯光强度下随着该参数值的升高，浮尘越混浊，因此渲染图像中光线变得越来越昏暗，色彩也偏向黄色。

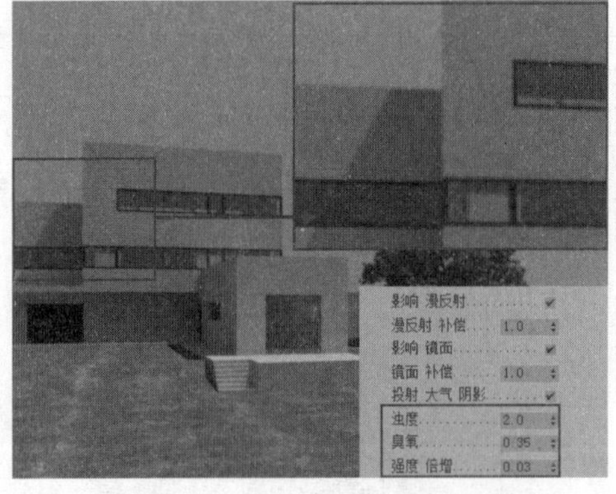

图 9-82　浊度为 2.0 的渲染效果

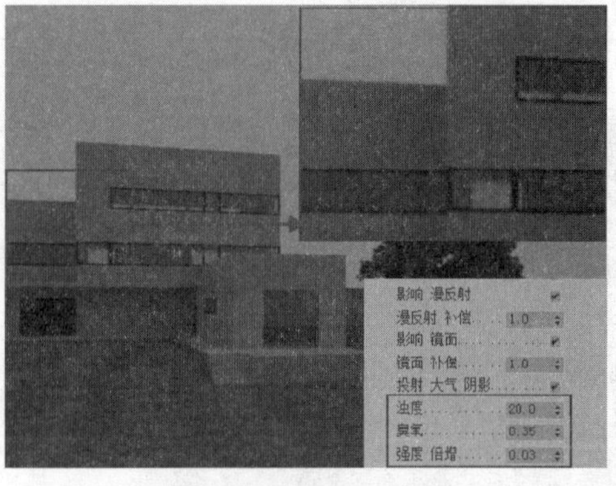

图 9-83　浊度为 20.0 的渲染效果

技巧：由于【浊度】能使光线颜色偏向黄色，因此在进行黄昏效果的表现时，可以将其数值略微提高，以体现黄昏阳光的色彩特点。

## 9.3.4 【臭氧】

【臭氧】参数控制的是大气中臭氧的厚度。如图 9-84 与图 9-85 所示在同一灯光强度下随着该参数值的升高，臭氧增厚，渲染图像中光线亮度将有轻微的减弱，而颜色氛围偏向蓝色。

图 9-84　臭氧数值为 0.1 时的渲染效果

图 9-85　臭氧数值为 1.0 时的渲染效果

技巧：区别于【浊度】参数的改变对于灯光强度与氛围颜色的强烈影响，【臭氧】参数所带来的改变十分微弱，因此在工作中很少通过调整该参数进行效果的改善，常保持默认数值即可。

## 9.3.5 【强度倍增】

【强度倍增】参数用于控制 VRaySun【VRay 阳光】的强度.如图 9-86 与图 9-87 所示略微增大该参数值即可在灯光亮度上带来十分明显的改变，因此调整时不宜进行大幅度的参数升降。

图 9-86　强度倍增为 0.03 时的渲染效果

图 9-87　强度倍增为 0.05 时的渲染效果

## 9.3.6 【大小倍增】

【大小倍增】参数控制 VRaySun【VRay 阳光】的投影边缘的清晰度。如图 9-88 与图 9-89 所示数值越小投影越清晰，在室内效果图的制作中通常保持默认参数即可。

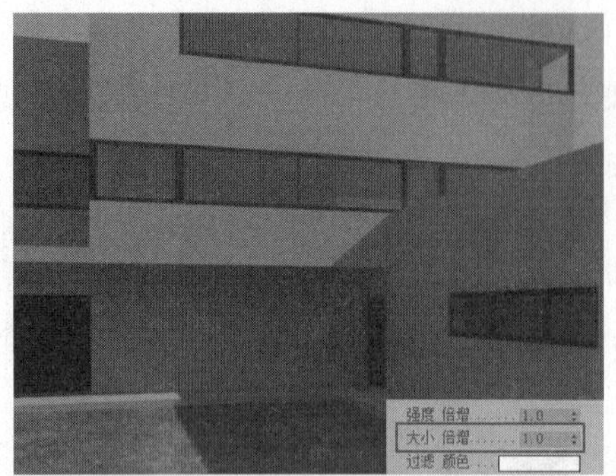

图 9-88　大小倍增为 1.0 时的渲染效果

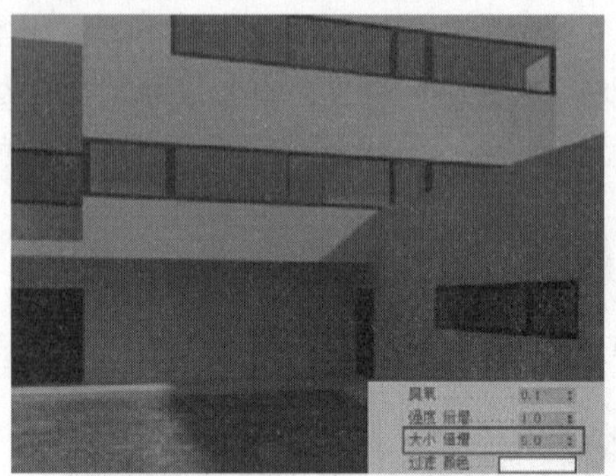

图 9-89　大小倍增为 5.0 时的渲染效果

技巧：当表现中午的氛围时，为了得到对应锐利的阴影边缘效果，VRaySun 的【大小倍增】不会有大的改变。而表现清晨或是黄昏氛围时，由于此时现实中阳光的阴影比较模糊，因此需要对应的将其数值增大以产生对应的阴影模糊边缘效果。

## 9.3.7 【阴影细分】

【阴影细分】参数用于控制 VRaySun 产生的阴影的质量，如图 9-90 与图 9-91 所示，该参数值设置越高阴影边缘产生的噪波越少。

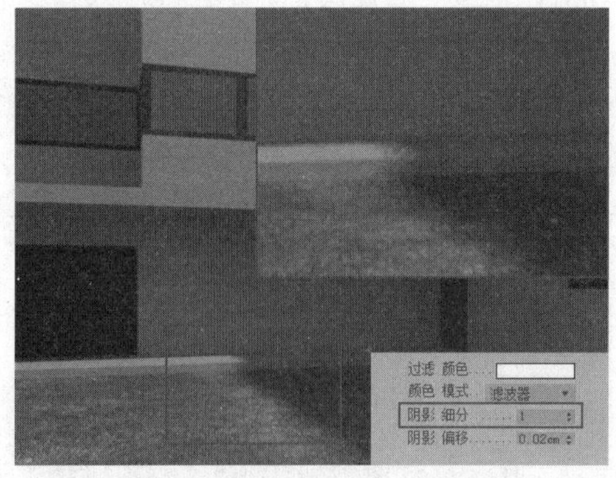

图 9-90　阴影细分为 1 时的渲染效果

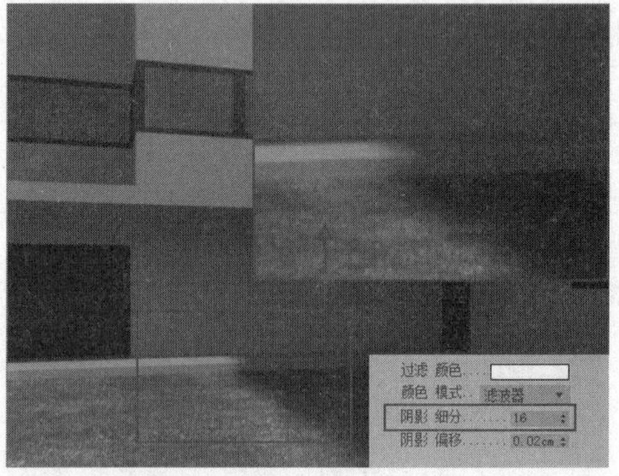

图 9-91　阴影细分为 16 时的渲染效果

## 9.3.8 【阴影偏移】

【阴影偏移】参数如图 9-92 与图 9-93 所示，通过其后的数值可以改变阴影相对投影物体位置的移动量，常保持默认的参数值。

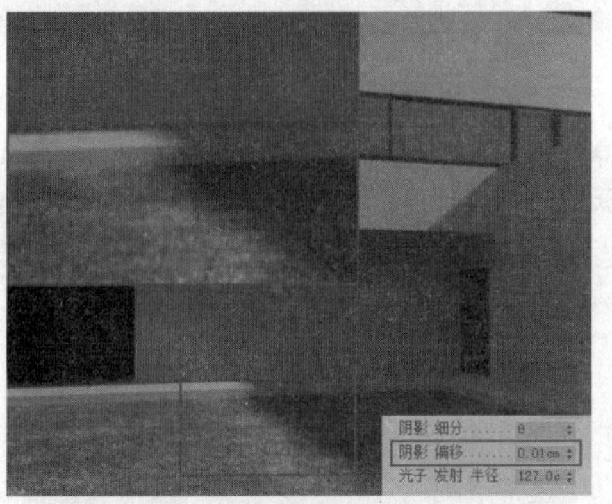


图 9-92　阴影偏移为 0.01cm 时的渲染效果

图 9-93　阴影偏移为 10.0cm 时的渲染效果

## 9.3.9 【光子发射半径】

【光子发射半径】参数如图 9-94 与图 9-95 所示.通过其后的数值控制 VRaySun【VRay 阳光】的光子发射半径大小，但其对灯光亮度的影响并不明显，通常保持其默认参数设置即可。

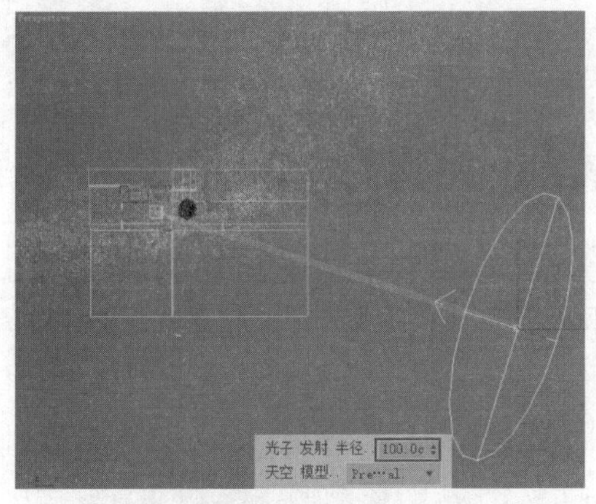


图 9-94　光子发射半径为 100.0 时的 VRay 阳光

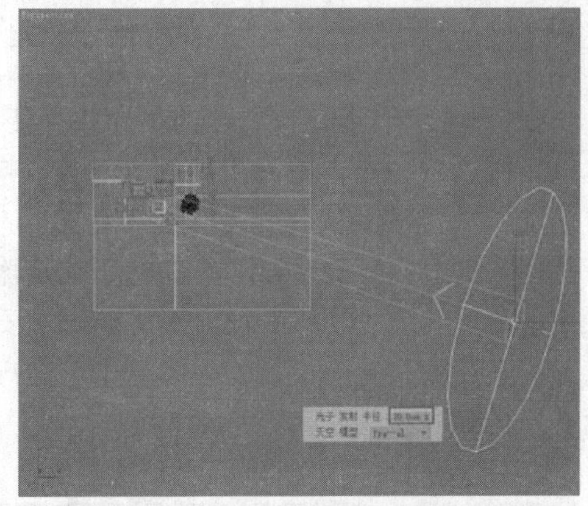

图 9-95　光子发射半径为 70.0 时的 VRay 阳光

## 9.3.10 【排除】按钮

【排除】按钮的作用与 VRayLigh 参数中的同名按钮功能与使用方法完全一致。

至此 VRaySun【VRay 阳光】的参数介绍完毕。观察图 9-82~图 9-87 可以发现此时无论【VRay 阳光】参数做出什么样的调整，天空背景以及环境光效果基本上都没有发生变化，因此接下来学习 VRaySky【VRay 天光】环境贴图以及其与【VRay 阳光】联动使用，模拟真实的阳光效果与天空环境效果的方法。

## 9.4 VRaySky 以及与 VRaySun 的联动使用

如图 9-96 所示在创建 VRaySun【VRay 阳光】时如果选择“是”，自动添加 VRaySky【VRay 天光】环境贴图。按<8>键打开 3ds Max 系统的【环境和效果】面板，可以发现在【环境贴图】中自动加载了默认参数【VRay 天光】环境贴图。默认参数下该贴图渲染得到如图 9-97 所示的渲染效果。观察可以发现，虽然天空及环境光整体效果并不理想，但图像的远近层次还是有所区分。

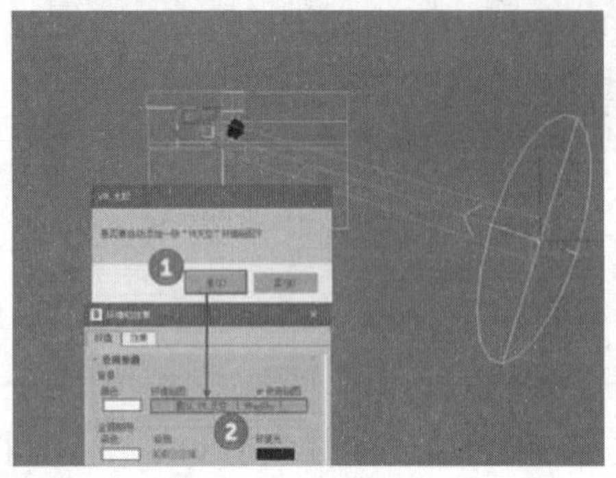

图 9-96　自动添加默认参数【VRay 天光】环境贴图

图 9-97　默认参数【VRay 天光】环境贴图渲染效果

注 意：在之前的渲染中为了避免出现黑色的天空背景，对【环境和效果】面板的 Color【颜色】进行了简单的调整。在添加 VRaySky【VRay 天光】环境贴图后，将取代之前设置的简单颜色效果。

【VRay 天光】环境贴图的参数并不能直接进行调整，首先需要如图 9-98 所示按<M>键打开材质编辑器，然后用鼠标左键按住 默认 VR 天空 （VRaySky） 按钮将其关联复制到一个空白材质球上。

再单击对应材质球，即可在材质编辑器下方观察到如图 9-99 所示的 VRaySky【VRay 天光】环境贴图的具体参数设置，双击材质球则可预览其大致颜色渐变与亮度效果。默认情况下其参数只有【指定太阳节点】可进行勾选，勾选后将激活其他参数。下面对这些参数进行详细介绍。

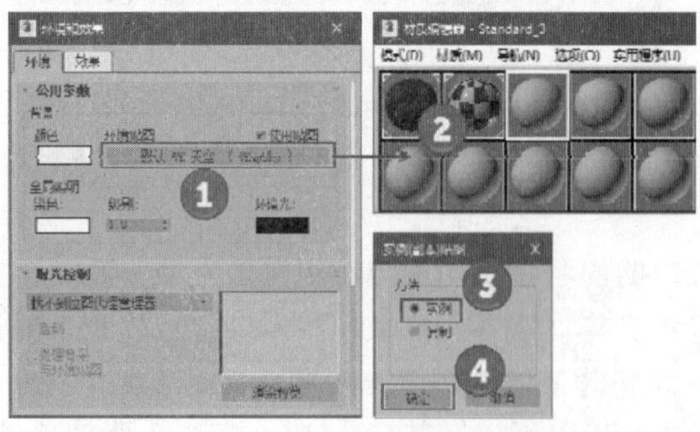

图 9-98　关联复制【VRay 天光】贴图至空白材质球

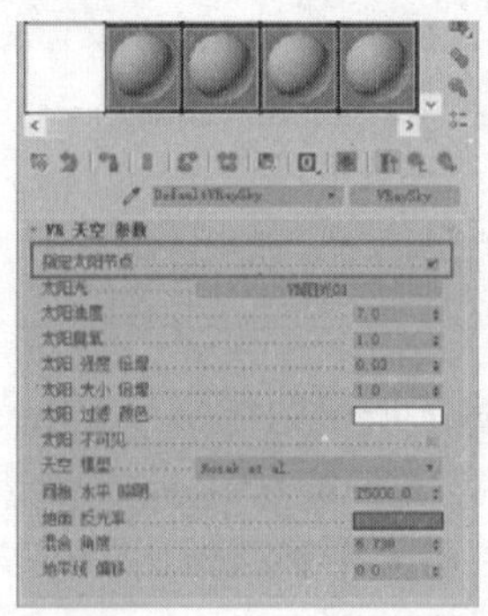

图 9-99 【VRay 天光】参数设置与预览效果

## 9.4.1 【太阳光】

【太阳光】参数用于 VRaySky【VRay 天光】环境贴图与 VRaySun【VRay 阳光】进行联动，如图 9-100 所示单击其后的矩形按钮再拾取场景创建好的【VRay 阳光】即可将两者进行关联。

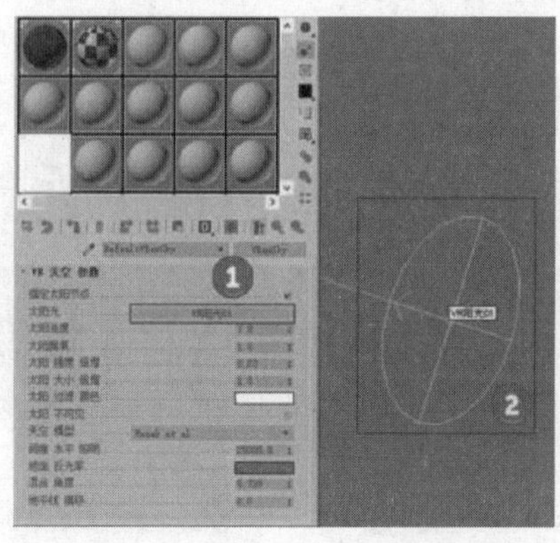

图 9-100　关联 VRay 阳光至 VRay 天光

将两者进行关联后，如图 9-101 所示调整【VRay 阳光】的位置即可对【VRay 天光】环境贴图的效果产生对应的影响。由于默认参数下【VRay 天光】环境贴图的【太阳强度倍增】参数为 1.0，渲染后可能得到如图 9-102 所示的效果。

为了得到合适的亮度，接下来首先了解与其相关的【太阳强度倍增】参数。

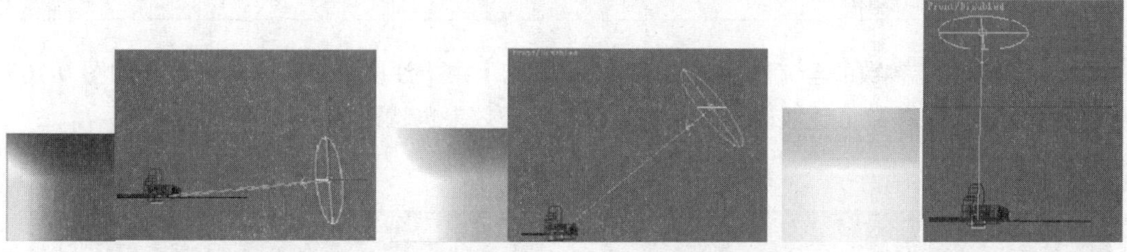

图 9-101　调整 VRaySun 联动调整 VRaySky 效果

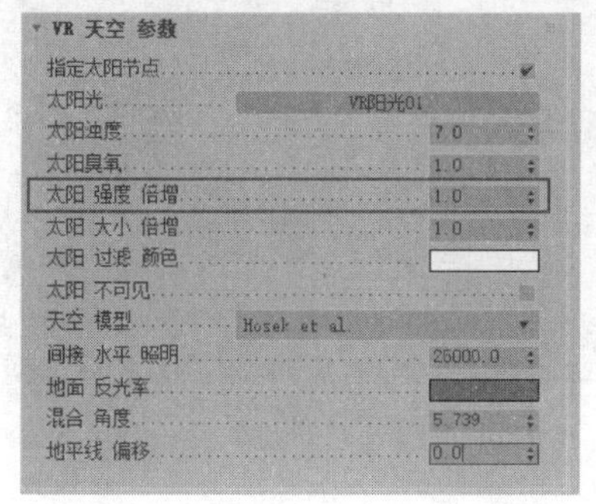

图 9-102　联动后默认 VRaySky 参数渲染效果

注意：VRaySky【VRay 天光】环境贴图通过【太阳光】参数后的矩形按钮能与场景中任何一盏灯光进行关联，但通常只与用于模拟室外阳光效果的灯光进行联动，以全面模拟阳光效果与天空环境。

## 9.4.2 【太阳强度倍增】

【太阳强度倍增】参数用于控制 VRay Sky【VRay 天光】环境贴图中模拟的阳光强度。如图 9-103 与图 9-104 所示，该参数值细微的调整同样能带来亮度上较大的改变。

图 9-103　太阳强度倍增为 0.03 时的效果

图 9-104　太阳强度倍增为 0.05 时的效果

技巧：当使用 VRaySun【VRay 阳光】与 VRaySky【VRay 天光】环境贴图联动进行灯光效果的制作时，通常先调整【VRay 阳光】产生合适的阳光光影效果，然后据此通过调整【VRay 天光】环境贴图获得理想的整体环境亮度。

## 9.4.3 【太阳浊度】

【太阳浊度】参数的含义与用法与【VRay 阳光】中【浊度】参数基本一致，如图 9-105 与图 9-106 所示，参数值越低，光线氛围越蓝，天空效果也越纯净蔚蓝。

图 9-105　太阳浊度为 2.0 时的渲染效果

图 9-106　太阳浊度为 12.0 时的渲染效果

## 9.4.4 【太阳臭氧】

【太阳臭氧】参数的含义与用法与【VRay 阳光】中的【臭氧】参数基本一致，主要用于调整光线氛围与天空背景的色调.如图 9-107 与图 9-108 所示,该参数的数值变化所体现的影响并不明显，因此常保持默认参数值即可。

图 9-107 太阳臭氧为 0.1 时的效果

图 9-108 太阳臭氧为 1.0 时的效果

## 9.4.5 【太阳大小倍增】

【太阳大小倍增】参数控制阳光投影的清晰度.如图 9-109 与图 9-110 所示该参数变化所带来的影响十分微弱，远不如 VRaySun【VRay 阳光】中【大小倍增】参数，变化所带来的影响强烈，此外其对图像的亮度会有轻微的影响，常保持其默认参数值即可。

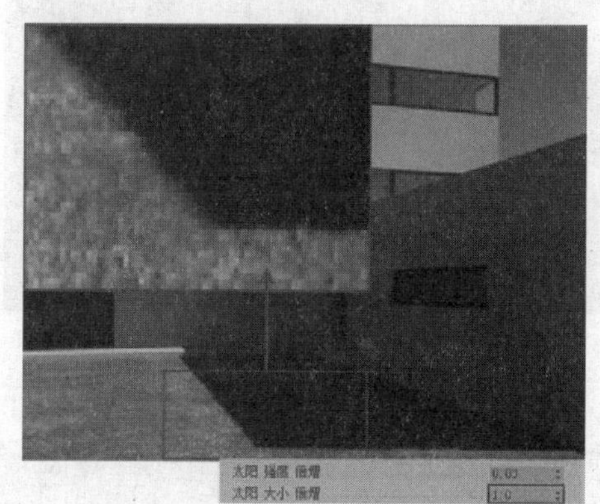


图 9-109 太阳大小倍增为 1.0 时的效果

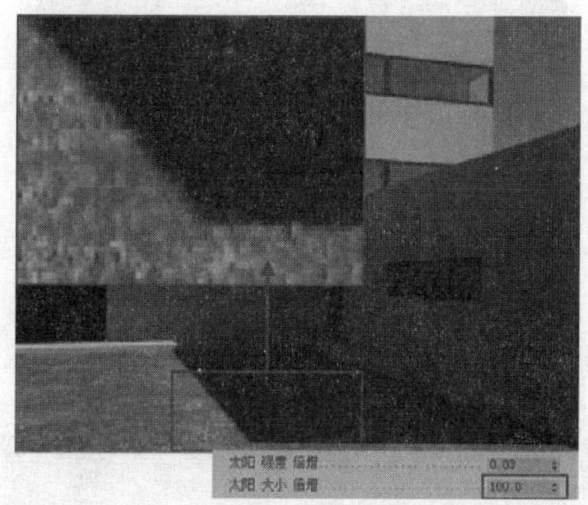


图 9-110 太阳大小倍增为 100.0 时的效果

至此，VRaySky【VRay 天光】环境贴图的参数讲解完毕。其与 VRaySun【VRay 阳光】在与联动后，对于晴朗天气氛围下各时段日光效果的模拟将变得十分灵活简便。如图 9-111~图 9-116 所示，通过调整【VRay 阳光】的角度，然后略微调整相关参数即能快速完成各处氛围的表现。

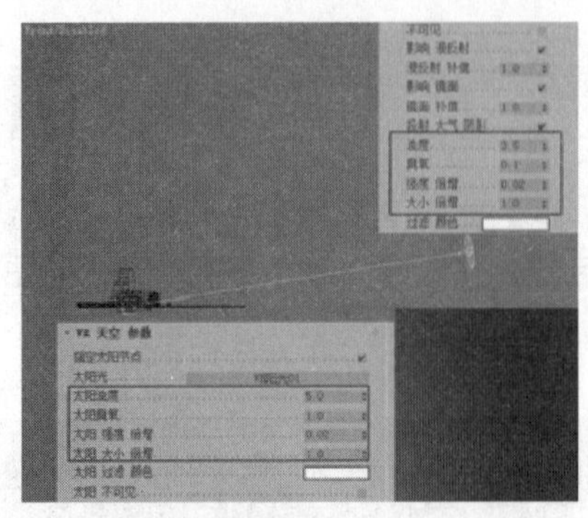

图 9-111　清晨时段 VRay 阳光与 VRay 天光参数调整

图 9-112　清晨时段渲染效果

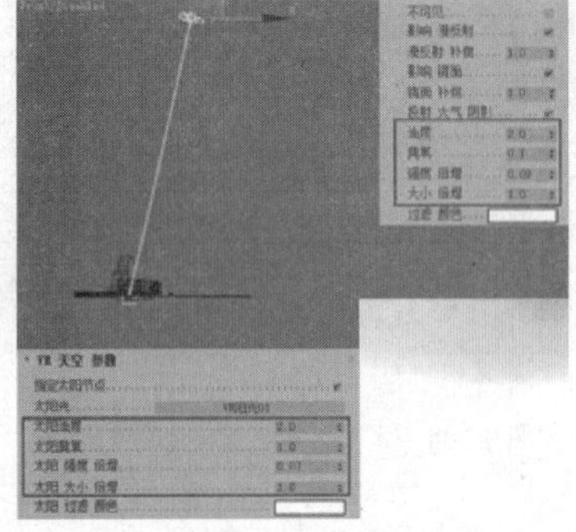

图 9-113　中午时段 VRay 阳光与 VRay 天光参数调整

图 9-114　中午时段渲染效果

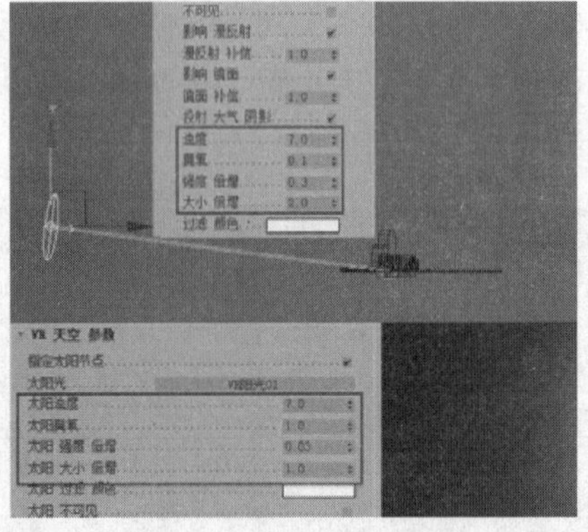

图 9-115　黄昏时段 VRay 阳光与 VRay 天光参数调整

图 9-116　黄昏时段渲染效果

## 9.5 VRayShadow

VRay Shadow【VRay 阴影】是 VRay 渲染器为了提高 3ds Max 系统自带灯光的阴影效果而提供的，如图 9-117 所示是附属在 3ds Max 灯光【常规参数】中的一种阴影类型。选择该种阴影类型后将在灯光的参数卷展栏内自动添加如图 9-118 所示的【VRayShadows params】卷展栏。

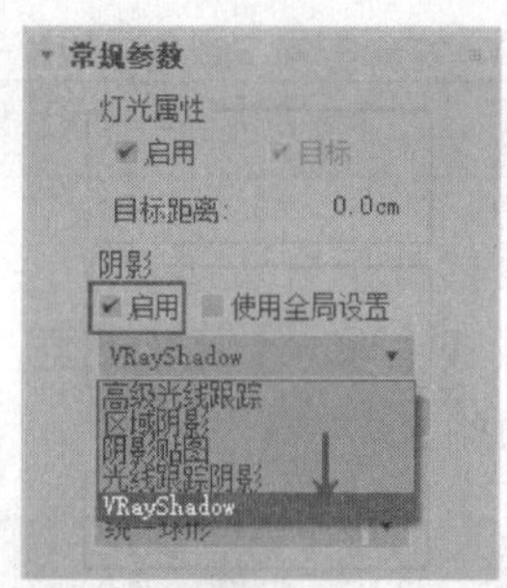


图 9-117 VRayShadow 阴影类型

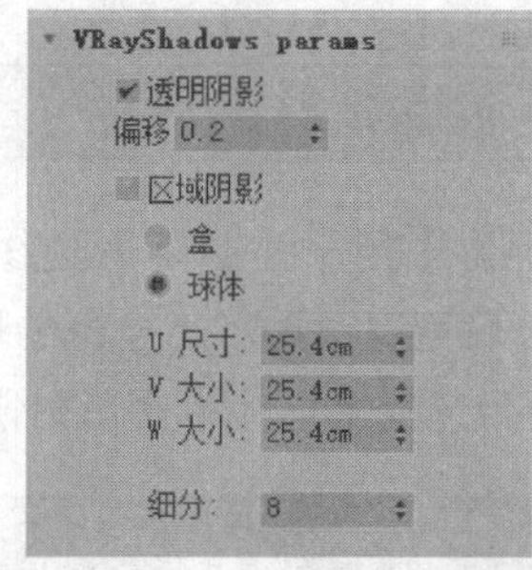


图 9-118 VRayShadows params 卷展栏

## 9.5.1【透明阴影】

【透明阴影】参数默认情况下被勾选。该参数勾选与否所得到的阴影效果分别如图 9-119 与图 9-120 所示，可以看到当投影物体为透明时，勾选该参数在渲染得到的阴影效果中也能反映出对象的透明感与色泽。

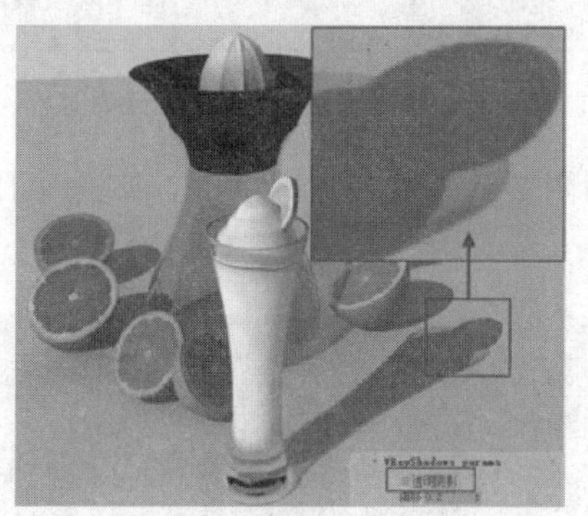

图 9-119 未勾选透明阴影所产生的阴影效果

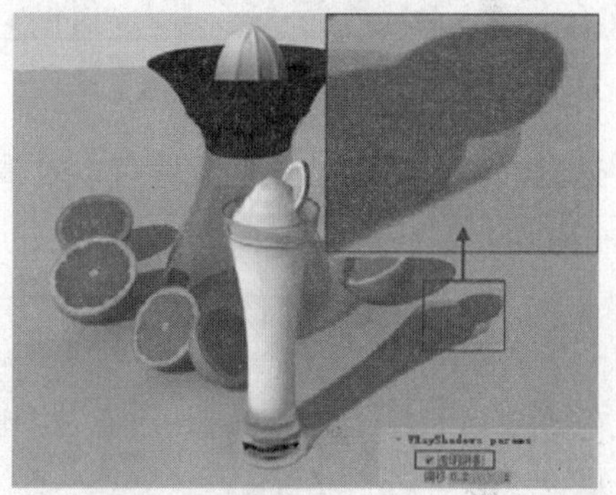

图 9-120 勾选透明阴影所产生的阴影效果

## 9.5.2【偏移】

如图 9-121 与图 9-122 与所示，该参数数值控制阴影位置偏移大小，采用默认的参数值能产生比较真实的阴影效果。

图 9-121 偏移数值为 0.2 时渲染得到的阴影效果

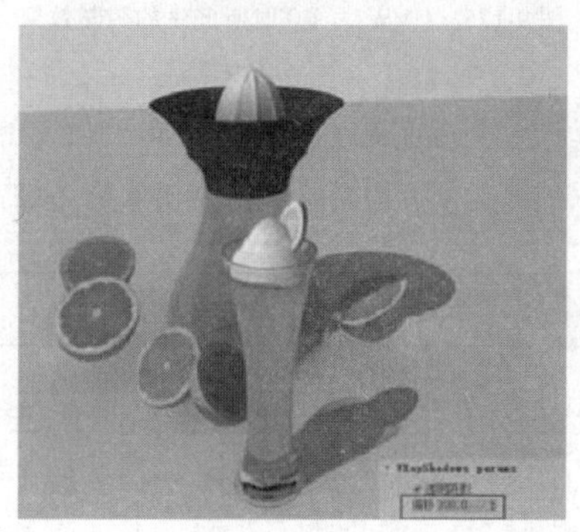

图 9-122 偏移数值为 100.0 阴影渲染得到的阴影效果

## 9.5.3【区域阴影】

【区域阴影】用于控制阴影边缘扩散的细节效果，具体使用方法如下。

勾选参数后可以根据灯光自身的形态选择对应的【盒】或【球体】阴影类型。如图 9-123 与图 9-124 所示选择【球体】阴影时阴影边缘扩散现象更为明显。

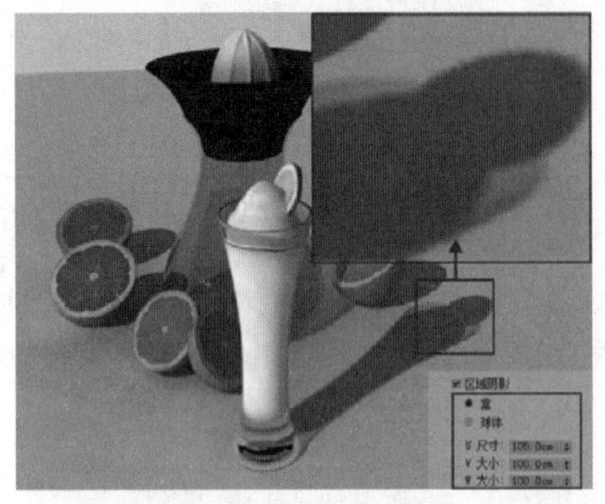

图 9-123　盒类型渲染得到的阴影效果

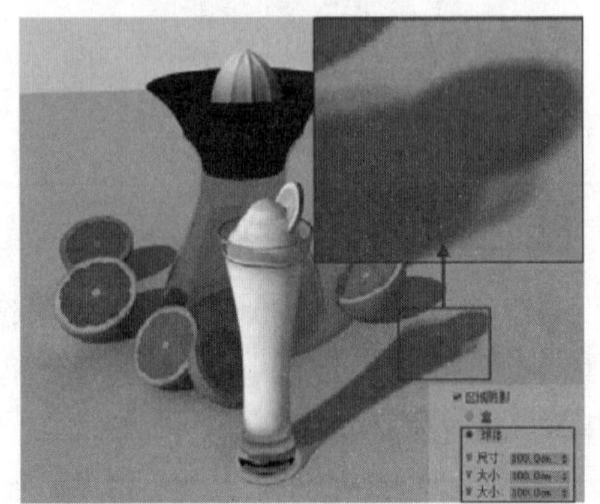

图 9-124　球体类型渲染得到的阴影效果

通过其下的【U/V/W】数值可以较精确的控制阴影清晰度与边缘细节，如图 9-125 与图 9-126 所示。

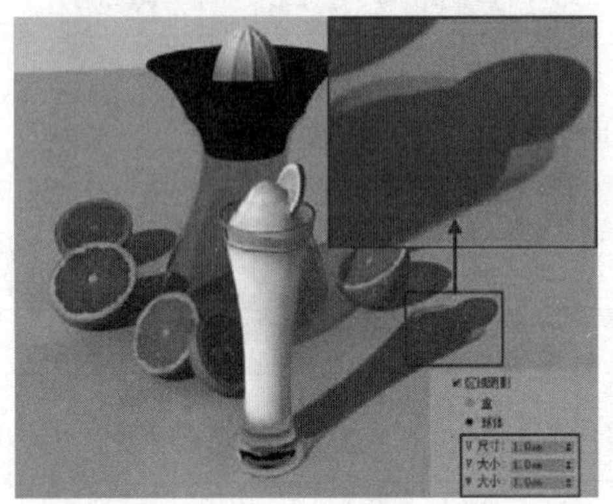

图 9-125　UVW 为 1.0 时所产生的阴影效果

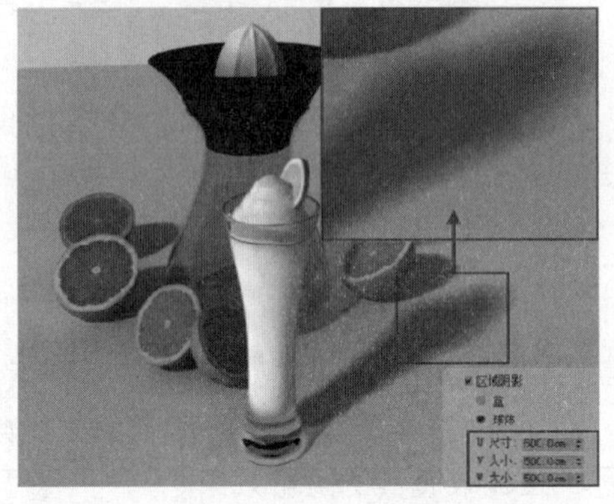

图 9-126　UVW 为 500.0 时所产生的阴影效果

注 意：当选择【盒】阴影类型时，【U/V/W】三个方向的尺寸都将有效，而选择【球体】阴影类型时，则通过 U 方向的尺寸控制阴影的半径，其他两个数值将失效。

## 9.5.4【细分】

此处的【细分】参数的意义与用法与 VRayLight 中同名参数完全一致，用于控制阴影质量。

## 9.6 VRay 灯光列表

VRay Light Lister【灯光列表】是一个无模式对话框。在该对话框中可以控制每个灯光的基本功能，如图 9-127 所示。其同时也可以进行全局设置，影响场景中的每个灯光，面板中的参数调节同前面介绍单个灯光相同。

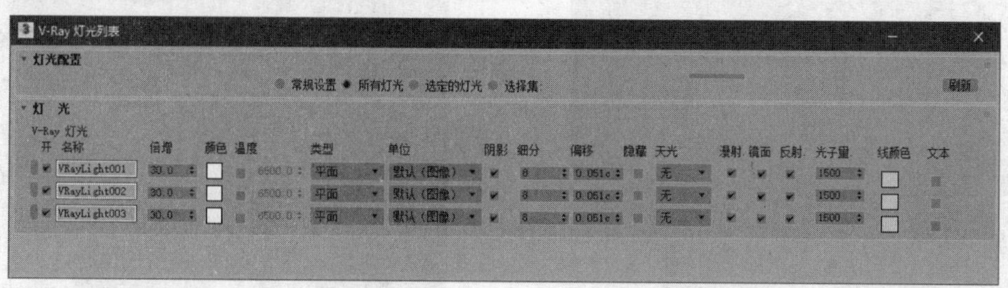

图 9-127　VRay 灯光列表参数面板

### 9.6.1 【灯光配置】

- 【常规设置】：显示【灯光】卷展栏。
- 【所有灯光】：在【灯光】卷展栏显示场景中的所有灯光。
- 【选定的灯光】：在【灯光】卷展栏只显示选定的灯光。
- 【选择集】：在【灯光】卷展栏中会显示出集合中包含的灯光。

注 意：该"灯光列表"不能一次控制多于 150 个单个灯光对象（灯光的实例不算在内）。如果场景中存在多于 150 个单个灯光对象，该列表显示找到的前 150 个灯光的控件，同时将警告应该选择较少的灯光。

### 9.6.2 【灯光】

当【常规设置】卷展栏上的【所有灯光】或【选定的灯光】处于活动状态时，该卷展栏可见，用于控制单个灯光对象，而且面板中的参数同灯光的参数设置一样。

#### 1. 灰色按钮

该按钮用于选择和激活场景中的单个灯光。

#### 2. 【开】

该复选框默认情况下如图 9-128 所示处于勾选状态，若取消勾选则创建的【VRay 灯光】不会产生任何照明及投影效果，如图 9-129 所示。

#### 3. 【名称】

该选项框主要用于设置和修改单个灯光的名称。

### 4. 【倍增】和【颜色】

灯光的【倍增】和【颜色】参数用于控制灯光照明的强度和颜色，如图 9-130 与图 9-131 所示。

图 9-128 勾选【开】复选框的渲染效果

图 9-129 未勾选【开】复选框的渲染效果

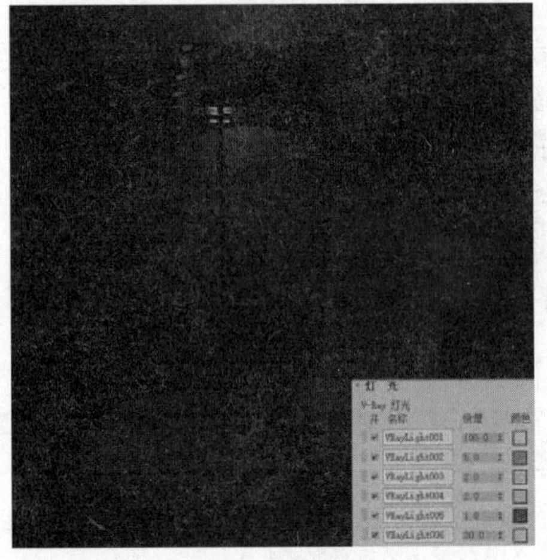


图 9-130 默认设置参数的渲染效果

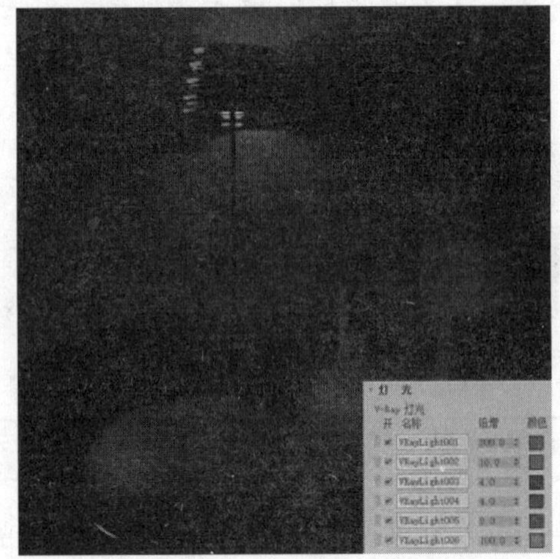


图 9-131 调整后参数的渲染效果

### 5. 【温度】和【单位】

场景中的灯光颜色可以通过【温度】来调整。【单位】控制灯光以何种单位进行倍增变化，调整好其下的【倍增器】数值后，默认以【图像】单位获得图像效果。

### 6. 【阴影】

【阴影】参数控制灯光对场景中是否对所有物体对象进行投影，如图 9-132 所示。取消该复选框的勾选将得到如图 9-133 所示的渲染图像，可以看到模型对象没有产生任何投影效果。

图 9-132　默认勾选【阴影】的效果

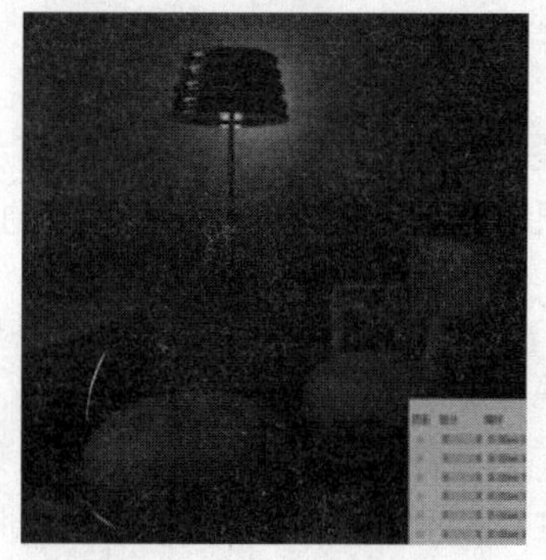

图 9-133　取消勾选【阴影】的效果

### 7.【细分】

通过调整【细分】数值的高低可以从灯光自身的角度控制渲染图像中的噪点、光斑等品质问题，该参数值设置越高图像质量越好，但同时也会增加渲染计算时间。

技巧：高数值的【细分】能得到较高的渲染图像质量，但同时也会耗费更多的计算时间。在实际工作中，若非进行最终渲染，该数值一般保持为默认数值 8 即可。在最终渲染时则可以根据 VRayLight 影响面积大小调整该参数值，一般不会超过 30。

### 8.【偏移】

【偏移】参数控制着阴影与投影物体之间的距离远近，通常保持默认的参数值即可。

### 9.【隐藏】

默认情况下灯光自身的形状（【穹顶】类型灯光除外）在渲染图像中是可见的。勾选【隐藏】复选框灯光自身形状在渲染图像中将被隐藏，仅保留其发光与投影效果，因此在工作中该复选框常被勾选。

### 10.【天光】

选择开启【天光】参数后，VRayLight 的【倍增器】以及之前介绍的【选项】参数将失去独立调整的能力，渲染将不会产生光影效果，如图 9-134 所示。此时按<8>键打开【环境和效果】对话框，在【全局照明】卷展栏可以如图 9-135 所示进行场景亮度的提高。

图 9-134　开启【天光】的效果

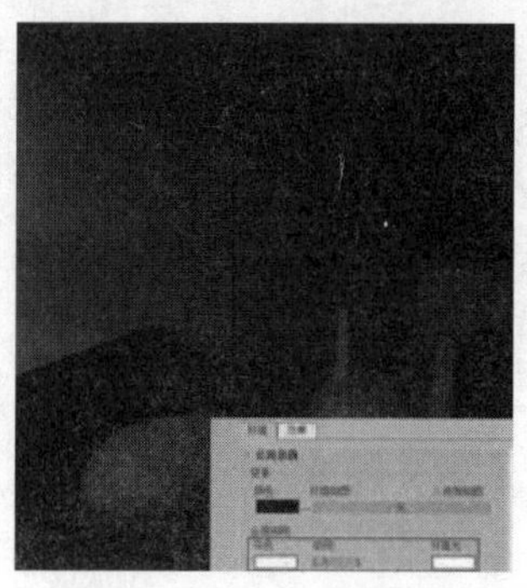

图 9-135　提高场景亮度的效果

11. 【漫射】

【漫射】复选框默认为勾选状态。若取消勾选，场景中的对象只会反映出灯光直接照明的效果，而不会反映出反射/折射的效果。

12. 【镜面】

【镜面】复选框默认为勾选状态。取消勾选后，场景中材质极细微的高光反射细节将被忽略，除非是进行极细微的高光反射特写的渲染表现，否则该复选框勾选与否都不会对图像产生可观察到的影响，仅在渲染时间上产生极小的差异。

13. 【反射】

【反射】复选框默认为勾选状态，取消后，场景中的对象将不再体现直接照明的反射现象。

# 第10章 VRay相机

本章重点：

- VR穹顶相机
- VR物理相机
- 制作景深特效

打开本书配套资源中本章文件夹中的“VRay 相机测试.max”模型文件，然后如图 10-1 所示单击■按钮①进入【相机面板】，单击下拉按钮并选择【VRay】类型，可以发现在【对象类型】②中包含了【VR 穹顶相机】和【VR 物理相机】，下面对这两种相机进行介绍。

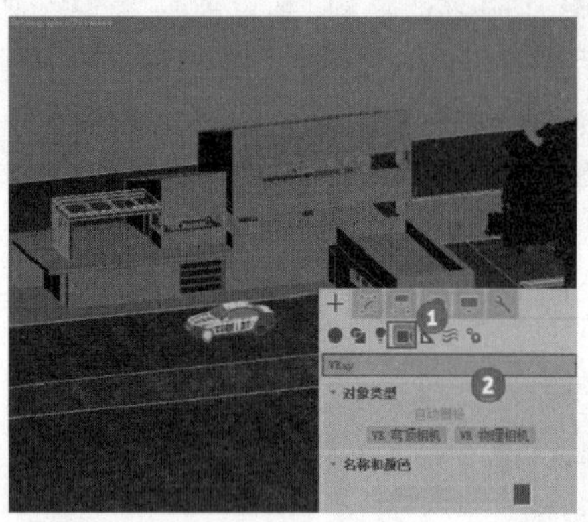


图 10-1　VRay 相机类型

图 10-2　鱼眼镜头所拍摄的透视畸变效果

## 10.1 VRay 穹顶相机

VR 穹顶相机用于模拟现实摄影中诸如“鱼眼”镜头拍摄的如图 10-2 所示的透视畸变效果。

**Steps 01** 按<F>键将视图切换至【前视图】，然后如图 10-3 所示单击【VR 穹顶相机】创建按钮创建一架相机。从图中的【VR 穹顶摄影机参数】中可以发现其参数设置十分简单

**Steps 02** 相机创建好后，按<C>键即可切换到如图 10-4 所示的【VR 穹顶相机】视图。如果对视图的透视远近、视野大小并不满意，可以通过界面右下角的视图控制按钮进行调整，如图 10-5 所示。

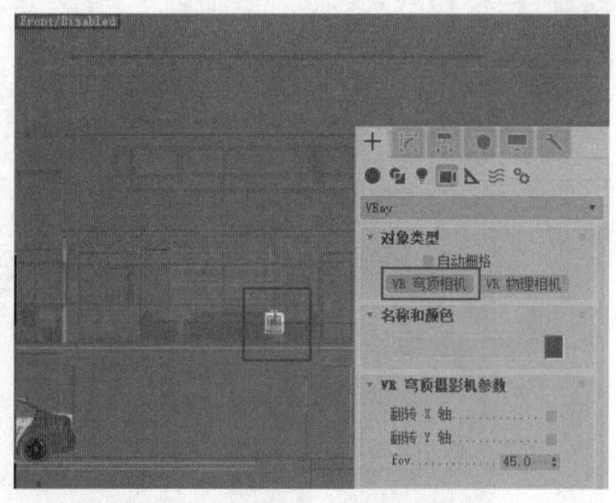


图 10-3　创建 VR 穹顶相机

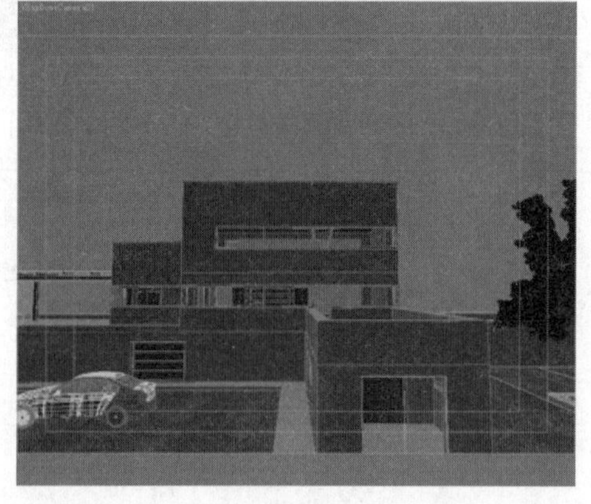

图 10-4　VR 穹顶相机视图

**注意：** 无论是 3ds Max 自带的相机还是将在下一节重点介绍的【VR 物理相机】，其创建通常都是在【顶视图】中完成。只有【VR 穹顶相机】需要根据观察方向直接在【顶视图】或侧视图完成创建。

Steps 03 由于【VR 穹顶相机】自身并没有亮度、色彩等参数用于调整，因此进行渲染时，只能通过调整灯光参数获得理想的效果。经过灯光参数调整后，渲染本场景得到了如图 10-6 所示的结果。参考图中添加的红色直线可以发现，在渲染结果中产生了畸变透视现象。下面介绍具体灯光参数对渲染效果的影响。

图 10-5 调整 VR 穹顶相机视图

图 10-6 VR 穹顶相机视图渲染结果

## 10.1.1 【翻转 X 轴】

勾选【翻转 X 轴】复选框后，渲染将产生如图 10-7 所示的结果，对比原图可以看到图像效果左右对调。

## 10.1.2 【翻转 Y 轴】

勾选【翻转 Y 轴】复选框后，渲染将产生如图 10-8 所示的结果，对比原图可以看到图像效果上下对调。

图 10-7 勾选【翻转 X 轴】后的渲染效果

图 10-8 勾选【翻转 Y 轴】后的渲染效果

## 10.1.3 【视野（Field of view）】

通过调整 Fov【视野（Field of view）】后的数值可以精确控制【VR 穹顶相机】的视野

大小，如图 10-9~图 10-11 所示，设置数值越大，视野越开阔，渲染所产生的透视畸变效果越强烈。

图 10-9　Fov 为 90.0 时的渲染效果

图 10-10　Fov 为 180.0 时的渲染效果

图 10-11　Fov 为 360.0 时的渲染效果

注意：当【VR 穹顶相机】的 Fov【视野（Field of view）】参数值大于 180 时，其视图将会产生如图 10-12 所示的翻转，但在渲染结果中将如图 10-13 所示不产生这种变化。

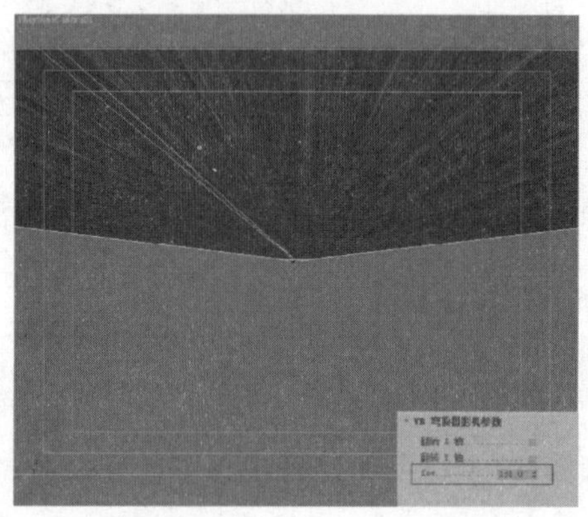

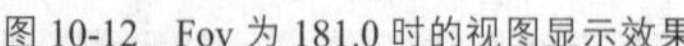

图 10-12　Fov 为 181.0 时的视图显示效果

图 10-13　Fov 为 181.0 时的渲染效果

【VR 穹顶相机】的参数介绍完了，通过对这些参数的学习与渲染结果的观察可以发现，该种相机在效果图表现的使用上有着很大的局限性，对渲染图像的明暗、色彩并不具备调整功能。下面重点学习【VR 物理相机】的创建与使用方法。

## 10.2 VR 物理相机

Steps 01 打开上一节中的场景，按<T>键切换到【顶视图】，如图 10-14 所示单击【VR 物理相机】创建按钮，然后在视图中从下至上按住鼠标左键拖动创建一架相机。

Steps 02 在【顶视图】中创建完【VR 物理相机】后，再按<L>键切换到【左视图】，如图 10-15 所示调整好相机及其目标点的高度。

技巧：单击【VR 物理相机】创建按钮后，在视图中通过鼠标左键进行创建时，鼠标落下处将生成相机，鼠标离开处将生成相机目标点，而鼠标拖动的方向则决定【VR 物理相机】观察的方向。

技巧：当相机及其目标点与场景中其他对象的位置交错重叠时，可以如图 10-16 所示将选择过滤切换至【C-摄影机】以进行准确的选择。此外，如果需要进行精确的高度定位，可以如图 10-17 所示选择相机，然后鼠标右键单击移动工具按钮，在弹出的【移动变换输入】对话框中进行精确移动。

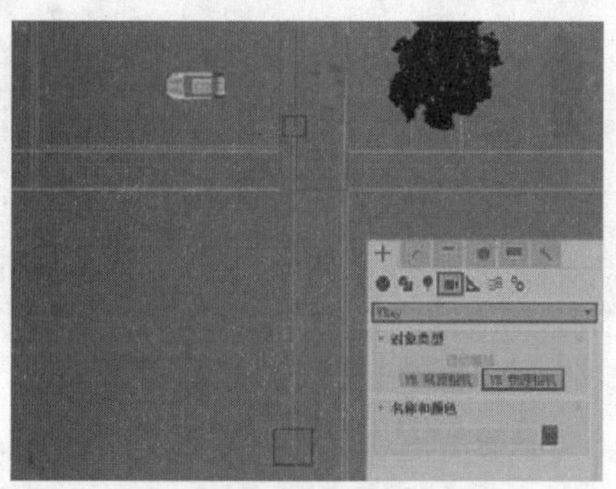

图 10-14　创建 VR 物理相机

图 10-15　调整相机及其目标点的高度

图 10-16　将选择过滤切换至相机

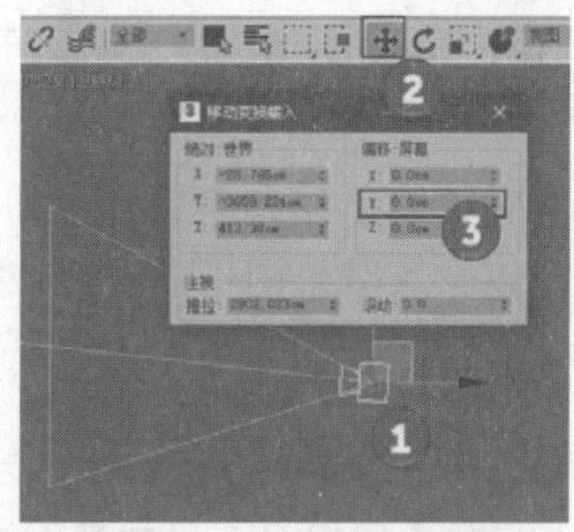

图 10-17　通过移动变换输入精确调整高度

Steps 03 调整好两者的高度后，按<C>键切换至【VR 物理相机】视图，可以看到当前的视图观察效果如图 10-18 所示，并不理想。如果保持当前的【VR 物理相机】默认参数不变，直接进行渲染将得到如图 10-19 所示的渲染结果，同样其渲染图片中的亮度与色彩也不理想。

图 10-18　VR 物理相机视图

图 10-19　默认 VR 物理相机参数渲染效果

Steps 04 在选择【VR 物理相机】后进入修改面板如图 10-20 所示调整参数，再次渲染，将得到如图 10-21 所示的较为理想的渲染效果。

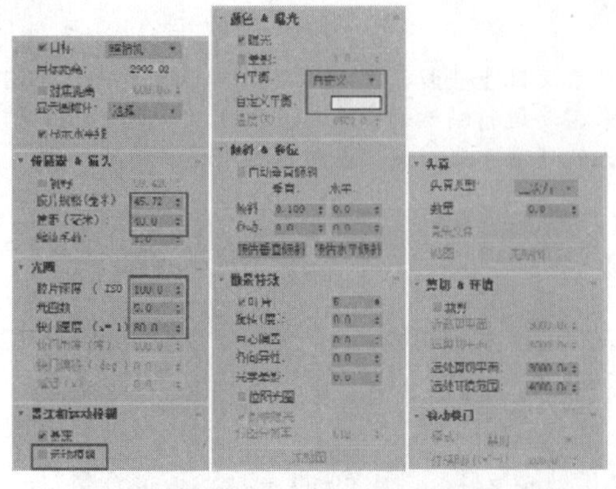
图 10-20 调整 VR 物理相机参数

图 10-21 调整 VR 物理相机参数后的渲染效果

Steps 05 对比图 10-19 与图 10-21 所示的渲染结果，可以发现后者在亮度、色彩等方面的表现都要突出很多，但在这个转变过程仅调整了【VR 物理相机】自身的参数。由此可见【VR 物理相机】自身调节功能很强大。接下来对如图 10-20 所示的参数进行详细的介绍。

## 10.2.1 【基本参数组】

【基本参数组】具体参数设置如图 10-22 所示，该组参数可以调整【VR 物理相机】视图的透视以及其渲染图像的亮度、色彩等效果。

### 1. 【类型】

单击【目标】右侧的下拉按钮可以选择如图 10-23 所示的三种类型的【VR 物理相机】，其中默认选择的【照相机】是效果图中使用的类型，可以模拟现实中相机拍摄的静态画面效果，【相机/电源】与【相机（DV）】是针对动态效果的渲染。

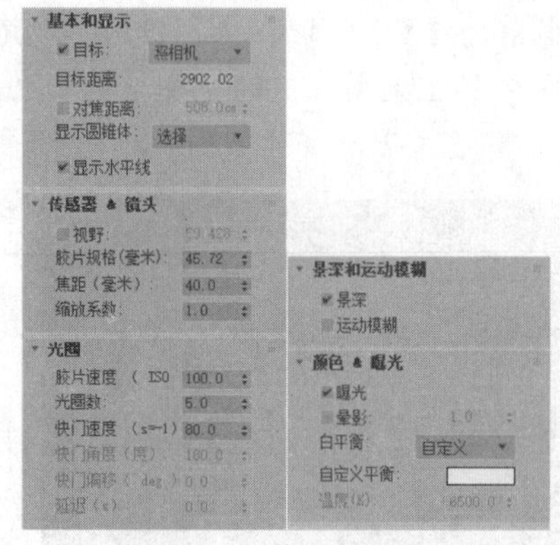

图 10-22 VR 物理相机基本参数

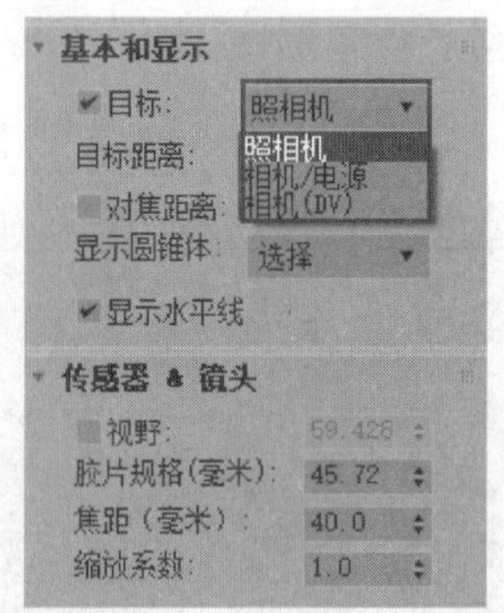

图 10-23 VR 物理相机的三种类型

### 2. 【目标】

【目标】复选框默认为勾选状态，此时【VR 物理相机】可以如图 10-24 中所示通过移动其目标点调整取景方向。如果取消勾选，【VR 物理相机】目标点将消失，此时相机的方向只能如图 10-25 所示通过旋转相机自身来进行调整。

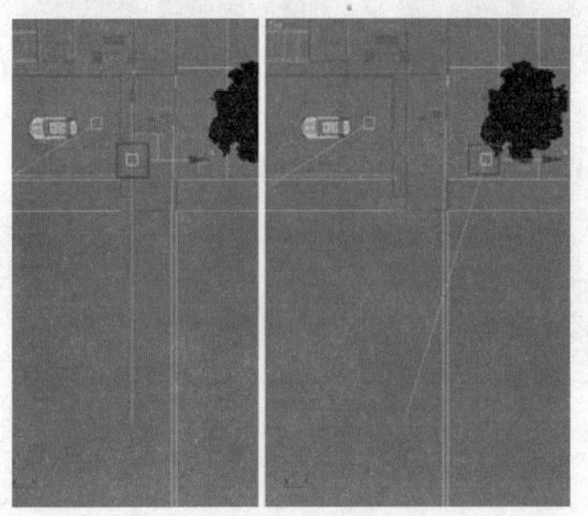

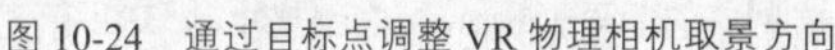

图 10-24　通过目标点调整 VR 物理相机取景方向

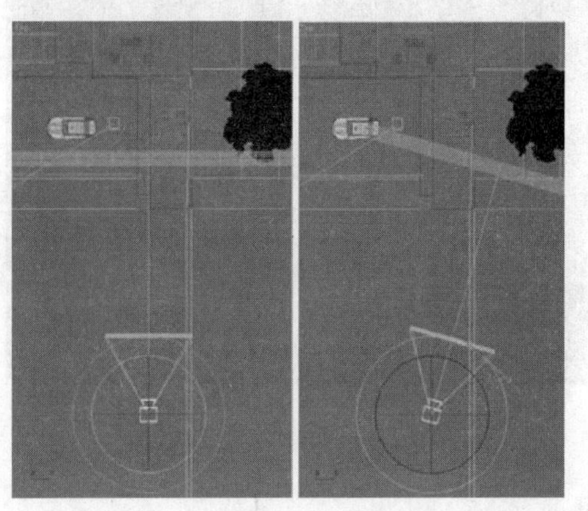

图 10-25　通过旋转相机调整取景方向

注意：【目标】复选框勾选与否只影响【VR 物理相机】的取景方向，对其他效果并不会产生影响。

### 3. 【胶片规格】

【胶片规格】参数在现实的摄影中指感光材料的对角尺寸大小。如图 10-26 与图 10-27 所示，该数值越大，观察到的范围越宽，范围内物体自身的面积越小。

图 10-26　胶片规格为 36.0 时的渲染结果

图 10-27　胶片规格为 46.0 时的渲染效果

技巧：在现实摄影中，【胶片规格】为 35mm 时拍摄的画面不会透视失真. 如果在使用【VR 物理相机】时所观察的范围过窄，可以先利用下面介绍的【焦距】值进行调整。

### 4. 【焦距】

【焦距】参数同样用于调整画面的观察范围，如图 10-28 与图 10-29 所示，该数值越小，所观察到的范围越宽，画面中的物体越小。

图 10-28 焦距为 36.0 时的渲染效果

图 10-29 焦距为 46.0 时的渲染效果

注意：在现实摄影中，普通镜头的焦距范围一般控制在 28mm~50mm，该范围外的焦距有可能造成画面弯曲。此外，焦距数值的大小将影响【VR 物理相机】的“景深”效果，详细内容可参考本章“通过【焦距】加强景深”的内容。

### 5. 【缩放系数】

通过调整【缩放系数】参数，可以在不改变【胶片规格】与【焦距】值的前提下，如图 10-30~图 10-32 所示调整视野范围。

图 10-30 缩放系数为 0.5

图 10-31 缩放系数为 1.0

图 10-32 缩放系数为 2.0

技巧：综上所述，【胶片规格】、【焦距】以及【缩放系数】三项参数共同影响【VR 物理相机】所观察到的视野范围。

### 6. 【光圈数】

在现实摄影中，【光圈数】参数控制通过镜头到达胶片的光通量。如图 10-33 与图 10-34 所示，在【VR 物理相机】中，该参数值越大进光量越小，得到的图像越昏暗；该参数值越小进光量越大，得到的图像越明亮。

图 10-33　光圈数为 8.0 时的渲染效果

图 10-34　光圈数为 5.0 时的渲染效果

注 意：【光圈数】参数值的大小不但与图 10-33、图 10-34 所示的图片亮度有关，还与景深强度有关，在本章“通过【光圈数】加强景深”中将详细讲述该参数与景深强度的关系。

### 7. 失真【数量】

失真【数量】参数可以调整渲染结果中的透视失真效果，如图 10-35 所示，当保持参数值为默认 0 时，【VR 物理相机】的面片显示为平面，在如图 10-36 所示的渲染结果中物体没有出现任何失真。

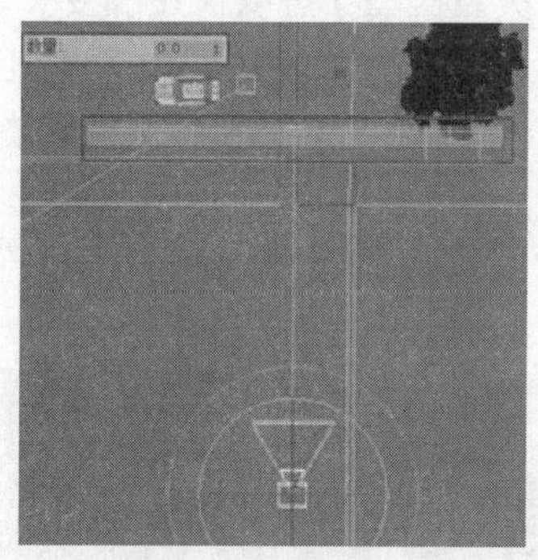

图 10-35　失真数量为默认 0 时的 VR 物理相机

图 10-36　失真数量为默认 0 时的渲染结果

当设置失真【数量】参数值为负数时，【VR 物理相机】的面片显示为凹面，如图 10-37 所示，并在渲染结果中出现失真现象，如图 10-38 所示。数值越小，该现象越剧烈。

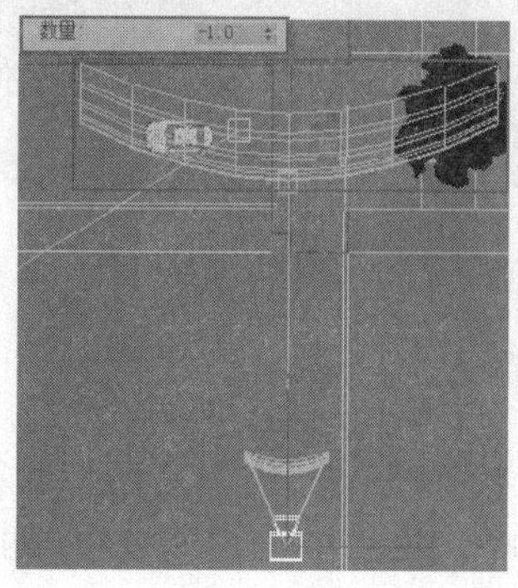

图 10-37　失真【数量】为-1.0 时的 VRay 物理相机

图 10-38　失真【数量】为-1.0 时的渲染效果

当设置失真【数量】参数值为正数时,【VRa 物理相机】的面片显示为凸面，如图 10-39 所示，并在渲染结果中出现失真现象如图 10-40 示。数值越大，该现象越剧烈。

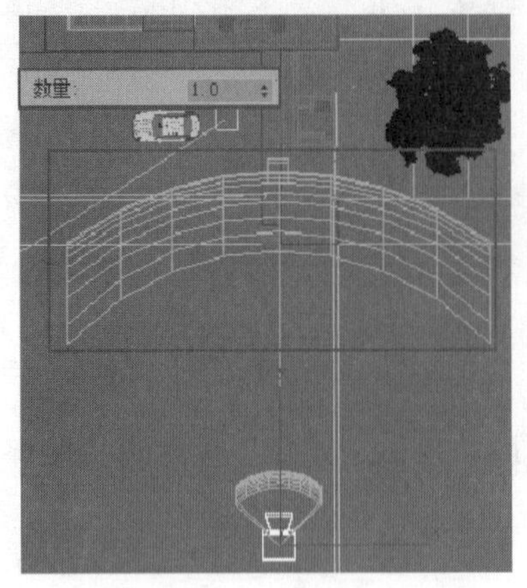


图 10-39 失真数量为 1.0 时的 VR 物理相机

图 10-40 失真数量为 1.0 时的渲染效果

### 8. 【失真类型】

当前面的失真【数量】参数值非 0 时，通过调整【失真类型】可以快速改变失真效果，如图 10-41 与图 10-42 所示为失真【数量】为 1、类型为【三次方】时【VR 物理相机】面片的形状与渲染效果。分别比较图 10-39 与图 10-40，可以看到【三次方】失真类型比默认的【二次方】产生的失真现象更为剧烈。

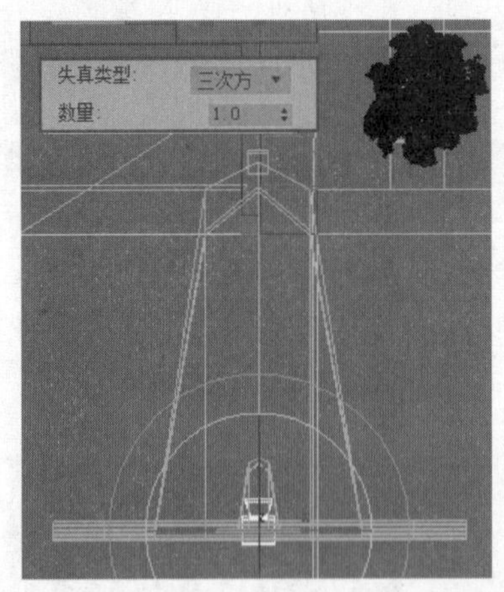


图 10-41 失真类型为三次方时的 VR 物理相机

图 10-42 失真类型为三次方时的渲染效果

### 9. 【垂直/水平 倾斜/移动】

通过设置【倾斜/移动】后的数值可以在【VR 物理相机】视图中调整失真现象。当观察到视图内透视失真时，通常单击其下方的【预估垂直倾斜】按钮进行自动校正，如图 10-43 所示。

图 10-43　单击【预估垂直倾斜】按钮自动校正透视失真

### 10. 【曝光】

只有在勾选【曝光】复选框后，后面将要介绍到的【快门速度】以及 ISO 参数才能对图像的亮度产生影响。

### 11. 【晕影】

在现实摄影及绘画作品中，我们经常会看到如图 10-44 所示的图片四周暗于中心部位的艺术效果。在【VR 物理相机】中勾选【晕影】复选框，渲染后就能得到如图 10-45 所示的类似效果，其后的数值控制该现象表现的强度。

图 10-44　现实摄影作品中的晕影效果

图 10-45　勾选【晕影】所得到的渲染效果

### 12. 【白平衡】

现实摄影中，通常通过调整【白平衡】来减少照片与实物间的色差。在【VR 物理相机】中，通过调整【自定义】模式的【白平衡】下方的“颜色通道”，可以改变渲染图像的整体色调，从而快速变换光线氛围，如图 10-46 与图 10-47 所示。

技巧：在第一次渲染完成前，用户只能凭经验去确定【白平衡】的调整方向，通常可以先将【白平衡】调整为不产生任何影响的纯白色，这样就可以通过观察渲染图片的色彩进行反馈调整。如果图片颜色过暖则可将【白平衡】颜色调整为暖色，如果图片颜色过冷则可将【白平衡】颜色调整为冷色，即渲染图像中哪种颜色过于突出则可以通过将【白平衡】颜色调整为对应颜色来进行校正。

图 10-46　通过自定义白平衡加强图像中的暖色表现

图 10-47　通过自定义白平衡加强图像中的冷色表现

此外，单击【白平衡】参数右侧的下拉按钮可以选择 VRay 渲染器预置的一些白平衡效果，其中的【日光】与【D50】白平衡的渲染效果如图 10-48 与图 10-49 所示。

图 10-48　预置的【日光】白平衡渲染效果

图 10-49　预置的【D50】白平衡渲染效果

### 13. 【快门速度】

在现实摄影中，【快门速度】指的是相机的快门元件完成“闭合-打开-闭合”的时间，速度越快则光通过快门到达感光材料（胶片）的时间越少，因此得到的照片就越暗。同样在【VR 物理相机】中，可以通过调整该参数后的数值控制渲染图片的亮度，如图 10-50～图 10-52 所示。

图 10-50　快门速度为 300.0 的渲染效果

图 10-51　快门速度为 200.0 的渲染效果

图 10-52　快门速度为 80.0 的渲染效果

注意：第一，【VR 物理相机】中【快门速度】后的数值为实际快门速度的倒数，如果将快门速度设为 80，那么最后的实际快门速度为 1/80 秒，因此数值越小，快门闭合越慢，通过的光线越多，渲染图片越明亮；第二，由于之前介绍【光圈数】同样能改变渲染图片的亮度，当渲染结果中亮度不够时，初学者可能会不知道选用哪个参数去调节亮度更好。通常情况下首先会通过【光圈数】的调整将图片改善至合适的亮度，然后再利用【快门速度】参数进行较细致的调整. 但如果场景表现“景深”的效果理想，此时为了保留“景深”效果，需要对【快门速度】进行较大的改变从而调整出合适的亮度。

### 14. 【胶片速度】

ISO 意为胶片速度，在【VR 物理相机】中，该参数数值越高，胶片感光能力越强，渲染图片越明亮，反之，渲染得到的图像会越昏暗，如图 10-53 与图 10-54 所示。

图 10-53　ISO 为 30.0 的渲染效果

图 10-54　ISO 为 100.0 的渲染效果

注意：【VR 物理相机】的【光圈数】与【快门速度】未充分调整时（如光圈数值很大），如果使用数值很高的 ISO 参数值进行亮度的提升，由于感光过于敏感，场景中极微弱亮度跳跃也会在渲染图像中变得明显从而形成大量噪点，因此【胶片速度】参数最好在【光圈数】与【快门速度】调整好亮度后用于图像最终亮度的确定，而不使用其进行较大幅度的亮度改变。

## 10.2.2 【散景特效】参数组

在现实摄影中，为了突出拍摄主体，有时会采用如图 10-55 所示类似圆形的光点虚化背景区域的“散景”手法，而【VR 物理相机】默认的【散景特效】参数组能产生如图 10-56 所示的虚化效果。

注意：第一，【散景特效】的表现需要勾选【景深和运动模糊】中的【景深】参数；第二，“散景”特效的成功表现一般需要背景存在高亮的对象（如图 10-55 背景中渗入树叶缝隙中的阳光），为了方便【散景特效】相关参数的讲解，下面将利用具有高光效果的金属造型进行测试，而非使用背景进行测试。

图 10-55　摄影中的散景效果

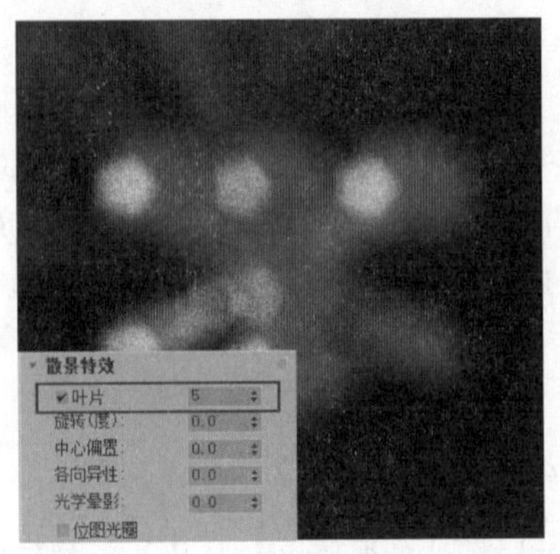

图 10-56　VR 物理相机所模拟的散景效果

## 1. 【叶片】

勾选【叶片】复选框后，设置其后的参数值可以改变散景画面中亮点的形状，如图 10-57~图 10-59 所示，数值越大，边数越多，形状越接近圆形，其耗费的渲染时间也会略微有所增加。

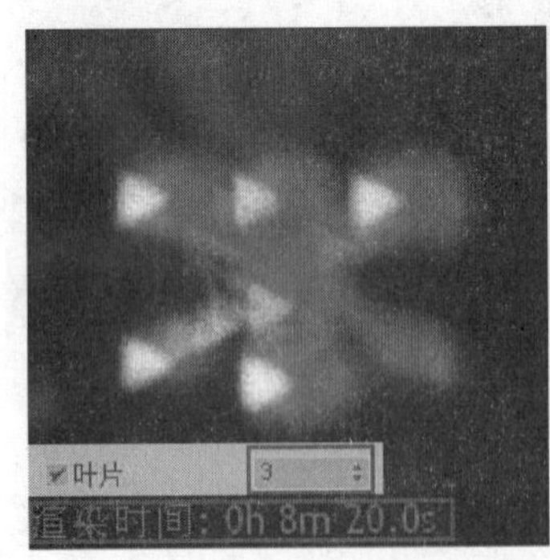

图 10-57　叶片为 3 的散景及耗时

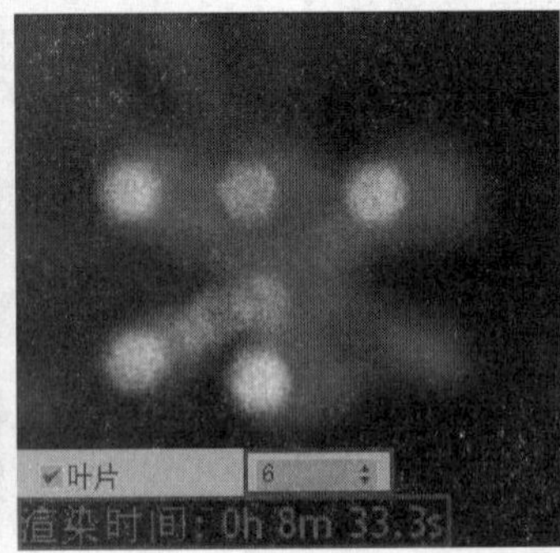

图 10-58　叶片为 6 的散景及耗时

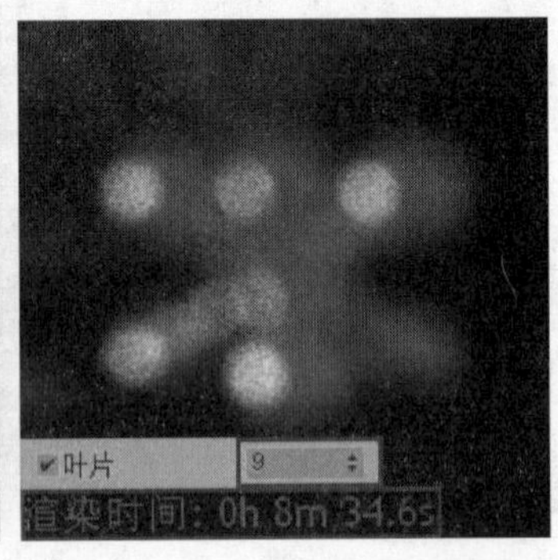

图 10-59　叶片为 9 的散景及耗时

## 2. 【旋转（度）】

勾选【旋转（度）】后，设置其后的角度数可以改变亮点形状的旋转角度，如图 10-60~图 10-62 所示。

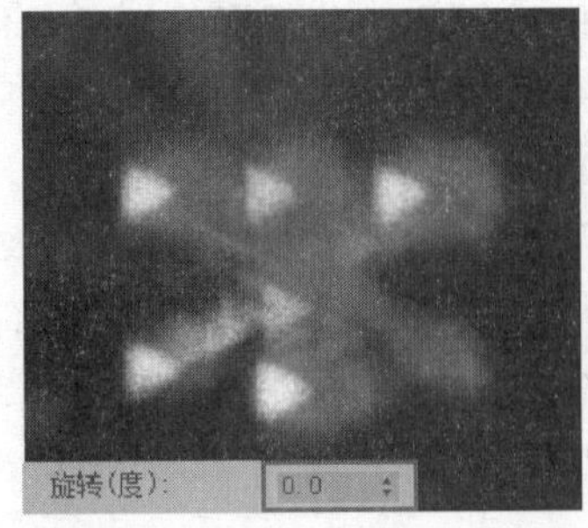

图 10-60　默认旋转（度）的散景效果

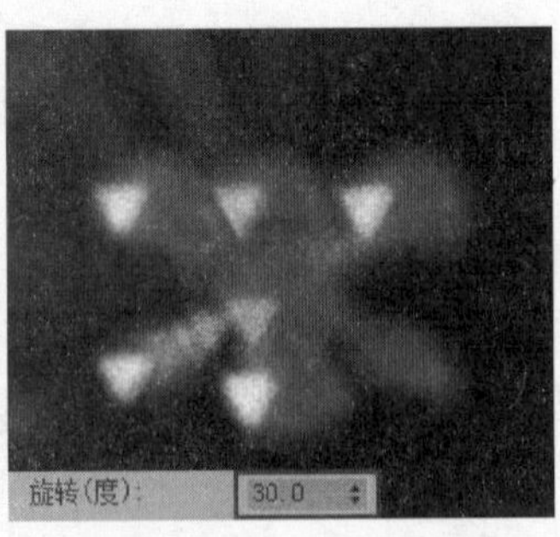

图 10-61　旋转 30.0 度的散景效果

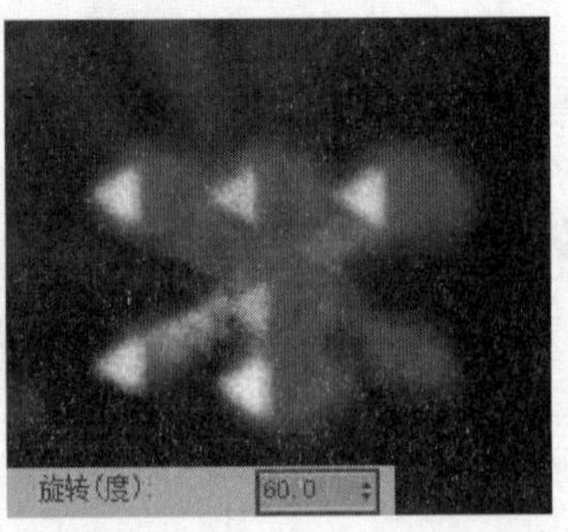

图 10-62　旋转 60.0 度的散景效果

### 3. 【中心偏置】

勾选【中心偏置】后，设置其后的数值可以使高光亮点的中心变成高亮或是空心的效果，如图 10-63~图 10-65 所示。

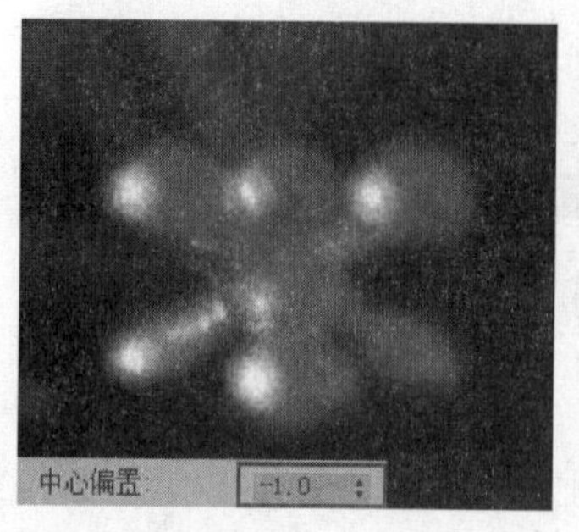

图 10-63 中心偏置为负的散景效果

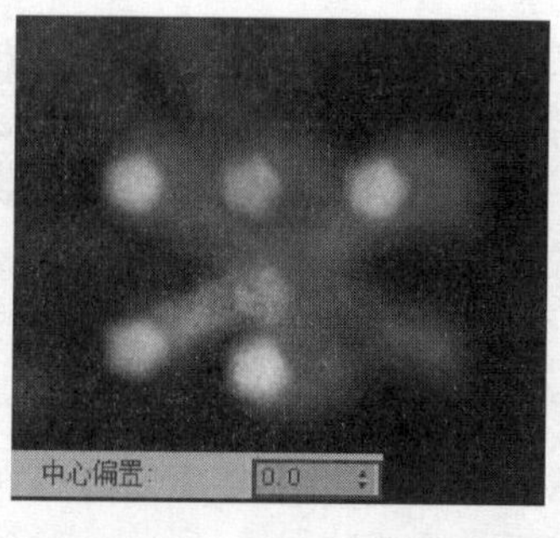

图 10-64 默认中心偏置值的散景效果

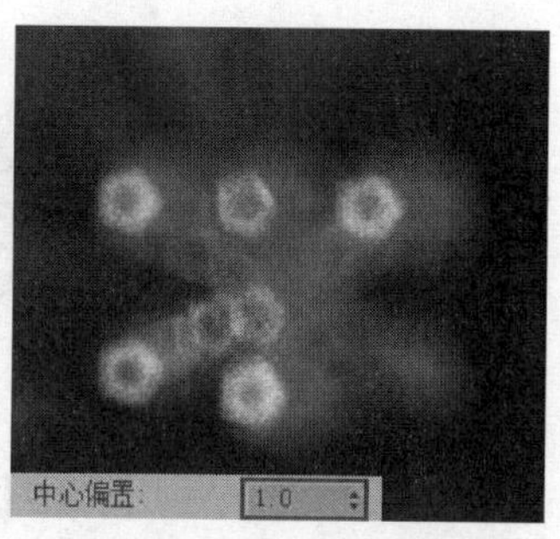

图 10-65 中心偏置为正的散景效果

注意：仔细观察图 10-63~图 10-65 可以发现，【中心偏置】取负值时不但高光点中心会高亮，整个散景也会变得清晰一些；而取正值时不但可以使高光中心点变得空洞，整个散景也会变得更模糊一些。

### 4. 【各向异性】

勾选【各向异性】后，其后的数值可以控制亮点形状的变形效果，如图 10-66~图 10-68 所示。

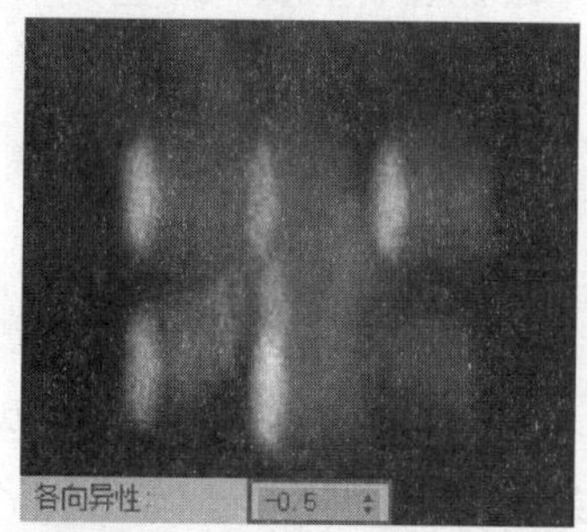

图 10-66 各向异性为负的散景效果

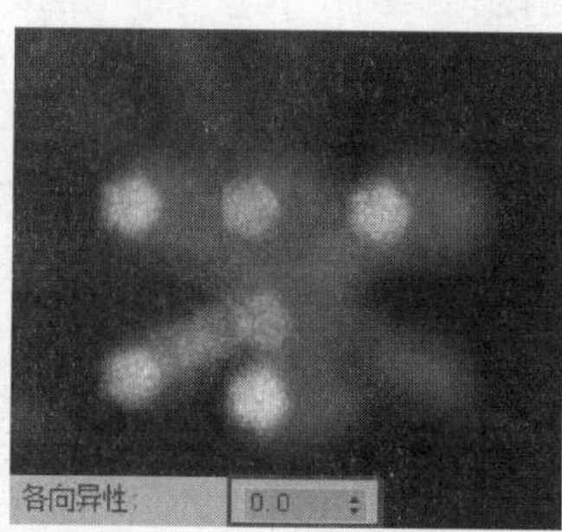

图 10-67 默认各向异性的散景效果

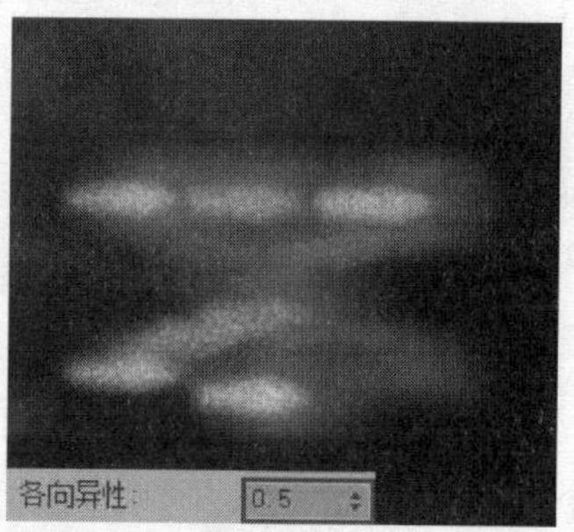

图 10-68 各向异性为正的散景效果

注意：仔细观察图 10-66~图 10-68 可以发现，【各向异性】取负值时高光将在垂直方向上发生变形，而取正值时则在水平方向上发生变形。

## 10.2.3 【景深和运动模糊】参数组

【景深和运动模糊】参数组的具体参数设置如图 10-69 所示，该组参数可以控制【VR 物理相机】产生如图 10-70 所示的【景深】以及【运动模糊】特效，利用【细分值】参数可以控制特效的精细度。

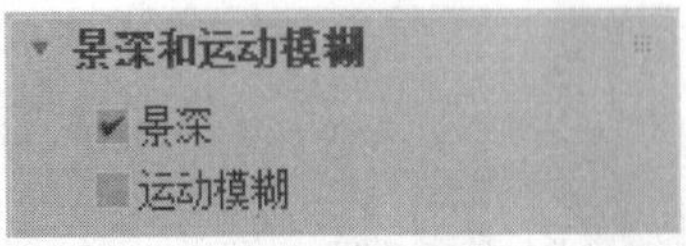

▼ 景深和运动模糊

☑ 景深

☐ 运动模糊

图 10-69 【景深和运动模糊】参数组

图 10-70 景深与运动模糊的制作特效

### 1. 【景深】

勾选【景深】后，通过【VR 物理相机】焦点位置的调整，可以产生如图 10-71 与如图 10-72 所示的近景深效果与远景深效果。

图 10-71 VR 物理相机近景深特效

图 10-72 VR 物理相机远景深特效

注 意：对于“景深”概念的理解以及如何通过【VR 物理相机】制作并控制出各种景深效果，大家可以参考本章“制作景深特效”一节的内容。

### 2. 【运动模糊】

在【VR 物理相机】中勾选【运动模糊】复选框后，如图 10-73 所示，对场景中的某个对象添加运动效果，渲染后会产生如图 10-74 的运动模糊效果。

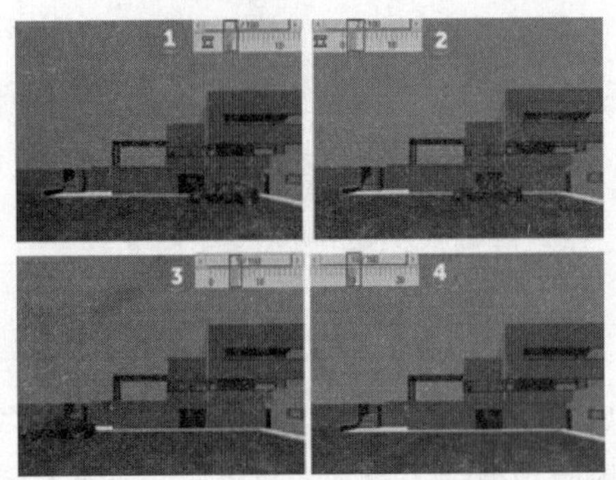


图 10-73 为汽车添加运动效果

图 10-74 VR 物理相机渲染到的运动模糊特效

注意：对于【运动模糊】效果的表现，利用 VRay 渲染器【相机】卷展栏中的相关参数能进行更多细节的调整，大家可以参考本书第 2 章中的相关内容。

## 10.2.4 其他选项参数

其他常用的选项包括【显示水平线】、【剪切&环境】等，主要用于控制通过【VR 物理相机】所渲染到的外部透视、地形以及室内透视等关系。

### 1. 【显示水平线】

勾选【显示水平线】复选框后，【VR 物理相机】视图中将出现如图 10-75 所示的线条，用于参考和定位场景中模型的水平线位置。

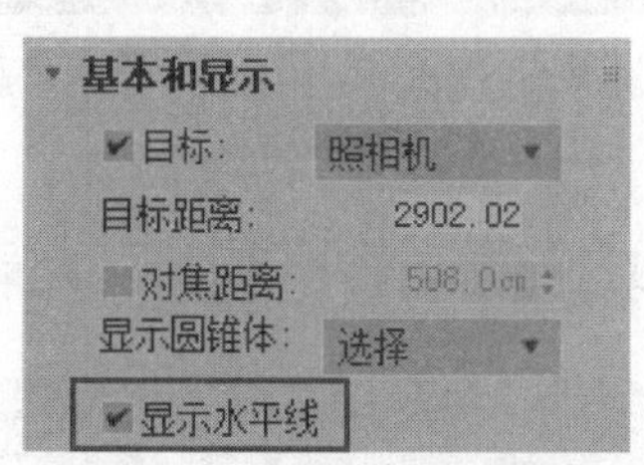

图 10-75　显示水平线

### 2. 【裁剪】

勾选【裁剪】后，将通过其下方的【近裁剪平面】与【远剪切平面】，控制【VR 物理相机】所观察到的视图内容与渲染效果，具体的应用方法如下。

Steps 01 参考【VR 物理相机】视图的变化，通过调整【近裁剪平面】后的参数，可以决定【VR 物理相机】从距离摄影多远的地方开始观察，与相机的距离小于设定数值的物体将不会在视图中显示，如图 10-76 所示，也不会在渲染结果中出现，如图 10-77 所示。

图 10-76　近裁剪平面控制 VR 物理相机观察开始点

图 10-77　距离小于近裁剪平面数值的物体将不会被渲染

技 巧： 在室内效果图中可以调整【近裁剪平面】至刚好剪切完近处的墙体处，以观察室内的结构与摆设，从而制作出三维结构剖开效果图。

Steps 03 通过调整【远剪切平面】后的参数，可以决定【VR 物理相机】最远观察到的距离（即结束点），与相机的距离大于设定数值的物体将不会在视图中显示，如图 10-78 所示，也不会在渲染结果中出现，如图 10-79 所示。

图 10-78 近剪切平面控制 VR 物理相机观察开始点

图 10-79 距离大于远剪切平面数值的物体将不会被渲染

注 意： 【近裁剪平面】与【远剪切平面】参数通常用于控制【VR 物理相机】视图中构图的远近。

## 10.3 制作景深特效

### 10.3.1 景深

“景深”是摄影中的术语，指的是相机镜头(或其他摄影器材)对摄影主体完成对焦后，在设定的焦点前后有一段范围能形成清晰的影像。这前后的距离范围，便叫做景深，如图 10-80 所示。

“景深”通常有两种，一种是在现实的摄影中经常应用到的如图 10-81 所示的“近(前)景深”效果。很明显图片内处于近端的摄影主体清晰，而背景则模糊，通过这种虚实对比手法，使花束显得更突出。

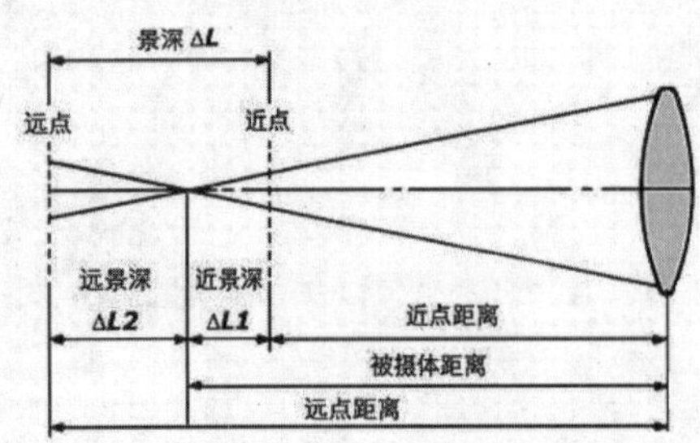


图 10-80 景深图解

图 10-81 摄影中的近景深效果

另一种则是“远（后）景深”效果，在现实的摄影中并不常用，其效果如图 10-82 所示，处于图片近端的物体模糊，而处于远端的背景则显得清晰。

此外，还可以将“景深”表现在图片中部。如图 10-83 所示，产生图片中部主体清晰，远近两端均模糊的“景深”效果。

图 10-82　VR 物理相机模拟的远景深效果

图 10-83　中部景深效果

## 10.3.2 影响景深的关键

在摄影中对于“景深”的计算有一个比较复杂的公式，结合到 VRay 渲染器中的【VR 物理相机】所具备的参数，对于“景深”效果的影响可以概括为以下几点。

- 镜头焦距越长，景深越小；焦距越短，景深越大。
- 光圈越大，景深越小；光圈越小，景深越大。
- 拍摄对象距离相机越近，景深越小；距离相机越远，景深越大。

下面通过“景深”效果实例的制作，详细了解这些因素对“景深”效果的具体影响。

## 10.3.3 景深效果实例制作

Steps 01 打开本书配套资源中本章文件夹中的“VR 物理相机景深原始.max”文件，这是一个已经创建好了【VR 物理相机】的完整场景，如图 10-84 所示。

Steps 02 由于这里只针对【VR 物理相机】的“景深”效果进行制作，该场景的灯光、材质以及渲染参数均已设置完成。在当前【VR 物理相机】参数下所渲染得到的结果如图 10-85 所示。

图 10-84　打开 VR 物理相机景深原始.max

图 10-85　当前渲染结果

### 1. 通过【焦距】加强景深

Steps 01 选择【VR 物理相机】并进入【顶视图】，然后进入修改面板将【焦距】从 40 调整至 90，从图 10-86 中可以发现定位【焦点】的两块面片自身的距离拉近了。

> 技巧：【焦距】数值的增大，定位【焦点】的两块面片自身的距离拉近，这样产生“景深”的区域将变小，其前后两侧的物体与【焦点】的距离相对拉远，因此“景深”效果将加剧。

Steps 02 增大【焦距】后，按<C>键切换至【VR 物理相机】视图，可以发现其视野缩小至如图 10-87 所示。再调整【胶片规格】数值，如图 10-88 所示增大视野。

Steps 03 调整好视野后进行渲染，将得到如图 10-89 所示的渲染结果，可以看到此时的“景深”效果变得比较明显。

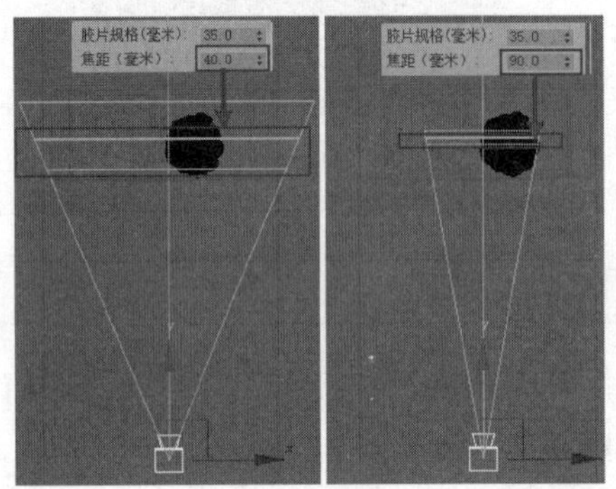


图 10-86　调大焦距拉近面片自身距离

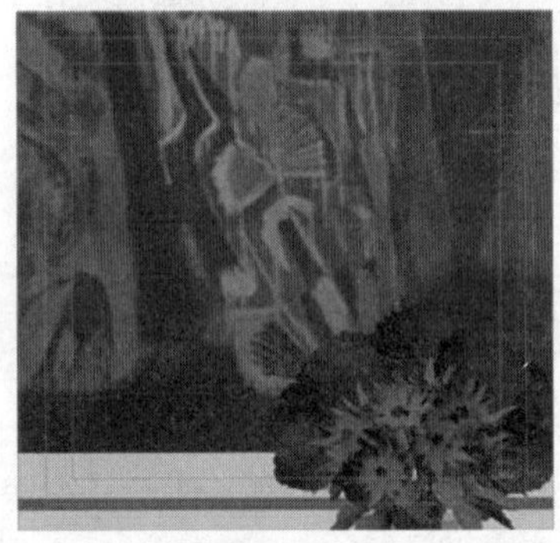

图 10-87　调整焦距后的 VR 物理相机视图

图 10-88　调整胶片规格数值增大视野

图 10-89　渲染结果

### 2. 通过【光圈数】加强景深

Steps 01 选择【VR 物理相机】并进入【顶视图】，然后进入修改面板将【光圈数】从 5 调整至 1，从图 10-90 中可以发现，定位【焦点】的两块面片自身的距离拉近了，同样景深效果加剧。

Steps 02 调整完【光圈数】后，如果直接进入【VR 物理相机】进行渲染，将得到如图 10-91 所示的结果。可以看到由于【光圈数】数值变小，图片曝光过度。

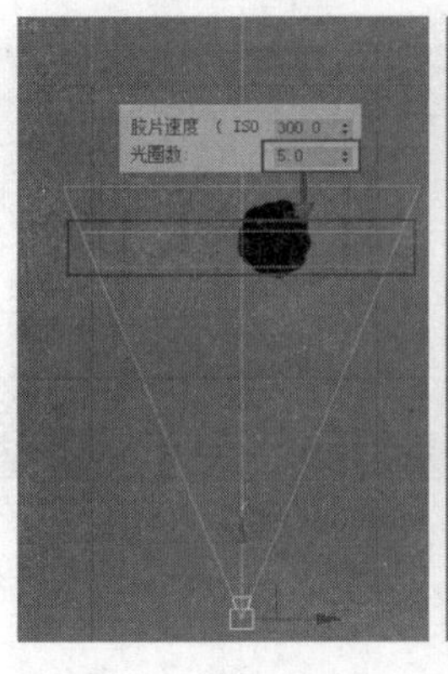

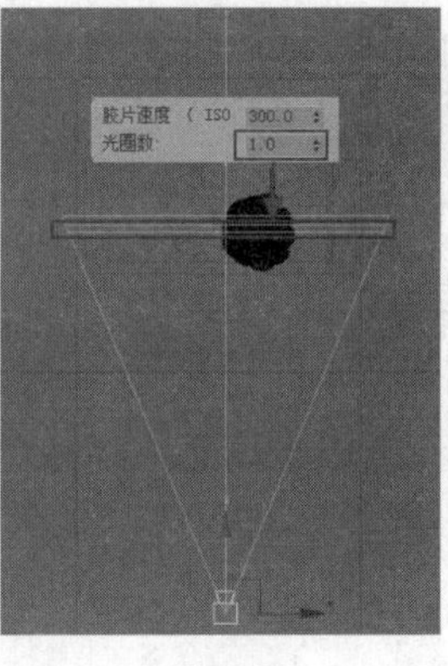

图 10-90　调小光圈拉近面片自身距离

图 10-91　渲染结果

注 意：当前的场景应该还原之前调整过的【焦距】等参数，避免其对【光圈数】参数调整的效果产生影响。

Steps 03 为了降低渲染图片的亮度，首先调整好影响渲染图片亮度的【快门速度】与【胶片速度】数值，如图 10-92 所示。

Steps 04 调整完成后，在【VR 物理相机】进行渲染，将得到如图 10-93 所示的结果，可以看到此时的“景深”效果变得更为明显。

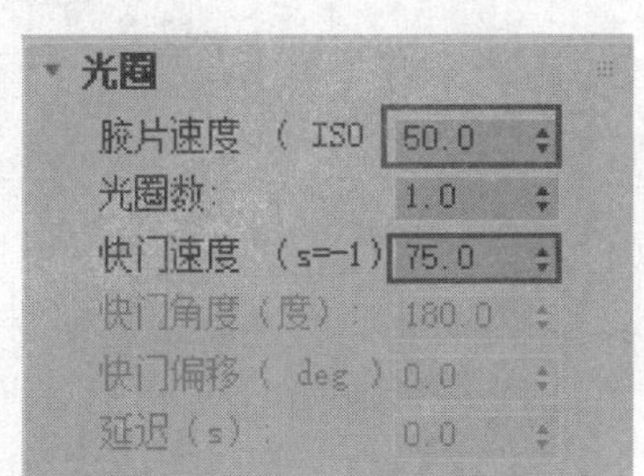


图 10-92　调整快门速度与胶片速度

图 10-93　渲染结果

注 意：本节中为了表现十分明显的“景深”效果，将【光圈数】调整为 1.0，在工作中应该避免用到这样小的数值。

通过上面两个实例的学习可以了解到，调整【焦距】和【光圈数】参数加强“景深”效果的原理一致，即通过缩小定位【焦点】的两块面片的距离，相对增大其他物体与“景深”区域的距离以加强景深效果。

此外，如果拉开书桌与背景墙的距离，再将【焦点】调整至书桌处，同样会增大背景墙与【焦点】的距离，因此其“景深”效果必然会有所加剧。但由于在效果图的制作中模型之间距离的可变动性很小，因此这种方法并不适用。这里不再做详细介绍，有兴趣的读者可以亲自动手进行测试。

# 第11章 VRay属性与大气效果

本章重点：

- VRay属性
- 【VRay卡通】大气特效
- 【VRay球形衰减】大气特效

调整 VRay 属性可以使单独或若干个模型对象及灯光表现出更为理想的细节效果。使用 VRay 大气特效能使场景表现出接近于卡通效果的轮廓线条效果。

## 11.1 VRay 属性

VRay 属性包含【VRay 对象属性】与【VRay 灯光属性】。选择场景中的模型对象，单击鼠标右键，如图 11-1 所示，选择【VRay】属性即可弹出如图 11-2 所示的【VRay 对象属性】面板。下面对其进行详细介绍。

图 11-1　选择模型对象并选择【VRay 属性】命令

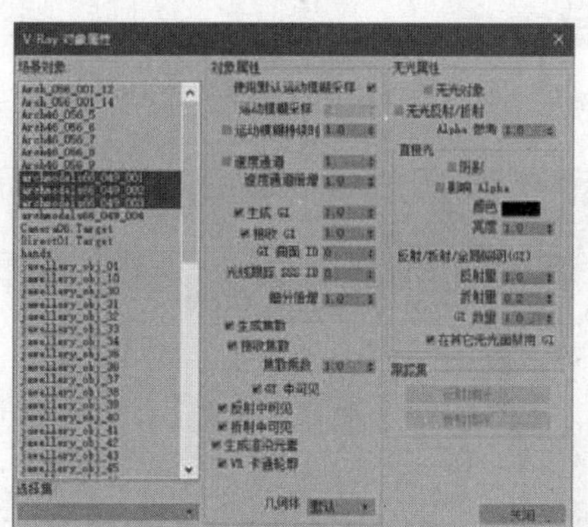

图 11-2　【VRay 对象属性】面板

### 11.1.1 【VRay 对象属性】面板

#### 1. 【场景对象】

在【场景对象】下的列表中可以双击选择将要进行【VRay 对象属性】调整的模型。

#### 2. 【对象属性】参数组

❑ 【使用默认运动模糊采样】

勾选【使用默认运动模糊采样】复选框后，通过设置其下的【运动模糊采样】数值可以单独调整选择对象的【几何学采样】参数值。

❑ 【生成 GI】

【生成 GI】后的数值可以单独控制所选物体产生全局光照明的强弱程度，这将影响模型对周边物体溢色的程度.图 11-3 为【生成 GI】参数为默认值 1.0 时的效果，若将【生成 GI】数值调整为 3.0，溢色将明显加重，如图 11-4 所示。

❑ 【接收 GI】

【接收 GI】后的数值可以单独控制所选物体接收来自场景中的全局光照明的强弱程度。如图 11-3 所示的玻璃花瓶【接收 GI】数值为 1.0，对比图 11-5 与图 11-6 可以发现该参数主要影响模型自身的亮度与材质质感。

图 11-3 【生成 GI】为 1.0 时的渲染效果

图 11-4 【生成 GI】为 3.0 时的渲染效果

图 11-5 【接收 GI】为 0.25 时的渲染效果

图 11-6 【接收 GI】为 4.0 时的渲染效果

注意：对比图 11-3、图 11-5 与图 11-6 的效果可以发现，【接收 GI】参数的调整对折射与反射效果的影响相对较小，对漫反效果的影响则十分明显。

❑ 【GI 曲面 ID】

调整【GI 曲面 ID】编号后，VRay 渲染器将逐个处理每个材质所产生的焦散效果，因此能在一定程度上减少焦散产生的噪波现象，但也会对材质效果产生偏差，通常不启用该参数。

❑ 【生成焦散】

默认状态下勾选【生成焦散】复选框。如果模型材质具有反射/折射属性则会在【焦散】卷展栏开启的前提下产生焦散效果，若取消勾选则该模型对象就不再产生焦散效果。对于焦散效果的具体控制在前面已经详细讲述过，这里对其相关参数就不再赘述。

❑ 【接收焦散】

默认状态下勾选【接收焦散】复选框，此时模型表面会体现出由其他对象产生的焦散效果，若取消勾选则不再能体现焦散效果。

❑ 【焦散乘数】

通过调整【焦散乘数】后的数值可以提高物体产生焦散效果的能力，数值越大所能表现出的焦散效果越明显。

❑ 【GI（全局光）中可见】

模型对象只有保持【GI（全局光）中可见】复选框为勾选状态才能进行 GI 的计算，对比如图 11-7 所示的花瓶效果可以发现，取消勾选该复选框后，由 GI 产生的材质质感与阴影细节效果都不再表现。

❑ 【反射中可见】/【折射中可见】

分别取消勾选【反射中可见】与【折射中可见】复选框后的渲染结果如图 11-8 所示。可以发现取消勾选【反射中可见】后，玻璃花瓶与花束不会出现在镜子的反射效果中。而取消勾选【折射中可见】后，玻璃花瓶经过玻璃片折射将直接观察到处于其后方的香水瓶。

图 11-7 【GI 中可见】复选框勾选与否的渲染效果

图 11-8 未勾选【反射/折射可见】的渲染效果

### 3. 【无光属性】参数组

❑ 【无光对象】

勾选【无光对象】后，模型对象在渲染时将被视为无光物体。场景中花束与玻璃花瓶勾选该复选框与否的前后对比效果如图 11-9 与图 11-10 所示，可以看到勾选【无光对象】后，模型对象的漫反射颜色呈现黑色。需要注意的是，其仍可能计算正确的反射/折射以及间接照明与投影效果。

图 11-9 未勾选【无光对象】时的渲染效果

图 11-10 勾选【无光对象】时的渲染效果

❑ 【Alpha 参考】

通过设置【Alpha 参考】值可以调整模型对象在 Alpha 图像中的显示效果。如图 11-11~图 11-13 所示，值为 1.0 时花束与玻璃花瓶在 Alpha 通道中正常显示轮廓；值为 0 则意味着物体在 Alpha 通道中完全不显示；值为-1.0 则会反转物体的 Alpha 通道显示。

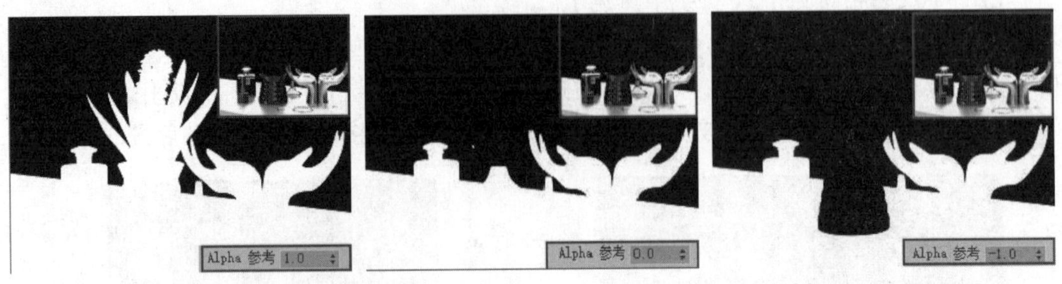


图 11-11 参考值为 1.0 时的 Alpha 图像　图 11-12 参考值为 0 时的 Alpha 图像　图 11-13 参考值为-1.0 时的 Alpha 图像

注 意：由于【无光对象】物体显示为黑色，为了体现出阴影效果，这里已经将阴影颜色调整为了灰色，调整方法参考本节关于【颜色】参数的内容。

❑ 【直接光】参数组

- 【阴影】：将场景中的柜台模型对象设置为【无光对象】后，若不勾选【阴影】复选框，渲染将得到如图 11-14 所示的效果，对象表面将不再能接受其他物体的投影；若勾选【阴影】复选框，该模型对象表面将可接受投影，如图 11-15 所示。

图 11-14 未勾选【阴影】时的无光物体渲染效果

图 11-15 勾选【阴影】时的无光物体渲染效果

- 【影响 Alpha】：默认未勾选情况下，模型对象在 Alpha 通道中只能形成如图 11-16 所示的黑白对比效果，而勾选【影响 Alpha】复选框后将形成如图 11-17 所示的效果，可以看到物体轮廓得到了轻微的体现。
- 【颜色】：可以在【颜色】后的"色彩通道"中，如图 11-18 与图 11-19 所示设置【无光对象】表面接受到的阴影颜色。

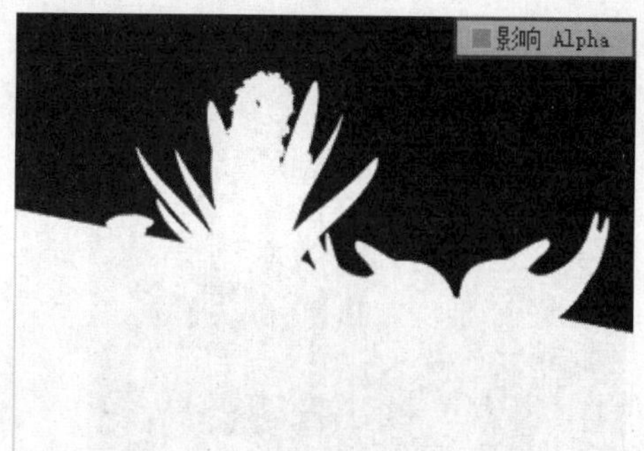


图 11-16　未勾选【影响 Alpha】时的无光物体渲染效果

图 11-17　勾选【影响 Alpha】时的无光物体渲染效果

图 11-18　无光对象表面蓝色阴影效果

图 11-19　无光对象表面红色阴影效果

- 【亮度】: 通过调整【亮度】参数后的数值可以如图 11-20 与图 11-21 所示设置【无光对象】接受到的阴影亮度。

图 11-20　【亮度】为 0.8 时的阴影效果

图 11-21　【亮度】为 0.2 时的阴影效果

❑ 【反射/折射/（全局照明）GI】参数组

- 【反射量】: 如果设置的【无光对象】是使用 VRay 相关材质来表现反射效果的（如场景中的手形饰品），则【反射量】后的参数值可以如图 11-22 与图 11-23 所示控制材质反射强度。

图 11-22 反射量为 0.8 时的渲染效果

图 11-23 反射量为 0.2 时的渲染效果

- 【折射量】：如果设置的【无光对象】是使用 VRay 相关材质来表现折射效果的（如场景中的玻璃片），则【折射量】后的参数值可以如图 11-24 与图 11-25 所示控制处于对象背后物体的可见度。

图 11-24 【折射量】为 0.8 时的渲染效果

图 11-25 【折射量】为 0.2 时的渲染效果

注 意：对于【折射量】参数调整所产生的改变效果，通常需要将模型处理成如图 11-26 所示的单面模型。如果是双面模型，调整【折射量】将不产生效果上的变化，如图 11-27 所示。

图 11-26 将玻璃模型处理成单面模型

图 11-27 双面玻璃模型【折射量】参数将无效

- 【GI 数量】：【GI 数量】后的参数值可以如图 11-28 与图 11-29 所示控制【无光对象】（柜台）接受 GI 照明的强度。

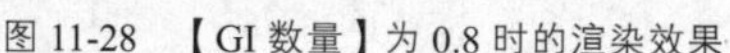
图 11-28 【GI 数量】为 0.8 时的渲染效果

图 11-29 【GI 数量】为 0.2 时的渲染效果

➘ 【在其他无光面禁用 GI】：当场景中存在一个以上的【无光对象】时，勾选【在其他无光面禁用 GI】后，【无光对象】当前的表面颜色、亮度等特征对其他【无光对象】产生 GI 以及折射、反射等效果的影响如图 11-30 所示。如果取消勾选则【无光对象】会如图 11-31 所示以原有材质效果进行 GI 以及折射、反射等效果的影响。

图 11-30 勾选【在其他无光面禁用 GI】的渲染效果

图 11-31 未勾选【在其他无光面禁用 GI】的渲染效果

## 11.1.2 【VRay 灯光属性】面板

区别于【VRay 对象属性】，如图 11-32 所示选择场景中的灯光并激活【VRay 属性】命令，将弹出如图 11-33 所示的【VRAY 特性】面板进行灯光细节的控制。其中关于焦散效果的参数在第 3 章“间接照明选项卡”的“【焦散】卷展栏”中进行过详细介绍，因此在本节只对该面板做简单讲述。

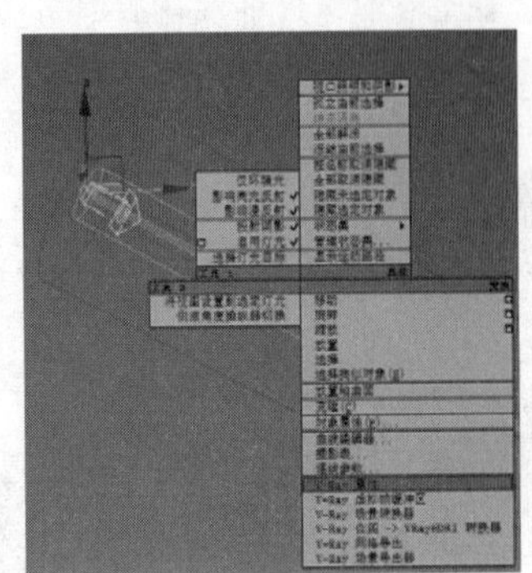

图 11-32　选择灯光并激活【VRay 属性】命令

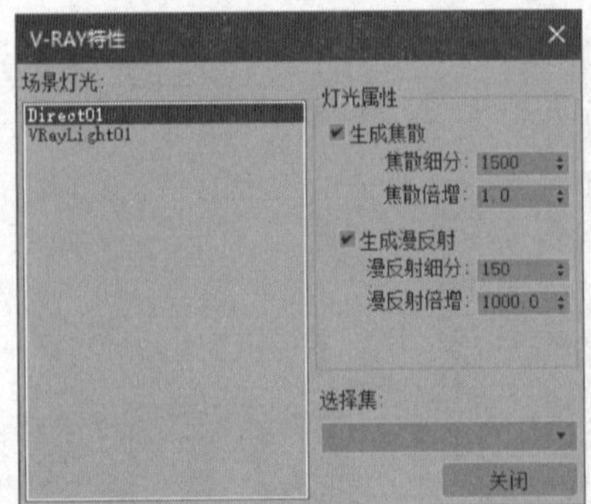


图 11-33　【VRAY 特性】面板

### 1. 【场景灯光】

在【场景灯光】下方的列表中，可以选择场景中的灯光进行【VRay 灯光属性】的单独调整。

### 2. 【灯光属性】

❑ 【生成焦散】

勾选【生成焦散】后，该盏灯光照射的模型对象才有可能产生焦散效果。

❑ 【焦散细分】

【焦散细分】参数用于调整焦散效果的质量。取值越大焦散效果越理想，但会延长渲染计算时间并占用更多的内存。

❑ 【焦散倍增】

勾选【生成焦散】后，通过调整【焦散倍增】后的数值可以加强该灯光照射模型产生焦散的强度，而且这种加强是累积的，它不会覆盖 VRay 渲染器【焦散】卷展栏中的倍增值。

❑ 【生成漫反射】

【生成漫反射】用于确定灯光是否影响材质漫反射效果。观察如图 11-34 与图 11-35 所示的效果可以发现该参数并不会对渲染效果产生实际的影响。

图 11-34　勾选【生成漫反射】时的渲染效果

图 11-35　未勾选【生成漫反射】时的渲染效果

❑ 【漫反射细分】

【漫反射细分】用于调整光源产生的漫反射光子被追踪的数量。在使用【发光贴图】作为灯光引擎时可以通过该参数调整表面光子数量。

❑ 【漫反射倍增】

【漫反射倍增】用于设置漫反射光子的倍增值，该参数的调整只有在使用【发光贴图】作为灯光引擎才有可能体现出调整效果。

3. 【选择集】

当场景中如图 11-36 所示利用 3ds Max 选择集为灯光创建了选择集后，通过该处的【选择集】后的下拉按钮，可以快速选择如图 11-37 所示的已创建好的灯光选择集。

图 11-36 在 3ds Max 中创建灯光选择集

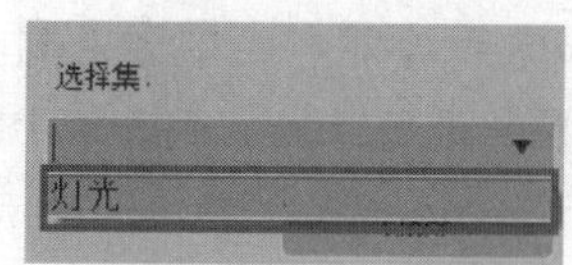


图 11-37 在灯光属性中直接选用创建好的灯光选择集

## 11.2 【VRay 卡通】大气特效

【VRay 卡通】大气特效与之前介绍的使用【VRay 边线贴图】产生的效果有类似的地方，区别在于前者能在添加轮廓线条的效果下保持模型原有的材质效果。如图 11-38 所示即为场景添加 VRay 渲染器默认参数的【VRay 卡通】大气特效所产生的渲染效果。下面介绍【VRay 卡通】大气特效的添加方法。

Steps 01 打开配套资源中本章文件夹中的“VRayToon 测试.max”文件，这是一个已经布置好摄影机并制作好了材质与灯光的场景，如图 11-39 所示。

图 11-38 添加默认【VRay 卡通】大气特效渲染效果

图 11-39 打开 VRayToon 测试场景文件

Steps 02 单击【渲染】按钮，场景默认渲染效果如图 11-40 所示，可以看到这是一个写实的渲染效果。下面添加【VRay 卡通】大气特效使其产生轮廓线条效果。

Steps 03 按<8>键打开【环境和效果】面板，然后如图 11-41 所示展开其下的【大气】卷展栏。

图 11-40 VRayToon 测试文件默认渲染效果

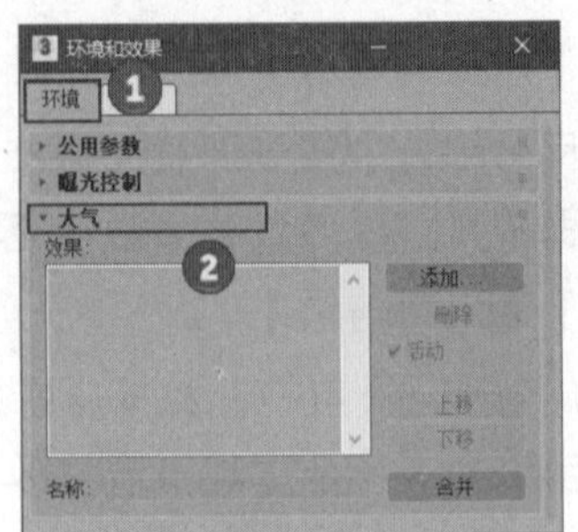

图 11-41 展开【大气】卷展栏

Steps 04 单击【大气】卷展栏中的【添加】按钮，如图 11-42 所示添加【VRay 卡通】至左侧的【效果】列表。

Steps 05 添加完成后即可在下方看到如图 11-43 所示的【VR 卡通参数】卷展栏，保持该参数为当前设置并进行渲染，得到如图 11-40 所示的效果。下面了解该卷展栏参数的具体含义。

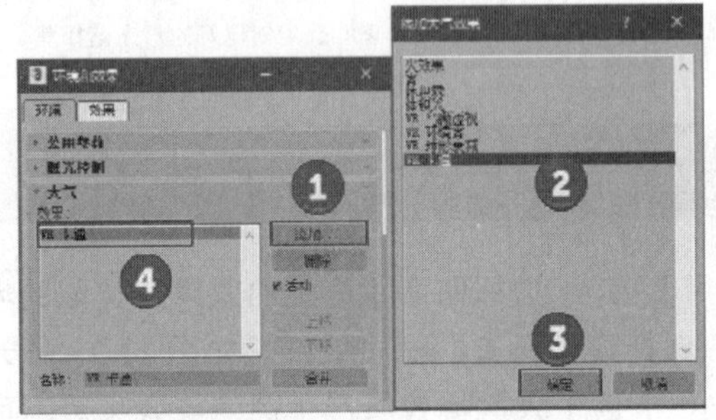
图 11-42 添加 VRay 卡通至效果列表

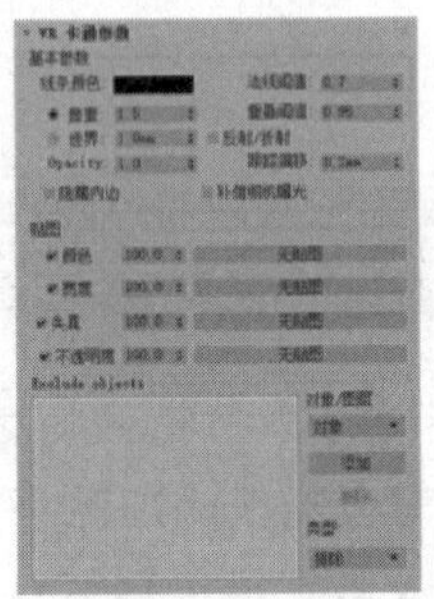
图 11-43 【VR 卡通参数】卷展栏

## 11.2.1 【基本参数】组

### 1. 【线条颜色】

【线条颜色】后的“色彩通道”可以如图 11-44 与图 11-45 所示改变轮廓线的色彩。

图 11-44 蓝色轮廓线条颜色的渲染效果

图 11-45 黄色轮廓线条颜色的渲染效果

轮廓线的粗线与透明特征可以通过其下的参数进行控制。

❑ 【像素】

选用【像素】为单位时，轮廓线将以像素为单位进行粗细的控制。设置参数值为 1.0 时，轮廓线即为 1 个像素大小，如图 11-46 所示；设置为 5.0 时则如图 11-47 所示产生 5 个像素大小的轮廓线。

图 11-46 【像素】值为 1.0 时的轮廓线条效果

图 11-47 【像素】值为 5.0 时的轮廓线条效果

注 意：当选择【像素】为单位时，轮廓线的宽度会因为渲染图像大小的变化产生相对改变，例如，在小尺寸的渲染图像中 10 像素大小的轮廓线十分明显，但如果渲染图像扩大 10 倍则 10 像素的轮廓线将显得十分纤细。

❑ 【世界】

当采用【世界】为单位时，轮廓线将以系统设置的单位进行粗细的控制。如果系统单位为 mm，设置参数值为 1 时，轮廓线即为 1.0mm 粗细，如图 11-48 所示；设置参数值为 10 时，轮廓线为 10mm 粗细，如图 11-49 所示。

图 11-48 1.0mm 的轮廓线条效果

图 11-49 10.0mm 的轮廓线条效果

注 意：当使用【像素】为单位时，轮廓线条宽度无论远近均保持同一宽度，如图 11-50 所示；而使用【世界】为单位时，轮廓线宽度会如图 11-51 所示由于透视关系产生近大远小的粗细变化。

图 11-50 以【像素】为单位时轮廓线条宽度的变化

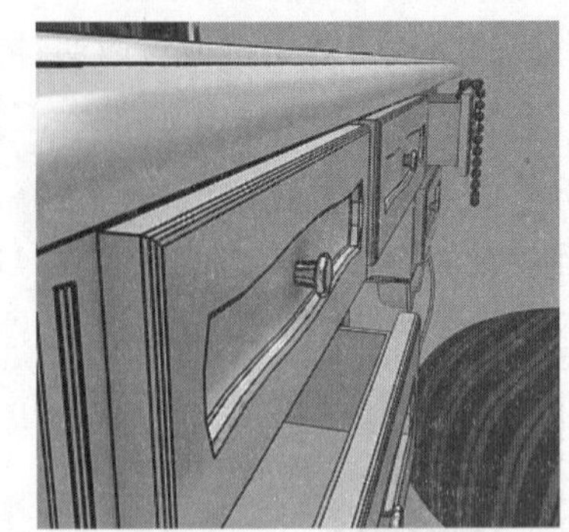

图 11-51 以【世界】为单位时轮廓线条宽度的变化

❑ Opacity【不透明度】

Opacity【不透明度】后的数值可以如图 11-52~图 11-54 所示控制轮廓线的透明度，值为 1 时为完全不透明，为 0 时为完全透明，取中间的数值则为不同程度的半透明效果。

图 11-52 【不透明度】为 0.3

图 11-53 【不透明度】为 0.6

图 11-54 【不透明度】为 0.9

## 2. 【法线阈值】

【法线阈值】参数后的数值可以如图 11-55 与图 11-56 所示控制场景中模型边线以及交接转角出现轮廓线的敏感度，数值越高轮廓线条越密集。

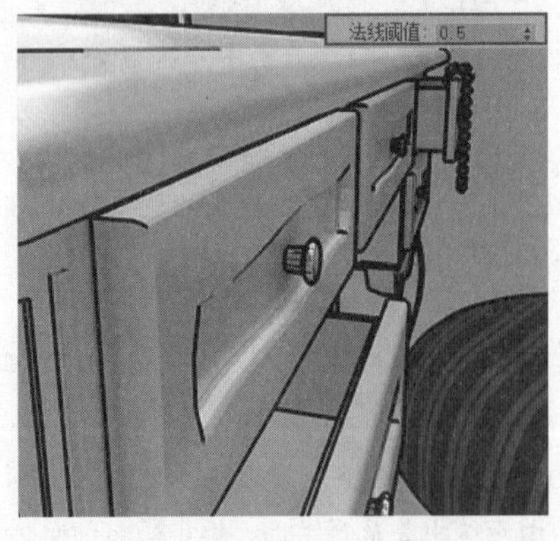


图 11-55 【法线阈值】为 0.5 时的轮廓线效果

图 11-56 【法线阈值】为 0.95 时的轮廓线效果

### 3. 【重叠阈值】

【重叠阈值】参数后的数值可以如图 11-57 与图 11-58 所示控制场景中同一模型重迭的边缘处出现轮廓线的敏感度，数值越高重迭边缘越容易出现轮廓线。

图 11-57 【重叠阈值】为 0.5 时的轮廓线效果

图 11-58 【重叠阈值】为 0.95 时的轮廓线效果

### 4. 【反射/折射】

默认状态下【反射/折射】复选框未被勾选。镜子中反射的玫瑰没有表现出线框效果，如图 11-59 中所示。勾选该复选框后，渲染图像中镜子反射的玫瑰同样将出现线框效果，如图 11-60 所示。

图 11-59 未勾选【反射/折射】时的渲染效果

图 11-60 勾选【反射/折射】时的渲染效果

注意：比较如图 11-59 与图 11-60 所示的花瓶细节还可以发现，勾选【反射/折射】后，花瓶内部的花茎同样产生了轮廓线而且花瓶背面也出现了轮廓线，这些都是作用于折射的效果，相对而言这些细节的改变比较容易被忽略。

### 5. 【跟踪偏移】

在勾选【反射/折射】的前提下，通过设定【跟踪偏移】参数后的数值，可以如图 11-61~图 11-63 所示控制轮廓线对其周边透明表面区域影响大小，数值越大影响范围越强烈。

图 11-61 【跟踪偏移】为 1.0mm 时

图 11-62 【跟踪偏移】为 2.5mm 时

图 11-63 【跟踪偏移】为 5.0mm 时

## 11.2.2 【贴图】参数组

【贴图】参数组主要以贴图的形式对轮廓线的颜色、粗细等效果进行表现，这里仅以【颜色】的相关参数为例进行图示说明，其他参数的调整方式与之类似，只是所针对的轮廓线特征有所区别。

单击【颜色】后的矩形按钮，可以如图 11-64 与图 11-65 所示载入 3ds Max 的程序贴图或位图来控制轮廓线的颜色，这点类似于材质中贴图通道与颜色通道的关系。

图 11-64 利用棋盘格程序贴图控制颜色

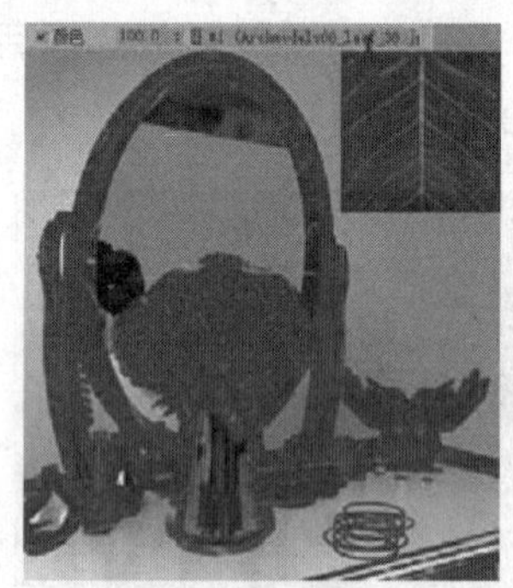

图 11-65 利用位图控制颜色

此外，【颜色】后的数值可以控制设定颜色与贴图表现的比重，如图 11-66~图 11-68 所示，该数值越高贴图表现出的比重就越大。

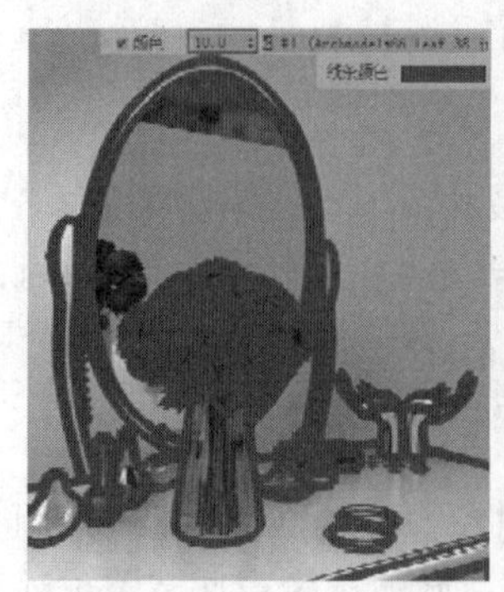

图 11-66 数值为 10.0 时的渲染效果

图 11-67 数值为 50.0 时的渲染效果

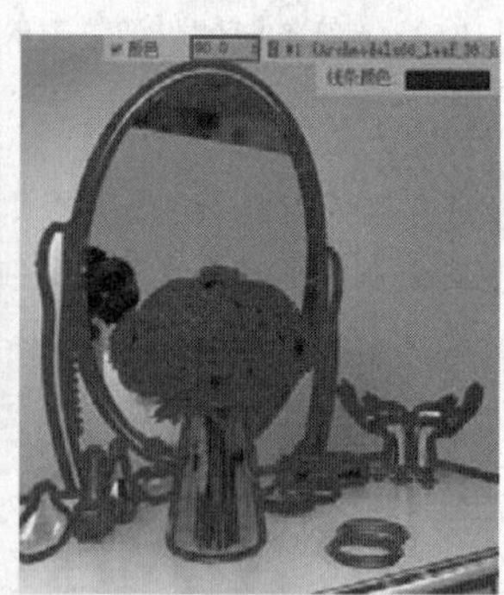

图 11-68 数值为 90.0 时的渲染效果

### 11.2.3 【包含/排除对象】参数组

通过 Include/Exclude Objects【包含/排除对象】参数组的调整，可以使加载的大气效果只针对场景中的某些模型或不对场景中的某些模型产生作用。

#### 1. 【添加】

单击激活【添加】按钮后，在视图中选择模型对象可以将其添加至左侧的列表中，此时渲染如图 11-69 所示大气效果时，将不作用于添加至列表的模型。

#### 2. 【删除】

使用【添加】命令选择模型对象添加至列表后，在列表中选择模型对象的名称并单击【删除】按钮即可将其从列表中移除。

#### 3. 【类型】

在【类型】后的下拉列表中可以切换【包括】与【排除】类型。选择默认的【排除】类型时，使用【添加】命令选择的模型将不会表现出大气效果，而切换至【包括】类型后，会如图 11-70 所示产生相反的效果。在渲染图像中只有被添加的物体才会产生大气效果。

图 11-69 默认参数下添加对象将被排除大气环境的作用

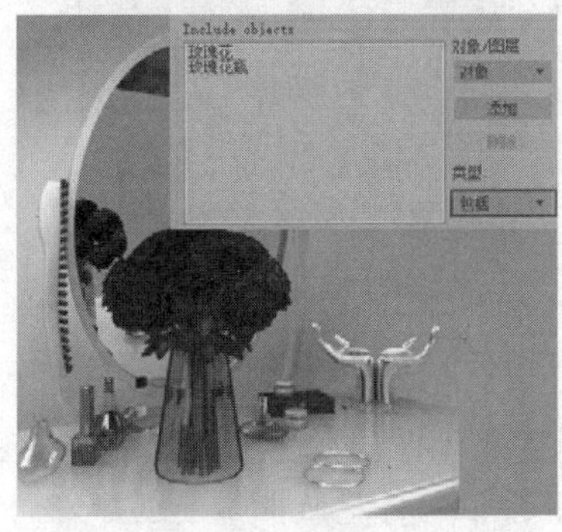


图 11-70 【包括】类型将使大气效果仅作用于添加对象

## 11.3 【VRay 球形衰减】大气特效

【VRay 球形衰减】并不能直接产生大气特效，VRay 渲染器通常运用此功能使已添加在场景中的其他大气特效产生衰减效果，具体使用方法如下：

**Steps 01** 在完成了【VRay 卡通】大气效果制作的场景中，添加一个【VRay 球形衰减】至参数组左侧的【特效】列表中，如图 11-71 所示。

**Steps 02** 添加完成后，在列表中选择激活【VR 球形衰减】，在其下方会出现如图 11-72 所示的卷展栏参数设置。

**Steps 03** 保持该卷展栏参数为默认设置，进行渲染将得到如图 11-73 所示的渲染效果，可以看到由于【VRay 球形衰减】的影响，图中模型原有的材质效果完全消失且只保留了【VRay 卡通】大气效果。

Steps 04 下面通过创建【球体坐标】控制【VRay 球形衰减】大气效果。进入【辅助物体】创建面板，创建一个【球体坐标】至场景的花瓶中心处，调整其【半径】值为 150，如图 11-74 所示。

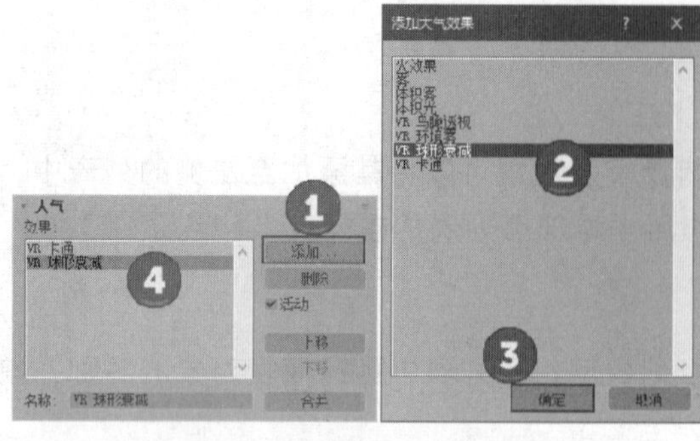

图 11-71 添加【VR 球形衰减】

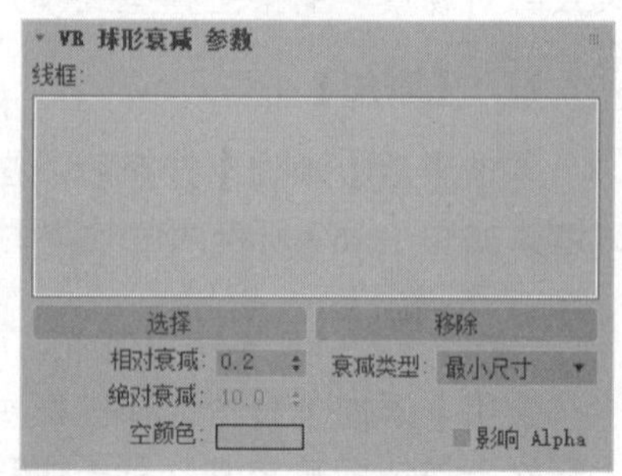

图 11-72 【VR 球形衰减参数】卷展栏

图 11-73 默认 VR 衰减球参数的渲染效果

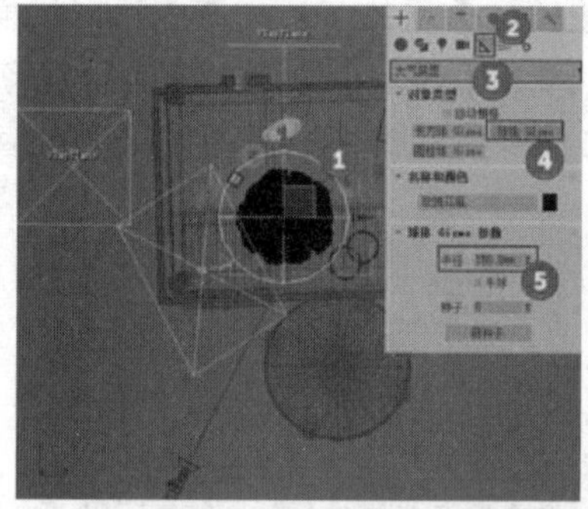

图 11-74 创建球体坐标至花瓶处

Steps 05 【球体坐标】创建好后，再如图 11-75 所示单击【VR 球形衰减参数】卷展栏中的【选择】按钮，将花瓶中心处创建好的【球体坐标】添加至【VR 球形衰减】列表中。

Steps 06 保持其他参数为默认设置，再次单击【渲染】按钮将得到如图 11-76 所示的渲染效果，从图中可以发现处于【球体坐标】内的模型出现了完整的材质效果，而在其边缘的模型也产生了些许材质效果。

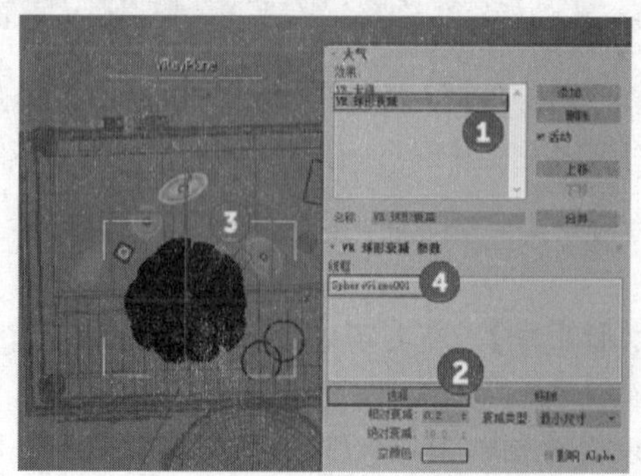

图 11-75 添加至 VR 球形衰减坐标列表

图 11-76 添加球体坐标后默认参数的渲染效果

注意：单击【选择】按钮可以拾取场景中的【球体坐标】，球体坐标添加至列表后将产生衰减效果，如果要取消已经添加至列表的【球体坐标】，只需要在列表中选择该坐标名称，再单击【移除】按钮即可。

此外，调整【球体坐标】的【半径】值可以如图 11-77~图 11-79 所示调整【VRay 球形衰减】效果。下面介绍【VRay 球形衰减】自身参数对衰减效果的影响。

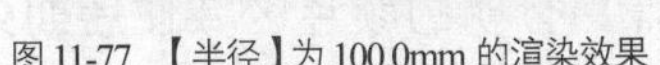

图 11-77 【半径】为 100.0mm 的渲染效果

图 11-78 【半径】为 200.0mm 的渲染效果

图 11-79 【半径】为 500.0mm 的渲染效果

## 11.3.1 【相对衰减】

在同一【球体坐标】相同的【半径】数值的前提下，调整【相对衰减】数值对渲染图像产生的影响如图 11-80~图 11-82 所示，可以看到该数值越高【VRay 球形衰减】的衰减效果越明显，材质区与非材质区的过渡区域越小。

图 11-80 【相对衰减】值为 0.1

图 11-81 【相对衰减】值为 0.5

图 11-82 【相对衰减值】为 0.9

## 11.3.2 【空颜色】

调整【空颜色】参数后的“色彩通道”可以如图 11-83 与图 11-84 所示对渲染图像中非材质区的背景颜色进行控制。

图 11-83 【空颜色】为红色时的渲染效果

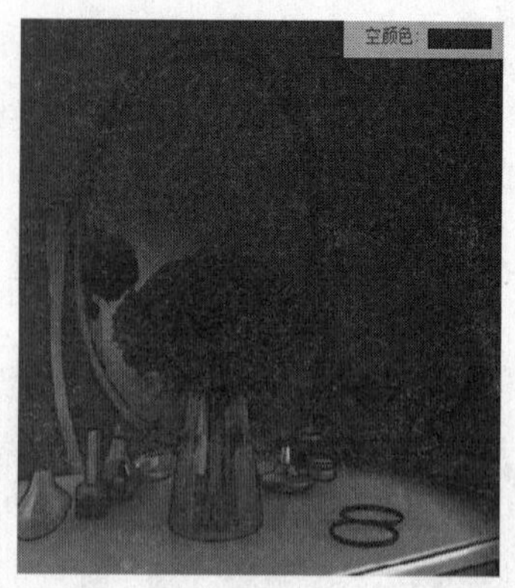


图 11-84 【空颜色】为蓝色时的渲染效果

## 11.3.3 【影响 Alpha】

如果勾选【影响 Alpha】复选框，在完成如图 11-85 所示的 RGB 通道渲染效果后，切换至 Alpha 通道将得到如图 11-86 中左上角所示的效果，其黑白分明的颜色区域使后期处理时可以利用魔棒工具建立十分精确的材质与非材质选区，方便效果的独立调整。如果未勾选该复选框，则 Alpha 通道图像将为如图 11-86 中右下角所示的一片白色。

图 11-85 渲染得到的 RGB 通道图片效果

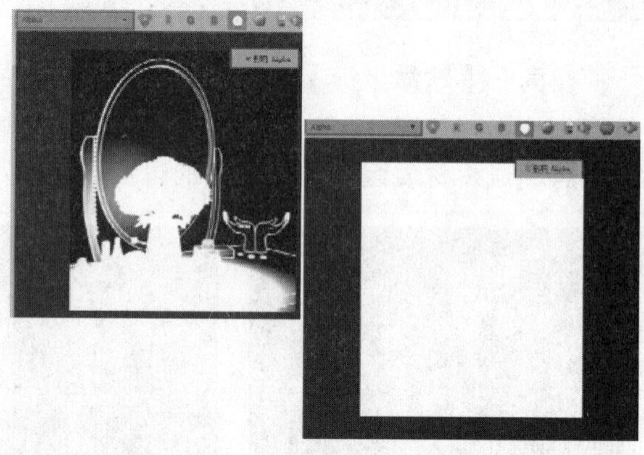

图 11-86 勾选/未勾选【影响 Alpha 通道】所得到的 Alpha 图片

# 第12章 工业产品表现

本章重点：

- 设置场景测试渲染参数
- 检查模型
- 制作场景材质
- 创建场景灯光效果
- 最终渲染输出

在本例中将通过一个主体对象为耳机的场景，讲解工业产品渲染的常用表现手法。在材质制作上将对各种金属、塑料、木纹等材质的制作手法进行详细讲述。在灯光技法上将分别使用十分经典的“三点布光法”以及“HDRI 照明法”对场景进行光效制作。场景渲染完成的效果分别如图 12-1 与图 12-2 所示。

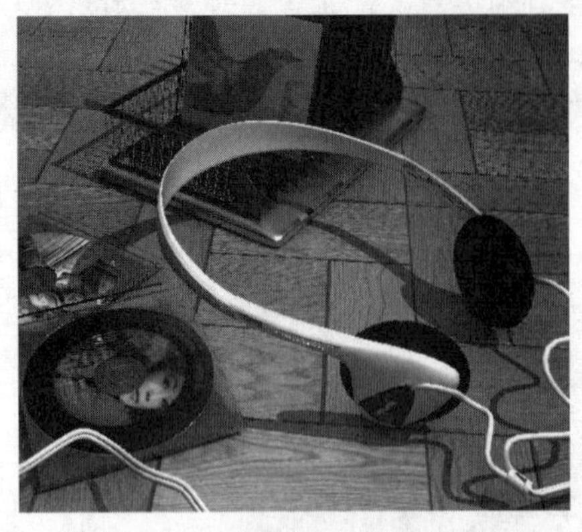

图 12-1　场景三点照明渲染效果

图 12-2　场景 HDRI 照明法渲染效果

## 12.1 设置场景测试渲染参数

对于工业产品的表现，准确表达出产品的材质的特点尤为重要。这就需要我们不断地进行效果的测试渲染并进行调整。为了加快测试渲染速度，则需要对默认的 VRay 渲染器参数进行调整。

**Steps 01** 打开配套资源中“耳机渲染白模.max”场景文件，如图 12-3 所示，可以看到这是一个已经设置好了渲染角度并调整好了构图的场景。

**Steps 02** 按键盘上的<F10>键打开【渲染设置】面板，如图 12-4 所示选择 VRay 渲染器。

图 12-3　耳机渲染白模文件场景

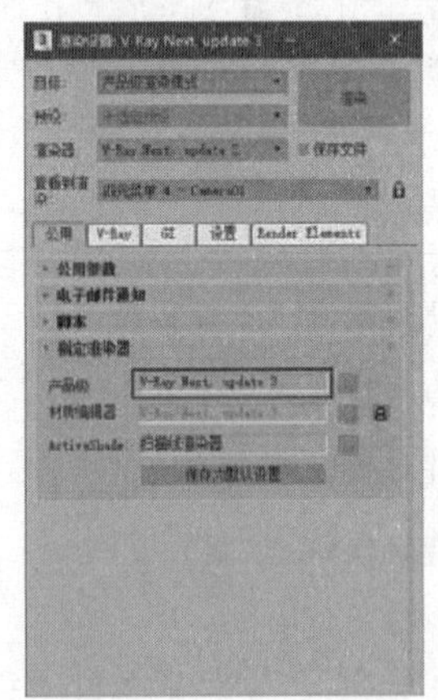

图 12-4　选择 VRay 渲染器

**Steps 03** 单击 VRay 选项卡进入【全局控制】卷展栏，如图 12-5 所示取消勾选【隐藏灯光】以及【光泽效果】复选框，并将【二次光线偏移】参数值调整为 0.001。

Steps 04 单击【图像过滤】卷展栏，如图 12-6 所示将场景的抗锯齿过滤器类型调整为【区域】。

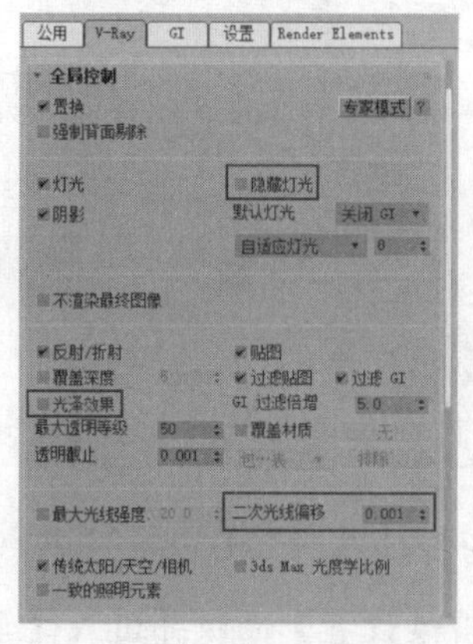


图 12-5 调整全局控制参数

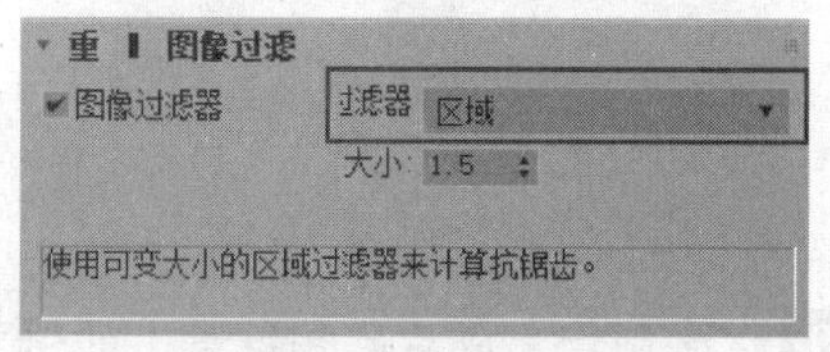


图 12-6 调整图像过滤器的类型

Steps 05 接下来单击 GI 选项卡，如图 12-7 所示进入【全局照明 GI】卷展栏，调整首次引擎为【发光贴图】，二次引擎为【暴力计算】。

Steps 06 最后再将【发光贴图】参数调整为如图 12-8 所示。【暴力计算】参数保持默认以加快测试渲染的计算速度，其他未提及参数暂时保持默认即可。

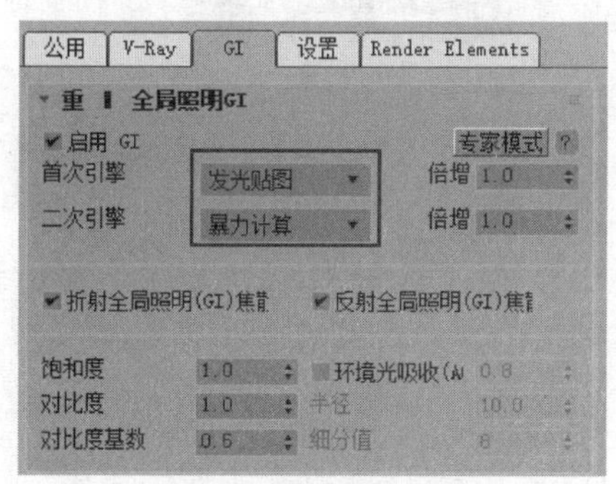


图 12-7 选择引擎

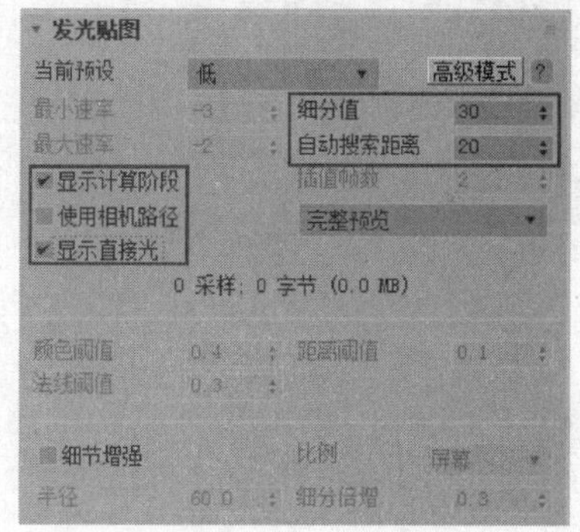


图 12-8 调整发光贴图参数

## 12.2 检查模型

对于工业产品渲染，检查模型主要有两个目的：第一，确定模型表面没有破面的情况发生，这样可以保证之后材质以及灯光效果的调整能顺利进行；第二，查看模型之间的摆放有无重叠交错的部位，避免失真。本例模型检查的具体步骤如下。

Steps 01 按键盘上的<M>键打开【材质编辑器】。选择一个空白材质球，将材质类型调整为如图 12-9 所示的“VRayMtl”。单击【漫反射】参数后的“颜色通道”，如图 12-10 所示调整好其参数值，完成用于检查模型的素白材质的制作。

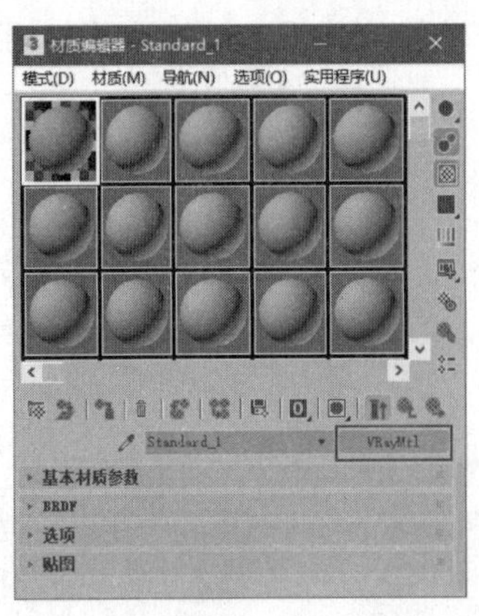


图 12-9 调整材质至 VRayMtl

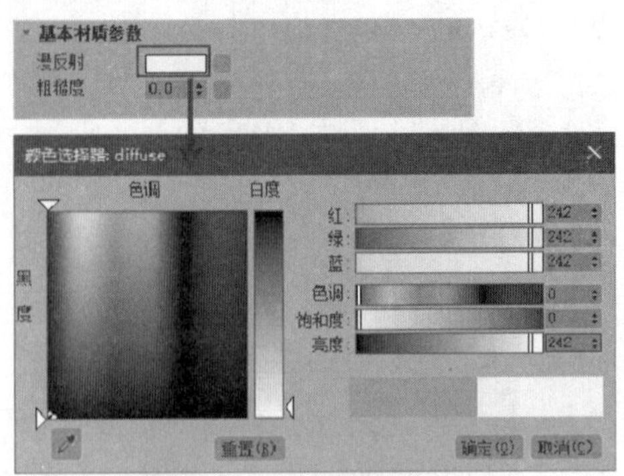


图 12-10 调整材质漫反射颜色

Steps 02 材质制作完成后，按键盘上的<F10>键打开【渲染设置】面板并进入【全局控制】卷展栏，如图 12-11 所示将材质关联复制至【覆盖材质】按钮。

Steps 03 进入【环境】卷展栏，如图 12-12 所示调整好天光颜色与倍增值，用于场景的照明。

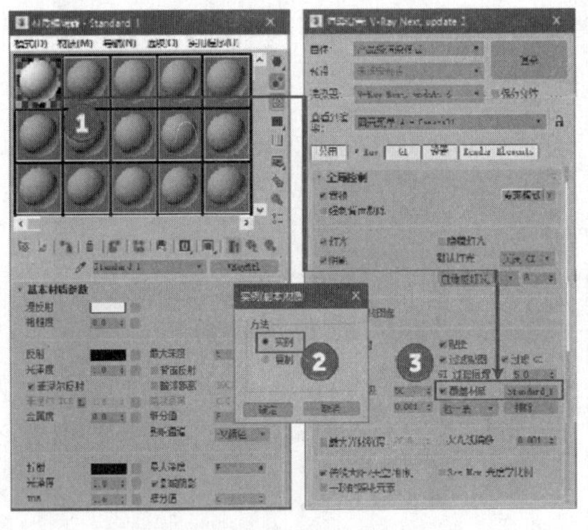


图 12-11 复制素白材质至全局替代材质

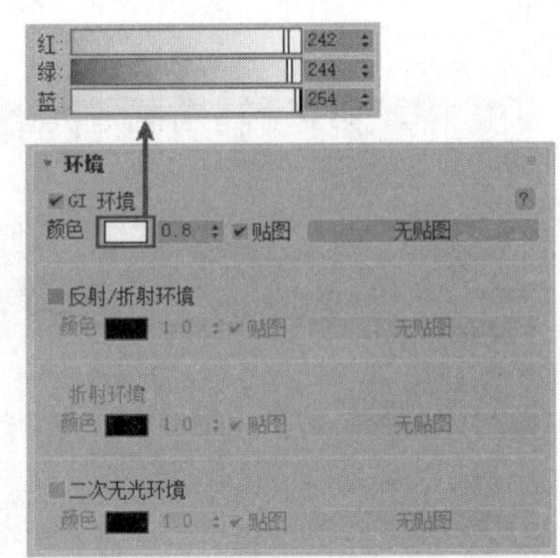


图 12-12 开启场景环境天光

Steps 04 环境天光调整完成后，选择激活摄影机视图，单击【渲染】按钮即得到如图 12-13 所示的模型渲染效果。从图中可以看到模型表面没有异常的明暗变化，说明模型无破面缺陷。同时观察耳机模型与 CD 架、地面的相对位置也没有发现不自然的地方，因此接下来进行场景材质的制作。

## 12.3 制作场景材质

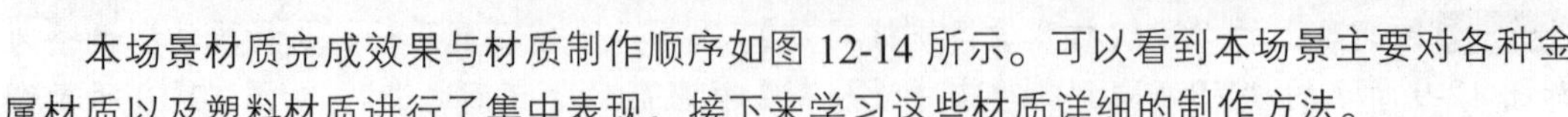

本场景材质完成效果与材质制作顺序如图 12-14 所示。可以看到本场景主要对各种金属材质以及塑料材质进行了集中表现，接下来学习这些材质详细的制作方法。

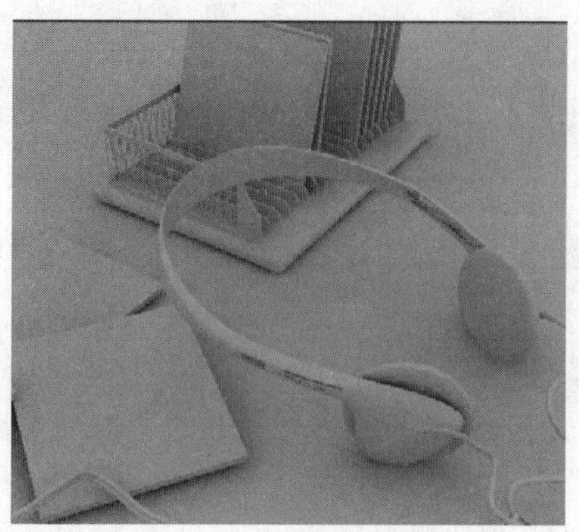

图 12-13　耳机模型渲染效果

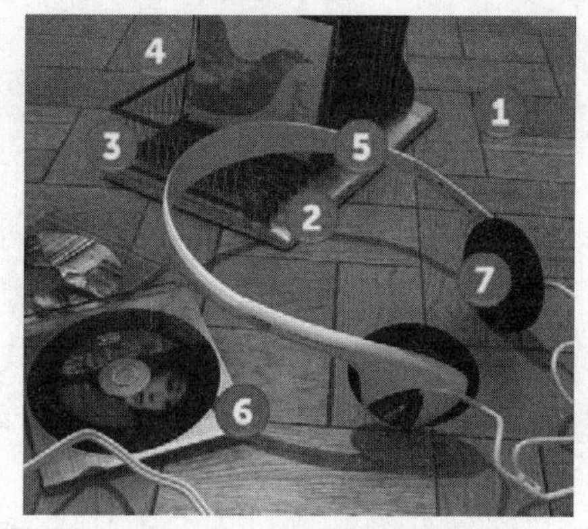


图 12-14　场景材质制作顺序

## 12.3.1 亚光木纹地板材质

Steps 01 在【漫反射】的“贴图通道”内，加载一张木纹贴图模拟材质表面的木纹纹理。此时可以通过修改其【模糊】数值为 0.01，使得漫反射纹理贴图表现得更为清晰，如图 12-15 所示。

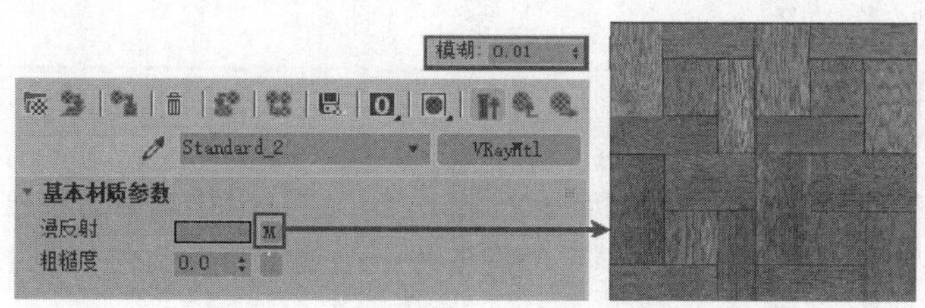


图 12-15　设置漫反射参数

Steps 02 材质反射效果的制作。进入【反射】的“贴图通道”，加载衰减程序贴图，将衰减类型调整为“Fresnel”，第一个颜色通道设置为蓝色，使材质表面产生十分真实的菲涅尔反射现象，如图 12-16 所示。

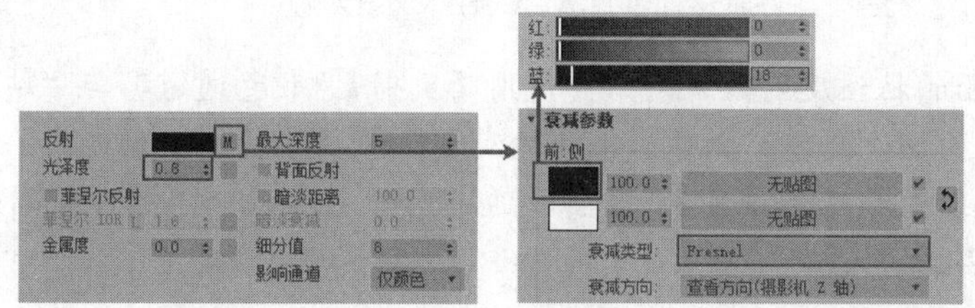


图 12-16　设置反射参数

Steps 03 材质亚光效果的制作。调整【光泽度】参数值为 0.8，模拟反射效果，使材质表面产生符合亚光的散淡高光效果。

Steps 04 材质凹凸效果的制作。进入【贴图】卷展栏，然后在其【凹凸】贴图通道内添加一张对应的黑白位图，并根据材质球上所表现出的凹凸强度调整具体的凹凸数值为 15，如图 12-17 所示。

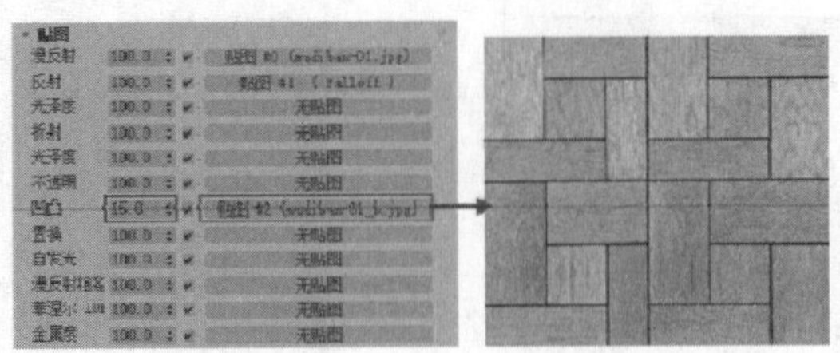

图 12-17　添加凹凸贴图

Steps 05 执行上述操作后，材质球的显示效果如图 12-18 所示。在场景中选择地板模型，单击按钮，将材质赋予模型。

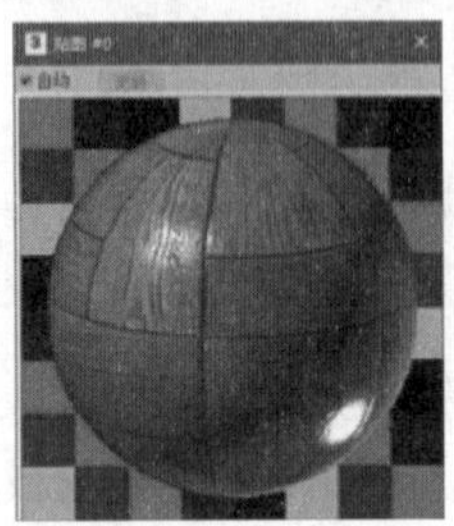

图 12-18　材质效果

## 12.3.2 拉丝不锈钢材质

Steps 01 场景中的 CD 架底座所使用的材质为拉丝不锈钢材质，由于拉丝金属表面不会太亮，因此【漫反射】的“颜色通道”可以调整为一个较暗的灰色，如图 12-19 所示。

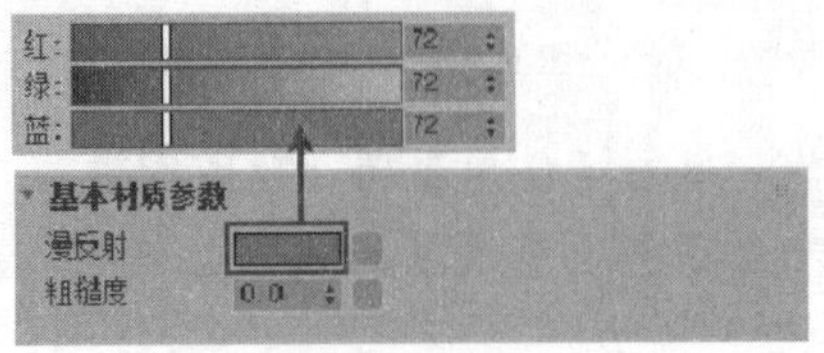


图 12-19　设置漫反射参数

Steps 02 材质表面的拉丝反射效果则需要使用【反射】“颜色通道”与“贴图通道”综合进行制作。首先将“颜色通道”调整为 124 的灰度，使材质获得反射能力。设置“光泽度”参数，并在【反射】和【光泽度】“贴图”通道内分别加载一张黑白相间的位图，制作拉丝现象，如图 12-20 所示。

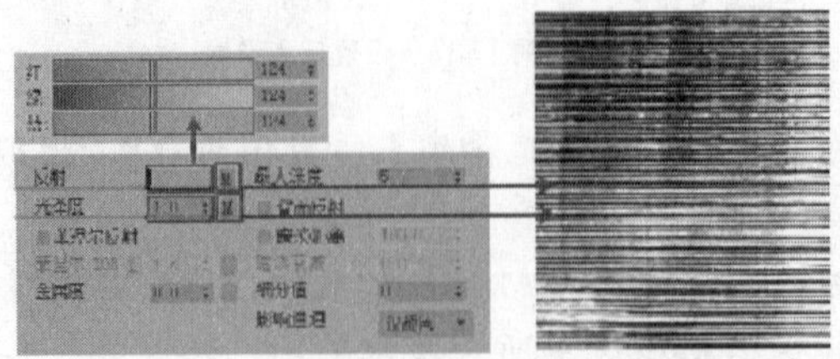

图 12-20　设置反射参数

Steps 03 展开【贴图】卷展栏，设置“反射”“光泽度”参数值，如图 12-21 所示。

Steps 04 执行上述操作后，材质球的显示效果如图 12-22 所示。在场景中选择 CD 架底座模型，单击按钮，将材质赋予模型。

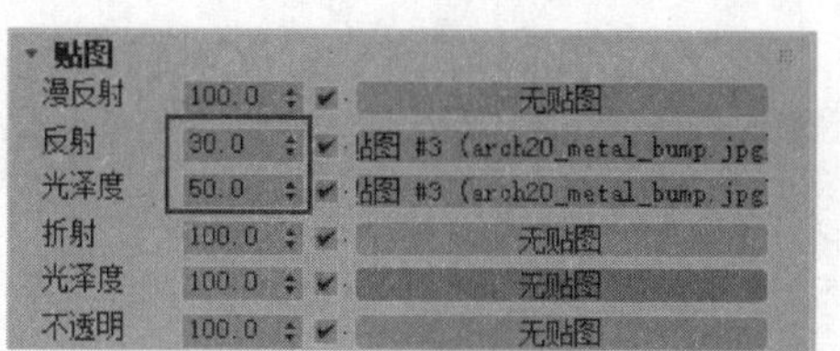


图 12-21 设置参数

图 12-22 材质效果

## 12.3.3 亮光不锈钢材质

Steps 01 场景中 CD 架中部交叉的网格所使用的材质为亮光不锈钢材质，该材质的表面效果与生活中常见的镜子十分类似。先将其【漫反射】“颜色通道”调整为纯白色，如图 12-23 所示。

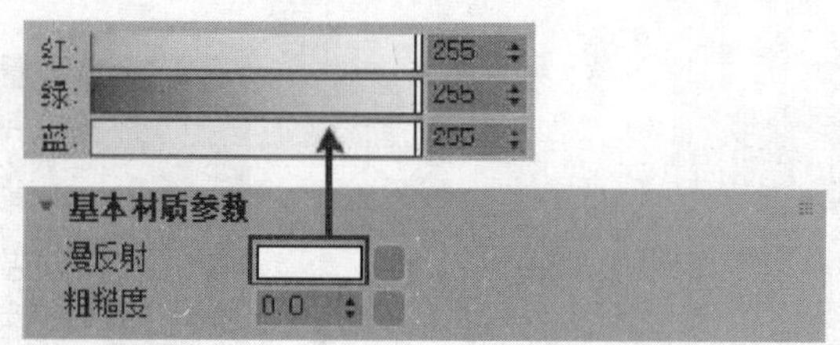


图 12-23 设置漫反射参数

Steps 02 将【反射】“颜色通道”调整为 245 的灰度，使材质表面获得十分强的反射能力。

Steps 03 将【光泽度】参数调整为 0.95，使材质表面产生些许的模糊效果，从而使其区别于镜子般的全反射现象，如图 12-24 所示。

Steps 04 亮光不锈钢材质的材质球效果如图 12-25 所示。在场景中选择 CD 架中部交叉的网格模型，单击按钮，将材质赋予模型。

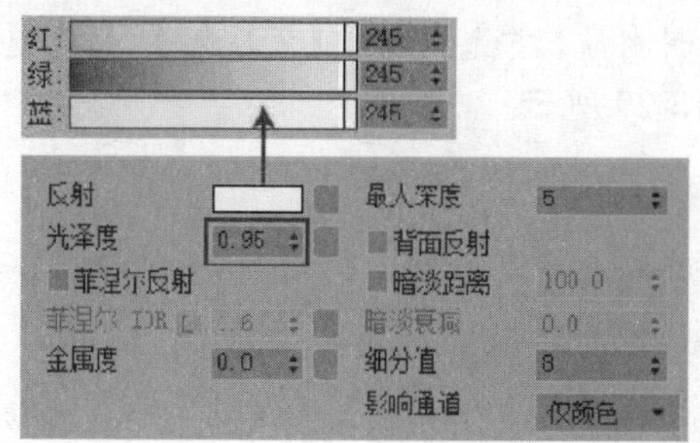


图 12-24 设置反射参数

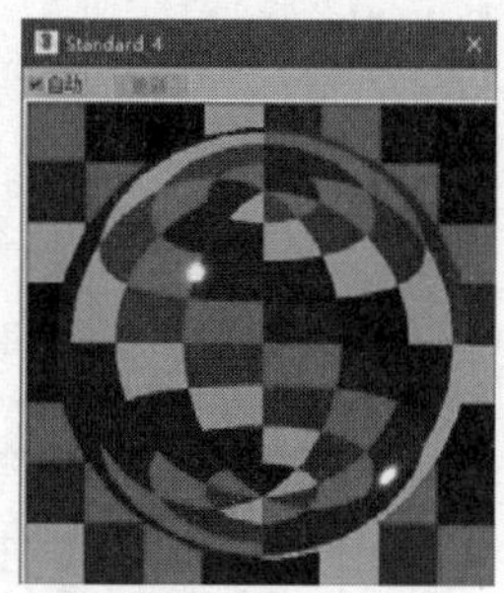


图 12-25 材质效果

## 12.3.4 暗光磨砂不锈钢材质

Steps 01 场景中 CD 架中部的金属搁板所使用的材质为暗光磨砂不锈钢材质，暗光金属表面较暗，因此将【漫反射】“颜色通道”设置为 RGB 值为 30、31、34 的深灰色，如图 12-26 所示。

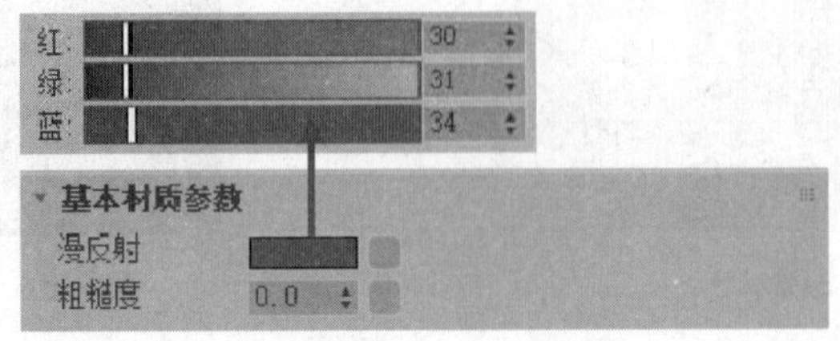


图 12-26 设置漫反射参数

Steps 02 将其【反射】“颜色通道”设置为 67 的灰度，使材质表面获得较弱的反射能力，以匹配将要调整出的表面亚光效果的特点。将【光泽度】参数值调整为 0.7，使材质表面产生磨砂（反射模糊）与亚光效果，如图 12-27 所示。

Steps 03 暗光磨砂金属材质球的效果如图 12-28 所示。在场景中选择 CD 架中部的金属搁板模型，单击按钮，将材质赋予模型。

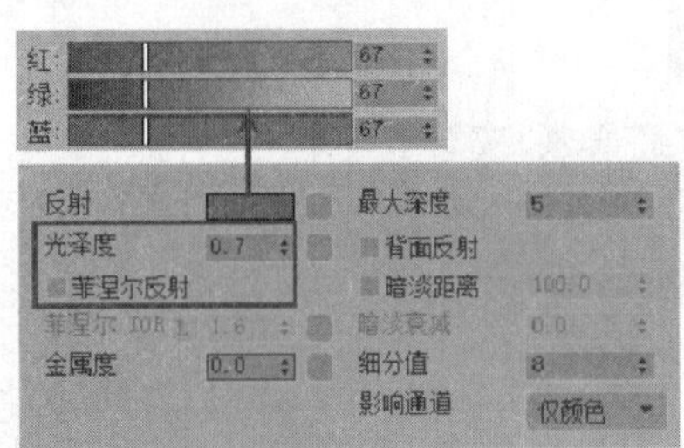


图 12-27 设置反射参数

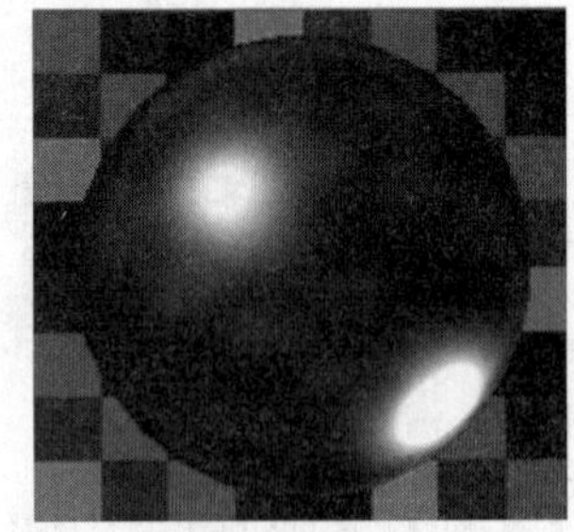

图 12-28 暗光磨砂不锈钢材质球的效果

## 12.3.5 耳机杆白色塑料材质

Steps 01 场景中的耳机杆部件所使用的是白色塑料材质，首先将材质【漫反射】“颜色通道”设置为 248 的灰度，使材质表现为白色，如图 12-29 所示。

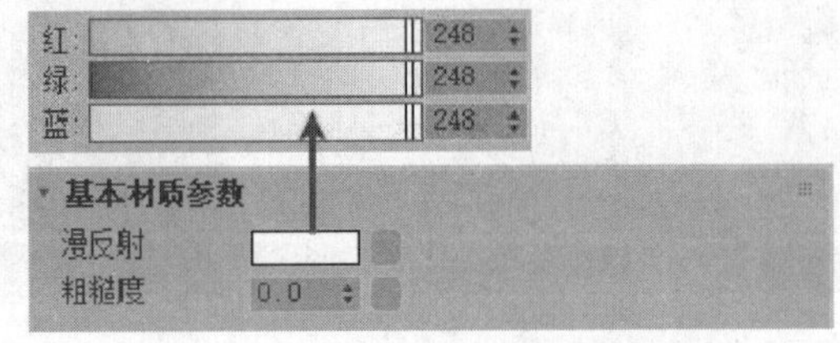


图 12-29 设置漫反射参数

Steps 02 表面光滑的塑料材质会在反射面上产生轻微的菲涅尔反射效果，因此首先将【反射】"颜色通道"设置为 181 的灰度，使材质表面获得反射能力，然后勾选【菲涅尔反射】复选框。将【光泽度】参数值调整为 0.87，如图 12-30 所示，控制好塑料材质表面的反射模糊效果及高光形态。

Steps 03 白色塑料材质球的效果如图 12-31 所示。在场景中选择耳机杆部件模型，单击按钮，将材质赋予模型。

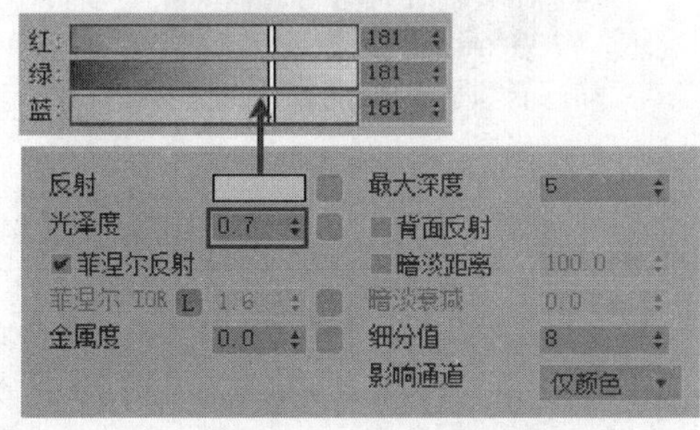


图 12-30 设置反射参数

图 12-31 耳机杆白色塑料材质球的效果

## 12.3.6 CD 盒透明塑料材质

Steps 01 场景中的 CD 盒材质使用的同样是塑料材质，比较耳机杆部件所使用的白色塑料材质，两种材质最大的区别在于该材质具有透明效果。首先将材质【漫反射】"颜色通道"设置为 40 的灰度，如图 12-32 所示。

Steps 02 将【反射】"颜色通道"设置为 47 的灰度，再取消勾选【菲涅尔反射】复选框，并将【光泽度】参数调整为 0.75，如图 12-33 所示，完成材质反射效果的制作。

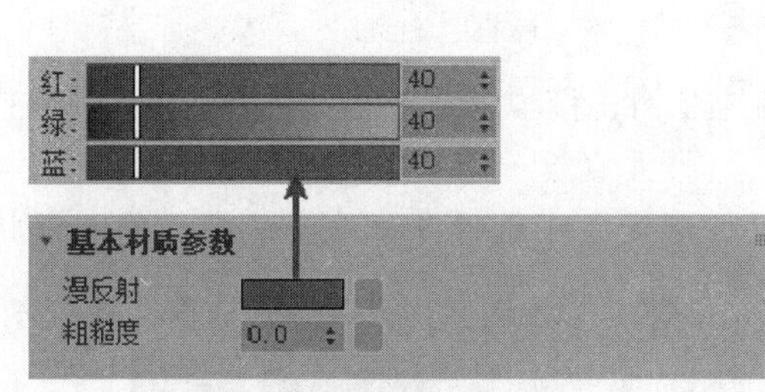


图 12-32 设置漫反射参数

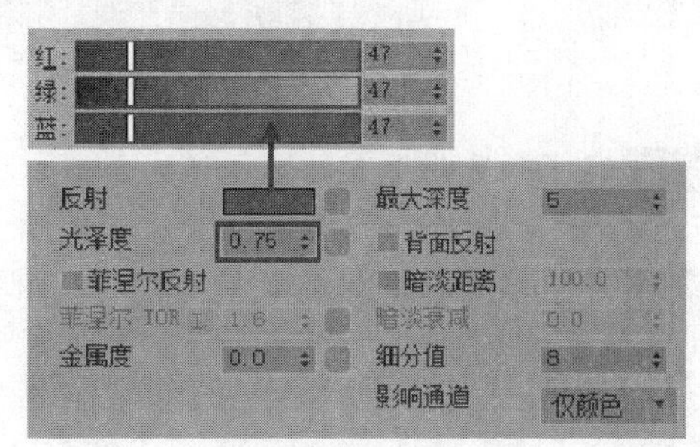


图 12-33 设置反射参数

Steps 03 通过调整折射参数进行其透明效果及细节的制作。首先将【折射】"颜色通道"设置为 255 的纯白色，使材质产生完全透明的效果。然后通过设置【雾颜色】参数调整材质的透明颜色，并通过其下的【烟雾倍增】参数值控制透明颜色的浓度。勾选【影响阴影】复选框，使光线能穿透物体并形成正确的投影效果，如图 12-34 所示。

Steps 04 CD 盒透明塑料材质球的效果如图 12-35 所示。在场景中选择 CD 盒模型，单击按钮，将材质赋予模型。

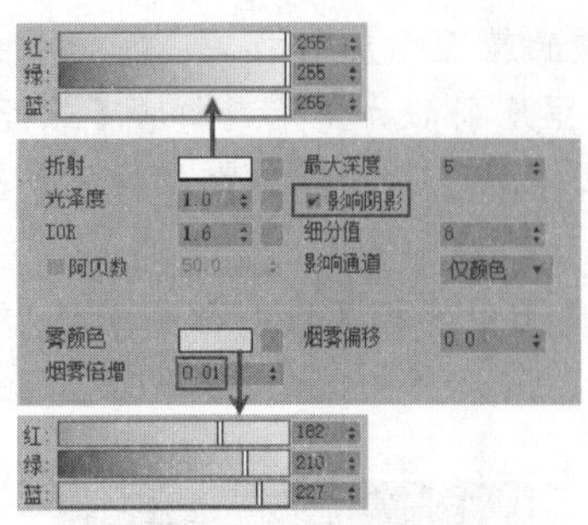


图 12-34 设置折射颜色

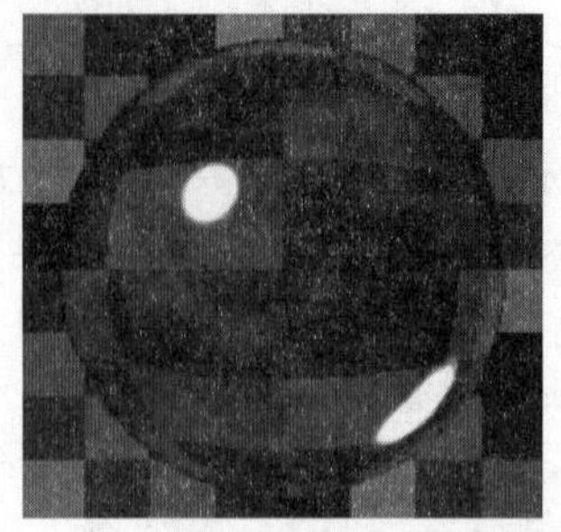

图 12-35 CD 盒透明塑料材质球的效果

## 12.3.7 耳机绒套材质

Steps 01 耳机绒套材质的制作比较简单，主要使用绒毛纹理位图进行效果的模拟，保持默认的 Stanard【标准】类型，将明暗器更改为 “Phong”，使材质球的高光分布适合绒毛效果的模拟。

Steps 02 在【漫反射】贴图通道内加载一张绒毛位图，模拟材质的视觉效果，如图 12-36 所示。

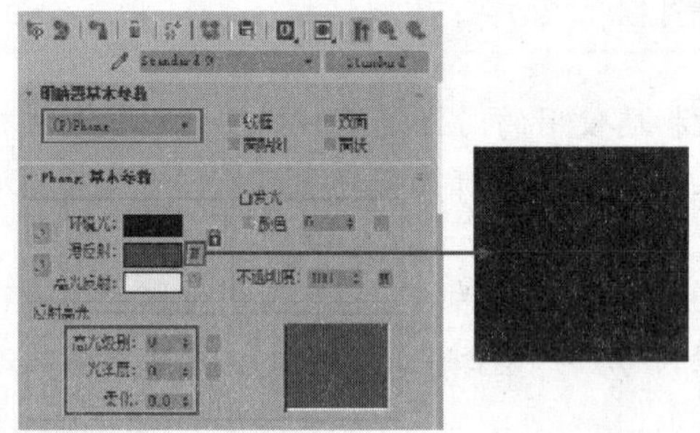

图 12-36 设置参数

Steps 03 在【不透明度】贴图通道内加载一张绒毛位图，模拟材质表面的质感，如图 12-37 所示。

Steps 04 耳机绒套材质球的效果如图 12-38 所示。在场景中选择耳机绒套模型，单击按钮，将材质赋予模型。

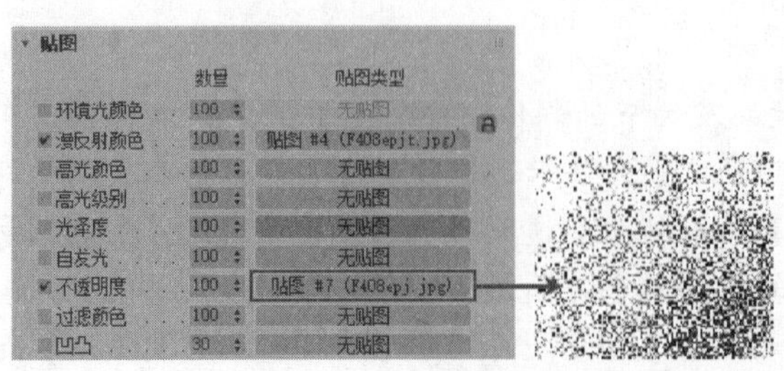


图 12-37 添加 “不透明度” 贴图

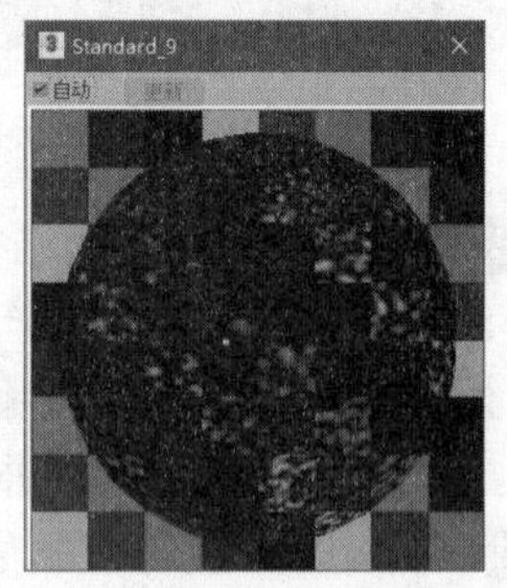


图 12-38 耳机绒套材质球的效果

场景中的其他材质大家可以通过配套资源中的完成文件进行查看。所有的材质制作完成后，利用检查模型时所使用的天光进行渲染，将得到如图 12-39 所示的效果。可以看到图像中材质的反射、高光等特征都没有得到体现，同时模型也没有投影。整体渲染效果并不真实，缺少光影的生动。接下来进行场景灯光的创建，使渲染效果变得真实生动起来。

图 12-39　场景材质天光渲染效果

## 12.4 创建场景灯光效果

### 12.4.1 三点照明法

“三点照明法”是一种经典的灯光布置方法，如图 12-40 与图 12-41 所示即为本场景通过这种方法完成的灯光布置图以及取得的场景测试渲染效果(为了便于读者对测试灯光效果细节的观察，图中测试渲染的抗锯齿方式调整成了 Catmull-Rom，开启了材质模糊效果，并适当增大了材质细分值)。

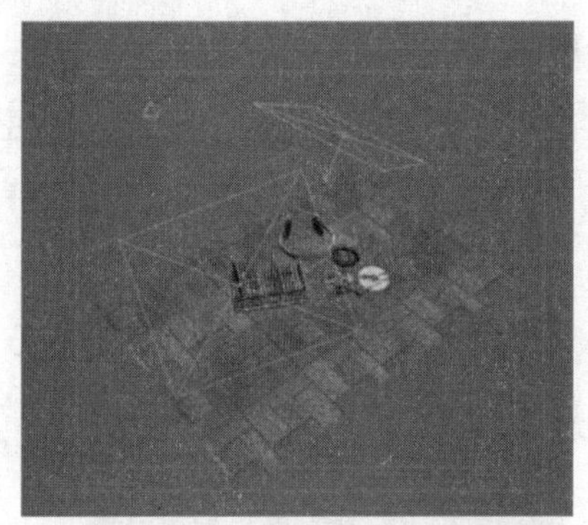

图 12-40　场景三点照明法灯光布置图

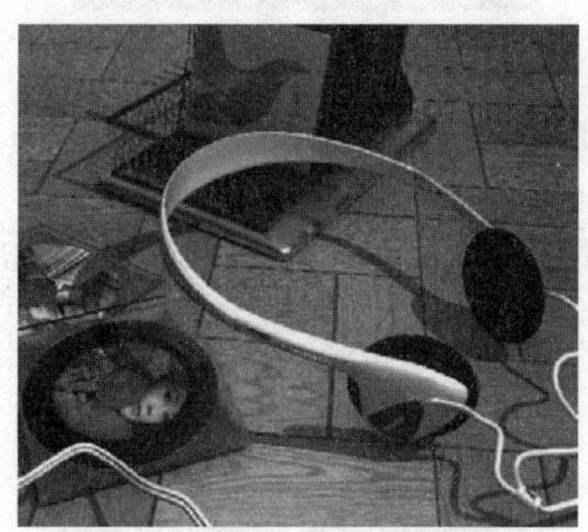

图 12-41　三点照明法测试渲染效果

位于如图 12-40 所示的耳机上侧的 VRay 片光为主光源，用于对场景所表现的主体耳机模型进行照明。位于 CD 架后侧的 VRay 片光为辅助光源，主要对场景中的 CD 碟以及 CD 架进行照明。泛光灯为背景光，用于场景环境光的模拟，可以整体提高图像亮度并调整图像色调。本场景的三点布光法的具体操作步骤如下。

Steps 01 进行主光源的布置。单击【VRayLight】创建按钮，如图 12-42 所示在场景中创建一盏光源，使其针对耳机模型进行照明，灯光的具体参数设置如图 12-43 所示。

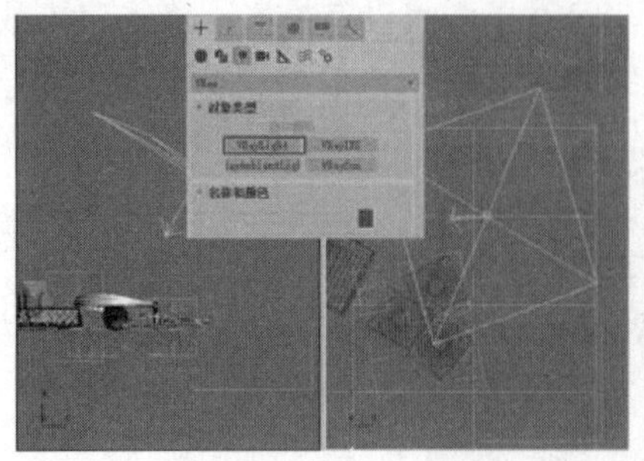

图 12-42 利用 VRay 片光布置场景主光源

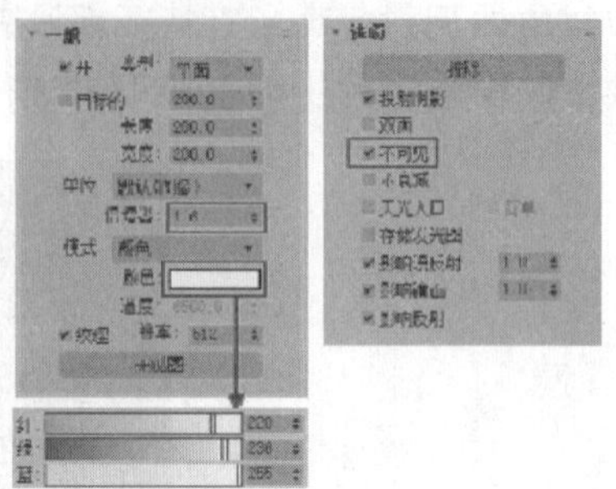

图 12-43 主光源灯光参数设置

Steps 02 灯光参数调整完成后，按<C>键返回摄影机视图，单击【渲染】按钮对该盏灯光的照明效果进行测试渲染，渲染结果如图 12-44 所示。可以看到主光源主要用于表现主体耳机模型。接下来再进行场景辅助光的布置，使 CD 以及 CD 架模型获得合适的亮度。

Steps 03 辅助光源的具体位置如图 12-45 所示，该盏灯光的具体参数设置如图 12-46 所示，可以看到其颜色与之前布置的主光源类似，而在灯光倍增上则降低到了 1，这里利用了灯光亮度的差异使灯光产生主次之分。

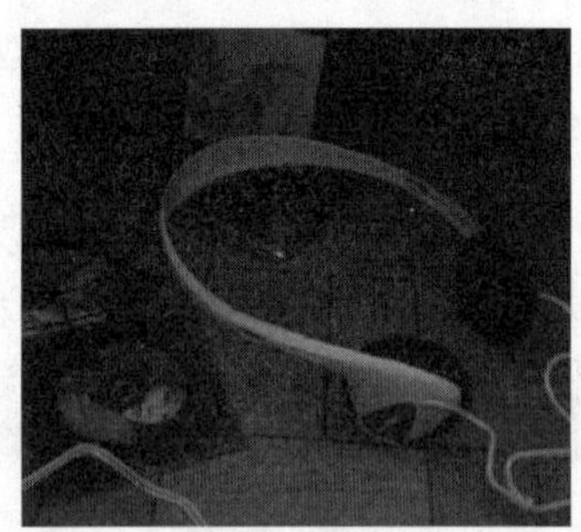

图 12-44 测试渲染结果

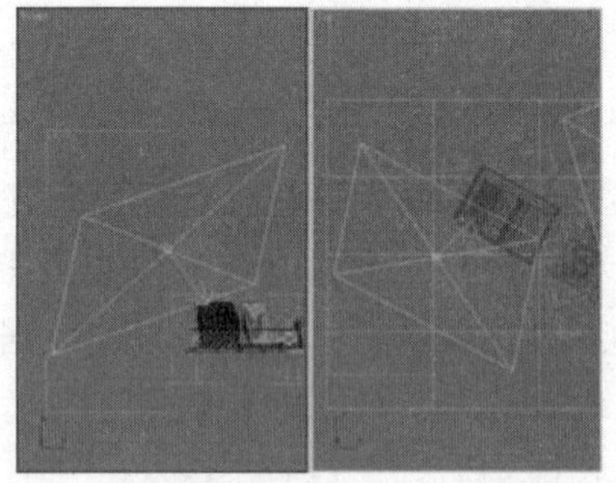

图 12-45 利用 VRay 片光布置场景辅助光源

Steps 04 辅助光源布置完成后，渲染场景得到如图 12-47 所示的测试渲染结果，从图像中可以看到场景模型的轮廓造型都得到了相应的体现。接下来再使用泛灯光制作一盏背景光，整体提高场景亮度并使模型投射出阴影效果。

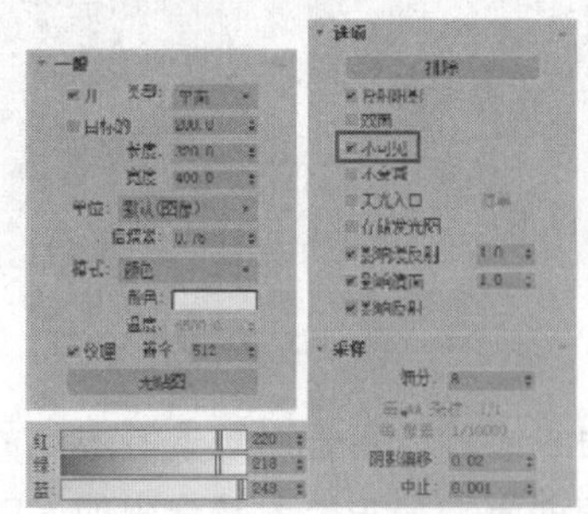

图 12-46 利用 VRay 片光布置场景主光源

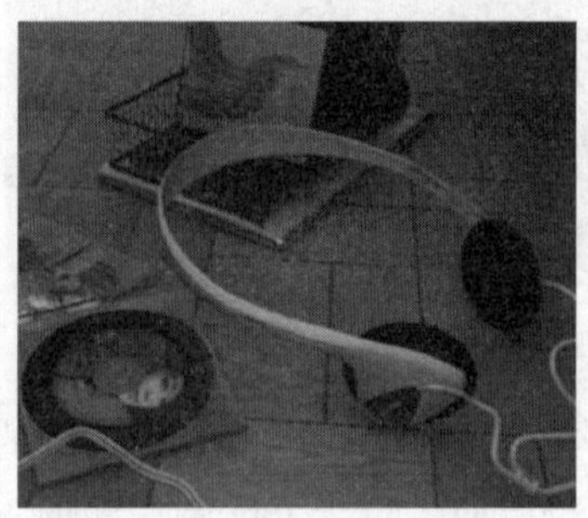

图 12-47 测试渲染结果

Steps 05 背景灯光的具体位置如图 12-48 所示，灯光的具体参数设置如图 12-49 所示，由于场景需要表现出中午阳光的光影氛围，因此将灯光的颜色调整为浅蓝色，灯光的强度与阴影尺寸也应该做出对应的调整。

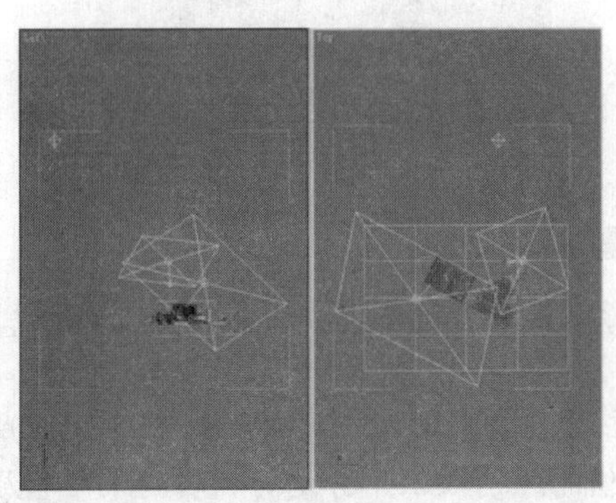

图 12-48　利用泛灯光布置场景背景光

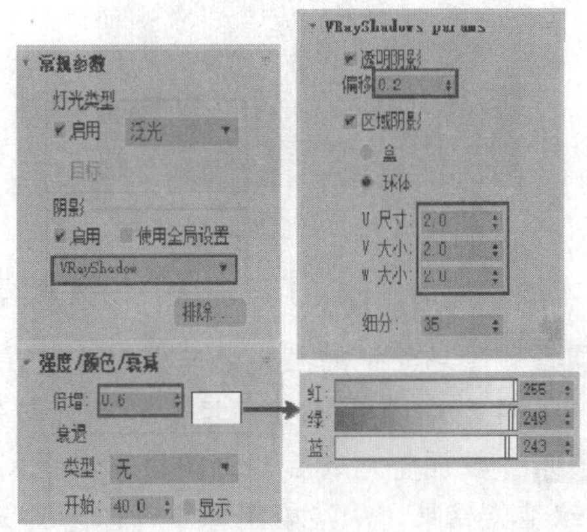


图 12-49　泛光灯具体参数设置

Steps 06 泛光灯参数调整完成后，再次返回摄影机视图进行灯光测试渲染，渲染结果如图 12-50 所示。可以看到在渲染图像中表现出了接近白色的中午阳光的光影效果，而如果将泛光灯颜色调整为暖色，并适当降低灯光亮度以及位置高度，也可以得如图 12-51 所示的桔红色的黄昏阳光的光影效果。因此在三点照明法中，背景光对灯光整体的氛围体现至关重要。

图 12-50　测试渲染结果

图 12-51　通过调整背景光获得黄昏灯光氛围

灯光制作完成后，首先将当前的场景保存为“耳机渲染完成（三点照明）.max”，然后再将其另存为“耳机渲染完成（HDRI）.max”，下面进行“HDRI 照明法”的制作。

## 12.4.2 HDRI 照明法

“HDRI 照明法”是一种利用 VRay 渲染器【环境】卷展栏完成的，快速、真实的工业产品布光方法。图 12-52 与图 12-53 所示即为本场景使用该种方法完成的灯光布置图以及取得的场景测试渲染效果。

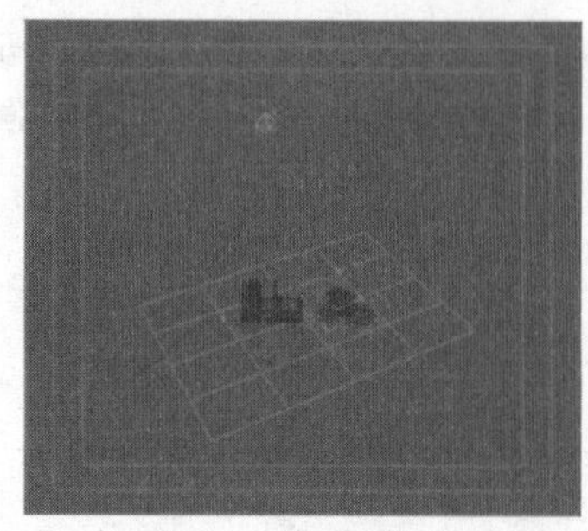
图 12-52 HDRI 照明法灯光布置

图 12-53 HDRI 照明法渲染效果

本场景使用“HDRI 照明法”的具体操作步骤如下。

Steps 01 删除场景中的主光源与辅助光源，选择背景光进行隐藏，再进入环境【卷展栏】，如图 12-54 所示调整【GI 环境】的颜色与强度。

Steps 02 参数调整完成后，返回摄影机视图并单击【渲染】按钮，将得到如图 12-55 所示的测试渲染结果。从渲染图像中可以看到天光提供的照明效果十分均匀，但场景中材质的反射与折射效果都没有得到体现，场景中也没有生动的光影效果。接下来利用“VRayHDRI”程序贴图进行效果的改善。

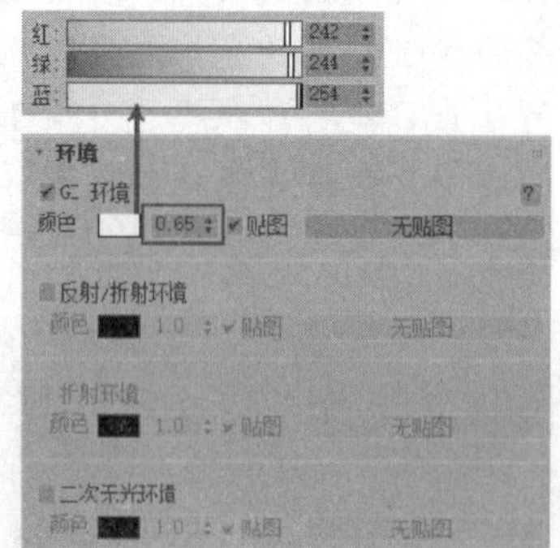

图 12-54 调整环境天光参数

图 12-55 仅环境光照明效果

Steps 03 勾选【反射/折射环境】复选框，如图 12-56 所示，单击其后的 无贴图 按钮为其添加“VRayHDRI”程序贴图。

Steps 04 将“VRayHDRI”程序贴图拖动复制至一个空白材质球上，并如图 12-57 所示调整好参数，使其产生合适的照明效果。

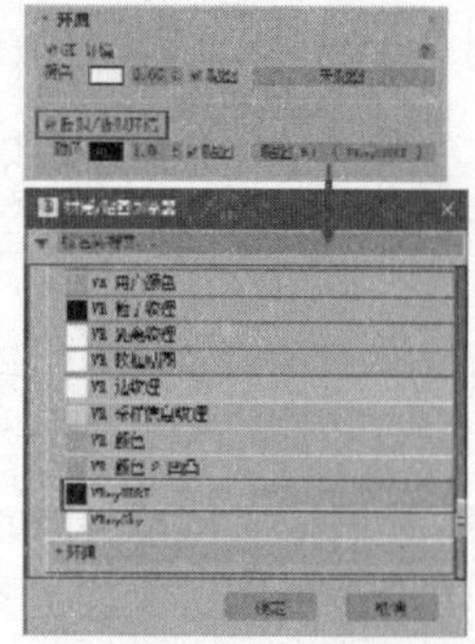
图 12-56 添加 VRayHDRI 程序贴图

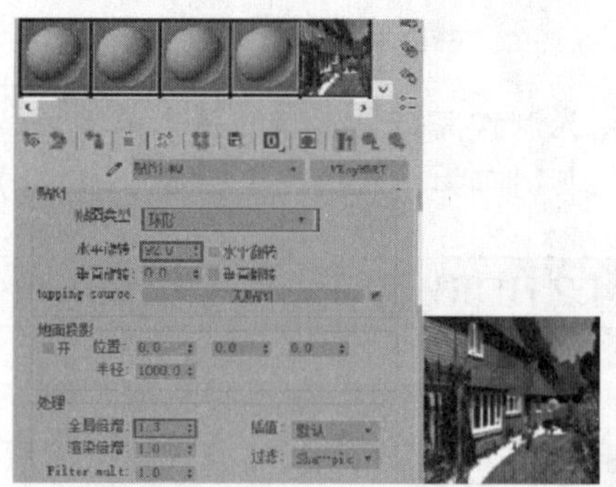
图 12-57 设置材质球参数

Steps 05 “VRayHDRI”程序贴图参数调整完成后，返回摄影机视图并单击【渲染】按钮，将得到如图 12-58 所示的测试渲染结果。可以看到“VRayHDRI”程序贴图极大地丰富了场景中的反射与折射细节。最后再使用之前布置的用于模拟背景光的泛灯光调整好图像的最终亮度，并模拟出投影效果使整个画面显得更加生动。

Steps 06 调整泛光灯的具体位置如图 12-59 所示，调整灯光的具体参数如图 12-60 所示，由于之前调整了【GI 环境】参数进行整体照明，因此该盏灯光的颜色应与其接近，而灯光强度则应适当减弱。

图 12-58 测试渲染结果

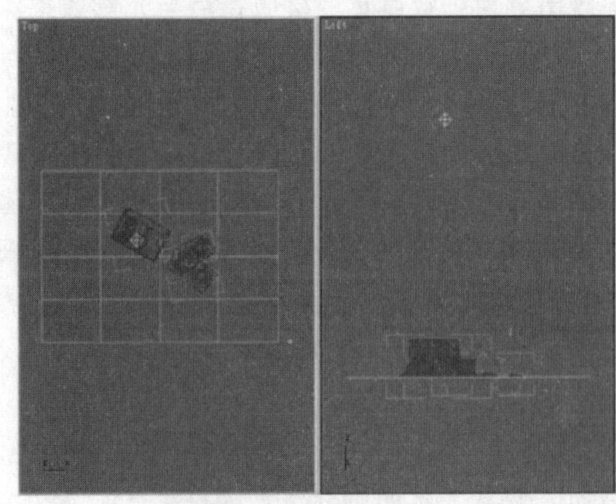

图 12-59 调整泛光灯高度

Steps 07 泛光灯调整完成后，返回摄影机视图单击【渲染】按钮，得到如图 12-61 所示的测试渲染结果，可以看到此时的渲染图像内光影效果十分生动。

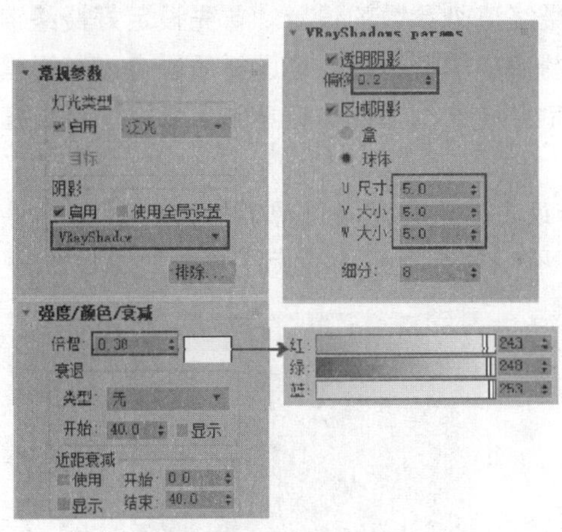


图 12-60 泛灯光具体参数设置

图 12-61 测试渲染结果

至此，使用“HDRI 照明法”进行场景灯光效果制作完成。“HDRI 照明法”的应用十分灵活，本场景只在 VRay 渲染参数的【反射/折射环境】贴图卷展栏内使用了“VRayHDRI”程序贴图，也可以在【GI 环境天光】以及 3ds Max 自身的环境贴图中使用，其所产生的效果读者可以利用本场景亲自动手验证。

# 12.5 最终渲染输出

## 12.5.1 提高材质与灯光细分

提高材质与灯光细分能有效减少测试渲染图像中模型表面噪点、灯光噪波等现象，以体现出更为细致逼真的材质特点与光影效果。

材质与灯光细分的调整原则十分简单，当模型在渲染图像内占据较大面积，或是距离摄影机很近产生类似特写的观察角度（清楚地观察到反射/折射模糊、凹凸等细节效果）时，该模型所赋予材质的细分就应该设置得相对较高。灯光细分的调整则主要依据其对场景照明的影响大小以及灯光所针对的照明模型在渲染视图中观察的远近而定，影响大、距离近则细分值设置相对较高。本例中材质与灯光细分的具体设置如下。

**Steps 01** 将场景中的耳机杆塑料材质、拉丝不锈钢材质以及亚光木纹地板材质的反射细分值调整至 30，CD 盒透明塑料材质的折射细分值调高至 50，其他材质的细分值则调整至 20~24 之间即可。

**Steps 02** 在“三点照明法”的场景中，将主光源的细分值调整至 40，辅助光源细分值调整至 30，背景光源的细分值则调整至 35，而在“HDRI 照明法”的场景中将泛光灯的细分值调整至 40 即可。

## 12.5.2 设置最终渲染参数

材质与灯光细分调整完成后，接下来进行最终渲染参数的设置。首先设定好最终渲染图像的尺寸，然后从参数的角度解决测试渲染图像中模型边缘锯齿、材质噪点、光影模糊等现象，本章节两个场景的最终渲染参数可以完全一致，“HDRI 照明法”场景的最终渲染参数具体设置步骤如下：

**Steps 01** 进入【公用】选项卡，如图 12-62 所示设定好最终渲染图像的输出大小。

**Steps 02** 进入【全局控制】卷展栏，如图 12-63 所示勾选材质的【光泽效果】复选框。

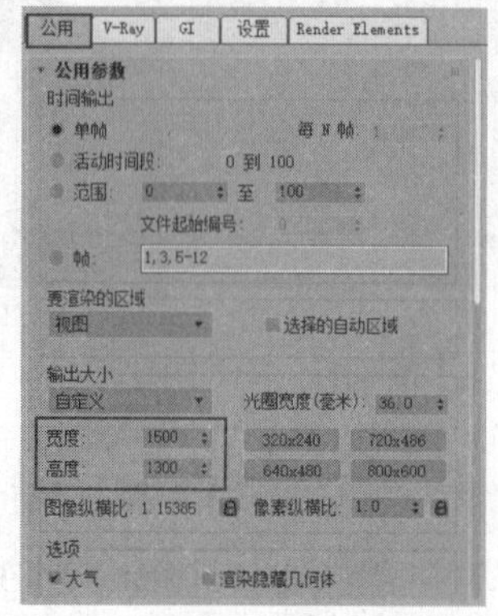


图 12-62 设定最终渲染图像输出大小

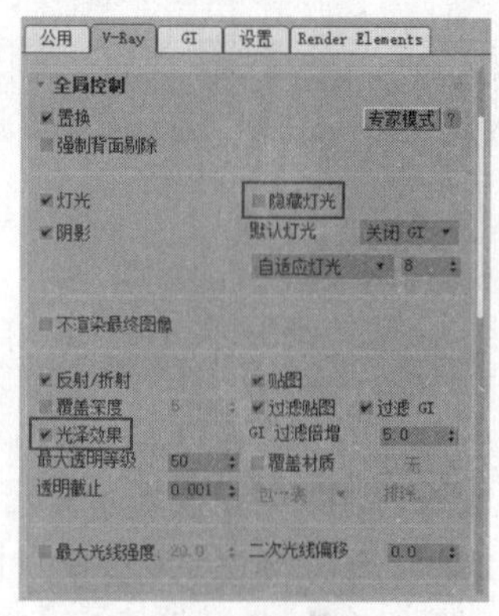


图 12-63 勾选材质光泽效果

Steps 03 进入【图像过滤】卷展栏，如图 12-64 所示调整好图像过滤器类型。

Steps 04 分别进入【发光贴图】与【暴力计算】卷展栏，如图 12-65 所示提高相应参数。

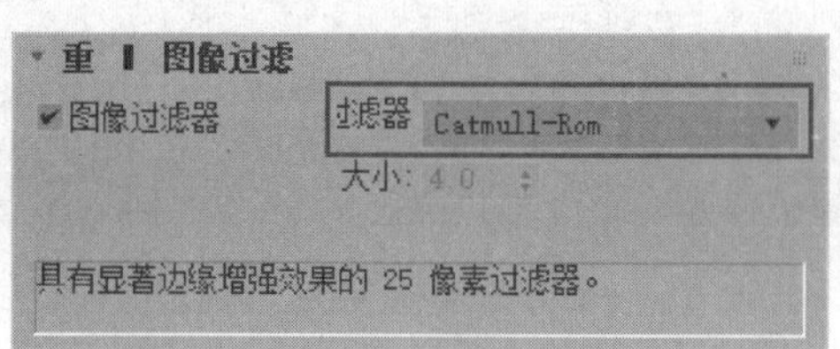


图 12-64 调整图像采样与抗锯齿方式

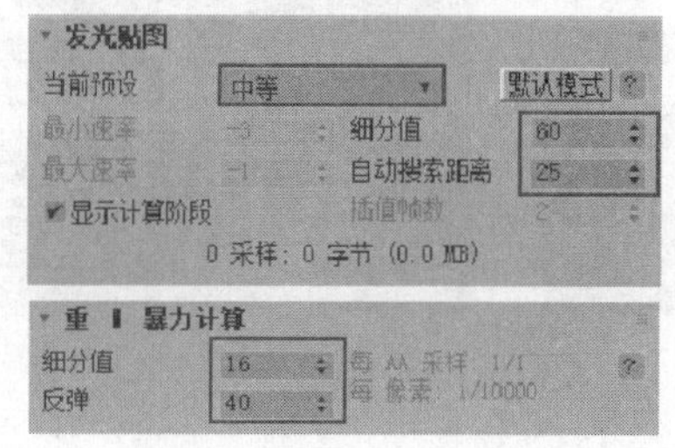


图 12-65 提高灯光相应参数

Steps 05 进入【全局品控】卷展栏，如图 12-66 所示调整其下的参数，整体提高图像的采样品质。

Steps 06 最终渲染参数调整完成后，返回摄影机视图并单击【渲染】按钮，经过较长时间的渲染得到如图 12-67 所示的最终渲染图像效果。

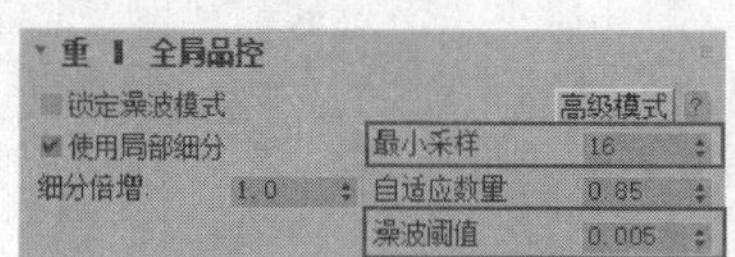


图 12-66 调整采样材质

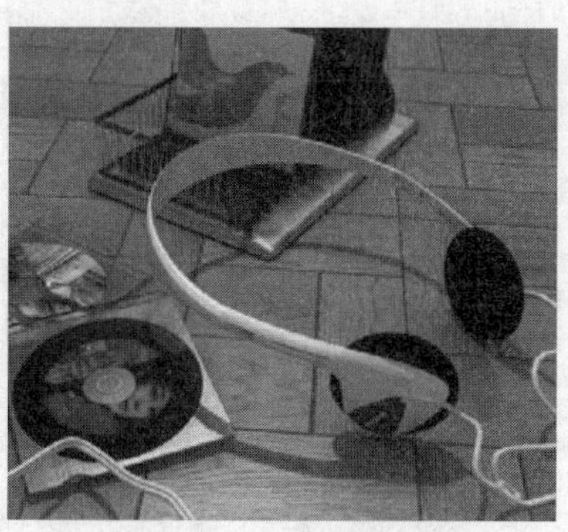

图 12-67 最终渲染结果

# 第13章 室内家装效果图 VRay 表现

本章重点：

- 创建 VRay 物理相机并调整构图
- 设置测试渲染参数
- 检查模型
- 制作场景材质
- 制作场景灯光
- 光子图渲染
- 最终图像渲染

本例将通过一个现代简约客厅的场景讲解室内家装效果图的表现方法。在本场景中主要有乳胶漆、实木地板、沙发皮革、不锈钢以及玻璃等常用材质。本章节的学习重点是室内灯光氛围的营造方法，本场景将结合使用【VRay 物理相机】来着重表现如图 13-1 与图 13-2 所示的中午以及月夜氛围效果。

图 13-1 现代客厅中午氛围渲染效果

图 13-2 现代客厅月夜氛围渲染效果

## 13.1 创建 VRay 物理相机并调整构图

Steps 01 打开本书配套资源中的“现代简约客厅白模.max”。如图 13-3 所示可以看到本场景的模型以及家具陈设十分简洁，主要集中在场景的上方，因此在渲染角度上将着重表现该区域的效果。

Steps 02 由于场景将表现中午以及月夜两个氛围，为了快速、准确地进行灯光亮度等特征的切换，将如图 13-4 所示使用【VRay 物理相机】进行渲染表现。

图 13-3 打开现代简约客厅白模

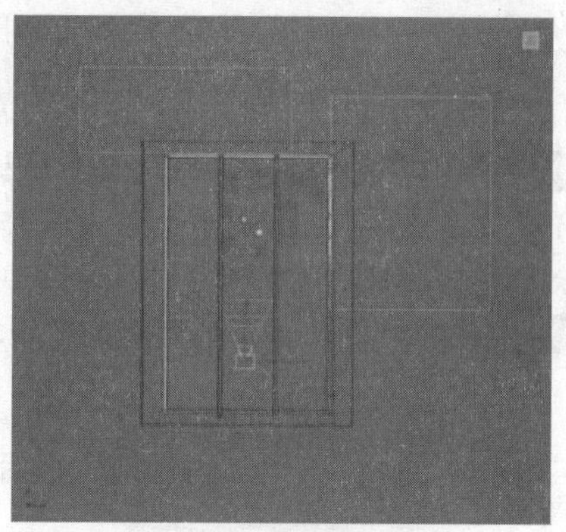

图 13-4 创建 VRay 物理相机

Steps 03 在顶视图中创建好【VRay 物理相机】后，再按<L>键切换到左视图，如图 13-5 所示利用【移动变换输入】精确调整好相机的高度。

Steps 04 高度调整完成后，按<C>键进入【VRay 物理相机】视图，按下<Shift+F>组合键得到如图 13-6 所示的透视效果，可以看到当前的视野过窄。

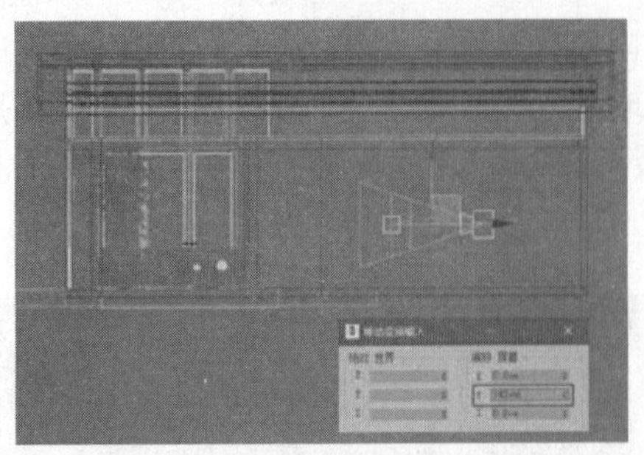

图 13-5 调整 VRay 物理相机高度

图 13-6 VRay 物理相机视图

Steps 05 选择【VRay 物理相机】并如图 13-7 所示调整其【焦距】为 26mm，以得到合适的视野。

Steps 06 如图 13-8 所示调整【输出大小】参数，完成【VRay 物理相机】视图的构图。按<Ctlr+S>组合键保存该场景，接下来进行场景测试渲染参数的设置与模型的检查。

图 13-7 调整 VRay 物理相机焦距

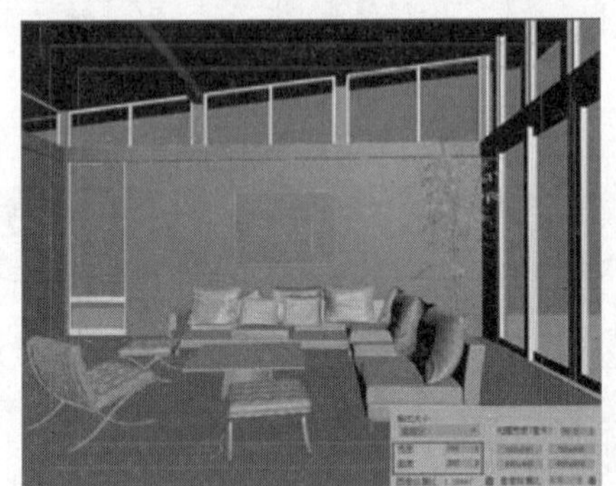

图 13-8 调整输出大小

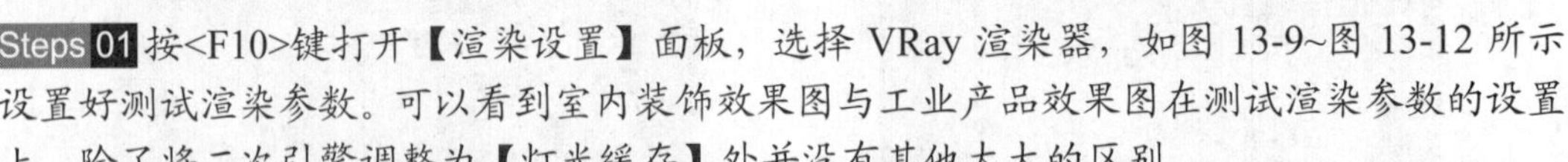

## 13.2 设置测试渲染参数

Steps 01 按<F10>键打开【渲染设置】面板，选择 VRay 渲染器，如图 13-9~图 13-12 所示设置好测试渲染参数。可以看到室内装饰效果图与工业产品效果图在测试渲染参数的设置上，除了将二次引擎调整为【灯光缓存】外并没有其他太大的区别。

Steps 02 测试渲染参数设置完成后，下面进行场景模型的检查。

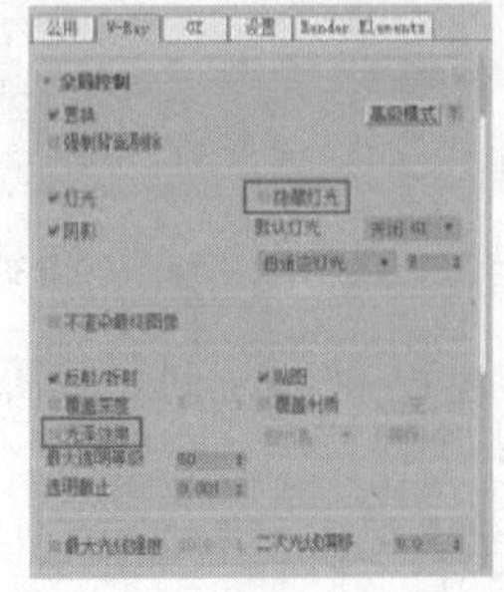

图 13-9 调整全局开关参数

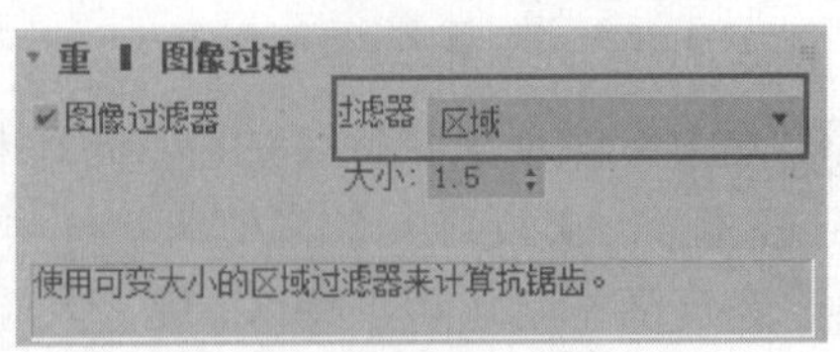


图 13-10 调整图像过滤器

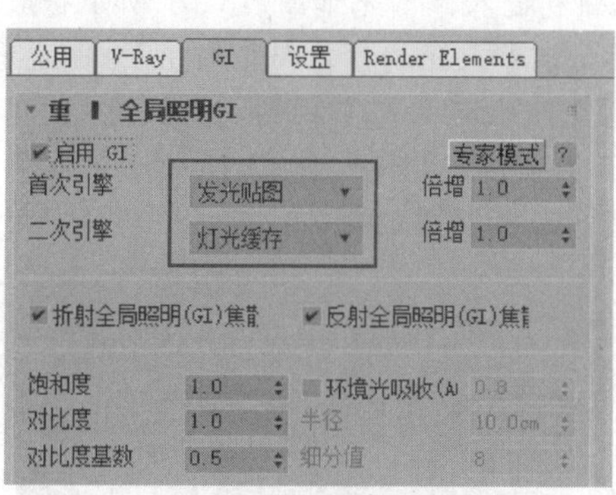


图 13-11　选择引擎类型

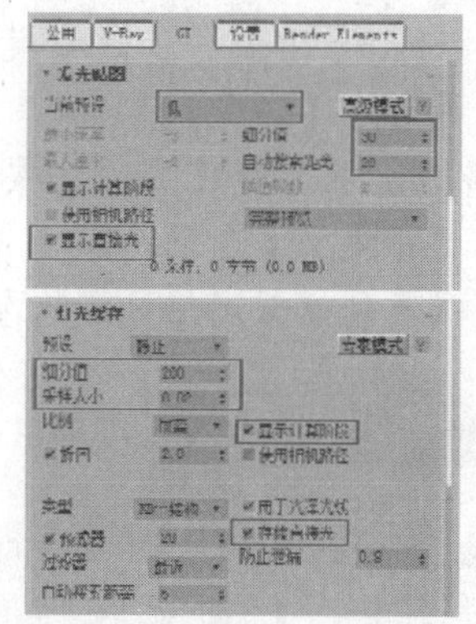

图 13-12　发光贴图与灯光缓存参数

## 13.3 检查模型

Steps 01 按键盘上的<M>键打开【材质编辑器】，然后选择一个空白材质球，如图 13-13 所示将材质类型调整至“VRayMtl”，然后点击【漫反射】后的“颜色通道”，如图 13-14 所示调整好其参数值，完成用于检查模型的素白材质的制作。

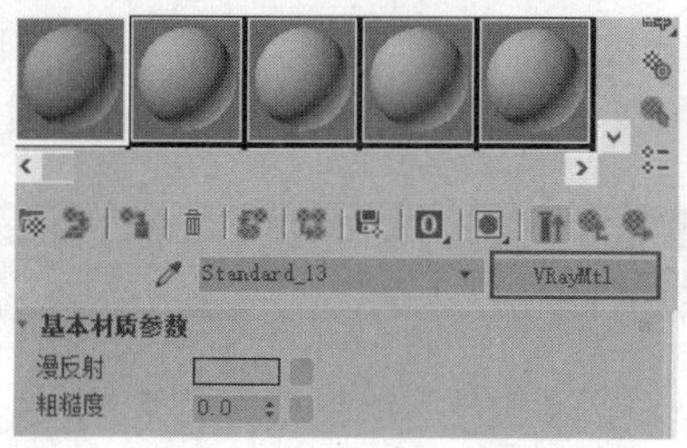


图 13-13　调整材质至 VRayMtl

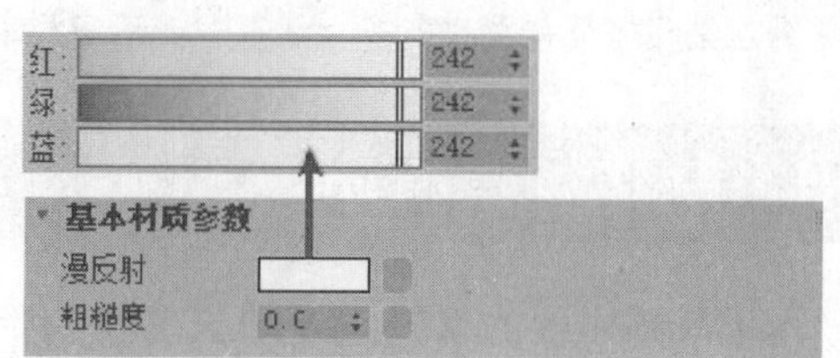


图 13-14　调整材质漫反射颜色

Steps 02 材质制作完成后，按键盘上的<F10>键打开【渲染设置】面板并进入【全局控制】卷展栏，如图 13-15 所示将材质关联复制到【覆盖材质】按钮。

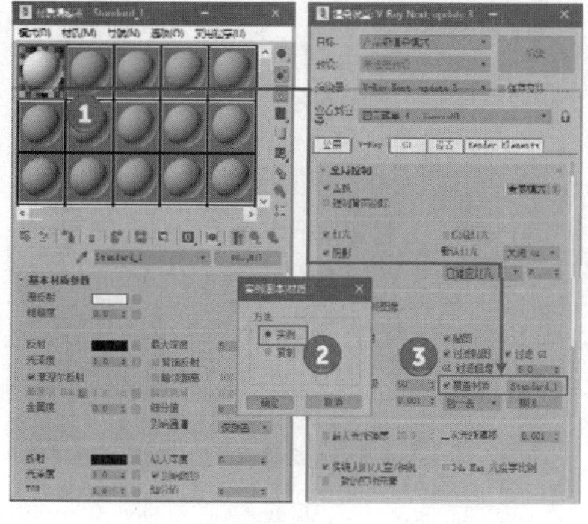


图 13-15　复制素白材质至全局替代材质

图 13-16　隐藏场景玻璃模型

Steps 03 由于场景中制作了玻璃模型，为了天光顺利进入，首先如图 13-16 所示将玻璃模型隐藏，再进入【环境】卷展栏，如图 13-17 所示调整天光的颜色与倍增值。

Steps 04 环境天光调整完成后，按<C>键进入【VRay 物理相机】视图，再按<P>键将当前的透视角度变更至【透视图】，然后再点击【渲染】按钮，得到如图 13-18 所示的素模渲染结果。可以看到模型完整且摆放无误，接下来进行场景材质的制作。

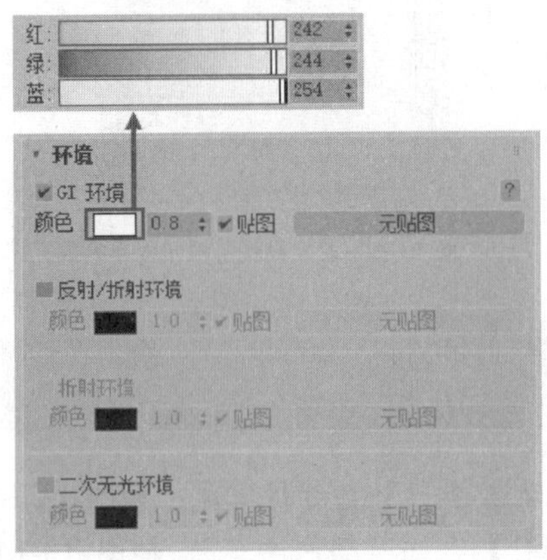


图 13-17　调整场景环境天光

图 13-18　素模渲染结果

注 意：由于默认参数设置的【VRay 物理相机】对灯光亮度的感应并不敏锐，如果直接进行白模效果的渲染很可能需要进行多次调整，利用同样角度的透视图能避免这个问题，从而提高工作效率。

## 13.4 制作场景材质

本场景中主要的材质设置如图 13-19 所示，从中可以看到该场景涉及到乳胶漆、实木地板、沙发皮革、不锈钢以及玻璃等材质，这些材质在本场景中的详细参数设置如图 13-20~图 13-26 所示。

图 13-19　场景材质设置顺序

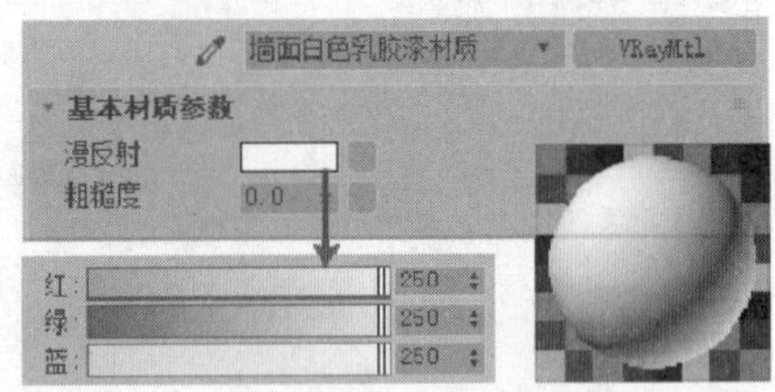


图 13-20　墙面白色乳胶漆材质参数及材质球效果

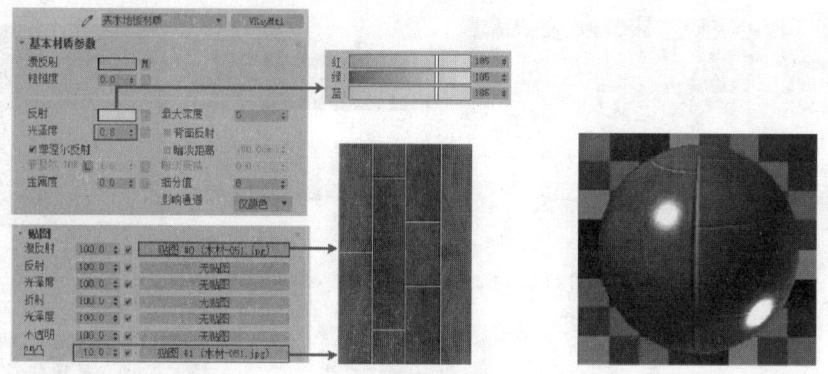


图 13-21　实木地板材质参数及材质球效果

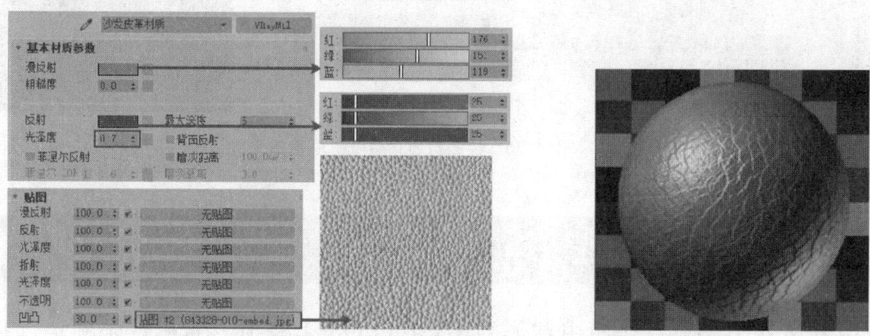


图 13-22　沙发皮革材质参数及材质球效果

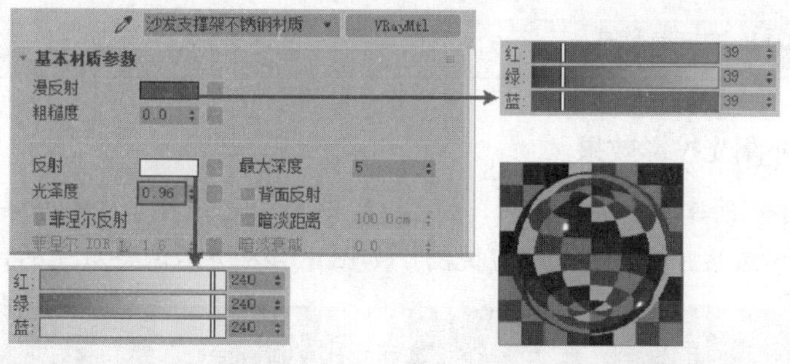


图 13-23　沙发支撑架不锈钢参数及材质球效果

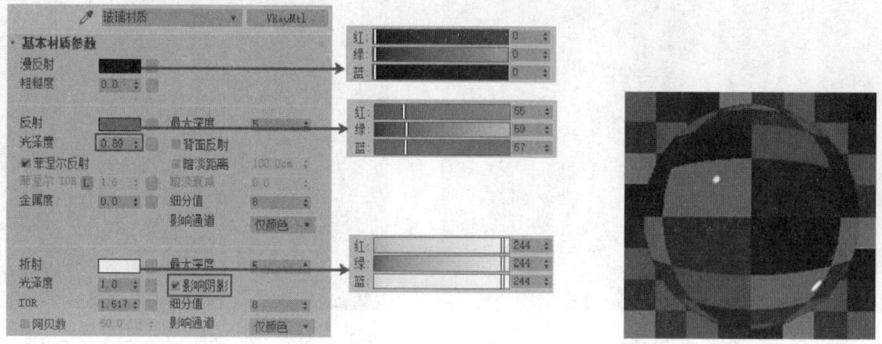


图 13-24　窗户玻璃材质参数及材质球效果

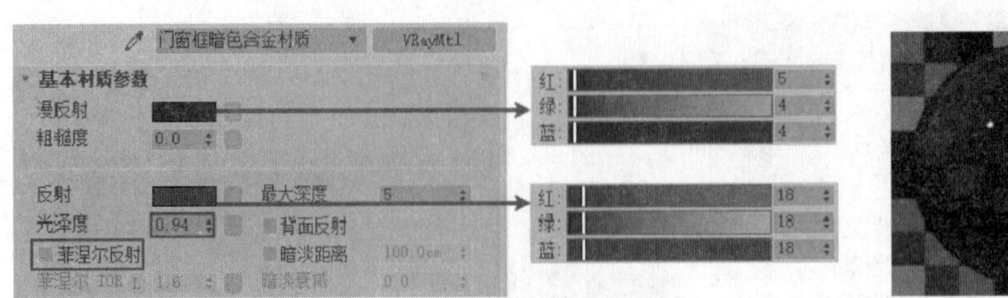


图 13-25　门窗暗色合金材质参数及材质球效果

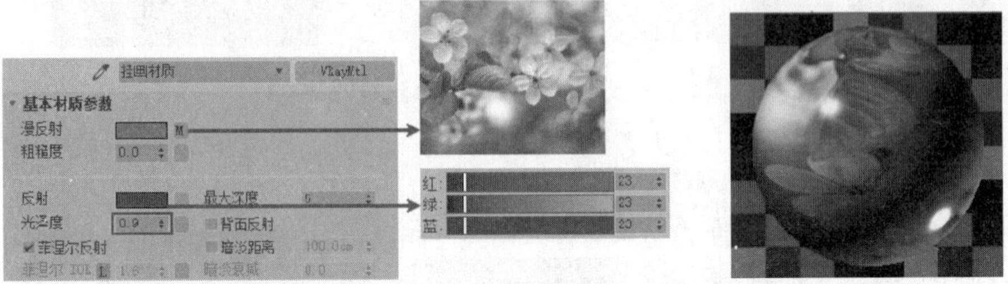


图 13-26　挂画材质参数及材质球效果

## 13.5 制作场景灯光

场景中的室外阳光与月光将由球形的【VRayLight】模拟，通过灯光颜色、强度以及位置的调整可以很方便地模拟出日光与月光效果，首先将进行中午阳光氛围效果的制作。

### 13.5.1 中午阳光氛围效果

#### 1. 制作室外阳光投影效果

**Steps 01** 点击【灯光创建】面板按钮，如图 13-27 所示在顶视图中创建一盏【球体】类型的【VRayLight】，然后按<F>键进入前视图，如图 13-28 所示调整灯光的高度与入射角度。

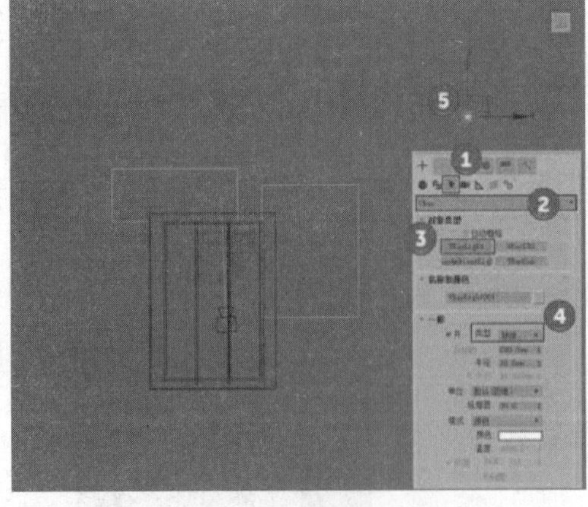


图 13-27　创建 VRay 球体灯光模拟日光

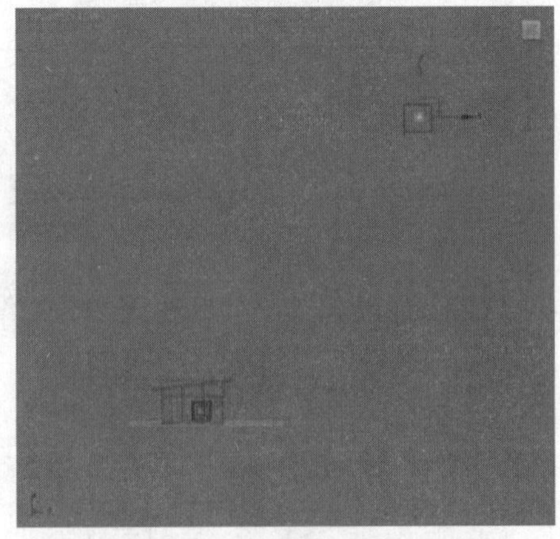

图 13-28　调整 VRay 球体灯光高度

Steps 02 灯光的位置确定好后，再选择灯光进入【修改】面板，如图 13-29 所示调整灯光的参数。

Steps 03 灯光参数调整完成后，按<C>键进入【VRay 物理相机】视图进行灯光测试渲染，得到如图 13-30 所示的一片漆黑的渲染结果。此时有两个原因可能造成这种现象：一是灯光参数设置不正确，二是默认参数的【VRay 物理相机】曝光不足。

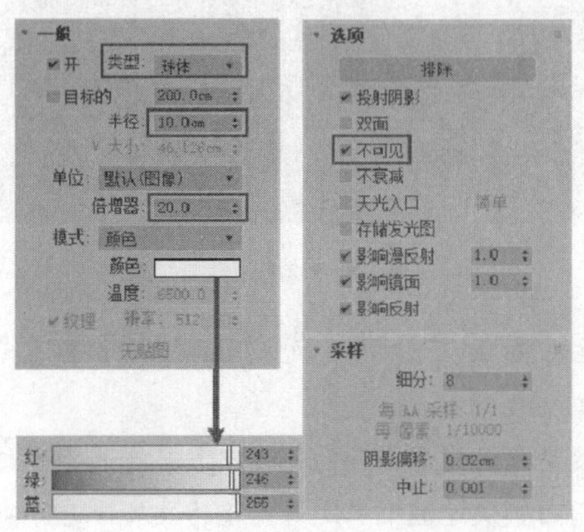


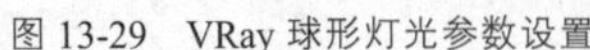


图 13-29　VRay 球形灯光参数设置

图 13-30　首次测试渲染结果

Steps 04 为了验证灯光参数的正确与否，可以在【VRay 物理相机】视图中按<P>键将视图变更至【透视图】，然后点击【渲染】按钮，此时将得到如图 13-31 所示的渲染结果，可以看到渲染效果并没有什么改观。接下来进行灯光参数错误原因的分析。

Steps 05 观察如图 13-29 所示的灯光参数，可以发现在其【选项】参数组内有【不衰减】复选框。在本例中利用【VRay 球光】模拟的室外日光，对比现实中太阳至地球表面的距离，场景中该灯光至室内地平面的距离将变得十分微小，因此这段距离内灯光的【衰减】效果是可以忽略的。如图 13-32 所示勾选【不衰减】复选框，再次渲染就可以得到很明显的阳光投影效果。

图 13-31　透视图渲染结果

图 13-32　再次测试渲染结果

Steps 06 返回【VRay 物理相机】视图进行测试渲染，得到如图 13-33 所示渲染结果，可以看到光影十分微弱。选择【VRay 物理相机】并如图 13-34 所示调整好参数，将得到亮度合适的室外阳光投影效果。

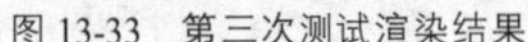

图 13-33 第三次测试渲染结果

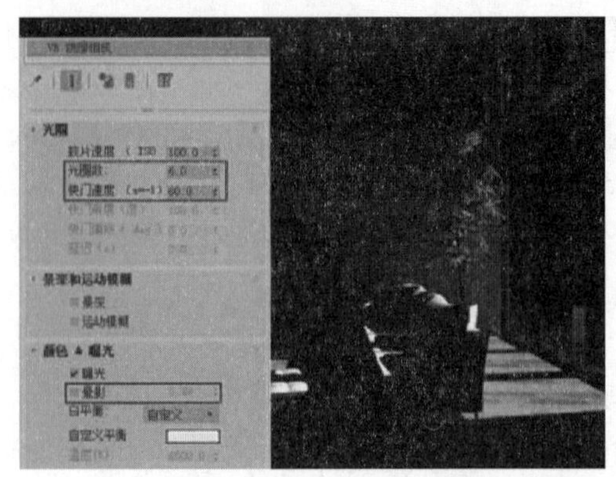

图 13-34 第四次测试渲染结果

Steps 07 室外阳光投影效果制作完成后，接下来进行场景室外环境光以及环境背景效果的制作。

技巧：在进行室外阳光效果制作时，为了得到亮度适当与光影俱佳的效果，常需要进行多次的调整与测试渲染，可以采取与模型检查类似的手法，利用白模快速渲染确定好大致的效果再进行细节的改善，以提高渲染效率。

## 2. 制作中午环境光及背景效果

Steps 01 如图 13-35 所示在【左视图】中创建一盏【平面】类型的【VRayLight】，然后在【顶视图】中参考【VRay 球光】的位置调整好灯光的朝向，调整灯光的具体参数如图 13-36 所示。

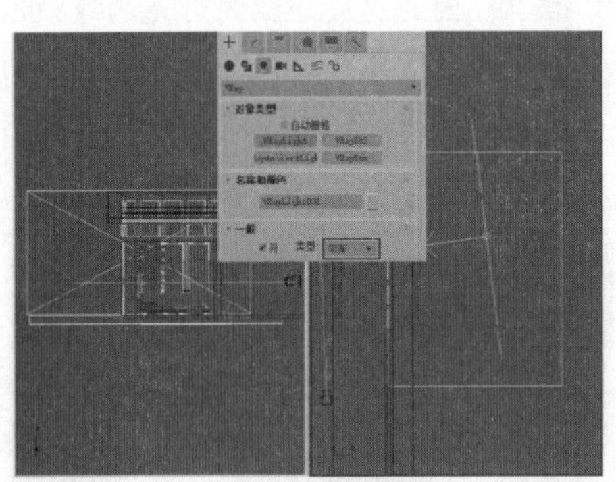

图 13-35 创建 VRay 片光

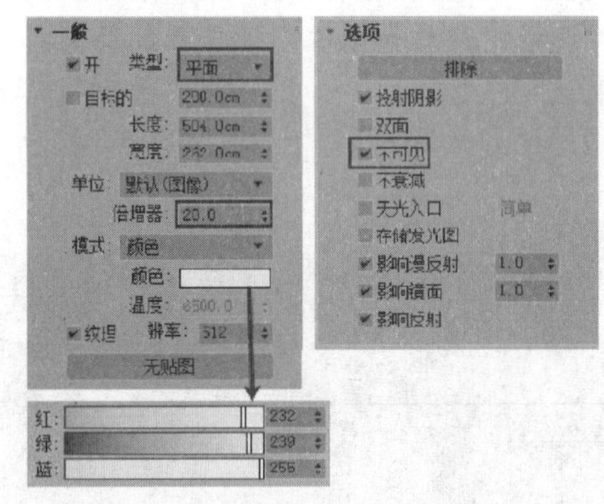


图 13-36 VRay 片光参数设置

Steps 02 灯光参数调整完成后，进入【VRay 物理相机】视图进行测试渲染，得到如图 13-37 所示测试结果。可以看到图像中有些许区域有曝光过度的现象，考虑到此时整体的图像亮度并不强烈，因此最好通过【颜色映射】参数组进行改善。

Steps 03 按<F10>键打开【渲染设置】面板，进入【颜色映射】卷展栏，调整其具体参数如图 13-38 所示。然后返回【VRay 物理相机】视图进行测试渲染，得到如图 13-39 所示的渲染结果。可以看到场景曝光过度的现象得到了缓解，室内整体的亮度也有所保留，接下来进行室外环境效果的模拟。

Steps 04 室外环境效果将由【VRay 灯光材质】模拟完成，如图 13-40 所示先在场景中创建一个平面，并利用【弯曲】命令调整其弧度。

图 13-37　首次测试渲染结果

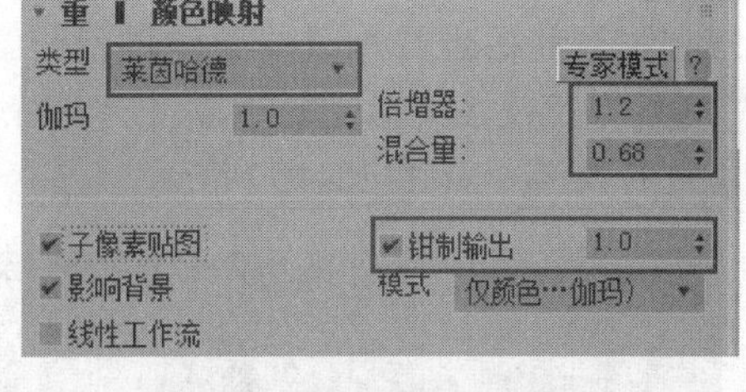


图 13-38　调整色彩映射参数组

图 13-39　再次测试渲染结果

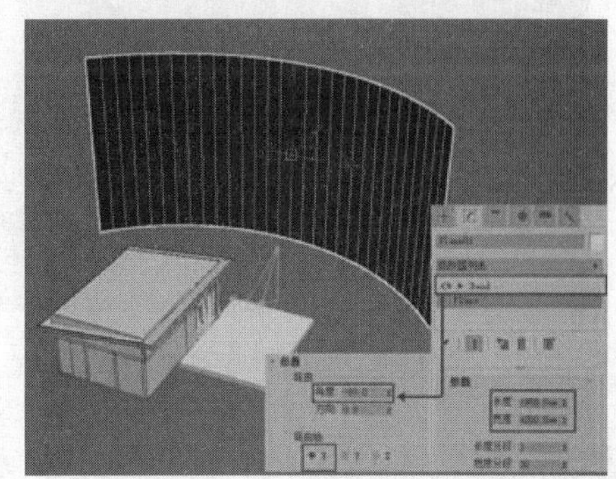

图 13-40　创建平面并制作弧度

Steps 05 创建一个【VRay 灯光材质】，如图 13-41 所示。将其赋予创建好的平面，如果贴图效果并不理想可以使用【UVW 贴图】进行控制。

Steps 06 调整完成后返回【VRay 物理相机】视图进行测试渲染，得到如图 13-42 所示的渲染结果。可以发现添加了室外环境背景后，渲染图像顿时生动、真实起来。接下来布置场景补光并利用【VRay 物理相机】调整画面的色调。

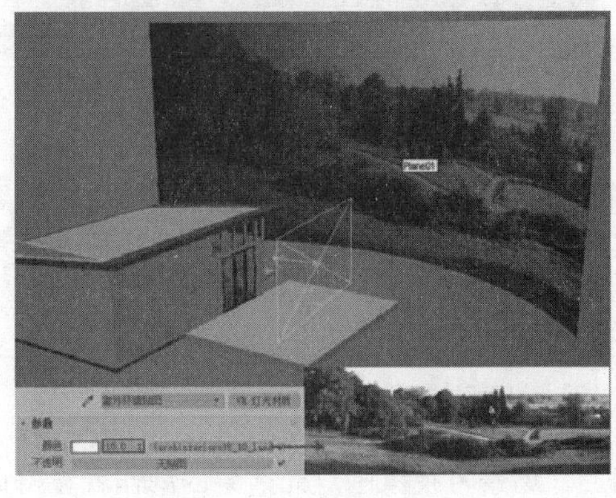

图 13-41　创建环境贴图材质

图 13-42　第三次渲染效果

### 3. 制作补光并调整画面色调

Steps 01 场景的补光由【穹顶】类型的 VRay 灯光模拟，如图 13-43 所示在【顶视图】中的室内任何一个位置创建均可。

Steps 02 【VRay 穹顶光】的具体参数设置如图 13-44 所示，灯光参数调整完成后返回【VRay 物理相机】视图进行测试渲染，得到如图 13-45 所示的渲染结果。

Steps 03 为了使渲染后室内感觉更为干净明亮，可以通过调整【VRay 物理相机】的【白平衡】进行改善，如图 13-46 所示。

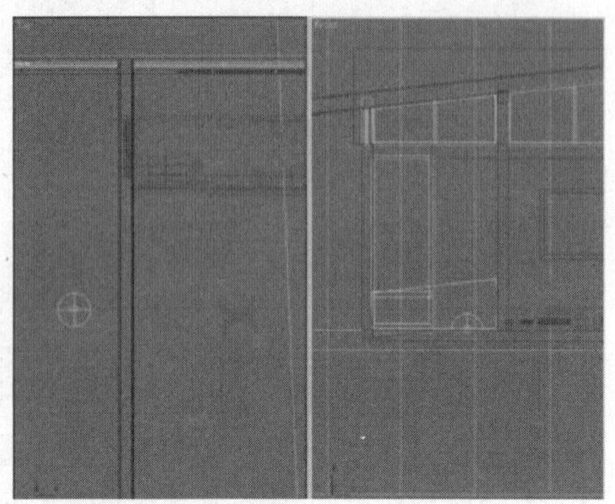

图 13-43 创建 VRay 穹顶补光

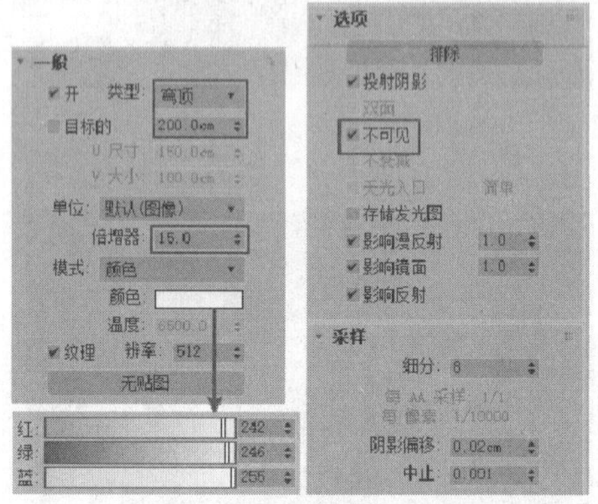


图 13-44 VRay 穹顶光参数设置

图 13-45 第四次测试渲染结果

图 13-46 通过白平衡改善图像色调

Steps 04 至此，场景的中午阳光氛围效果就制作完成了。将当前场景保存为“现代简约客厅日景.max”，然后再另存一份为“现代简约客厅夜景.max”，以便接下来利用其完成场景月夜氛围效果的制作。

## 13.5.2 月夜氛围效果

在完成了场景中午阳光氛围效果制作的基础上，场景月夜氛围灯光效果的制作就显得比较快捷了，因为可以直接利用已布置好的灯光进行灯光颜色、强度以及位置上的改变来完成氛围的转换。

### 1. 制作室外月光投影效果

Steps 01 选择之前创建的用于模拟室外阳光效果的【VRay 球光】，如图 13-47 所示调整好灯光的高度与角度以形成光影俱佳的月光投影效果。

Steps 02 月光的颜色及灯光强度与日光截然不同，因此如图 13-48 所示调整【VRay 球光】的参数，然后将场景中的其他灯光以及环境背景隐藏。

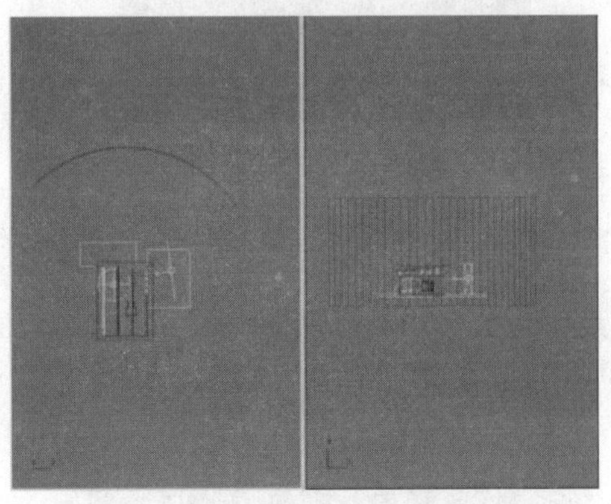

图 13-47 调整 VRay 球光高度及位置

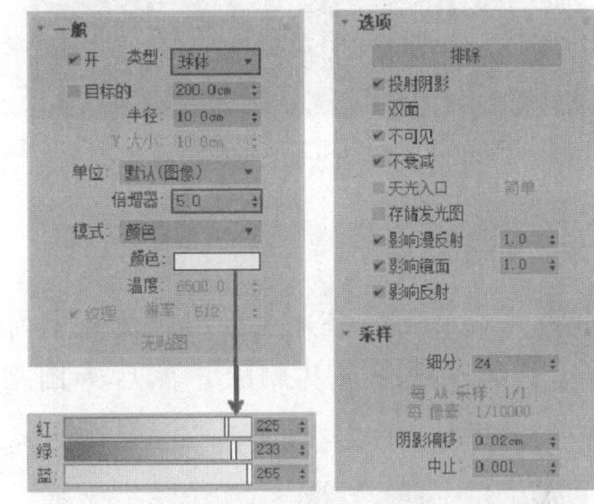


图 13-48 调整 VRay 球光参数

Steps 03 返回【VRay 物理相机】视图进行测试渲染，得到如图 13-49 所示的渲染结果，可以看到模拟的月光光影效果较为理想。接下来进行月夜环境光以及环境背景的制作。

### 2. 制作月夜环境光及背景效果

Steps 01 取消模拟环境光的【VRay 片光】的隐藏，如图 13-50 所示调整好参数，使之与月夜的环境氛围效果相匹配。

图 13-49 首次测试渲染结果

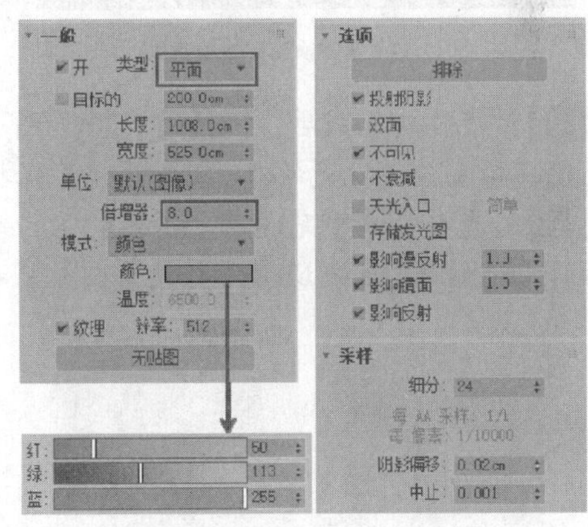


图 13-50 调整参数

Steps 02 进入【VRay 物理相机】视图进行测试渲染，得到如图 13-51 所示渲染结果。接下来进行月夜环境的模拟。

Steps 03 取消平面模型的隐藏，打开【材质编辑器】，如图 13-52 所示调整好环境贴图与亮度，然后进入【VRay 物理相机】视图进行测试渲染，得到如图 13-53 所示渲染结果。

图 13-51 再次测试渲染结果

图 13-52 调整环境效果

### 3. 制作补光

Steps 01 月夜氛围的补光主要用于提高室内的亮度以消除阴影面死黑的现象。取消【VRay 穹顶光】的隐藏并将其删除，然后如图 13-54 所示在场景中创建一盏【平面】类型的【VRayLight】。

图 13-53 第三次测试渲染结果

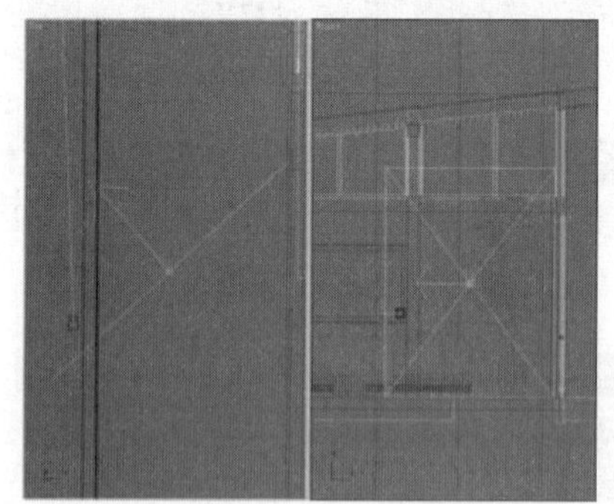
图 13-54 创建 VRay 片光

Steps 02 灯光创建完成后，选择灯光并如图 13-55 所示调整参数，注意该灯光的颜色最好与之前模拟室外环境光的【VRay 片光】保持一致。

Steps 03 灯光参数调整完成后，进入【VRay 物理相机】视图进行测试渲染，得到如图 13-56 所示的渲染结果，至此场景的月夜氛围效果也制作完成了。接下来进行场景的光子图渲染。

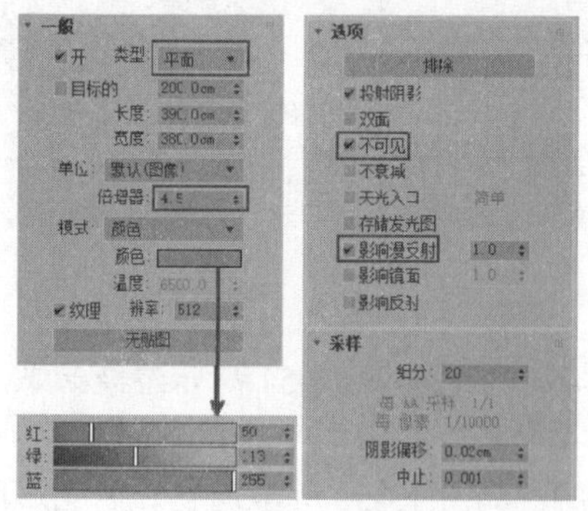

图 13-55 VRay 片光具体参数

图 13-56 第四次测试渲染结果

## 13.6 光子图渲染

“光子图”渲染指的是利用较小的输出尺寸计算完成高质量的发光贴图与灯光缓冲贴图，然后在最终渲染时设置大的输出尺寸并调用计算好的发光贴图与灯光缓冲贴图，从而以较少的时间完成较高质量的最终图像的渲染。本场景两个氛围场景的光子图渲染的具体步骤并没有太大区别，因此仅以月夜氛围为例，讲解光子图渲染以及最终图像渲染的步骤。

### 1. 调整材质细分

Steps 01 将场景中的墙面白色乳胶漆材质、实木地板材质、沙发皮革材质的细分值都调整为 24。

Steps 02 将场景中其他材质的细分值调整至 16-20 之间。

### 2. 调整灯光细分

Steps 01 将场景中模拟室外月光的【VRay 球光】、模拟环境光的【VRay 片光】的细分值调整为 24。

Steps 02 将场景中模拟补光的【VRay 片光】的细分值调整为 20。

### 3. 调整渲染参数

Steps 01 进入【输出大小】参数组，如图 13-57 所示调整光子图渲染的尺寸，该尺寸至少要大于最终图像渲染尺寸的 1/6 并保持长宽比例。

Steps 02 分别进入【全局控制】卷展栏与【图像过滤】卷展栏，如图 13-58 所示开启材质的光泽效果并调整图像采样器。

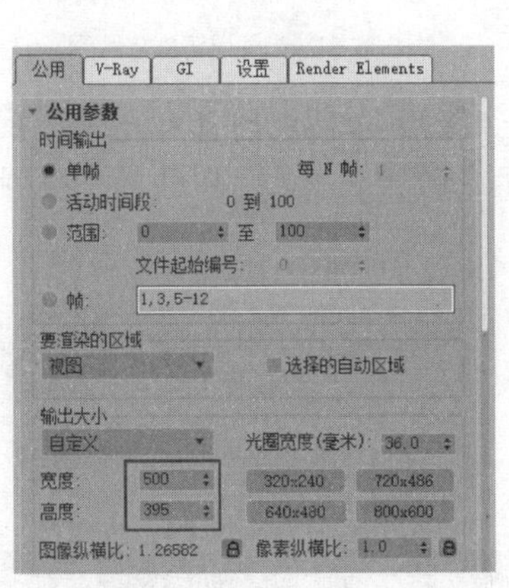


图 13-57 调整光子图渲染尺寸

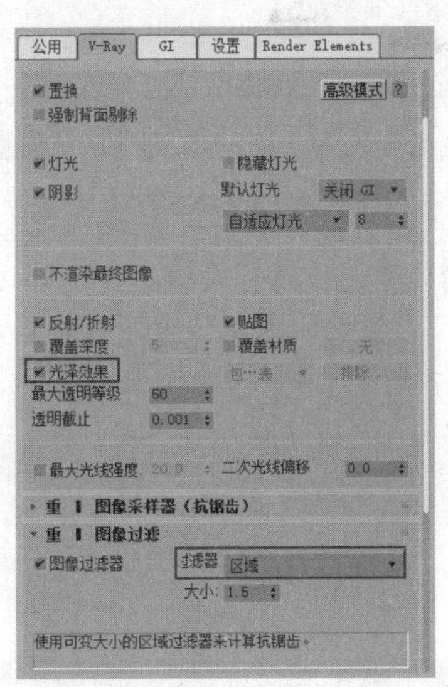


图 13-58 开启材质光泽效果并调整采样器类型

Steps 03 分别进入【发光贴图】卷展栏与【灯光缓存】卷展栏，如图 13-59 与图 13-60 所示提高两者的参数并预设好贴图保存路径。

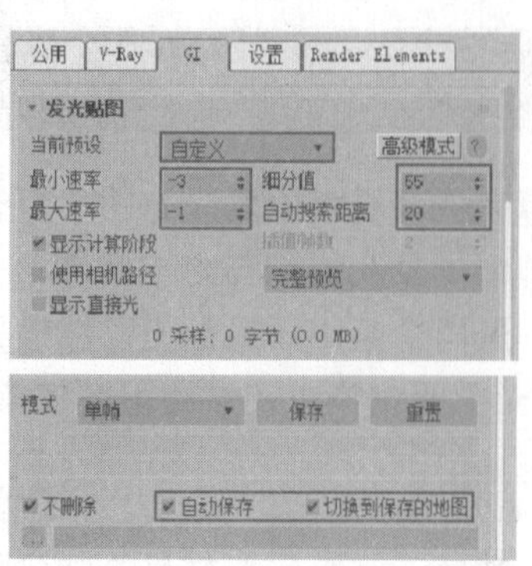


图 13-59　提高发光贴图参数

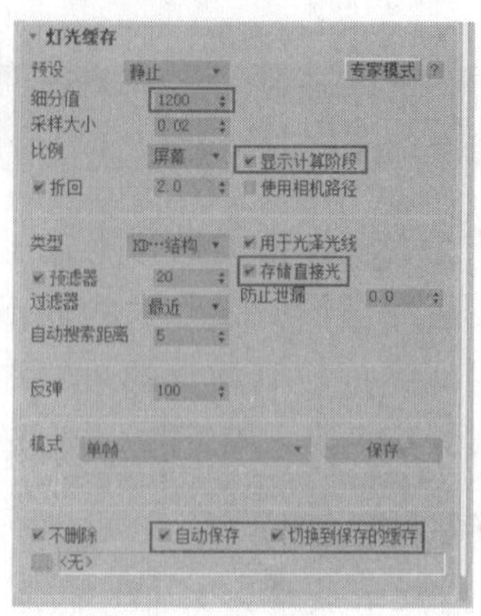


图 13-60　提高灯光缓存参数

注 意：在多氛围或是多角度的渲染中，进行光子图渲染发光贴图与灯光缓存贴图保存时，一定要在命名时进行区分，如保存本场景时最好将文件名设置为“发光贴图（中午）”“发光贴图（黄昏）”与“灯光缓存（中午）”“灯光缓存（黄昏）”。

Steps 04 最后进入【全局品控】卷展栏，如图 13-61 所示整体提高图像的采样精度。

Steps 05 渲染参数调整完成后，返回【VRay 物理相机】视图进行光子图渲染，经过较长时间的计算得到如图 13-62 所示的渲染图像。

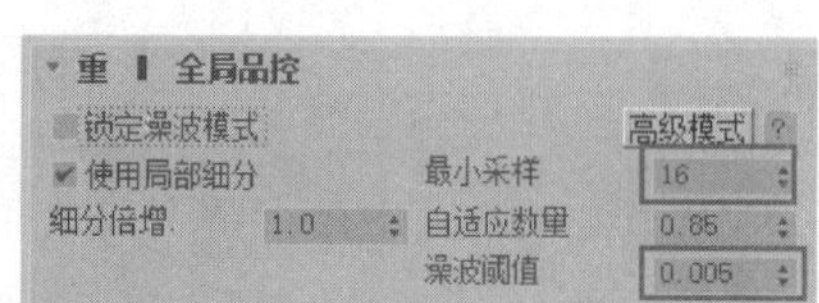


图 13-61　整体提高采样精度

图 13-62　光子图渲染结果

Steps 06 光子图渲染完成后，再分别返回查看【发光贴图】卷展栏与【灯光缓存】卷展栏参数，可以发现两者分别如图 13-63 与图 13-64 所示自动完成了光子图的保存与调用。接下来进行场景的最终图像渲染。

图 13-63　自动保存并调用发光贴图

图 13-64　自动保存并调用灯光缓存贴图

## 13.7 最终图像渲染

Steps 01 场景完成了光子图渲染后，最终图像渲染设置十分简单，首先如图 13-65 所示确定好最终图像的输出尺寸。

Steps 02 如图 13-66 所示调整好渲染图像的过滤器类型，调整完成后即可返回【VRay 物理相机】视图进行最终图像的渲染，场景的日景与夜景的最终渲染图像分别如图 13-67 与图 13-68 所示。

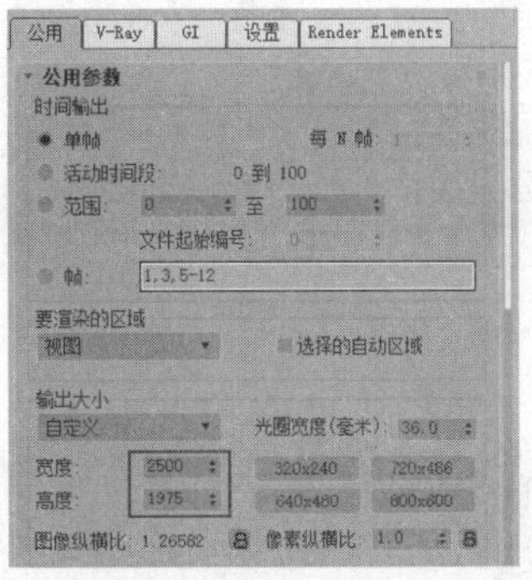


图 13-65　确定最终图像输出大小

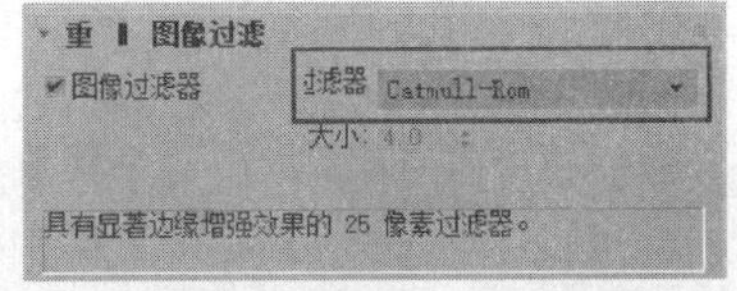


图 13-66　调整图像过滤器类型

图 13-67　日景最终渲染效果

图 13-68　夜景最终渲染效果

# 第14章 室内公装效果图 VRay 表现

本章重点：

- 创建 VRay 物理相机并调整构图
- 中式茶楼材质的制作
- 中式茶楼灯光的制作
- 中式茶楼光子图渲染
- 中式茶楼最终渲染
- 渲染色彩通道图
- 后期处理

本例将选用一个模型复杂、材质多样、灯光多重的中式茶楼场景讲解室内公装效果图表现的流程，场景最终的渲染效果如图 14-1 所示。室内公装效果图与室内家装效果图在表现的流程上并没有太多的区别，但室内公装效果图更注重使用材质体现场景的设计风格。如本例的茶楼场景为了突出古典中式风格，使用了古色古香的木质隔断与吊顶栅格，质朴厚实的仿古青石地砖，古典婉约的仕女图画像等韵味浓厚的中国元素。

图 14-1　案例最终渲染效果

此外公装场景模型数目通常较多，构造也相对复杂。虽然在材质的种类上无外乎木纹、石材、布纹等常用材质，但为了不遗漏材质或者赋错材质，在材质赋予的操作上也需要一定的技巧。

最后公装场景十分注重室内灯光层次的表达，如本例的茶楼场景室内从上到下具有吊顶灯带、吊灯、壁灯以及地下暗藏灯带多个层次的灯光效果，因此在灯光的布置顺序上也讲究一定的方法，接下来进行场景【VRay 物理相机】的创建。

## 14.1 创建 VRay 物理相机并调整构图

Steps 01 打开本书配套资源中的“中式茶楼白模.max”文件，如图 14-2 所示可以看到场景中模型的分布比较均匀，空间左侧为包厢区域，右侧为茶座大厅。

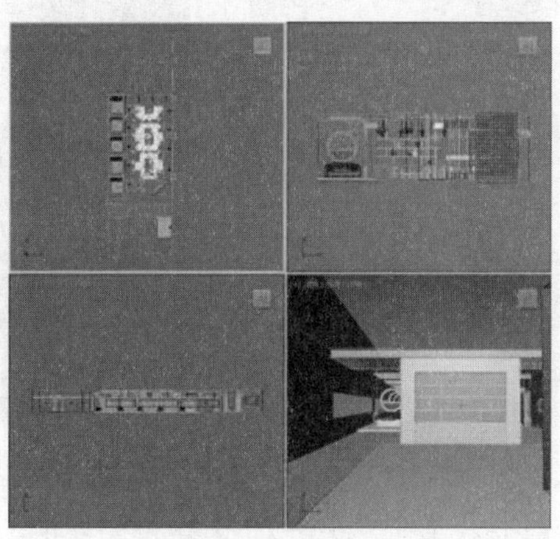

图 14-2　打开场景文件

Steps 02 仔细观察如图 14-2 所示的各视图，可以发现场景模型建立得十分细致完整，这样才能使渲染效果的细节表现得更为充分。如果要查看场景模型总面数，选择激活【前视图】后按<7>键，如图 14-3 所示可以发现场景面数接近两百多万。这个数字虽然不是特别大但也会造成视图缩放、平移等操作不流畅的问题，所以接下来对其进行处理。

Steps 03 选择场景中过道内的沙发组模型，在鼠标右键快捷菜单中选择【对象属性】，如图 14-4 所示。

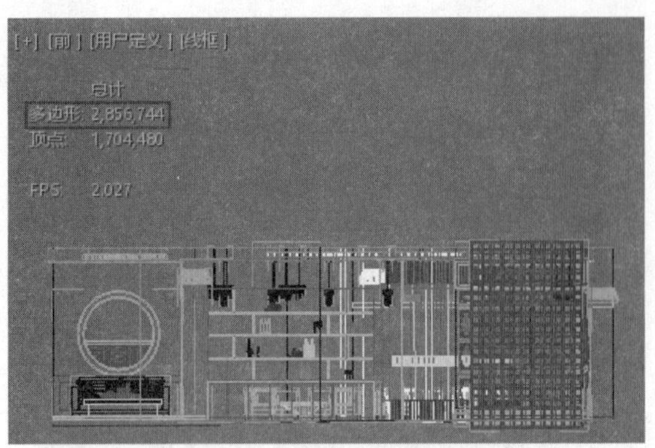

图 14-3　查看场景整体面数

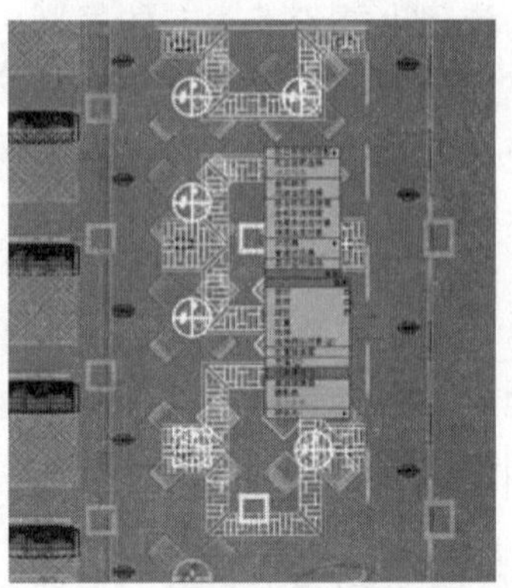
图 14-4　选择沙发模型并查看对象属性

Steps 04 在弹出的【对象属性】参数面板中，如图 14-5 所示勾选其中的【显示为外框】复选框，这样就可以将所有选择的沙发模型仅以外框的形式进行最简化显示，降低显卡负担。再使用相同的方法对过道与包厢连接处的鹅卵石进行显示简化处理。而对于场景模型面数的精简，必须在确定场景渲染角度与整体构图后才能选择性地进行精简。接下来进行场景【VRay 物理相机】的创建。

Steps 05 选择【顶视图】，按<Alt+W>键将其最大化显示，可以发现在场景最下方顺着过道走向布置相机，既能观察到设计的整体格局，又能对大厅中的茶座这个主要消费区进行近景表现。因此单击【VRay 物理相机】创建按钮，参考场景过道的走向如图 14-6 所示从下至上拖拽鼠标创建出一架【VRay 物理相机】。

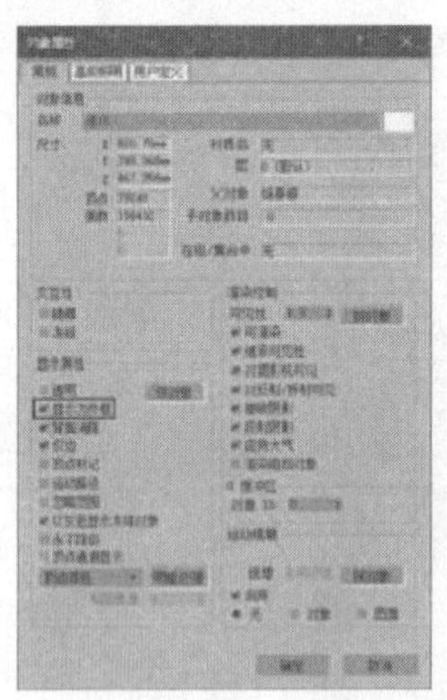
图 14-5　勾选【显示为外框】

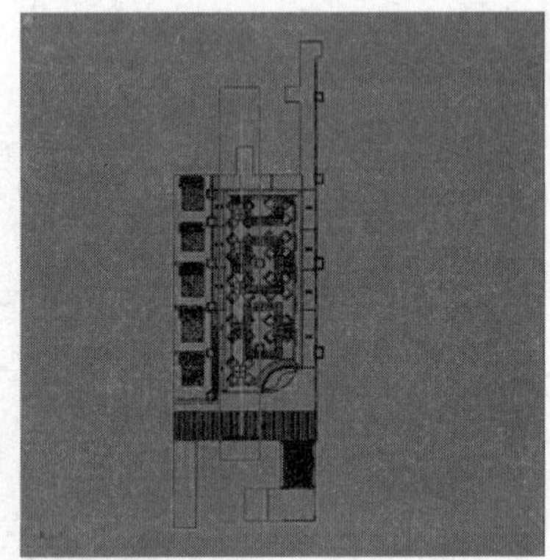
图 14-6　创建 VRay 物理相机

Steps 06 创建完成后按<L>键切换至【左视图】，选择相机与其目标点，通过【移动变换输入】对话框将相机沿 Y 轴移动 1330mm，调整其高度，如图 14-7 所示。

Steps 07 调整完成后，按<C>键切入【VRay 物理相机】视图，再按<Shift+F>键打开默认安全框，视图的当前显示效果如图 14-8 所示。可以看到当前的观察角度比较理想，但视野仍需要扩大。选择【VRay 物理相机】进入修改命令面板，调整其参数以改善视图效果，经过反复调整，得到如图 14-9 所示的参数与视图效果。

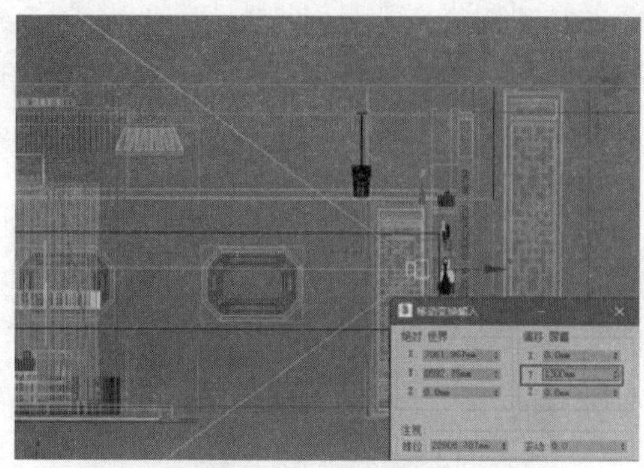

图 14-7　调整 VRay 物理相机高度

图 14-8　当前 VRay 物理相机视图

Steps 08 从图 14-9 中可以发现，视图视野调整得比较理想。此外在调整的过程中，如果视图内物体的透视关系出现了偏差，可以如图 14-10 所示单击【VRay 物理相机】参数内的【预估垂直倾斜】按钮进行校正。

图 14-9　最终相机视图与参数

图 14-10　单击【预估垂直倾斜】按钮

Steps 09 调整渲染输入比例。按<F10>键打开【渲染面板】，调整其中的【输出大小】参数值如图 14-11 所示，最终取得如图 14-12 所示的【VRay 物理相机】视图。

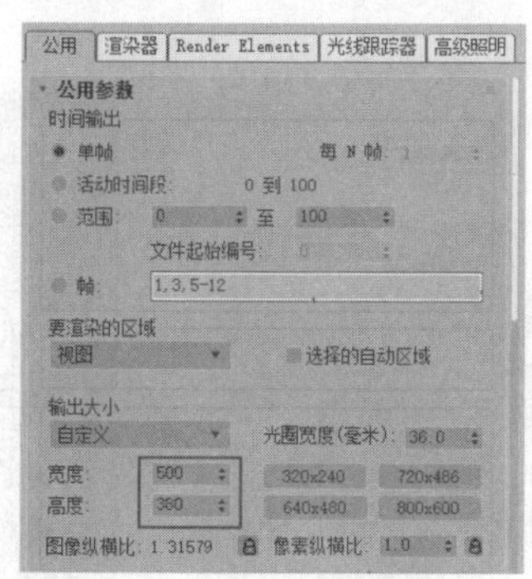


图 14-11　调整渲染输出大小

图 14-12　最终 VRay 物理相机视图

Steps 10 观察图 14-12 可以发现，在当前确定好的视角与构图下，场景中有些创建好的模型是观察不到的，此时可以选择将其删除以减少场景模型面总数。如图 14-13 所示，笔者将左侧包厢中观察不到的沙发与右侧远处的沙发进行了删除，此外对于如图 14-14 所示的视图之外的空间结构模型，如有必要同样可以进行删除，在进行任何模型的删除前务必将完整的模型进行保存备份。

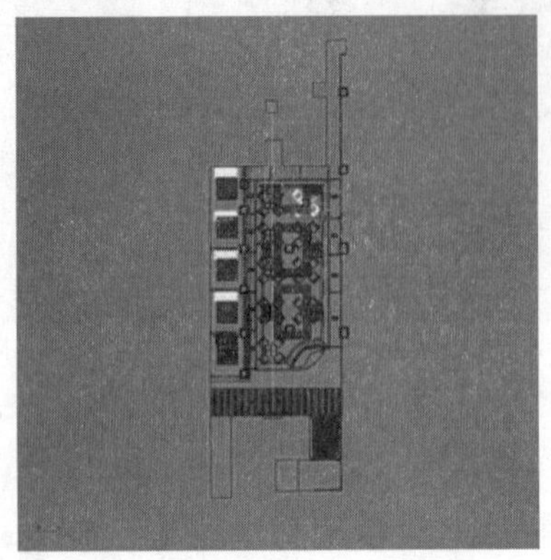

图 14-13　删除不可见模型精简场景

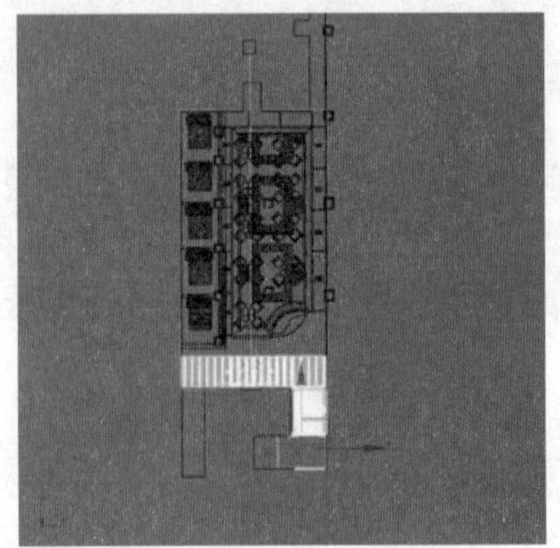

图 14-14　视图之外的空间结构模型

Steps 11 完成当前模型的相机视图效果、渲染长宽比调整以及场景的精简后，接下来开始制作中式茶楼的材质。

## 14.2 中式茶楼材质的制作

Steps 01 本例场景的材质编号如图 14-15 所示，包括了室内效果图制作中常用的各类材质，下面将对材质的调制方法与注意点进行一次全面的综述。

Steps 02 为了避免材质的错赋或是漏赋，首先要进行一定的参数设置，如图 14-16 所示单击【显示面板】按钮并打开【隐藏】卷展栏，勾选【隐藏冻结对象】复选框。

Steps 03 在材质的制作过程中，每赋予完成一个模型的材质后，如图 14-17 所示执行右键快捷菜单中【冻结当前选择】命令将该模型进行冻结，系统就会将其自行隐藏。这样既可以在操作的过程中，自由地对未赋予材质的模型进行隐藏或释放，又能确保已经赋予材质的模型不会出现在视图中，能很大程度上避免材质的错赋或漏赋，接下来进行材质的具体制作。

图 14-15　场景材质编号

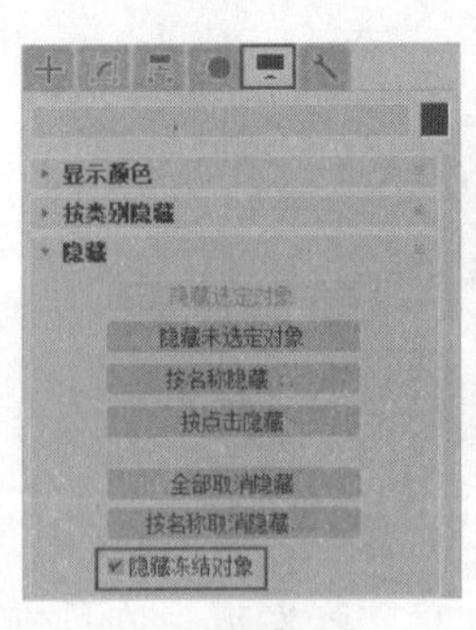


图 14-16　选择选项

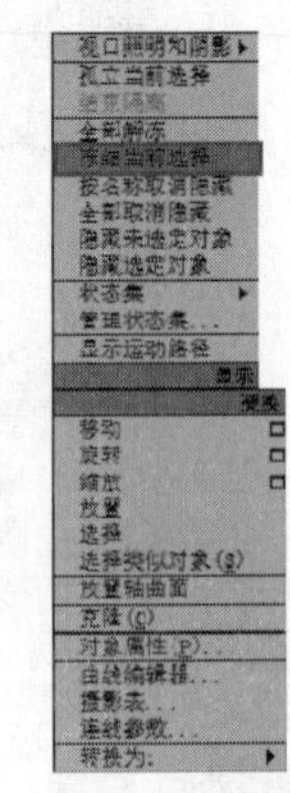


图 14-17　选择命令

## 14.2.1 顶面灰色乳胶漆材质

首先制作吊顶上灰色乳胶漆材质。该材质具体参数设置与材质球的效果如图 14-18 所示。如今在茶楼、KTV 等休闲场所的装修中，灰色或是灰蓝色乳胶漆材质使用十分广泛，它能恰当地弱化裸装的吊顶顶棚的视觉感，使人的注意力集中在空间内的装饰面上。

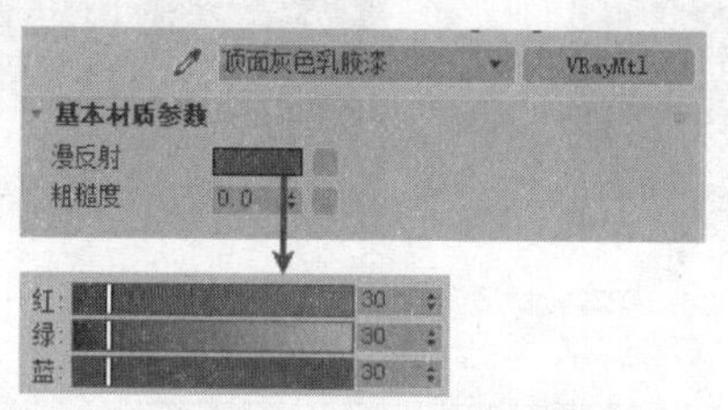

图 14-18　顶面灰色乳胶漆材质参数与效果

## 14.2.2 亚光黑檀木纹材质

接下来制作场景中的亚光黑檀木纹材质，其具体材质参数与材质球的效果如图 14-19 所示。本场景吊顶的栅格造型与包厢的隔断都使用了该材质，为场景增添了一份古色古香的中式情调。由于该木纹材质所赋予的模型对象在当前的相机角度上没有进行特写，因此从渲染速度上考虑并没有为其添加【菲涅尔反射】效果。

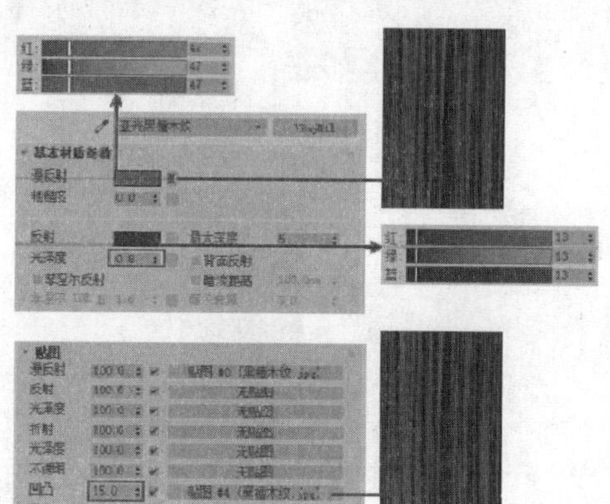

图 14-19　亚光黑檀木纹材质参数与效果

## 14.2.3　青石砖材质

场景右侧包厢入口处的装饰柱等模型使用了青石砖材质，其具体的材质参数与材质球效果如图 14-20 所示。青石砖材质是十分典型的中式建筑元素，“青砖黛瓦”中的青砖指的就是青石砖，在南方的古民居中随处可见，本例材质对【凹凸】贴图采用了十分灵活的处理方法，利用纯白色的砖缝贴图制作的凹凸效果更为理想，这里需要注意凹凸数值的正负对凹凸效果的影响。

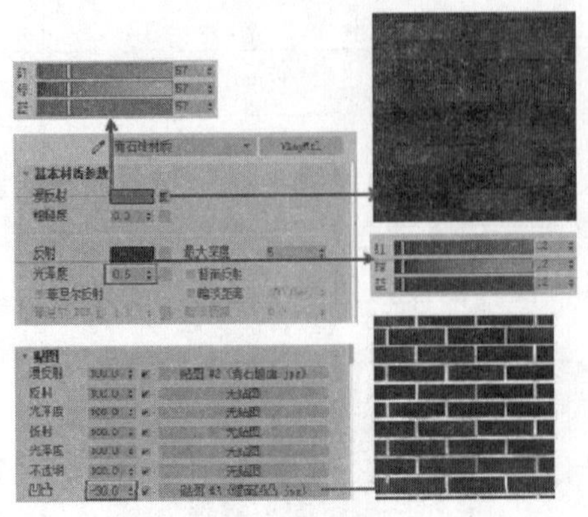

图 14-20　青石砖材质参数与效果

## 14.2.4 亚光木纹花格材质

场景左侧包厢入口处的门框等模型使用了亚光木纹花格材质，其具体的材质参数与材质球效果如图 14-21 所示。亚光木纹花格材质的特点常常是使用一些现代的材料作为表现中国传统的元素。本例材质对【混合】贴图采用了十分灵活的处理方法。

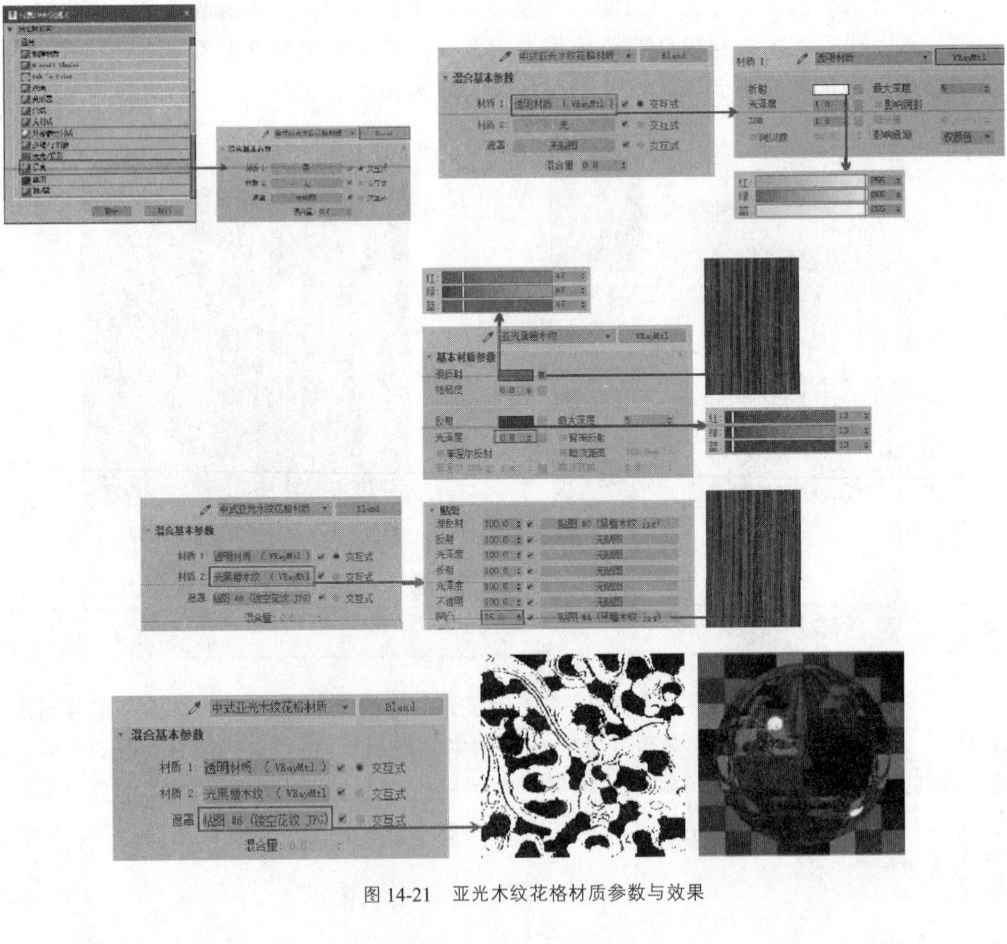

图 14-21　亚光木纹花格材质参数与效果

## 14.2.5 亚光实木地板材质

包厢内的地板使用的是亚光实木地板材质，其具体材质参数与材质球效果如图 14-22 所示。注意在材质的调整参数上需要通过【反射】颜色通道的数值控制反射的强弱；通过【光泽度】控制材质是属于亚光还是亮光。中式风格装饰中木纹常选用暗色调的木纹，这切合含蓄的传统，同时空间氛围也显得更为稳重。

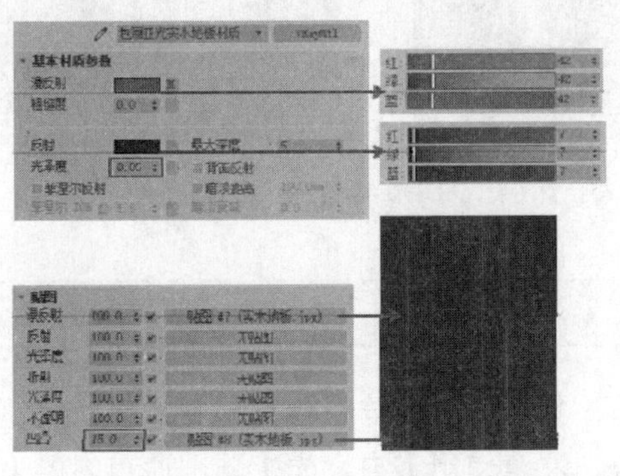

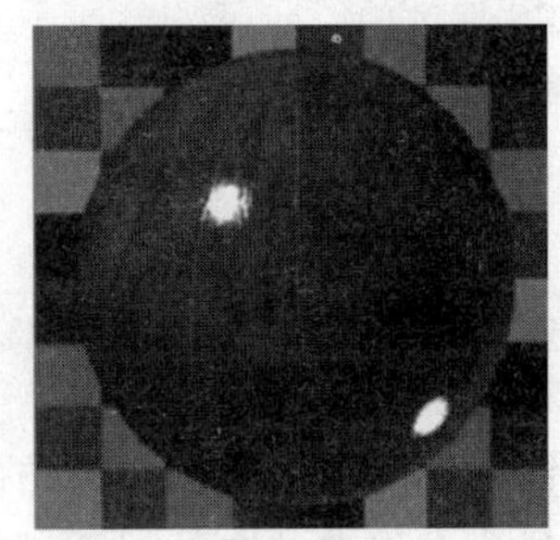

图 14-22　亚光实木地板材质参数与效果

## 14.2.6 仿古青石地砖材质

茶座大厅地面使用的仿古青石砖材质，其具体材质参数与材质球效果如图 14-23 所示。青石砖材质【漫反射】的纹理贴图比较独特，最好选用表面有磨擦痕迹的砖纹贴图，这样材质效果更为真实，此外，该材质表面同样会由于长久的使用有些许高光效果，因此注意使用【反射】参数组进行调控。

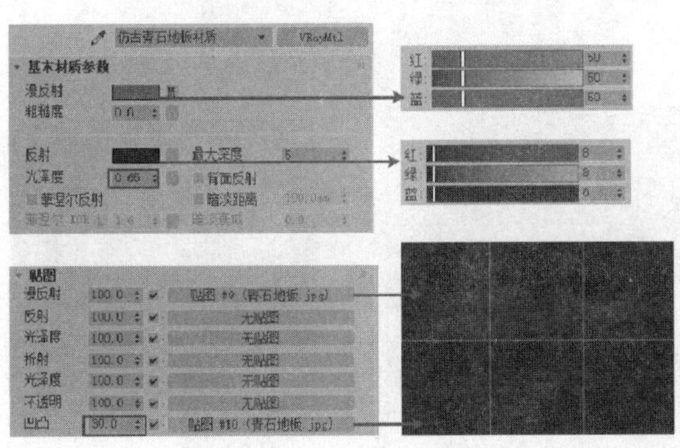

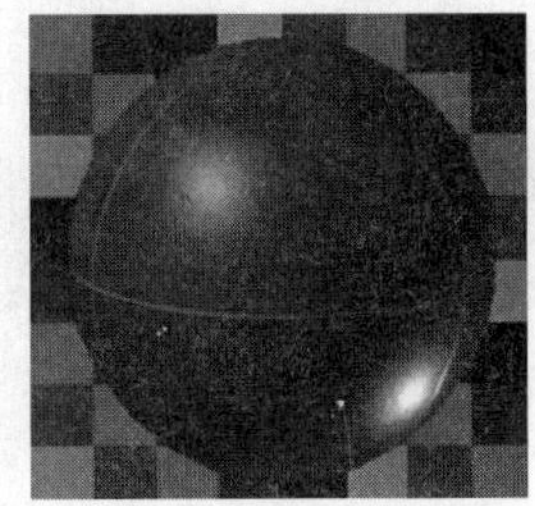

图 14-23　仿古青石地砖材质参数与效果

## 14.2.7 灯箱仕女图发光材质

场景中的灯箱表面使用了中式古典画像贴图，在这里可以同时为其添加发光属性从而简化掉其内部灯光的布置。该材质的具体参数与材质球效果如图 14-24 所示，考虑到场景将使用【VRay 物理相机】进行渲染，其默认设置对灯光强度不太敏感，这里将其发光数值暂时设为 2，最后再根据具体的渲染效果确定是否应提高发光能力。

图 14-24　灯箱仕女图发光材质参数与效果

## 14.2.8 沙发纯色布纹材质

再来制作沙发所使用的纯色布纹材质，其材质参数与材质球效果如图 14-25 所示。这里使用的是十分经典的布纹材质制作方法，注意使用【自发光】贴图通道内的【遮罩】程序贴图与【衰减】程序贴图来模拟布纹绒毛细节效果。

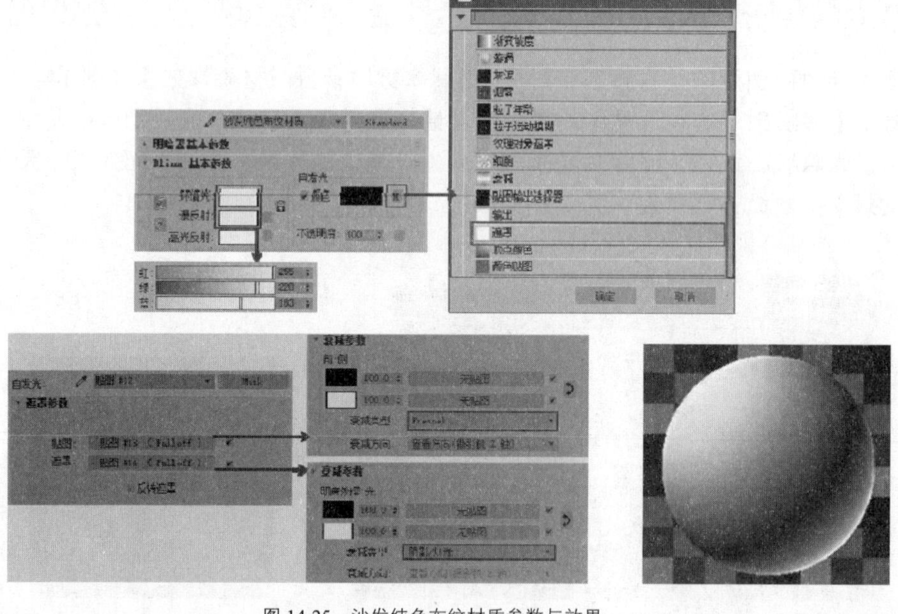


图 14-25　沙发纯色布纹材质参数与效果

## 14.2.9 壁灯边框磨砂金属材质

场景中的壁灯边框使用的是磨砂金属材质，其具体材质参数与材质球效果如图 14-26 所示。注意使用【光泽度】参数控制金属表面的光滑程度，制作出模糊反射的效果。

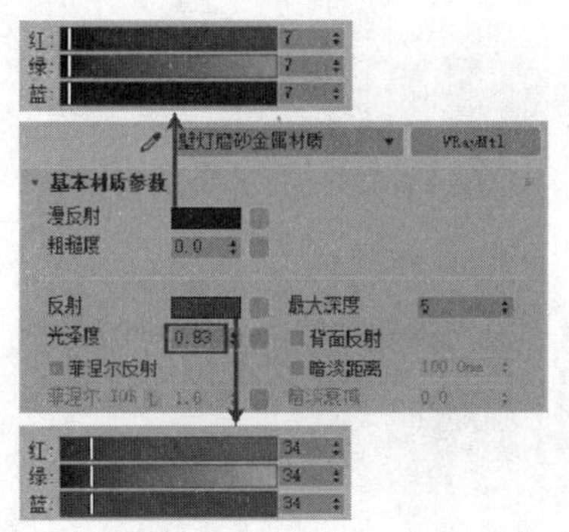
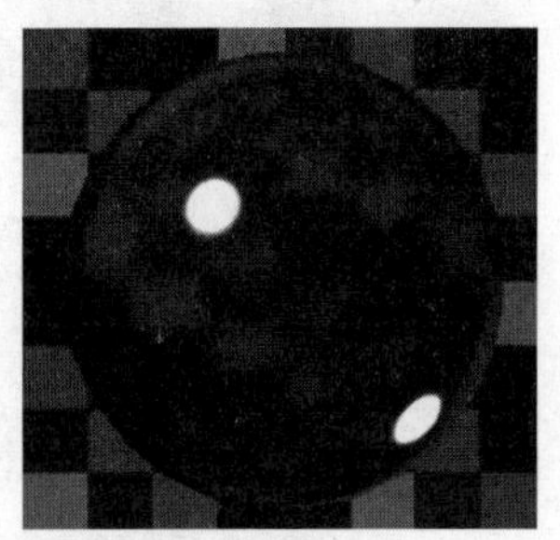

图 14-26　壁灯边框磨砂金属材质参数与效果

## 14.2.10　壁灯灯罩云石材质

最后制作壁灯灯罩使用的云石材质，其具体材质参数与材质球效果如图 14-27 所示。传统的中式壁灯使用的都是带有透光效果的石材材质。这里可以通过在材质的【漫反射】贴图通道内加载石材贴图，然后通过【折射】色彩通道调整出接近半透明效果以完成透光石材效果的制作。需要注意的是，需要勾选【影响阴影】复选框，避免形成不真实的光影效果。

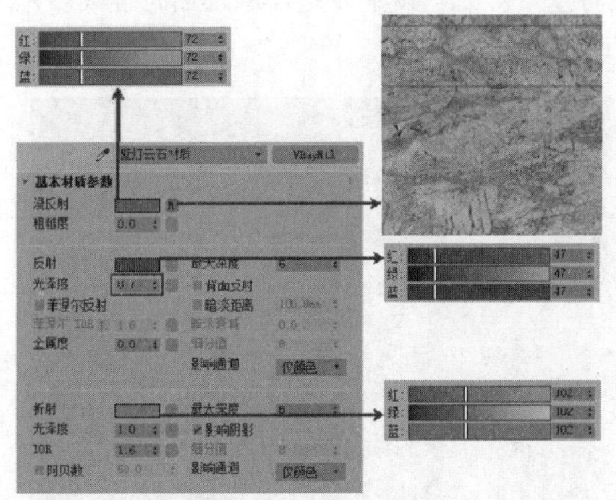
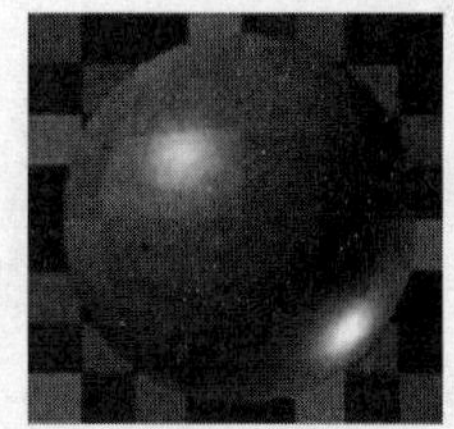

图 14-27　壁灯灯罩云石材质参数与效果

至此本例场景材质的调制方法的讲解完毕，接下来进行场景灯光的制作。

# 14.3 中式茶楼灯光的制作

## 14.3.1 设置灯光测试渲染参数

Steps 01 设置灯光测试渲染参数，按<F10>键打开【渲染面板】，选择其中的相关选项卡设置灯光测试渲染参数，如图 14-28 所示，未标明的参数保持默认即可。

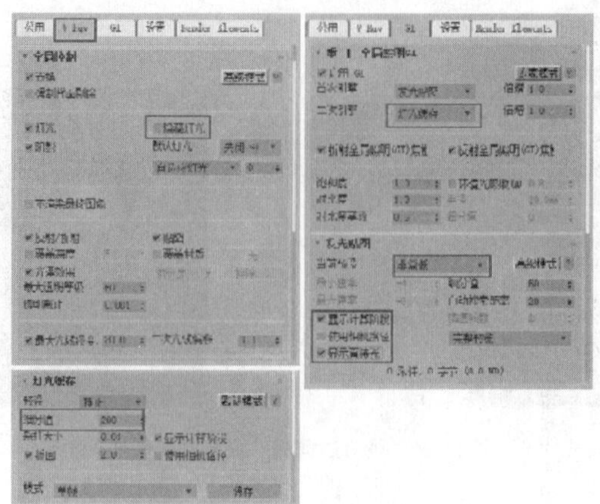

图 14-28　设置灯光测试渲染参数

Steps 02 由于场景灯光层次较多，因此在进行具体灯光制作前，首先应对场景的结构布局进行观察，形成较为具体的布光思路，这样在层次复杂的场景中进行灯光布置时才能有条不紊。为了便于灯光布置思路的形成，这里截取了场景灯光布置完成后的图片，如图 14-29 所示。

Steps 03 观察图 14-29 可以发现场景室外灯光的制作十分精炼，只在各窗口处布置了一盏 VRay 片光进行模拟。而室内灯光层次虽然较多，但层次分得也十分清楚，最上方是光槽灯光与筒灯灯光，中部是吊顶灯光与壁灯灯光，最下方是过道左侧的暗藏灯光。接下来就遵循此布光思路进行本例场景灯光的制作。

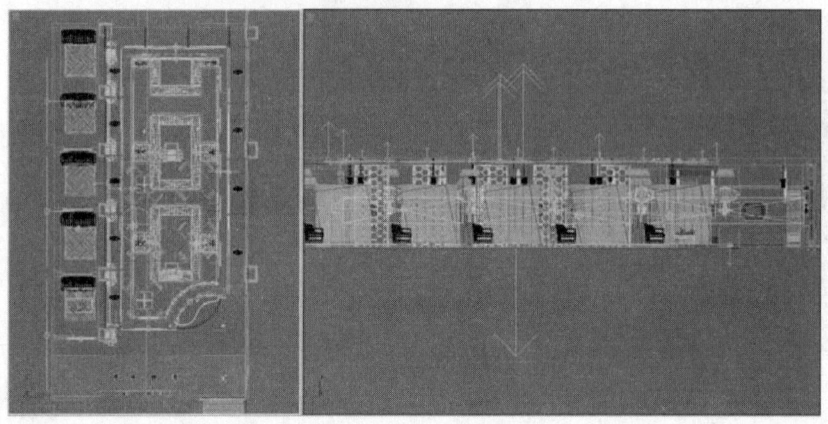

图 14-29　场景最终灯光分布

## 14.3.2 布置室外 VRay 片光

Steps 01 由于场景将要布置的灯光数目众多，为了避免在操作时错选场景中的模型进而移动或缩放，可以先在主工具栏内将选择模式过滤至 L-灯光 ，然后再布置室外灯光。要相对弱化室外灯光对场景内部照明的影响以突出室内层次丰富的灯光效果。本例的室外灯光制作只简单地根据窗洞大小布置了数盏 VRay 片光，灯光的具体位置如图 14-30 所示。

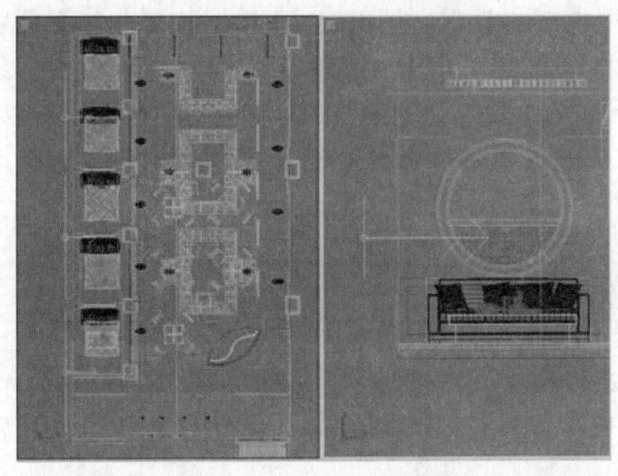

图 14-30　布置室外 VRay 片光

Steps 02 该处 VRay 片光参数设置如图 14-31 所示，设置完成后按<C>键进入【VRay 物理相机】视图进行测试渲染，渲染结果如图 14-32 所示。

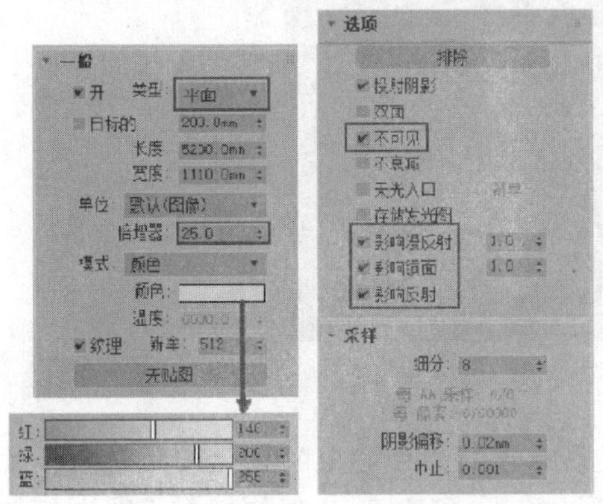


图 14-31　VRay 片光参数设置

图 14-32　首次测试渲染结果

Steps 03 可以看到渲染窗口内一片漆黑，根据默认参数下的【VRay 物理相机】感光不敏感的经验，接下来首先调整其具体参数如图 14-33 所示，然后再次对场景进行灯光测试渲染，渲染结果如图 14-34 所示。

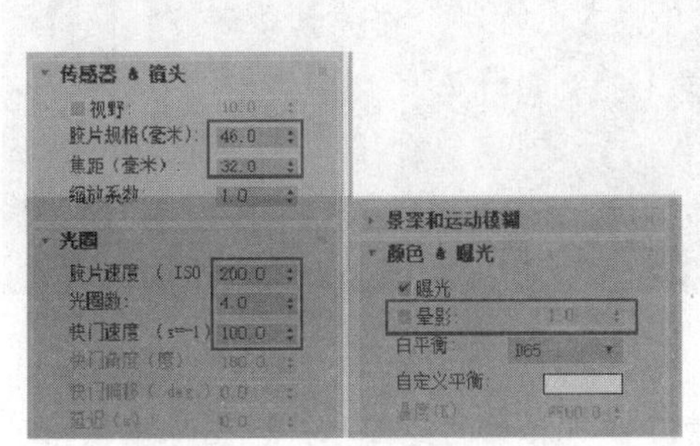


图 14-33　调整 VRay 物理相机参数

图 14-34　再次测试渲染结果

Steps 04 从新的渲染图像中可以发现，调整了【VRay 物理相机】参数后图像内空间的亮度有了较大的变化，整体效果虽然不是十分理想但空间的结构层次已经有所显现，考虑到当前只布置了简单的室外灯光而没有进行任何室内灯光的布置，所以暂时不再调整【VRay 物理相机】参数。接下来进行室内灯光的布置，室内灯光的布置顺序遵循由上至下的空间层次。

## 14.3.3 布置吊顶板灯槽光带

Steps 01 布置吊顶板下方的长条形灯槽光带。该处灯光同样由 VRay 片光进行模拟，灯光的具体位置如图 14-35 所示，可以看到灯光的位置与形态根据灯带的形状与走势进行了灵活调整。

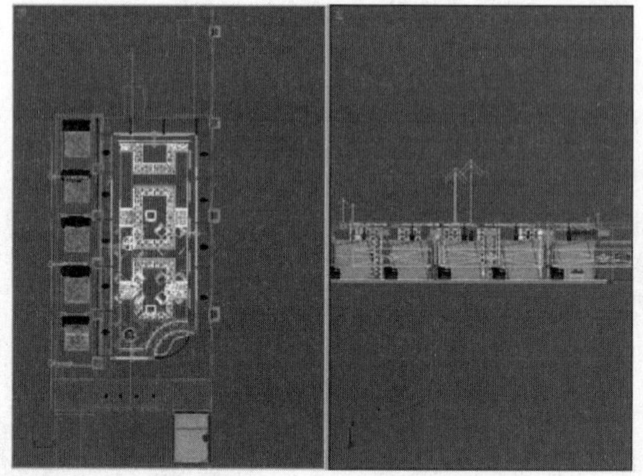

图 14-35　布置灯槽光带 VRay 片光

Steps 02 这些灯光的尺寸大小根据其所处的位置各有不同，但其他的参数设置完全一致，具体的参数设置如图 14-36 所示。调整完成后再次进入【VRay 物理相机】视图进行灯光测试渲染，渲染结果如图 14-37 所示。

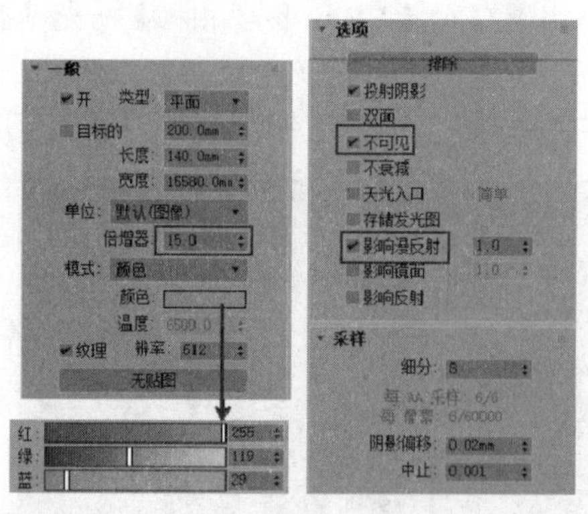


图 14-36　灯带灯光参数

图 14-37　测试渲染结果

Steps 03 从新的渲染结果中可以发现，由于灯槽灯带所影响的范围很广，图像中场景的结构变得更清晰，中式吊灯与吊顶栅格等造型都有所体现。下面布置吊顶栅格上的光源。

## 14.3.4 布置吊顶栅格灯光

Steps 01 吊顶栅格灯光仍由 VRay 片光进行模拟，根据吊顶栅格的形态与走势布置灯光如图 14-38 所示。

Steps 02 该处 VRay 灯光的参数同样只有形状大小的区别，其他灯光参数完全一致，具体的参数设置如图 14-39 所示。

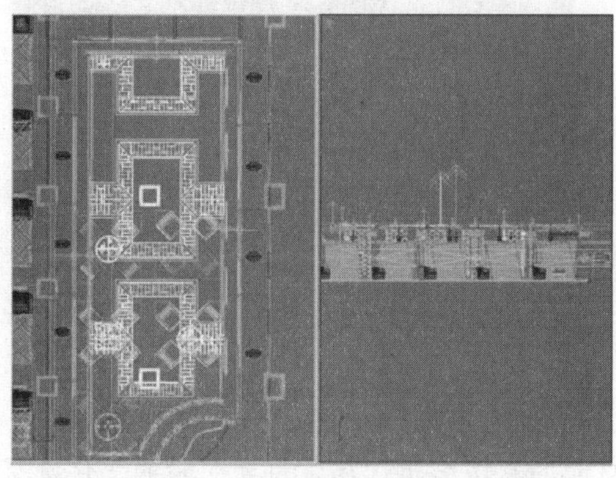

图 14-38　布置吊顶栅格片光

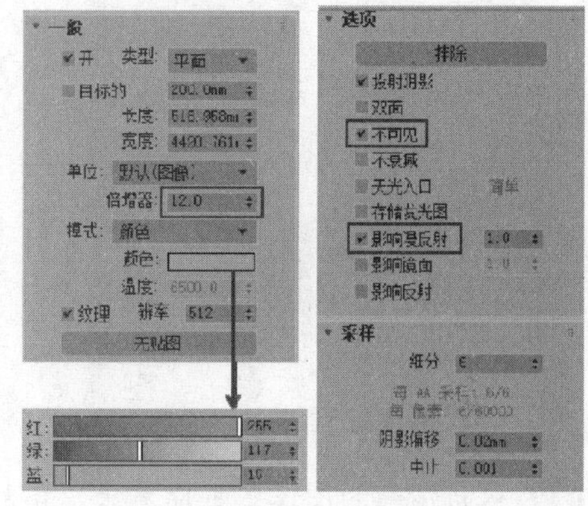


图 14-39　VRay 片光参数

Steps 03 灯光参数设置完成后，进入【VRay 物理相机】视图进行灯光测试渲染，渲染结果如图 14-40 所示。

Steps 04 观察新的渲染结果可以发现，随着室内灯光的逐步完成，图像中场景空间的结构逐渐清晰，亮度也逐步趋向合理，接下来进行场景的筒灯灯光制作。

## 14.3.5 布置场景筒灯灯光

Steps 01 筒灯灯光由【目标点光源】灯光进行模拟，根据场景模型中筒灯灯孔的位置，创建如图 14-41 所示的灯光。

图 14-40　测试渲染结果

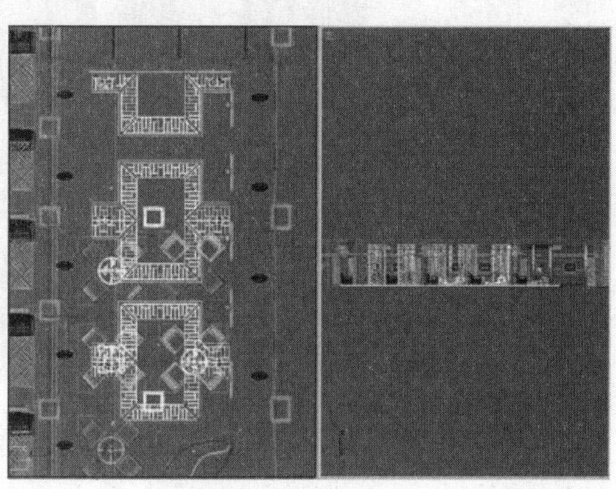

图 14-41　创建筒灯灯光

Steps 02 灯光创建完成后，选择灯光并进入修改面板，调整【目标点光源】的具体参数如图 14-42 所示。调整完成后，按<C>键返回【VRay 物理相机】视图进行灯光测试渲染，渲染结果如图 14-43 所示。

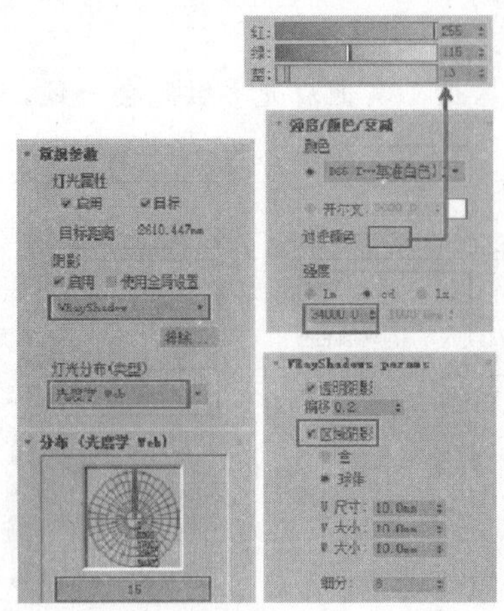

图 14-42　目标点光源参数

图 14-43　测试渲染结果

Steps 03 从新渲染的图像中可以看出，筒灯灯光的点缀突出了场景灯光明暗的变化，空间自上至下都有了光影的效果。接下来布置场景中过道上方的吊灯灯光。

## 14.3.6 布置吊灯灯光

Steps 01 过道上方的吊灯灯光由球形的 VRay 灯光进行模拟，灯光的具体位置如图 14-44 所示，所有的灯光间关联复制。

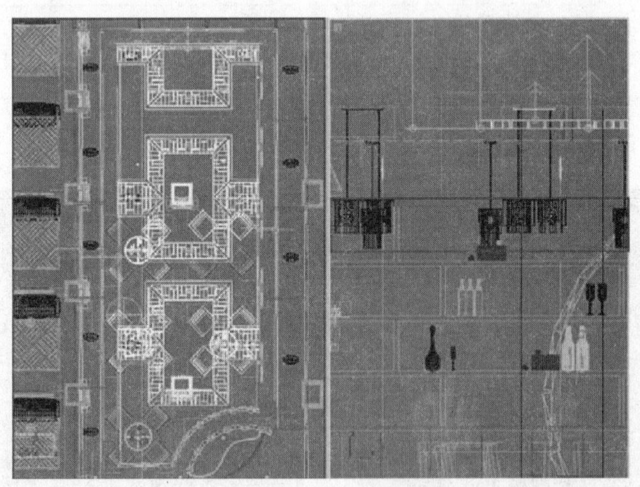

图 14-44　布置吊灯灯光

Steps 02 模拟吊灯的【VRay 球光】的具体参数如图 14-45 所示。调整好灯光参数后，按<C>键返回【VRay 物理相机】视图进行灯光测试渲染，渲染结果如图 14-46 所示。

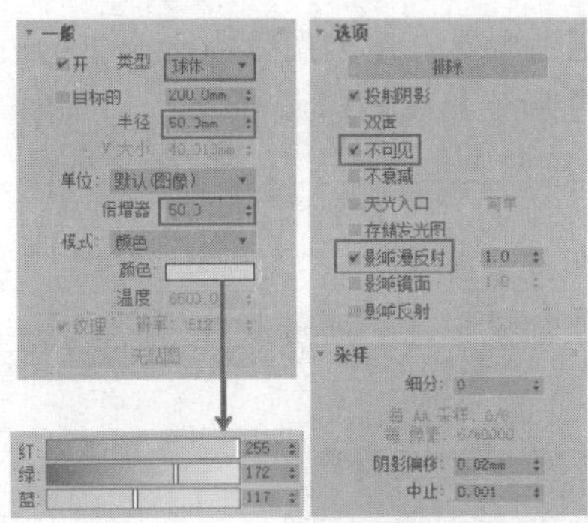


图 14-45　吊灯灯光参数

图 14-46　测试渲染结果

## 14.3.7 创建壁灯灯光

Steps 01 创建壁灯灯光。根据场景中壁灯模型的分布与位置，使用【目标点光源】创建如图 14-47 所示的灯光。

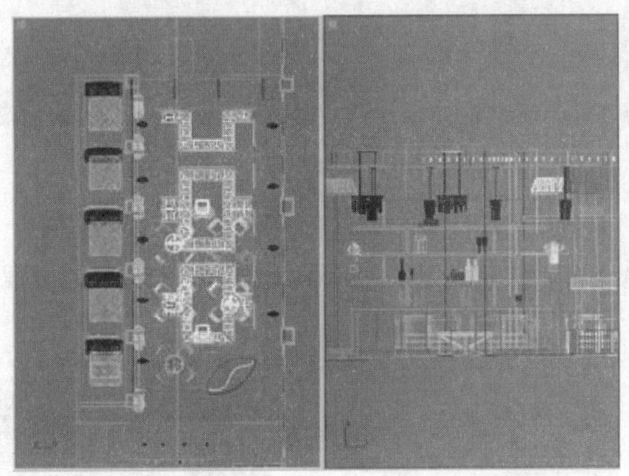

图 14-47　创建壁灯灯光

Steps 02 调整【目标点光源】的具体参数如图 14-48 所示。调整完成后，按<C>键返回【VRay 物理相机】视图进行灯光测试渲染，渲染结果如图 14-49 所示。

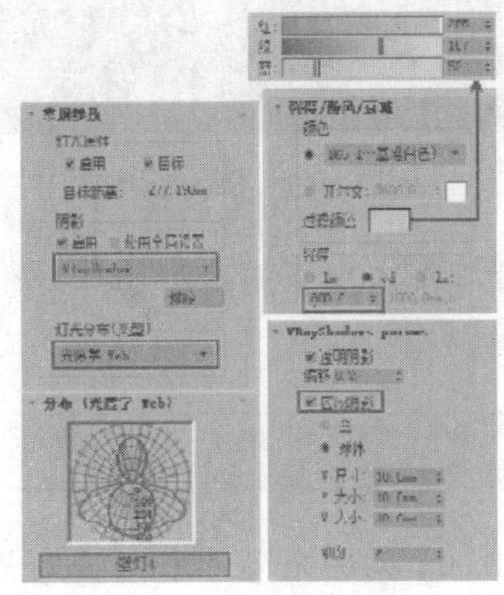

图 14-48　目标点光源参数

图 14-49　测试渲染结果

Steps 03 观察新的渲染图像可以发现，随着壁灯灯光的布置，渲染图像由上至下的灯光层次变得更为明显。接下来布置场景最下方即过道与包厢连接处的暗藏灯带。

### 14.3.8 布置暗藏灯带

Steps 01 该处的暗藏灯带的灯光效果由 VRay 片光进行模拟，根据暗藏灯槽的形态与走势布置灯光如图 14-50 所示。

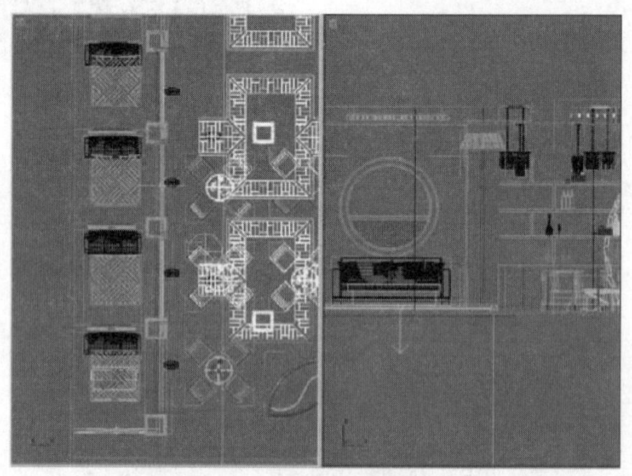

图 14-50　布置下层暗藏灯光

Steps 02 下层暗藏灯光同样由于其所处位置会有形状大小的区别，但其他参数设置一致，如图 14-51 所示。灯光参数调整完成后，按<C>键返回【VRay 物理相机】视图进行灯光测试渲染，渲染结果如图 14-52 所示。

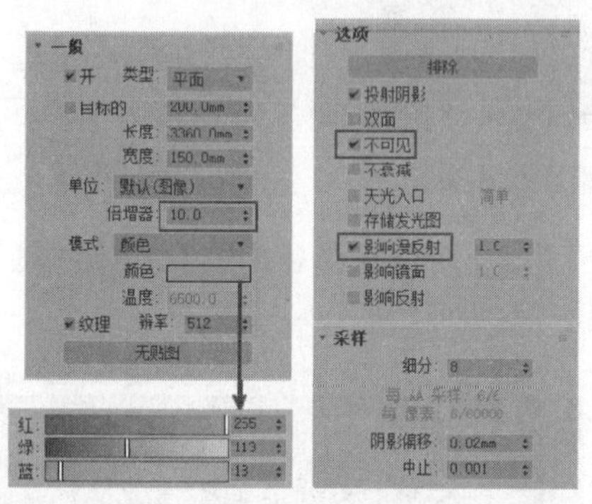

图 14-51　VRay 灯光参数

图 14-52　测试渲染结果

Steps 03 观察最新的渲染图像，可以看到此时空间内灯光上中下的层次感已经得到了完整的体现。接下来布置补光，修饰图像的灯光细节效果。

### 14.3.9 布置补光

Steps 01 在当前的渲染角度下，对紧挨【VRay 物理相机】的两个可以看到其内部装饰的包厢内进行补光，如图 14-53 所示在这两个包厢空间内各增加一盏暖色调的 VRay 球形灯光进行氛围的模拟。

Steps 02 调整【VRay 球光】的具体参数如图 14-54 所示，参数调整完成后，按<C>键返回【VRay 物理相机】视图进行灯光测试渲染，渲染结果如图 14-55 所示。

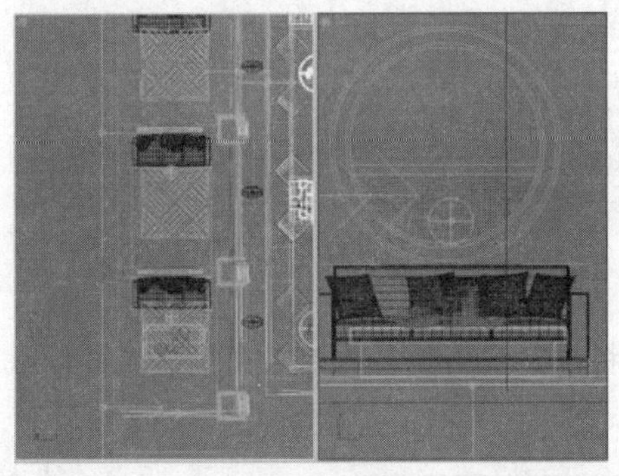

图 14-53 布置包厢氛围灯光

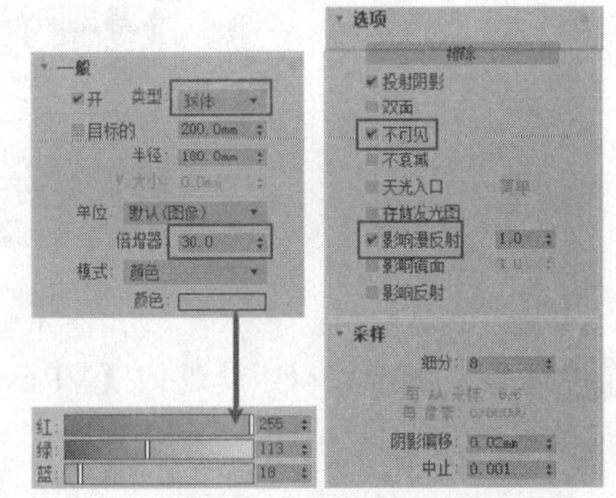

图 14-54 VRay 球光参数

Steps 03 在场景中布置一盏 VRay 穹顶灯光整体提高空间亮度，按<T>键切换到【顶视图】，如图 14-56 所示布置好灯光。

图 14-55 渲染渲染结果

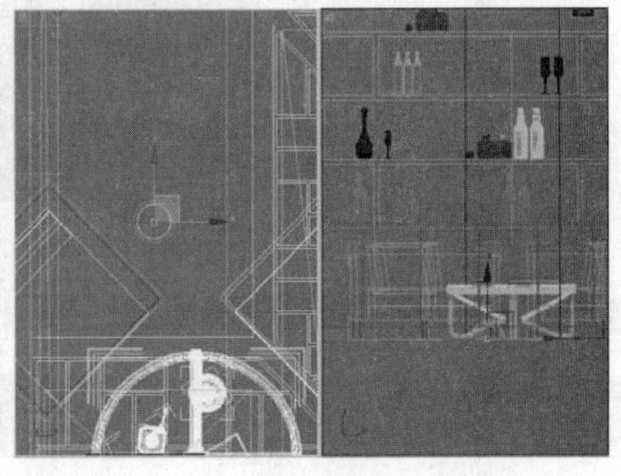

图 14-56 布置 VRay 穹顶补光

Steps 04 调整补光参数如图 14-57 所示，调整完成后按<C>键返回【VRay 物理相机】视图，进行灯光测试渲染，渲染结果如图 14-58 所示。

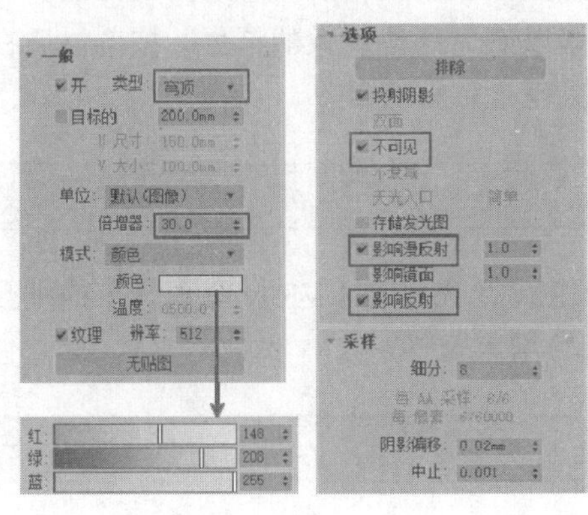

图 14-57 VRay 穹顶光参数

图 14-58 测试渲染结果

Steps 05 通过修改【颜色映射】卷展栏中的参数，整体提高场景亮度，并拉开灯光的明暗对比，按<F10>键打开渲染面板修改其具体参数如图 14-59 所示。

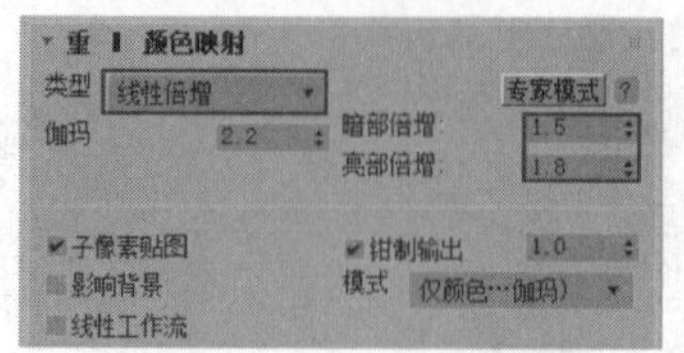


图 14-59　修改颜色映射参数

Steps 06 调整完成后按<C>键返回【VRay 物理相机】视图，再次渲染得到如图 14-60 所示的渲染结果。

图 14-60　最后灯光测试渲染结果

Steps 07 至此本例场景的灯光布置完成，接下来进行场景光子图的渲染。

## 14.4 中式茶楼光子图渲染

### 14.4.1 调整材质细分

首先进行材质细分的调整，由于场景空间灯光整体基调呈暗调，容易出现光斑、噪波等渲染品质问题，因此材质细分可设置相对高一些以避免这些现象的产生。按各材质在空间内影响的范围与距离相机的远近将其细分值增大至 20~24 之间。

### 14.4.2 调整灯光细分

同样出于灯光基调的考虑，将场景内所有【VRay 片光】与【VRay 穹顶光】的细分增大至 24，【VRay 球光】与【目标点光源】灯光细分增大至 20。

### 14.4.3 调整渲染参数

Steps 01 调整光子图渲染参数，按<F10>键打开【渲染面板】，然后单击相关选项卡，首先调整部分参数如图 14-61 所示。

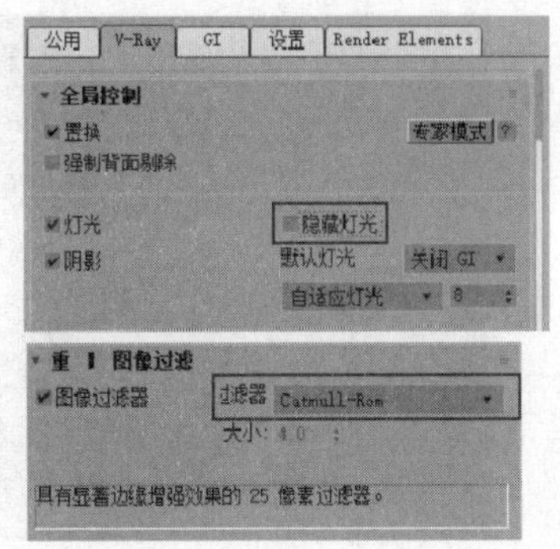


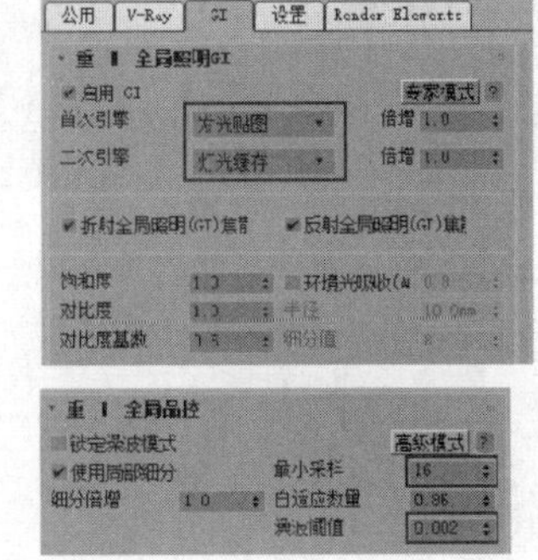


图 14-61　光子图渲染参数一

Steps 02 进入【发光贴图】和【灯光缓存】卷展栏，如图 14-62 所示提高相应参数。

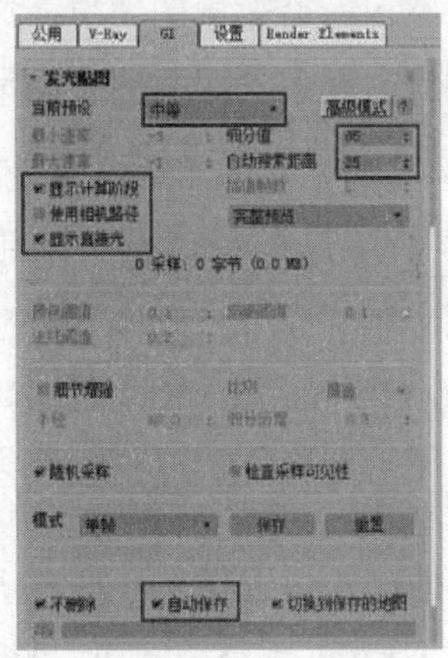


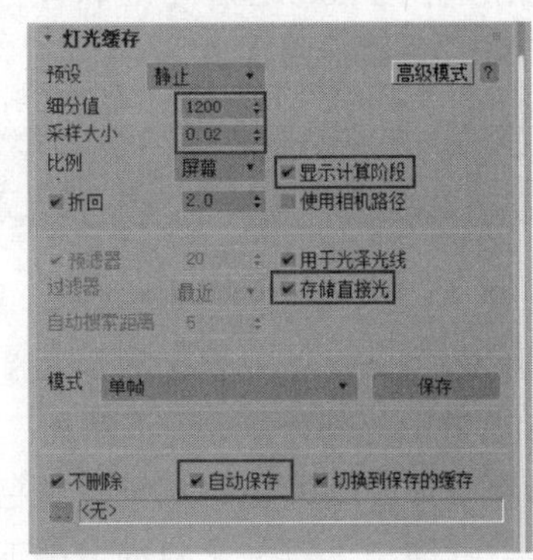


图 14-62　光子图渲染参数二

Steps 03 光子图渲染参数调整完成后，返回相机视图进行光子图渲染，在渲染完成后展开【发光贴图】与【灯光缓存】卷展栏，查看是否成功保存并已经调用了计算完成的光子图，正确的参数变化如图 14-63 所示。

Steps 04 光子图渲染完成后，接下来进行场景图像的最终渲染。

## 14.5 中式茶楼最终渲染

Steps 01 先进行最终渲染图片输出大小的设置，按<F10>键打开【渲染面板】设置【输出大小】参数如图 14-64 所示。

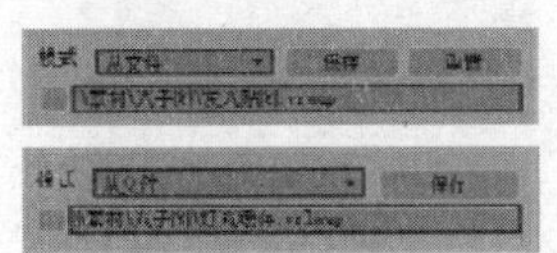


图 14-63　光子图参数正确变化

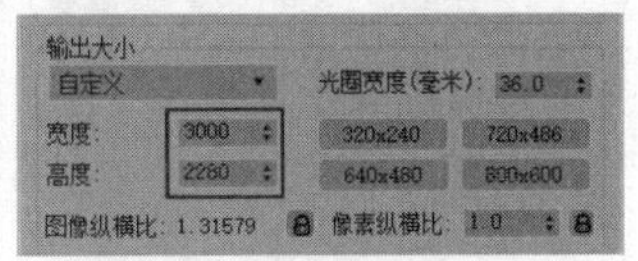


图 14-64　设置最终渲染图像大小

Steps 02 再进入如图 14-65 所示的【全局控制】卷展栏内，取消勾选【不渲染最终图像】。

Steps 03 最后返回【VRay 物理相机】进行最终渲染，渲染结果如图 14-66 所示。

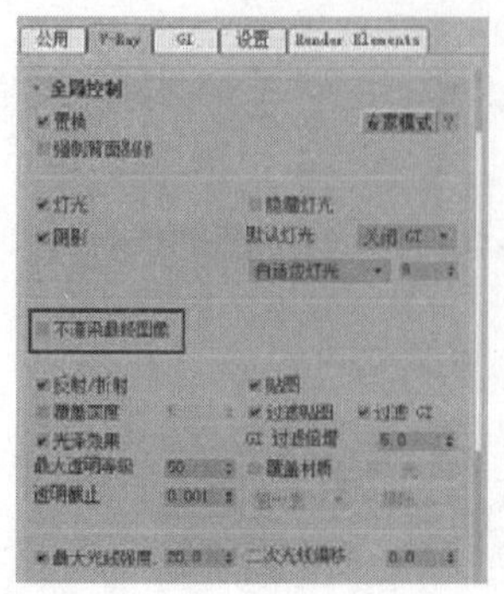

图 14-65　未勾选【不渲染最终图像】

图 14-66　最终渲染结果

观察最终渲染结果可以发现，公装场景由于模型的复杂度，材质与灯光数量都有所增加。因此图像的色彩、亮度、对比度渲染得远没有室内家装效果图理想，这时需要在这个渲染结果的基础上利用 Photoshop 平面软件进行调整。为了方便后期调整中选区的建立，接下来先渲染一张“色彩通道图片”。

## 14.6 渲染色彩通道图

在本书第 5 章“VRay 渲染元素选项卡”中，介绍了使用【VRay 线框颜色】渲染元素获得色彩通道图像的方法，其主要是利用 3ds Max 中每创建一个物体时系统为其自动匹配的颜色进行色彩通道图的制作。而在实际的工作过程中，时常会因为模型较为复杂的原因，如图 14-67 所示修改模型的颜色为统一的黑色或其他颜色，以便在线框显示模式下观察模型的形态与位置。此时由于打乱了自动分配的颜色【VRay 线框颜色】，渲染元素就不再有用了。

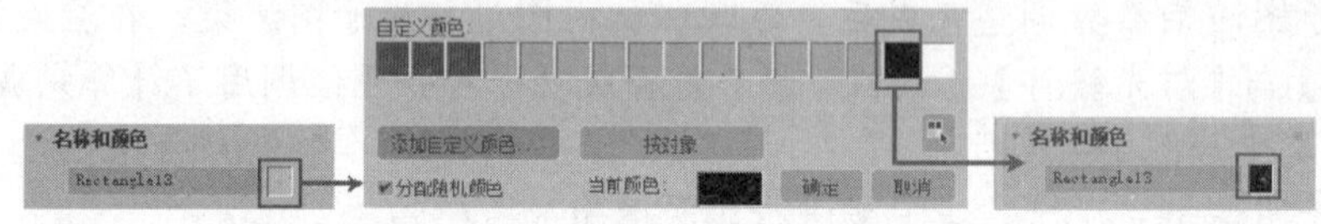


图 14-67　修改模型匹配颜色

下面介绍一种应用更为广泛的颜色通道渲染方法，步骤如下。

Steps 01 打开配套资源中本章节的“中式茶楼副本”模型文件，按下<F10>键打开渲染参数面板，将当前渲染器指定为默认的【扫描线渲染器】，如图 14-68 所示。

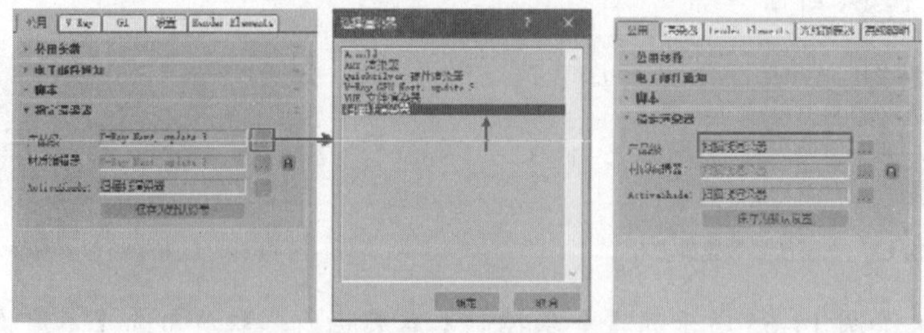

图 14-68　指定扫描线渲染器

Steps 02 将选择过滤模式切换到【灯光】，按<Ctrl+A>组合键全选场景中所有的灯光，然后按 Delete 键进行删除，如图 14-69 所示。

Steps 03 制作色彩通道渲染材质。按下<M>键打开【材质编辑器】，选择任意一个标准材质球调整其【漫反射】颜色通道的 RGB 为 255、0、0 的纯红色，并将【自发光】颜色强度设为 100。具体材质参数设置如图 14-70 所示。

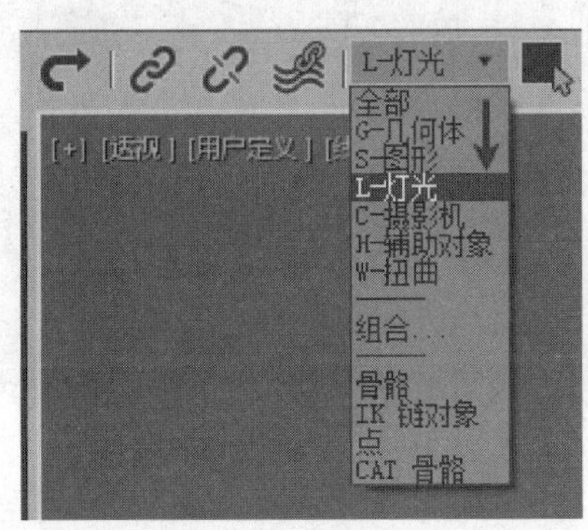


图 14-69　删除场景灯光

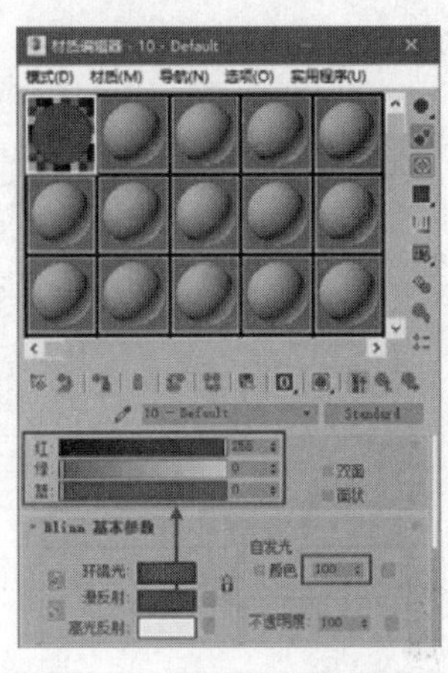

图 14-70　创建色彩通道渲染材质

Steps 04 创建另外 7 种常用来渲染色彩通道的材质，其 RGB 值分别如图 14-71 所示，所有材质的自发光强度均需设为 100。

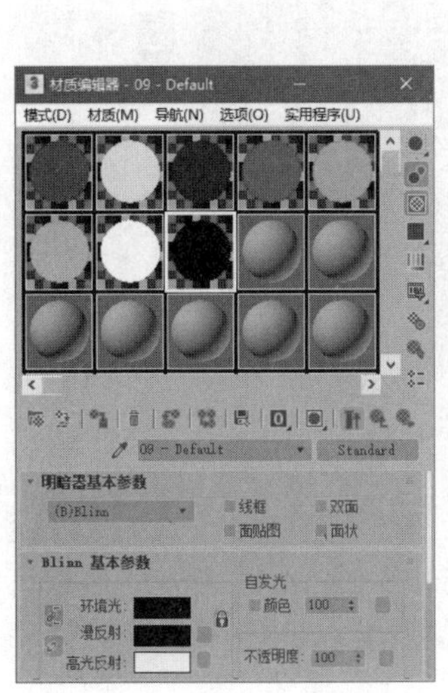

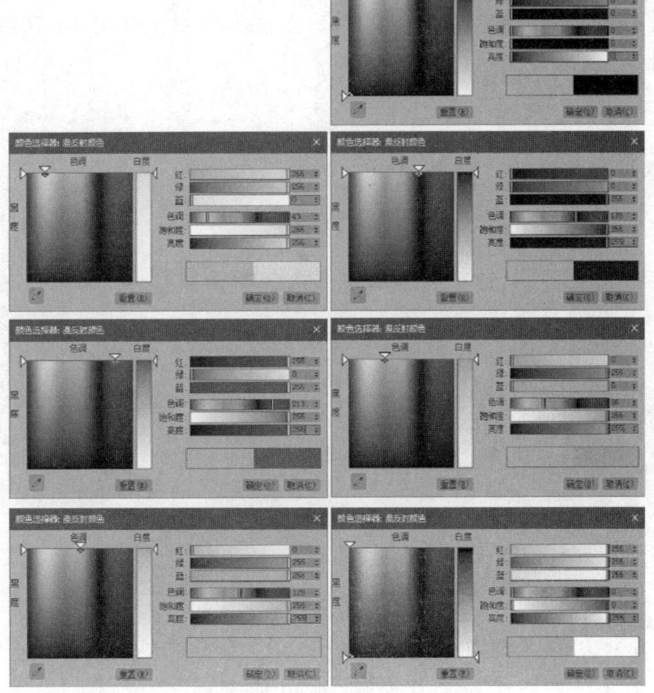

图 14-71　其他常用于渲染通道的 RGB 颜色值

Steps 05 将所创建的自发光材质赋予场景中的模型物体，材质赋予的唯一原则就是相邻的材质不能指定同一种颜色.材质赋予完成后，场景的显示效果如图 14-72 所示。

Steps 06 上述所有步骤完成后，返回摄像机视图对场景进行渲染。由于使用的是【扫描线渲染器】，色彩通道渲染完成得非常快，得到的色彩通道图渲染效果如图 14-73 所示。

图 14-72　场景指定色彩通道自发光材质完成效果

图 14-73　色彩通道图渲染结果

## 14.7 后期处理

Steps 01 如图 14-74 所示在 Photoshop 中打开配套资源中本章文件夹的“中式茶楼”与“中式茶楼色彩通道”两个图像文件。

Steps 02 选择“中式茶楼色彩通道”图像文件，按<V>键启用移动工具后，在按住<Shift>键的同时拖动其至“中式茶楼”图像文件中，如图 14-75 所示将其复制并对齐“中式茶楼”图像。

图 14-74　打开“中式茶楼”与“色彩通道”文件

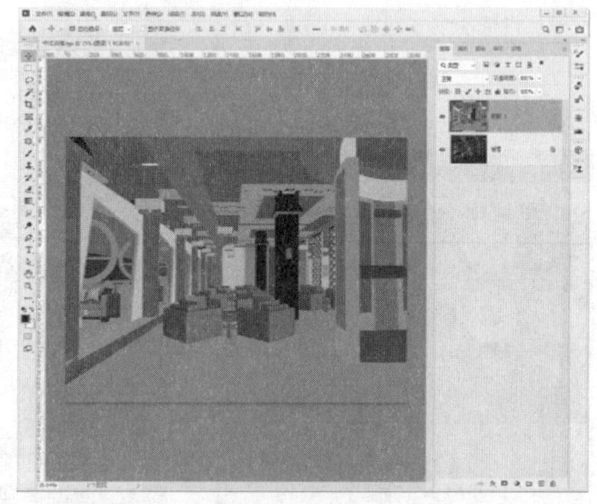

图 14-75　复制“色彩通道”至“中式茶楼”图像文档

Steps 03 选择“背景”图层，按<Ctrl+J>组合键将其复制一份，如图 14-76 所示。然后关闭“中式茶楼色彩通道”所在的图层 1，并按下<Ctrl+S>组合键将其以 PSD 格式保存为“中式茶楼后期处理.psd”，如图 14-77 所示。

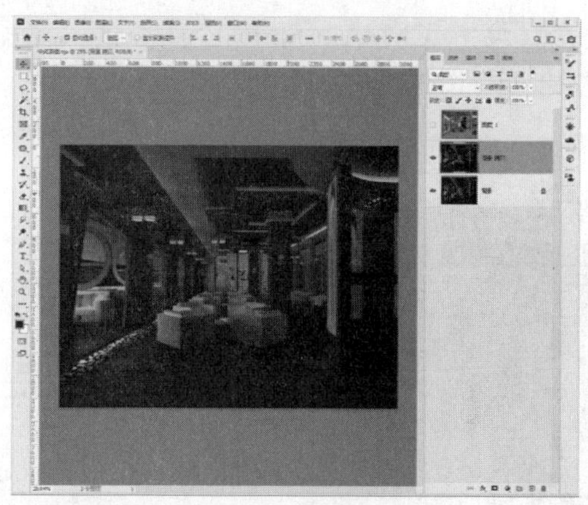

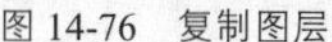

图 14-76　复制图层

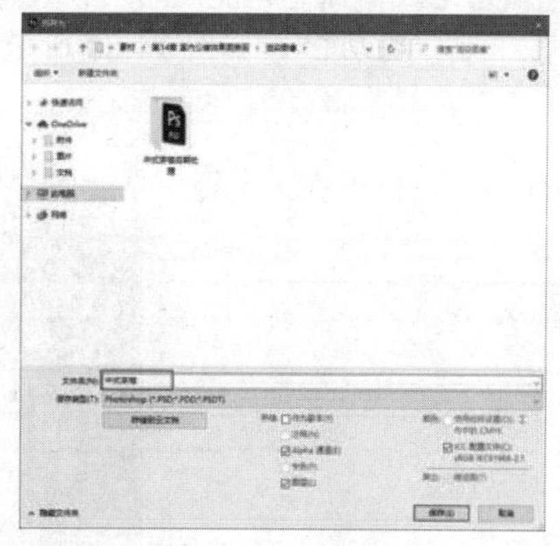

图 14-77　保存文件

Steps 04 保存好文档后接下来进行图像整体效果的调整。添加“曲线”调整图层，提高图像的亮度，如图 14-78 所示。

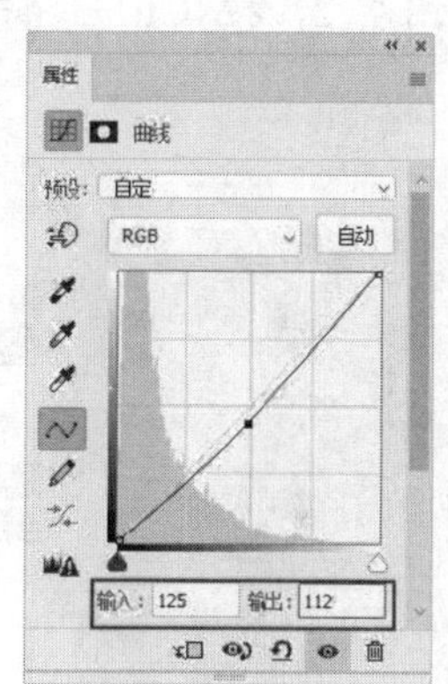


图 14-78　添加曲线调整图层

Steps 05 添加“亮度/对比度”调整图层，并调整其具体参数设置如图 14-79 所示，进一步提高图像的亮度、拉大图像的明暗对比。

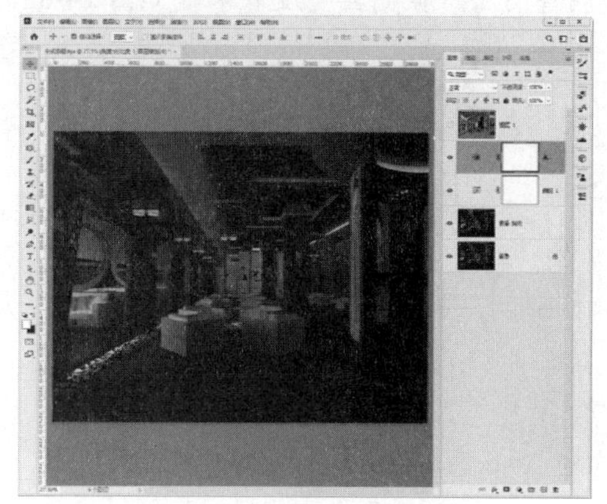

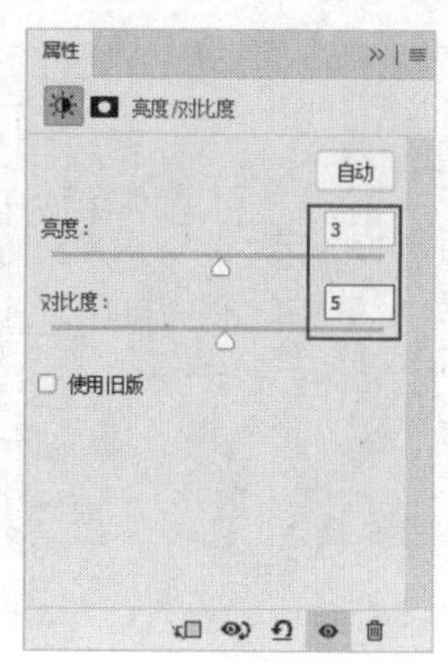


图 14-79　添加亮度/对比度调整图层

Steps 06 完成图像整体亮度与对比度的调整后，按下<Ctrl+Alt+Shift+E>组合键，将当前效果盖印至“图层2”，如图14-80所示。接下来进行图像局部效果的细节调整。

图14-80　盖印调整效果至图层2

Steps 07 显示“中式茶楼色彩通道”所在的图层1，利用魔棒工具如图14-81所示选择地板区域。再选择图层2，按<Ctrl+J>将其复制至“图层3”，如图14-82所示，然后关闭通道图层。

图14-81　选择地板区域

图14-82　剪切地板至图层3

Steps 08 为图层3添加“亮度/对比度”调整图层，提高其亮度效果，如图14-83所示。

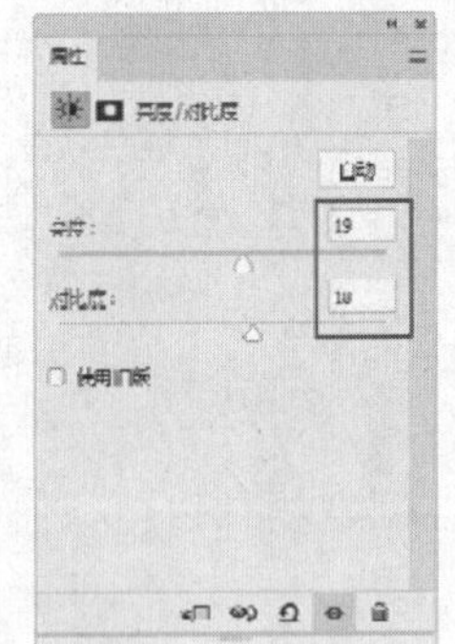


图14-83　添加亮度与对比度调整图层

Steps 09 选择“色彩通道”中的石柱区域，如图 14-84 所示。返回“图层 2”，按<Ctrl+J>组合键将地板剪切入“图层 4”，如图 14-85 所示。

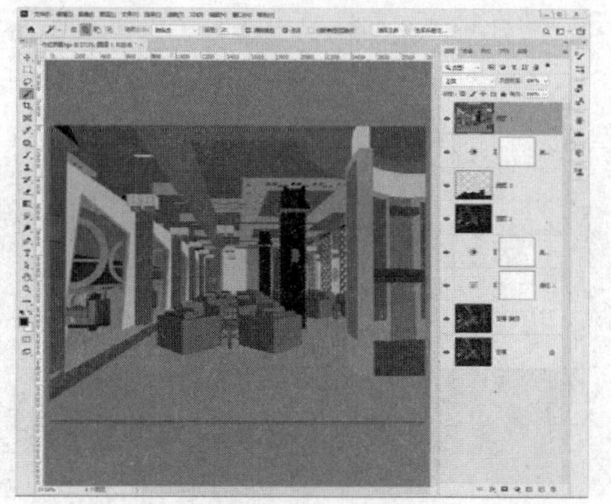

图 14-84　利用魔棒工具建立石柱选区

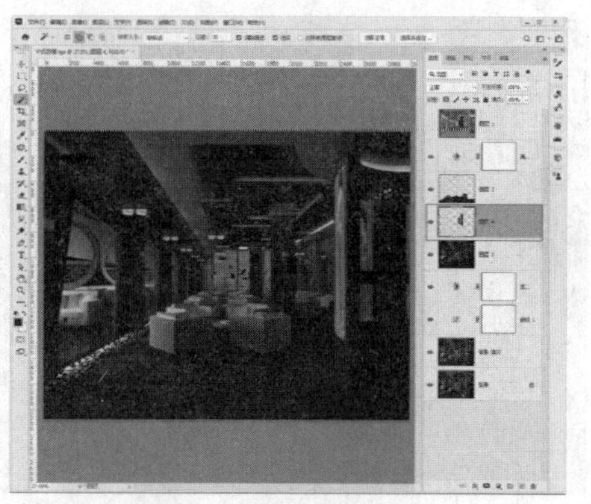

图 14-85　剪切石柱到图层 4

Steps 10 如图 14-86 与图 14-87 所示为其添加“亮度/对比度”以及“色彩平衡”调整图层，调整好石柱的亮度与颜色效果。

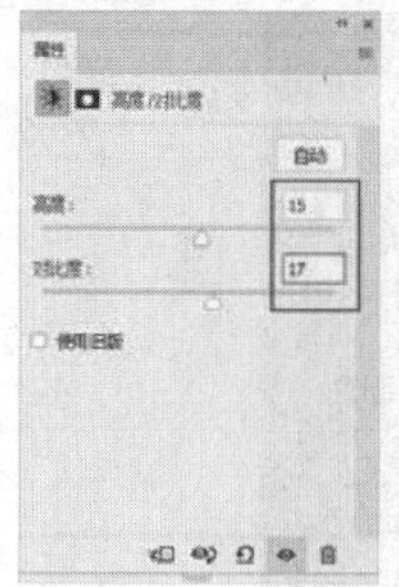

图 14-86　添加亮度/对比度调整图层

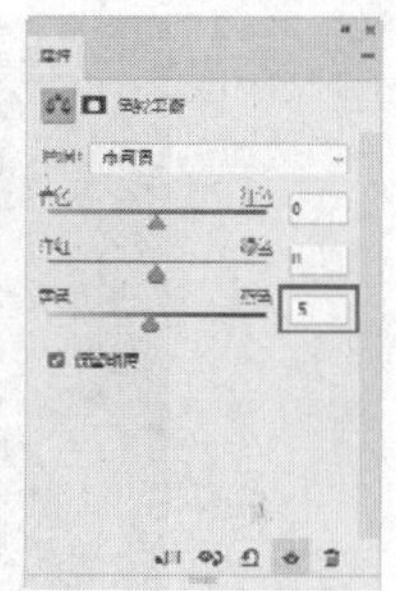

图 14-87　添加色彩平衡调整图层

Steps 11 对于图像中其他区域的效果，可以采用类似的方法建立精确的选区然后通过图层的调整进行效果的改善，调整完成后再按<Ctrl+Alt+Shift+E>组合键，将效果盖印至“图层 5”，如图 14-88 所示。

图 14-88　盖印图层 5

图 14-89　启用减淡工具

Steps 12 如图 14-89 所示启用“减淡工具”，然后在图像中如图 14-90 与图 14-91 所示对吊顶灯带以及壁灯等发光区域进行涂抹，以增强其亮度效果。

图 14-90　亮化吊顶板灯带区域

图 14-91　亮化壁灯区域

Steps 13 经过发光区域的亮化后，图像得到的效果如图 14-92 所示，对于其他细节的处理读者可以根据自己的审美适当地进行深化。

图 14-92　图像处理最终效果

# 第15章 室外建筑效果图 VRay 表现

本章重点:

- 创建 VRay 相机并调整构图
- 设置测试渲染参数
- 检查模型
- 制作场景材质
- 制作场景灯光
- 光子图渲染
- 最终图像渲染

本例将通过对室外建筑进行如图 15-1~图 15-3 所示的上午、正午以及黄昏三个常用日光时段的氛围表现，深入学习【VRaySun】与【VRaySky】程序贴图联动布光的方法，同时对【VRay 物理相机】以及常用的材质制作进行总结性学习。

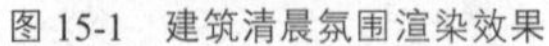
图 15-1 建筑清晨氛围渲染效果

图 15-2 建筑中午氛围渲染效果

图 15-3 建筑黄昏氛围渲染效果

## 15.1 创建 VRay 相机并调整构图

Steps 01 打开本书配套资源中的“室外建筑白模.max”，如图 15-4 所示。接下来将创建一架【VRay 物理相机】对建筑的正面进行表现。

Steps 02 在【顶视图】中创建一架【VRay 物理相机】，如图 15-5 所示。

图 15-4 打开室外建筑白模

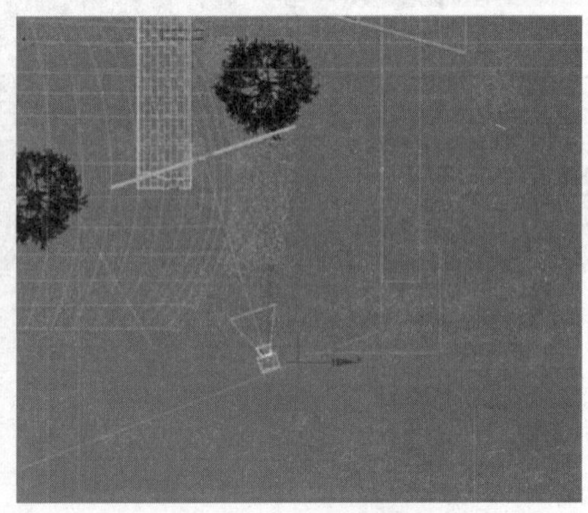
图 15-5 创建 VRay 物理相机

Steps 03 按<L>键切换到左视图，如图 15-6 所示利用【移动变换输入】精确调整好相机与目标点的高度。

Steps 04 调整完成后按<C>键进入【VRay 物理相机】视图，按<Shift+F>组合键得到如图 15-7 所示的透视效果，可以看到物体透视失真。

Steps 05 选择【VRay 物理相机】，如图 15-8 所示点击【预估垂直倾斜】按钮，得到正确的透视效果。

Steps 06 如图 15-9 所示调整好【输出大小】参数，使视图占满整个窗口。接下来进行场景测试渲染参数的设置与模型的检查。

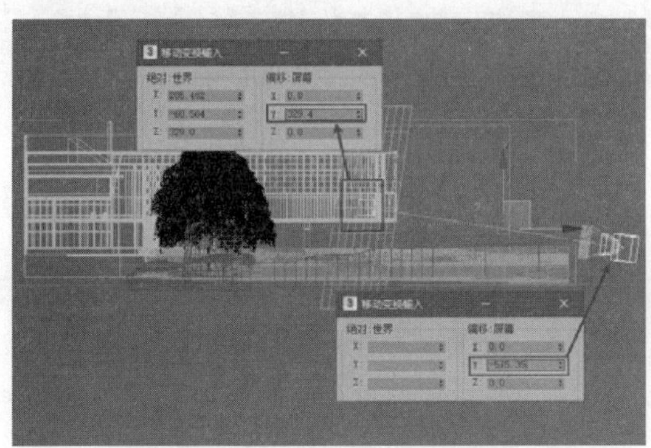

图 15-6　调整 VRay 物理相机高度

图 15-7　VRay 物理相机视图

图 15-8　调整物体透视

图 15-9　调整构图

## 15.2 设置测试渲染参数

Steps 01 按<F10>键打开【渲染设置】面板，选择 VRay 渲染器，如图 15-10~图 15-13 所示设置好测试渲染参数。

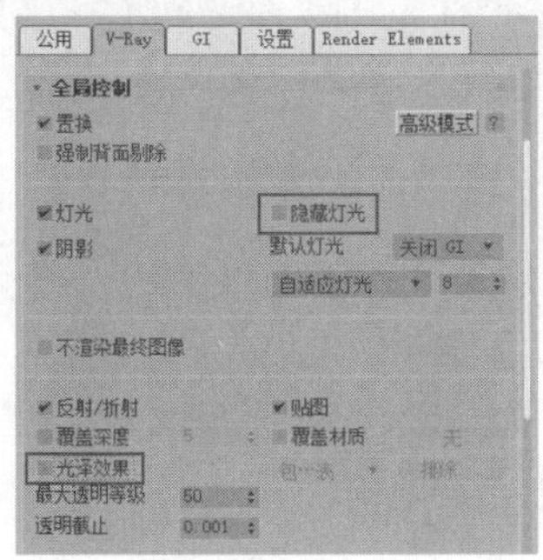


图 15-10　调整全局控制参数

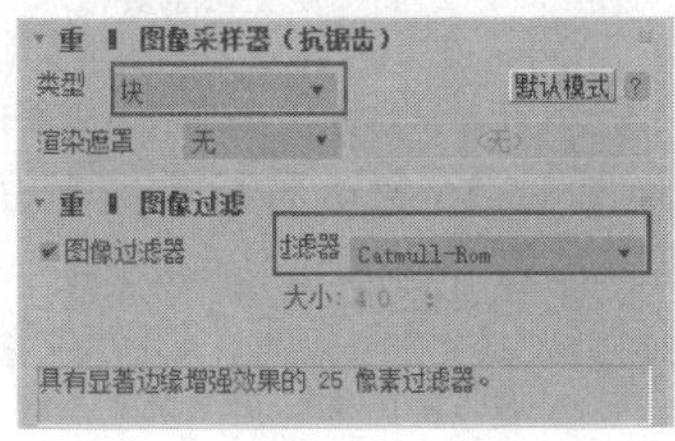


图 15-11　调整图像采样与抗锯齿

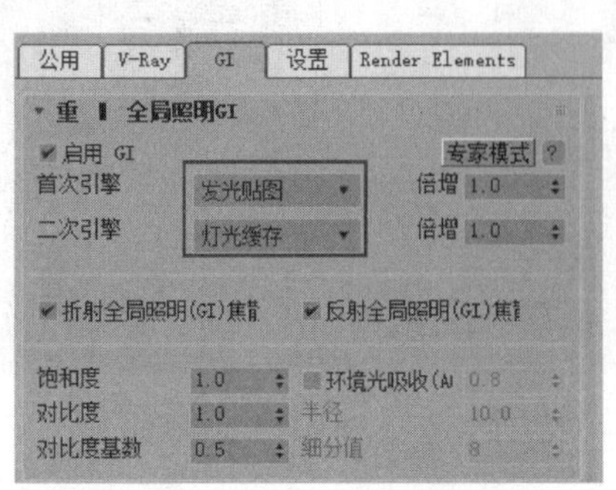

图 15-12 调整间接光照反弹引擎

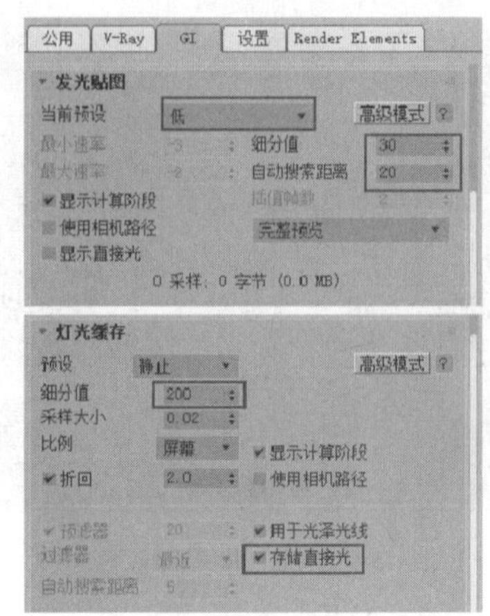

图 15-13 调整发光贴图与灯光缓存参数

Steps 02 测试渲染参数设置完成后，接下来进行场景模型的检查。

注意：在本例的测试渲染参数中，图像采样器与抗锯齿过滤都选用了效果较好的类型，这主要是针对下节的模型检查而设定的，室外建筑一般进行中距或是远距的表现，因此效果较差的图像采样器与抗锯齿过滤器得到的图像有可能造成白模图像效果上的偏差，影响判断，这时只需在白模渲染完成后，将其调整回【区域】即可。

## 15.3 检查模型

Steps 01 按键盘上的<M>键打开【材质编辑器】，然后选择一个空白材质球，将材质类型如图 15-14 所示调整至“VRayMtl”，然后点击【漫反射】后的“颜色通道”，如图 15-15 所示调整好其参数值，完成用于检查模型的素白材质的制作。

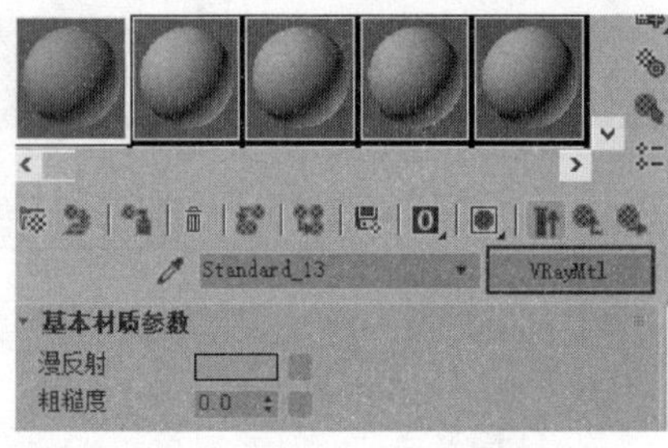

图 15-14 调整材质至 VRayMtl

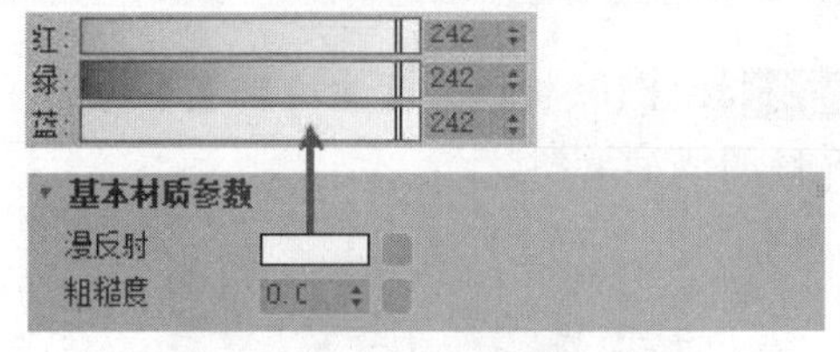

图 15-15 调整材质漫反射颜色

Steps 02 材质制作完成后，按键盘上的<F10>键打开【渲染设置】面板并进入【全局控制】卷展栏，如图 15-16 所示将材质关联复制至【覆盖材质】按钮。

Steps 03 由于场景中制作了玻璃模型，为了天光能顺利地进入，首先将玻璃模型隐藏，再进入【环境】卷展栏，如图 15-17 所示调整好天光颜色与倍增值。

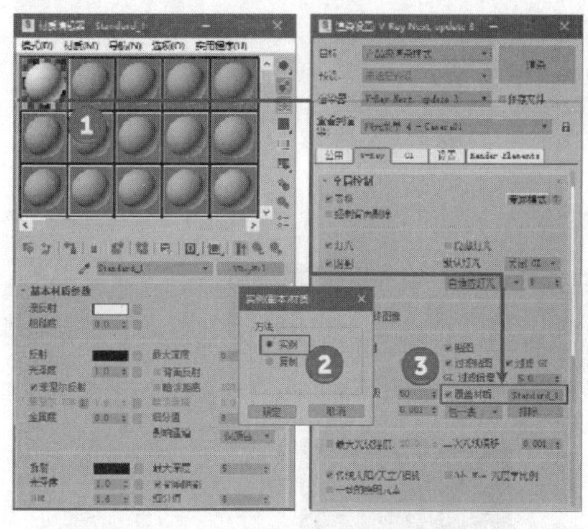


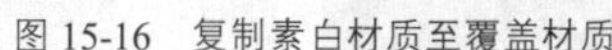

图 15-16 复制素白材质至覆盖材质

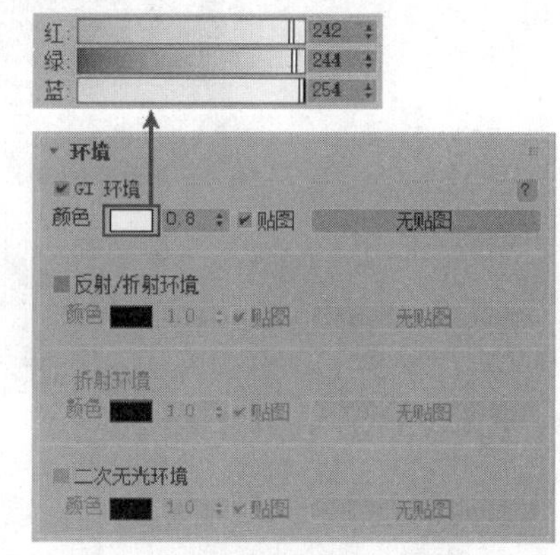


图 15-17 调整环境光参数

Steps 04 环境天光调整完成后，按<C>键进入【VRay 物理相机】视图，再按<P>键将当前的透视角度变更至【透视图】，然后再点击【渲染】按钮，得到如图 15-18 所示的素模渲染图像。可以看到模型完整且摆放无误，接下来进行场景材质的制作。

## 15.4 制作场景材质

本场景中主要的材质设置如图 15-19 所示，主要为建筑外部立面的装饰板、幕墙造型以及环境中的池水、树木等材质。

图 15-18 调整场景环境天光图

图 15-19 场景材质设置顺序

### 15.4.1 建筑外立面红色装饰板材质

场景中主体建筑的外立面主要为红色的装饰金属板。由于模型已经建立了分割线模型，因此材质不再需要体现分割效果，其具体的材质参数与材质球效果如图 15-20 所示。

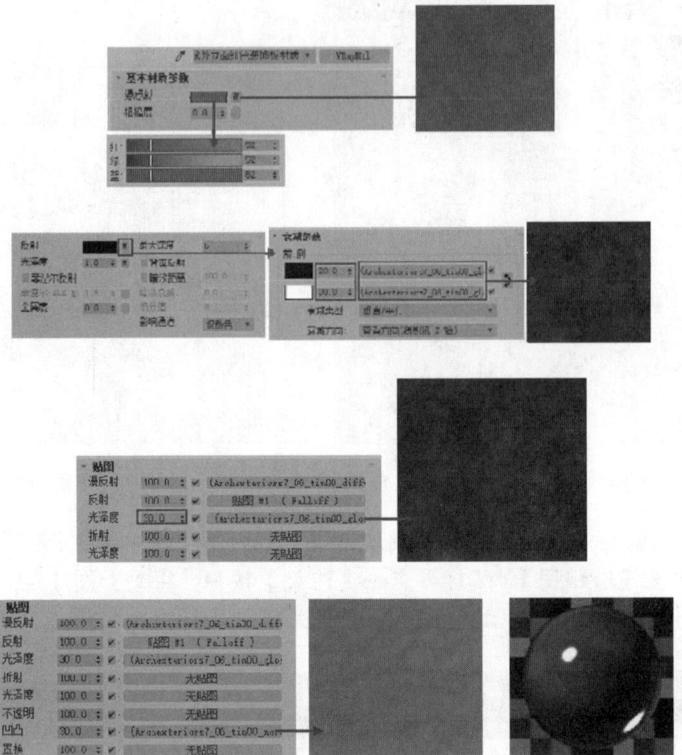

图 15-20　建筑外立面红色装饰板材质参数及材质球效果

## 15.4.2 建筑顶面清水泥材质

建筑顶面运用了清水泥材质，本场景中其具体材质参数与材质球效果如图 15-21 所示。该材质表面有着十分丰富的肌理纹路与凹凸感，与场景僻静的环境效果十分谐调。此外，建筑底部与场景中部分道路也使用了该材质。

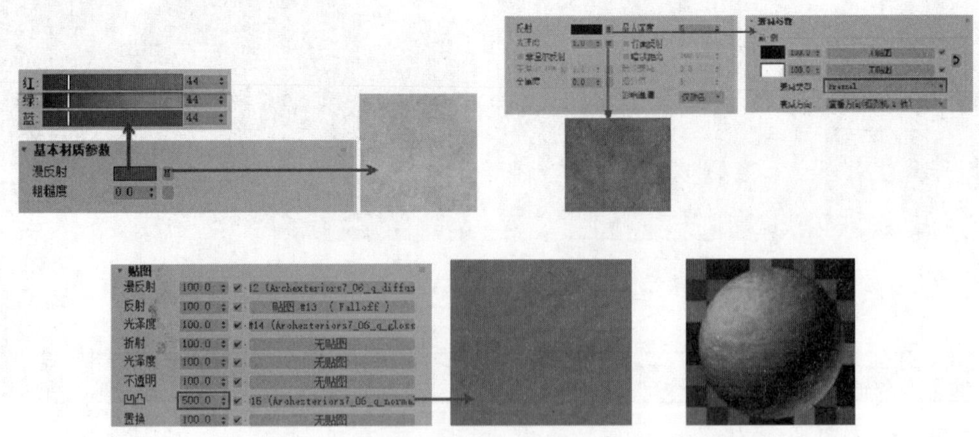

图 15-21　建筑顶面清水泥材质参数及材质球效果

## 15.4.3 建筑幕墙玻璃材质

建筑幕墙玻璃材质的具体参数设置与材质球效果如图 15-22 所示，区别于室内玻璃材质需设置十分通透的效果以观察到室外环境，表现室外建筑时幕墙玻璃可以适当降低透明度从而突出玻璃反射室外环境的效果。

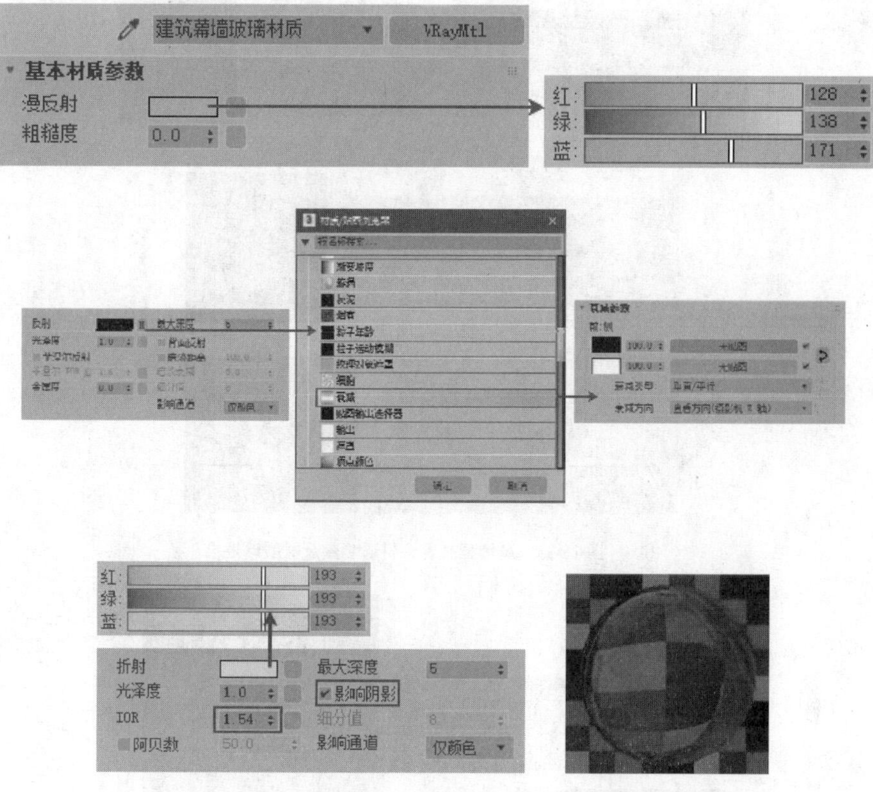


图 15-22　建筑幕墙玻璃参数及材质球效果

## 15.4.4 幕墙框架合金材质

场景幕墙框架材质的具体参数与材质球效果如图 15-23 所示。可以看到合金材质表面颜色为暗红色，其与建筑主体红色装饰板整体形成了建筑主体统一而又有着柔和的过渡变化的色调效果。

## 15.4.5 建筑基底脏旧水泥面材质

场景建筑与水面相交的部分使用了带有脏旧效果的水泥面材质，其具体的材质参数与材质球效果如图 15-24 所示，可以看到其与清水泥材质最大的区别在于表面纹理以及凹凸贴图的变化，脏旧细节使其与水面环境的整合更具真实感。

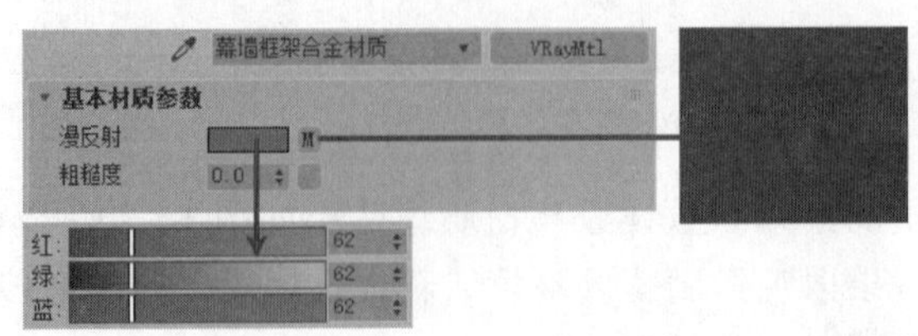


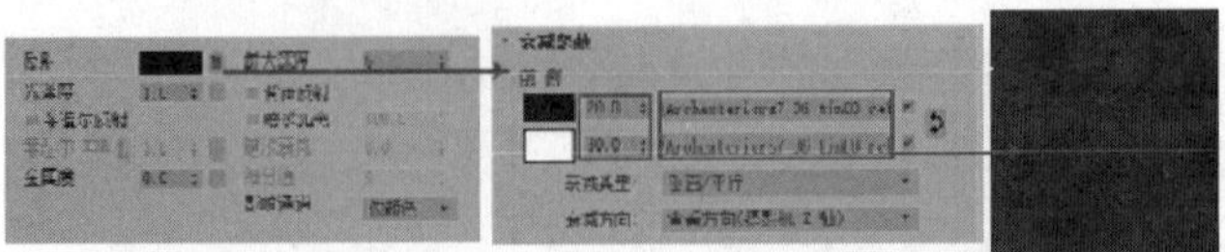

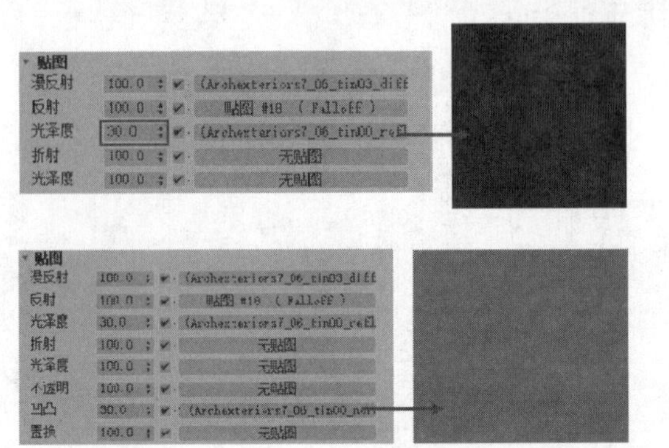


图 15-23　幕墙框架合金材质参数及材质球效果

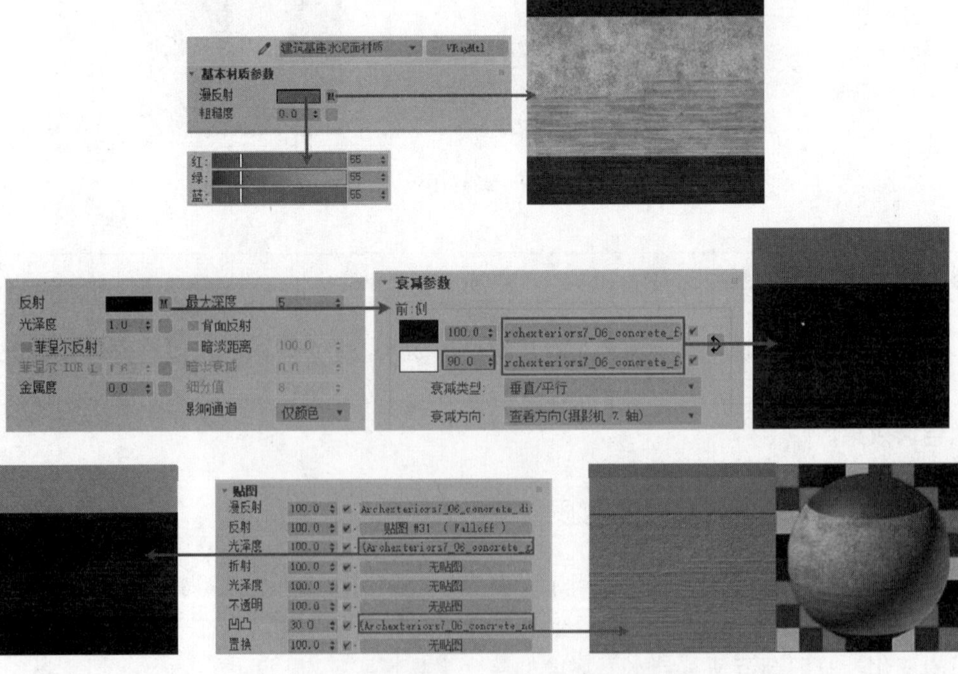


图 15-24　建筑基底脏旧水泥面材质参数及材质球效果

## 15.4.6 池水材质

本例中的池水材质制作比较细腻，充分考虑到了与整体环境结合的细节，如图 15-25 所示首先调整其【漫反射】与【反射】参数，可以看到在其【漫反射】贴图通道内加载了一张草地贴图，目的在于当材质具有透明效果后，可以产生池底水草的感觉。

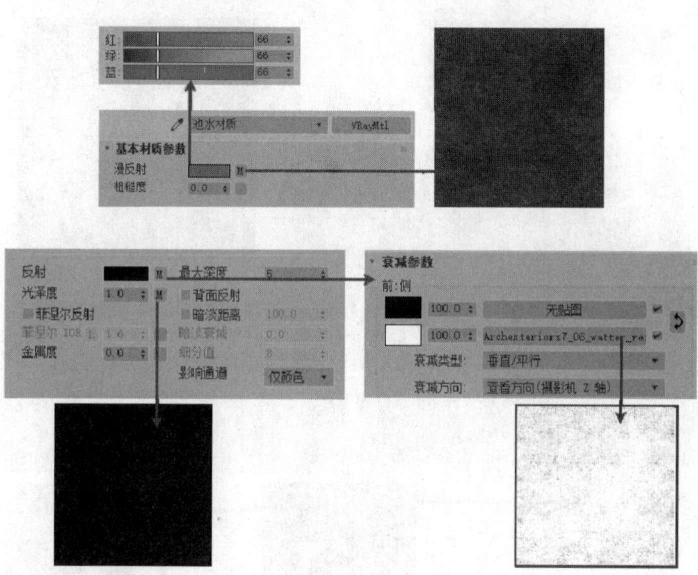


图 15-25　池水材质参数

再如图 15-26 所示调整池水材质的反射效果以及凹凸效果，使材质特点显得更为真实。

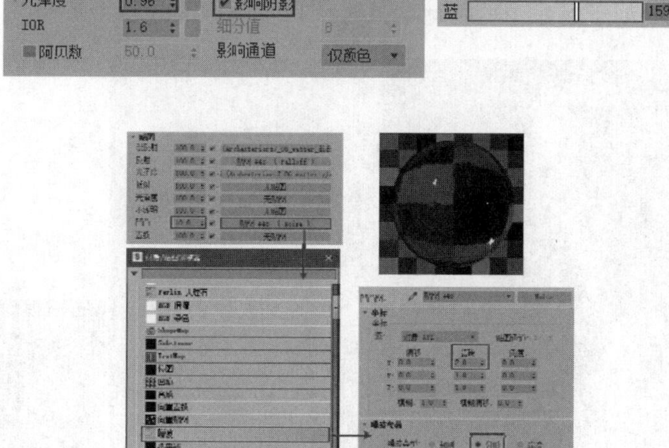


图 15-26　池水材质参数及材质球效果

## 15.4.7 水塘土墩材质

逼真的环境材质效果使得渲染图像有着更多令人信服的细节，场景水塘左侧的土墩的具体材质参数与材质球效果如图 15-27 所示，可以看到这里使用了十分清晰的贴图模拟其表面纹理以及反射细节。

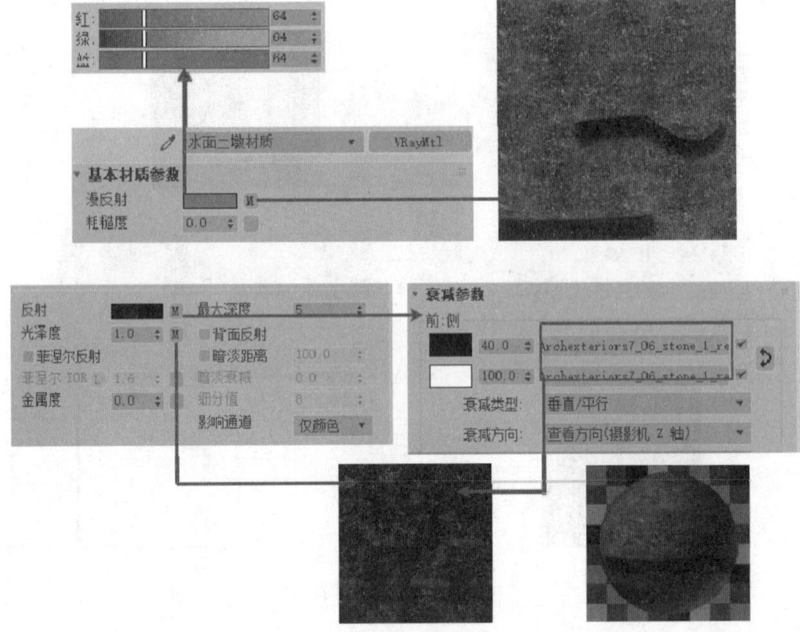


图 15-27　水塘土墩材质参数及材质球效果

对于材质表面的凹凸细节，本例中如图 15-28 所示使用了【VRay 置换修改命令】进行逼真的模拟，此外对于场景中的草地效果也使用了类似的处理手法。

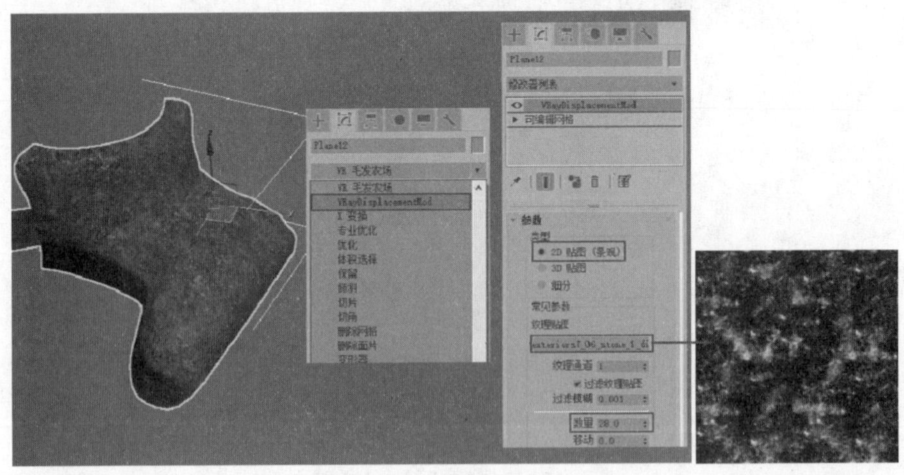


图 15-28　添加 VR 置换修改器

### 15.4.8 树干材质

场景中树叶模型使用了 VRay Mesh 物体从而节省模型面数，因此其材质在之前已经进行了设定。树干模型的材质参数与材质球效果如图 15-29 所示。

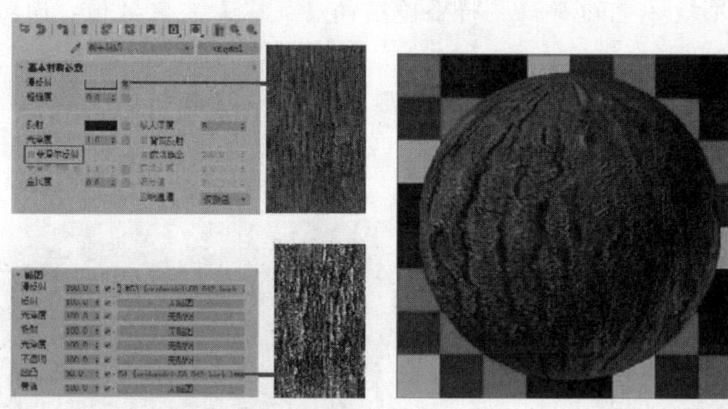

图 15-29　树干材质参数与材质球效果

## 15.5 制作场景灯光

本场景将使用【VRaySun】与【VRaySky】程序贴图联动布光的方法，完成场景上午、中午以及黄昏三个日光时段氛围效果的制作。首先制作上午阳光氛围效果。

### 15.5.1 上午阳光氛围效果

#### 1. 制作室外阳光投影效果

Steps 01 点击灯光创建面板按钮，如图 15-30 所示在顶视图中创建一盏【VRaySun】，在弹出是否自动添加【VRay 太阳】程序贴图时，可选择“是”，然后按<8>键进入【环境/特效】面板暂时取消其勾选。

Steps 02 按<F>键切换至前视图，分别选择灯光物体以及目标点如图 15-31 所示调整其具体位置与角度。

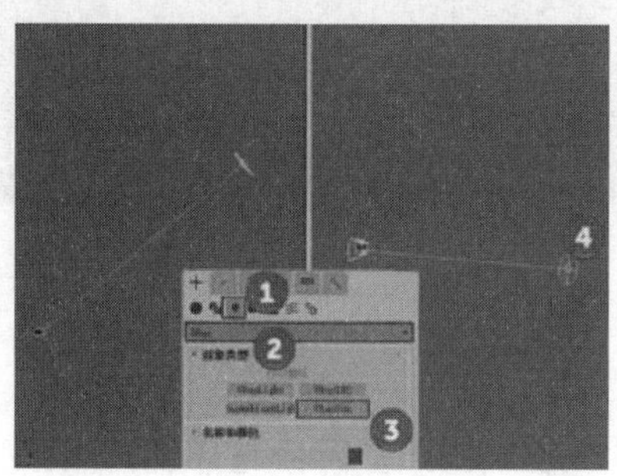



图 15-30　创建 VRay 球形灯光模拟日光

图 15-31　调整 VRay 阳光具体投射角度

技巧：在基础章节中曾学习到【VRay 阳光】的投射角度对其颜色起决定性作用。一般而言，常通过调整【VRay 阳光】来改变投射角度。默认的【VRay 阳光目标点】位于地平面处，有时为了得到颜色与投影俱佳的上午阳光效果，可以将【VRay 阳光目标点】放置在地平面下。

Steps 03 调整完成后再选择灯光进入修改面板，调整灯光的参数如图 15-32 所示，可以看到为了体现上午时光线环境的清澈度将略微增高【臭氧】参数数值，同时为了避免环境光的影响则将其关闭。

Steps 04 灯光参数调整完成后，按<C>键返回【VRay 物理相机】视图进行测试渲染，得到如图 15-33 所示的一片漆黑渲染结果。

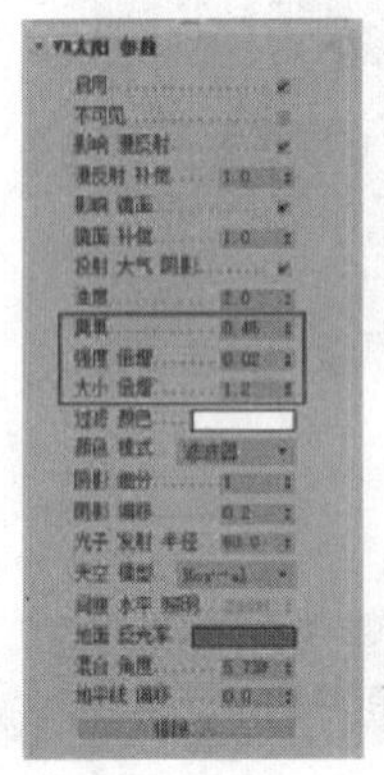

图 15-32　VRay 太阳光参数设置

图 15-33　首次测试渲染结果

Steps 05 先在【VRay 物理相机】视图中按<P>键将视图变更至【透视图】并进行测试渲染，以验证灯光的强度，渲染得到如图 15-34 所示的结果，可以看到透视图渲染中灯光的强度适中。因此接下来通过调整【VRay 物理相机】自身参数改善渲染效果。

Steps 06 选择【VRay 物理相机】，如图 15-35 所示调整好其参数,使其产生合适的阳光亮度。接下来进行场景天空背景效果与环境光的制作。

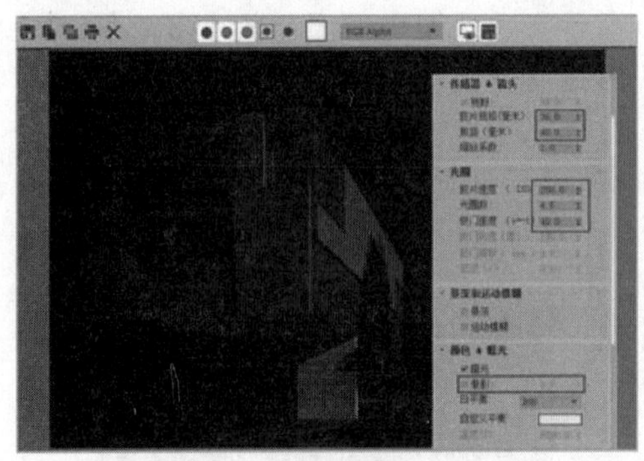

图 15-34　透视图渲染结果

图 15-35　再次测试渲染结果

### 2. 制作天空背景与环境光

利用【VRay 天光】程序贴图可以同时制作出较理想的天空背景与环境光效果，具体步骤如下。

Steps 01 进入【环境/效果】面板，如图 15-36 所示,将默认的【VRay 天光】程序贴图拖动复制至一个空白材质球上，然后返回【VRay 物理相机】视图进行测试渲染，得到如图 15-37 所示的渲染结果。

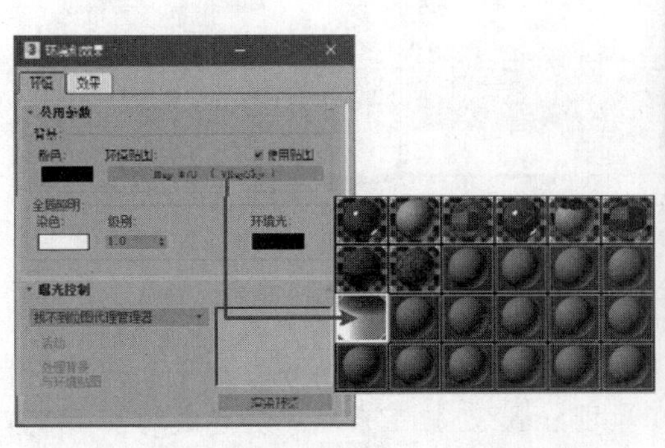

图 15-36　复制默认 VRay 天光至空白材质球

图 15-37　首次测试渲染结果

Steps 02 从渲染结果中可以看到，默认产生的天空效果与当前的【VRay 阳光】光效并不完全适配，因此接下来如图 15-38 所示将两者进行联动，并调整好参数。

Steps 03 联动并调整好【VRay 天光】程序贴图之后，返回【VRay 物理相机】视图进行测试渲染，得到如图 15-39 所示的渲染结果。从图中可以看到此时天空颜色和亮度与上午时段的感觉更为贴合。最后再在建筑物的室内布置一组灯光，使主体建筑变得更为生动真实一些。

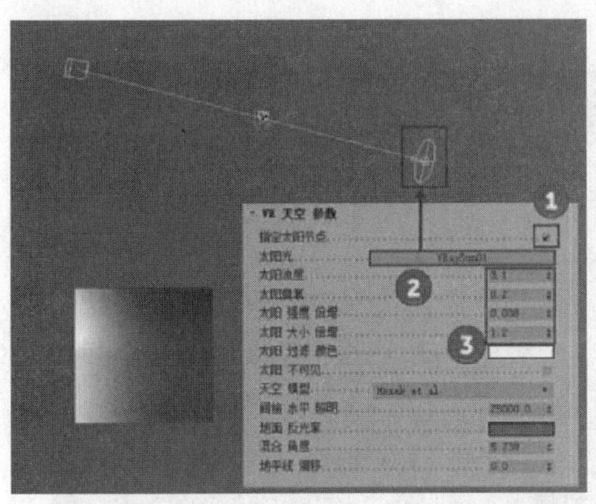

图 15-38　将 VRay 天光与 VRay 阳光联动

图 15-39　再次测试渲染结果

### 3. 制作室内灯光

Steps 01 建筑室内的灯光由【平面】类型的 VRayLight 模拟，灯光具体位置如图 15-40 所示，四盏灯光关联复制。

Steps 02 【VRay 片光】的具体参数设置如图 15-41 所示，调整完成后返回【VRay 物理相机】视图进行测试渲染，得到如图 15-42 所示的渲染结果。

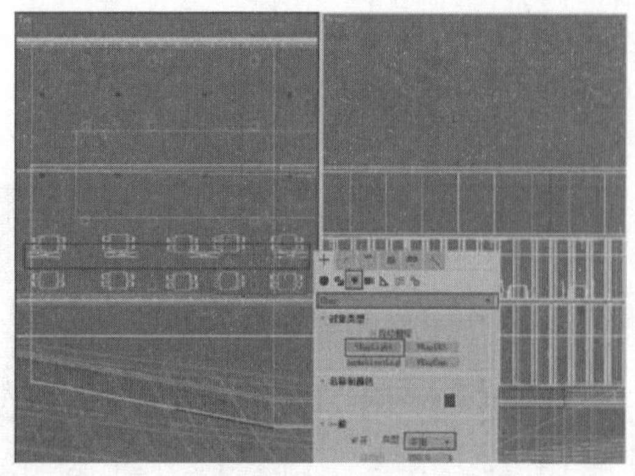

图 15-40　创建室内 VRay 片光

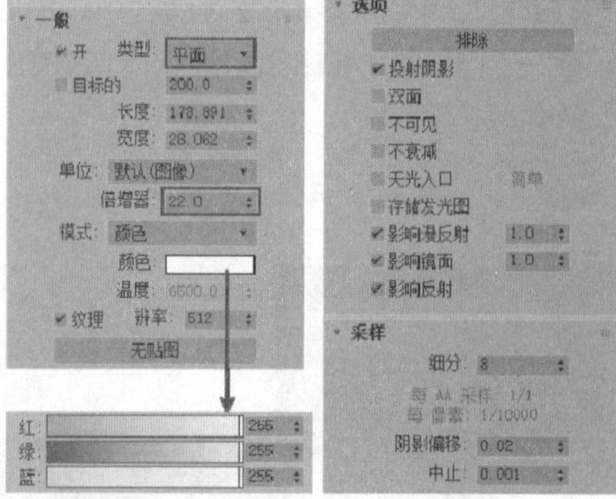


图 15-41　VRray 片光参数设置

Steps 03 至此，场景上午阳光氛围效果就制作完成了。将当前场景保存为“建筑表现上午氛围.max”，然后再另存一份为“建筑表现正午氛围.max”，接下来利用其完成场景正午阳光氛围效果的制作。

## 15.5.2 正午阳光氛围效果

利用【VRay 阳光】与【VRay 天光】程序贴图联动布光的方法完成场景上午阳光氛围效果的制作后，接下来的正午阳光氛围与黄昏阳光氛围只需要通过【VRay 阳光】位置的调整以及两者参数的对应变化即可完成。

Steps 01 选择创建好的【VRay 阳光】，如图 15-43 所示调整好灯光的高度与角度以形成中午阳光的光影效果。

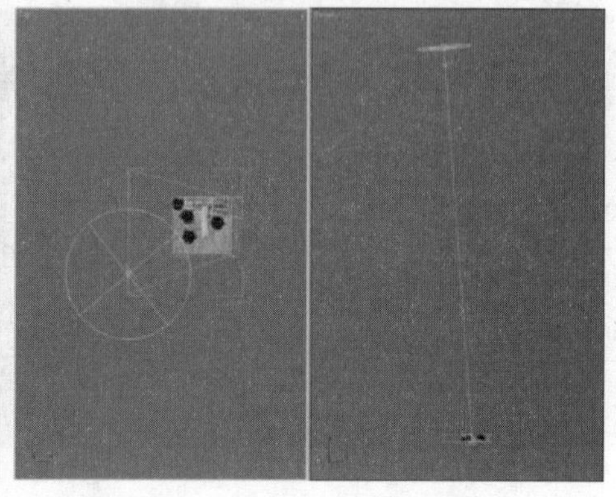

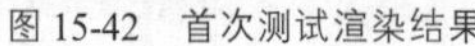

图 15-42　首次测试渲染结果

图 15-43　调整 VRay 阳光位置与高度

Steps 02 选择【VRay 阳光】如图 15-44 所示调整好其参数，可以看到灯光的强度并没有太多的改变，而是通过增大【强度倍增】达到亮度与投影改变的效果。

Steps 03 灯光参数调整完成后，返回【VRay 物理相机】视图进行测试渲染，得到如图 15-45 所示的渲染结果，可以看到此时的天空效果与环境光亮度还需要进行一些调整。

Steps 04 选择与【VRaySky】程序贴图关联复制的材质球，如图 15-46 所示调整好其参数，增大天空背景亮度，然后返回【VRay 物理相机】视图进行测试渲染，得到如图 15-47 所示的渲染结果。

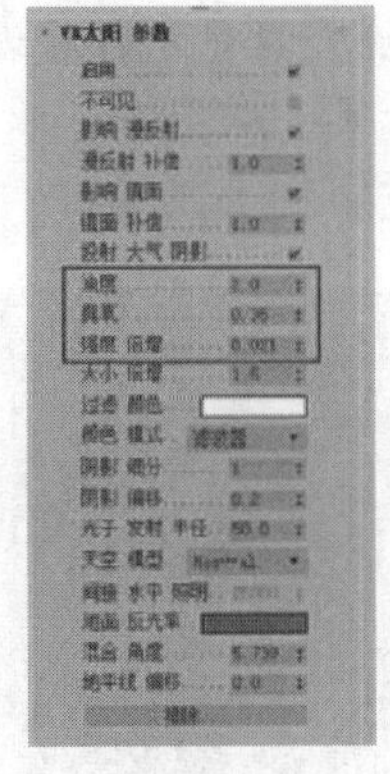

图 15-44　调整 VRay 阳光参数

图 15-45　再次测试渲染结果

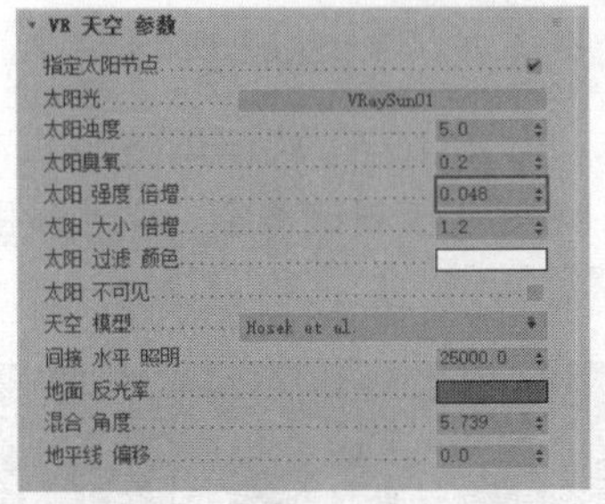


图 15-46　调整 VRaySky 参数

图 15-47　第三次测试渲染结果

Steps 05 保存当前场景，然后另存一份为“建筑表现黄昏氛围.max”，接下来利用其完成场景黄昏阳光氛围效果的制作。

## 15.5.3 黄昏阳光氛围效果

黄昏阳光氛围同样可以通过【VRay 阳光】与【VRay 天光】的调整完成，步骤如下。

Steps 01 选择创建好的【VRay 阳光】，如图 15-48 所示调整好灯光的高度与角度，以形成黄昏阳光的光影效果。

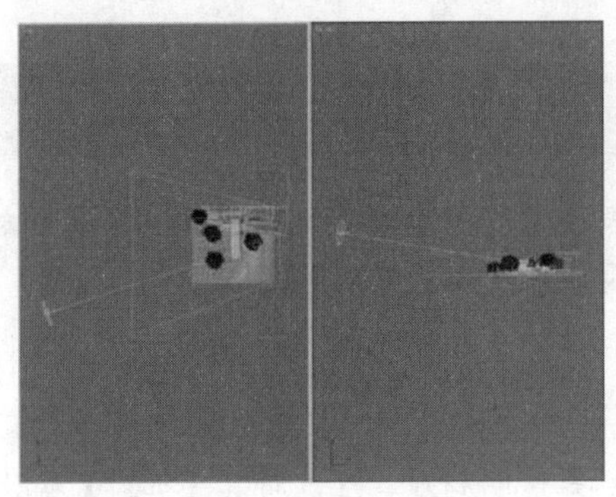

图 15-48　调整 VRay 阳光位置与高度

Steps 02 选择【VRay 阳光】并如图 15-49 所示调整好其参数，调整完成后返回【VRay 物理相机】视图进行测试渲染，得到如图 15-50 所示的渲染结果。从图中可以发现，在树冠以及建筑立面上体现了夕阳暖色余晖的效果，但整体的天空氛围并不谐调。

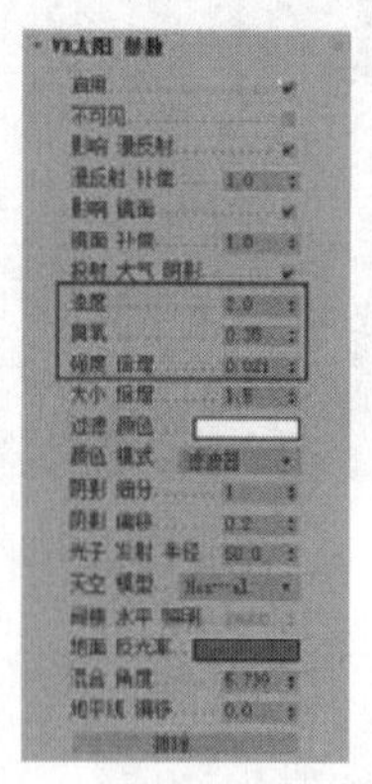

图 15-49　调整 VRay 阳光参数

图 15-50　调整 VRay 阳光位置与高度

Steps 03 进入【VRaySky】程序贴图关联复制的材质球，如图 15-51 所示调整好其参数。

Steps 04 参数调整完成后，再次返回【VRay 物理相机】视图进行测试渲染，得到如图 15-52 所示的测试渲染结果。

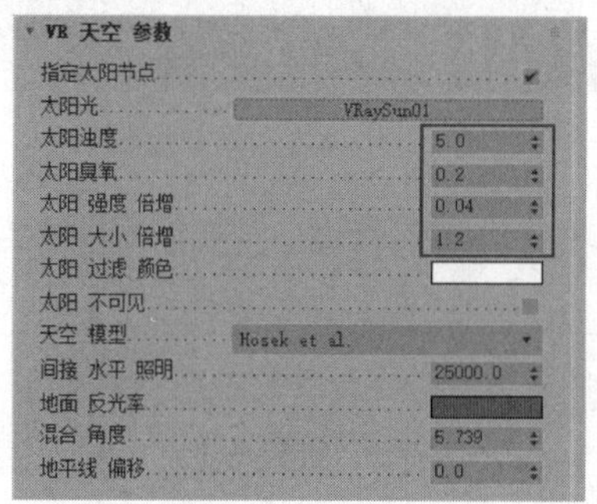


图 15-51　调整 VRay 阳光参数

图 15-52　测试渲染结果

Steps 05 至此，场景黄昏阳光氛围效果也制作完成。接下将利用该氛围场景进行光子图渲染以及最终渲染的学习。

## 15.6 光子图渲染

室外建筑表现图与室内表现光子图渲染在参数设置上并没有太多区别，关键同样在于解决测试渲染中存在的锯齿现象、光斑、噪点等品质问题。

### 1. 调整材质细分

Steps 01 将场景中的建筑立面红色装饰板材质、幕墙玻璃材质、幕墙框架合金材质的细分值调整为 24。对于玻璃以及水等透明材质，注意对其【折射】参数组中的细分参数进行同样的调整。

Steps 02 将场景中其他讲解过参数的材质的细分值调整至 16~20 之间。

### 2. 调整灯光细分

将场景中模拟室外阳光的【VRay 阳光】的细分值调整为 30。

### 3. 调整渲染参数

Steps 01 如图 15-53 所示，调整光子图渲染的【输出大小】参数。

Steps 02 分别进入【全局控制】卷展栏与【图像采样器】卷展栏，如图 15-54 所示开启材质的光泽效果并调整图像采样器。

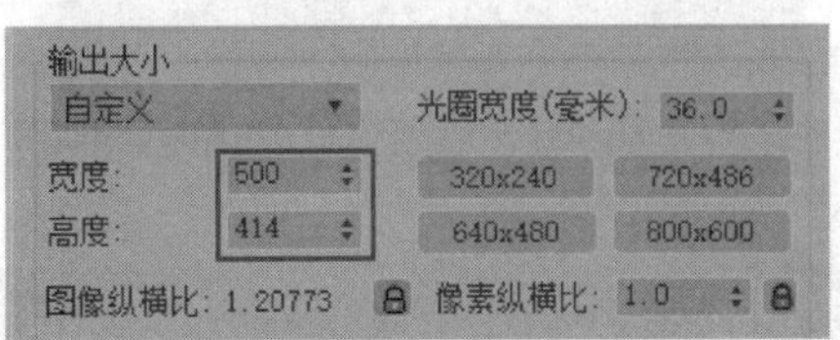


图 15-53 调整光子图渲染的输出大小

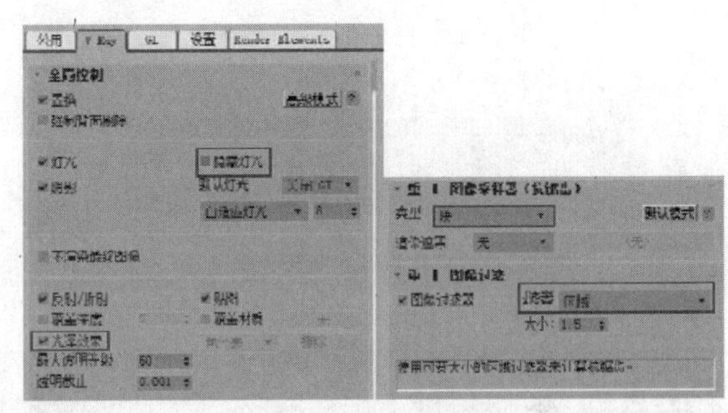

图 15-54 设置参数

Steps 03 分别进入【发光贴图】卷展栏与【灯光缓存】卷展栏，如图 15-55 与图 15-56 所示提高两者的参数并预设好贴图保存路径。

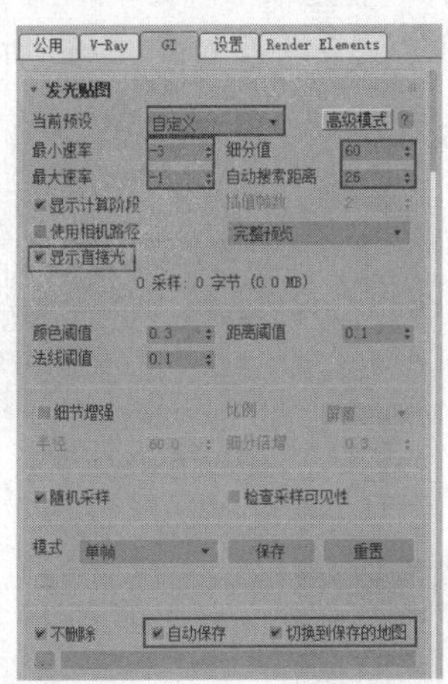


图 15-55 提高发光贴图参数

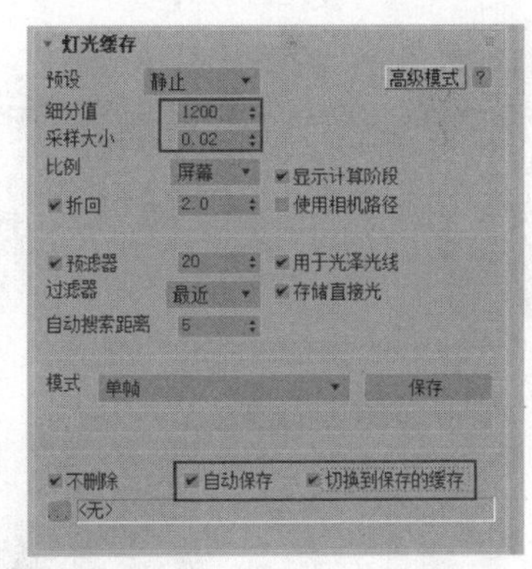


图 15-56 提高灯光缓冲参数

Steps 04 进入【全局品控】卷展栏，如图 15-57 所示整体提高图像的采样精度。

Steps 05 渲染参数调整完成后，返回【VRay 物理相机】视图进行光子图渲染，经过较长时间的计算得到如图 15-58 所示的渲染图像。

Steps 06 光子图渲染完成后，再分别返回查看【发光贴图】卷展栏与【灯光缓存】卷展栏参数，可以发现两者分别如图 15-59 与图 15-60 所示自动完成了光子图的保存与调用。接下来进行场景的最终图像渲染。

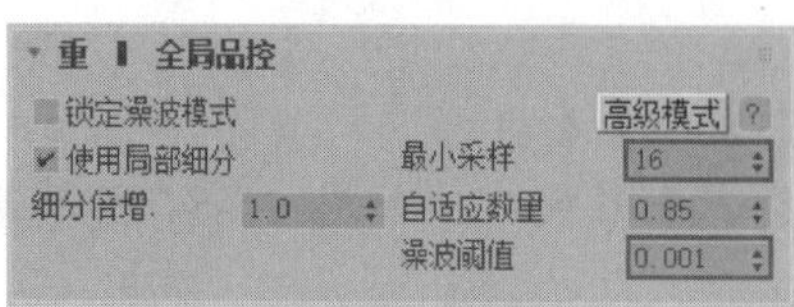


图 15-57　提高整体采样精度

图 15-58　光子图渲染结果

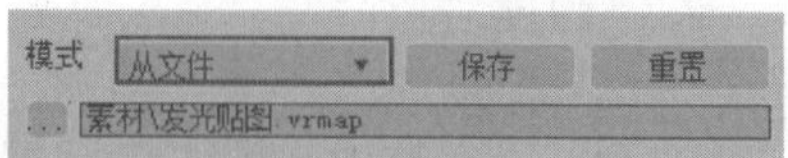


图 15-59　自动保存并调用发光贴图

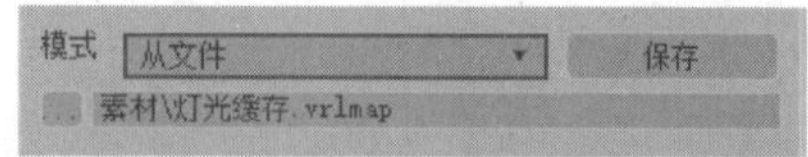


图 15-60　自动保存并调用灯光缓存贴图

## 15.7 最终图像渲染

Steps 01 完成了光子图渲染后，最终图像渲染的设置十分简单。首先确定好最终图像的输出大小，如图 15-61 所示。

Steps 02 如图 15-62 所示调整好渲染图像的抗锯齿类型，调整完成后即可返回【VRay 物理相机】视图进行最终图像的渲染，建筑黄昏氛围最终图像渲染效果如图 15-63 所示。

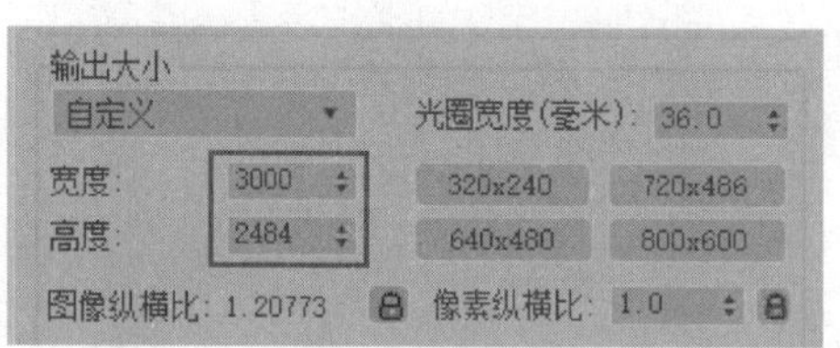


图 15-61　确定最终图像输出尺寸

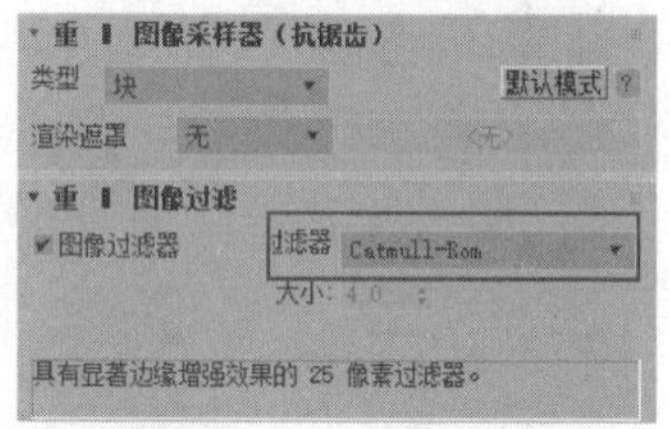


图 15-62　调整图像抗锯齿类型

图 15-63　建筑黄昏氛围最终图像渲染效果